“十二五”普通高等教育本科国家级规划教材
四川省“十四五”普通高等教育本科规划教材
高等学校电子信息类精品教材

随机信号分析

（第6版）

李晓峰　傅志中　舒　畅　周　宁　李在铭　编著

電子工業出版社
Publishing House of Electronics Industry
北京·BEIJING

内 容 简 介

本书为普通高等教育“十一五”“十二五”国家级规划教材，四川省“十四五”普通高等教育本科规划教材，也是四川省精品课程“随机信号与系统”的主讲教材。

本书主要讨论随机信号的基础理论和分析方法。全书共 7 章，内容包括：概率论基础，随机信号与典型信号举例，平稳性、循环平稳性与功率谱密度，各态历经性与实验方法，随机信号通过线性系统，带通信号与窄带高斯信号，马尔可夫链、独立增量过程与泊松过程等。

本书强调随机信号及其分析的基本概念、物理意义与系统方法，注重理论基础，并联系工程实践。内容全面，叙述清楚，图文并茂，例题、工程应用举例丰富，便于教学与自学。

本书以初等概率论、高等数学与信号分析的基本知识为基础，可以作为高等学校电子信息类专业本科生与研究生教材或教学参考书，也可供相关专业领域的师生、科研和工程技术人员参考。

图书在版编目（CIP）数据

随机信号分析 / 李晓峰等编著. -- 6 版. -- 北京 : 电子工业出版社, 2025. 2. -- ISBN 978-7-121-49808-4

Ⅰ. TN911.6

中国国家版本馆 CIP 数据核字第 2025FJ5169 号

责任编辑：韩同平
印　　刷：涿州市京南印刷厂
装　　订：涿州市京南印刷厂
出版发行：电子工业出版社
　　　　　北京市海淀区万寿路 173 信箱　邮编：100036
开　　本：787×1092　1/16　印张：13.25　字数：424 千字
版　　次：2007 年 1 月第 1 版
　　　　　2025 年 2 月第 6 版
印　　次：2025 年 2 月第 1 次印刷
定　　价：55.90 元

凡所购买电子工业出版社图书有缺损问题，请向购买书店调换。若书店售缺，请与本社发行部联系，联系及邮购电话：（010）88254888，88258888。

质量投诉请发邮件至 zlts@phei.com.cn，盗版侵权举报请发邮件至 dbqq@phei.com.cn。

本书咨询联系方式：88254525，hantp@phei.com.cn。

前　言

随机信号分析是电子信息类专业的重要基础课程。本教材第 1～5 版自出版以来，在电子科技大学等多所院校的本科教学中长期使用，教学效果好，得到广泛的社会认同。第 6 版是作者结合近年来从事该门课程的教学与研究经验，适应新工科教学要求，在广泛参考与学习国内外现有的同类书籍后，对原书进行改编而成的。本书为普通高等教育“十一五”“十二五”国家级规划教材，四川省“十四五”普通高等教育本科规划教材，也是四川省精品课程“随机信号与系统”的主讲教材。

在编写与修订中，本教材力求突出下面四点：

（1）原理透彻，注重工程，培育创新。本教材内容以基本数学理论为工具，研究电子信息与电气工程的理论与应用，是本领域的重要专业基础。本教材对基本概念与结论采用数学定义与定理形式，同时细心选择真实与深刻的工程应用举例，透视其中的数学本质，帮助学生联系工程理解原理，夯实理论基础，领悟创新思维。并在附录 E 给出了本书的工程应用举例索引表，便于师生更好地定位相关内容，加强工程性应用。

（2）传承经典，突出前沿，加强实践。依托最新学术研究提炼教材案例，植根经典理论，剖析问题的分析思路，展示理论方法的运用技巧。同时，安排递进章节循序渐进地示范运用 MATLAB 的实践技能，帮助学生快速启动实践，使他们在动手动脑中用活数学，进而提升解决复杂工程问题的高阶能力。

（3）培育科学思想，推进价值塑造。学生经常感觉统计理论概念抽象、方法不踏实，难以领会其中的科学思想。本教材注重剖析数学模型的工程背景，着力说明数学符号并对比不同数学表述，帮助学生轻松读懂数学语言，抓住概念核心，进而形成新的、有趣的思想方法。课程思政元素贯穿全书，借助严谨的知识体系培养学生科学思想，树立科学精神，在潜移默化中推进立德树人与价值塑造。

（4）条理清楚，图例丰富，简明易学。书中注重内容与叙述的系统性、简明性与易读性。作者精心筛选内容、设计例题并绘制图示，帮助读者阅读理解。在内容上突出重点、区分层次，运用“*”标志与不同字体来指示选读内容。附录 C 提供了各章习题的参考答案与简单提示；附录 D 提供了各章节内容对应习题的编号列表，方便学生练习时自我检查，也可供教师在布置作业时参考。

全书共 7 章：第 1 章复习与总结概率论的基础知识，同时补充了随机变量的条件数学期望、特征函数等新知识点；第 2 章介绍随机信号的定义、基本特性与描述方式，介绍几个典型的信号例子、人工智能基本建模思想与重要的高斯信号；第 3 章介绍平稳性与循环平稳性，讨论平稳信号的相关函数与功率谱密度，分析重要的随机二进制传输信号；第 4 章讨论随机信号的各态历经性、基本参数的测量方法、随机模拟的思想，以及运用 MATLAB 进行实践的方法；第 5 章介绍随机信号通过线性时不变系统的分析方法，讨论噪声中信号处理的基本技术，介绍维纳滤波与匹配滤波的基本原理；第 6 章介绍希尔伯特变换、解析信号与复随机信号，说明带通信号的基本特性与重要性质，给出窄带高斯噪声和它加上高频信号时的各种基础概率分布；第 7 章讨论马尔可夫链、独立增量过程与泊松过程。书中列举了大量的例题与图示，给出了运用 MATLAB 的实践示例，各章末附有充分的习题供练习。

这次的第 6 版在保持前几版结构和特色的基础上，围绕先进性、工程性、层次性与易读性对全文多处进行了细致的文字润色与优化。为了便于长期使用本教材的教师与其他读者了解具体的改动点，下面对重点改动处予以详细说明：（1）加强人工智能等新技术的相关讨论，优化了例 1.10 说明神经网络中的激活函数 ReLU，并新增 2.3.5 节，介绍人工智能中自然语言的建模方法。（2）强化工程应用，一方面，新增多个应用举例，它们分别是：例 3.17 的电子器件噪声——运算放大器的基本噪声参数，例 4.5 的统计与处理概率密度函数——图像直方图与直方图均衡，例 5.10 的抑制噪声——基于维纳滤波的图像去模糊，例 6.5 的解调器噪声分析——乘法解调器输出噪声的特性；另一方面，突出一部分例题的应用举例名称，并在书末增加了附录 E——工程应用举例索引表，以方便师生更好地定位这些内容，加强工程性应用。

本教材以初等概率论、高等数学与信号分析的基本知识为基础，可以作为本科生与研究生的课程教材或教学参考书，建议教学学时数 32～64 学时。为了适应不同学校教学与广大读者自学的需要，本书采用层次与模块化安排，书中对于一些可选的节或小节标注了“*”，还特意将较烦琐的讨论、数学证明等相对独立的段落采用了小 5 号字的楷体排版。读者阅读时可以视情况跳过这些内容，而不影响对整体内容的理解。

本书由李晓峰、傅志中、舒畅、周宁、李在铭编著，全书由李晓峰统编定稿。本书得到了电子科技大学随机信号分析课程组同仁们的帮助，以及学校教务处、信息与通信工程学院和众多师生的大力支持。教材的使用过程中，许多院校的教师和学生提出了大量宝贵的意见。

限于编著者水平，书中谬误与疏漏在所难免，敬请广大读者批评指正。

本书配有电子课件，可登录电子工业出版社华信教育资源网 http://www.hxedu.com.cn 免费下载。

编著者联系方式：xfli@uestc.edu.cn

fuzz@uestc.edu.cn

编著者

于电子科技大学

本书常用符号说明

符号	说明
$\forall$	全称量词（任意）
$\exists$	存在量词（存在）
$[\ ]$	取整运算
$\chi^2(n)$	（n个自由度的）χ^2分布
$\delta(x)$	（单位）冲激函数
$\delta(n),\delta[n]$	（单位）冲激序列
$\Phi(x)$, $N(0,1)$	标准正态（高斯）分布
$\phi_X(v)$, $\phi(v)$	特征函数
$\phi_{\boldsymbol{X}}(\boldsymbol{v})$, $\phi_{X_1X_2}(v_1,v_2)$	多维（联合）特征函数
$\phi_X(v_1,v_2;t_1,t_2)$	随机信号的多维特征函数
$\boldsymbol{\mu}_{\boldsymbol{X}}$, $(EX_i)_{n\times1}$	n维均值（列）向量
μ_i	状态i的平均返回步数
$\pi_i(n)$, $\boldsymbol{\pi}(n)$	绝对概率与概率分布向量
$\Gamma(\alpha,\beta)$	伽马分布
ρ_{XY}, ρ	相关系数
$\rho_X(t_1,t_2)$, $\rho_{XY}(t_1,t_2)$	随机信号自（或互）相关系数函数
$\rho_X(\tau)$, $\rho_{XY}(\tau)$	平稳信号自（或互）相关系数函数
σ_X, σ	标准差
$\sigma_X^2(t)$, $\mathrm{Var}[X(t)]$	随机信号的方差函数
$\hat{\sigma}_X^2$	方差的估计
τ_{c}	相关时间
Ω	随机试验样本空间
ω_0	系统的中心（角）频率
ω_{m}	最高非零（角）频率
ξ，ξ_i	随机试验结果、样本点
$A[\ ]$	算术或时间平均
$A(t,\Delta t)$	泊松平均变化率，泊松增量
$a(t)$	复包络信号
$B(n,p)$	参数(n,p)的二项分布
B_{N}	系统等效噪声带宽（赫兹）
$B_{3\mathrm{dB}}$	系统 3dB 带宽（赫兹）
B_{eq}	信号矩形等效带宽（赫兹）
B_{rms}	信号均方根带宽（赫兹）
$\mathrm{Cov}(X,Y)$, μ_{11}	协方差
$\boldsymbol{C}_{\boldsymbol{X}}$, $(\mathrm{Cov}(X_i,X_j))_{n\times n}$	（n维）协方差矩阵
$C_X(t_1,t_2)$, $C_{XY}(t_1,t_2)$	随机信号自（或互）协方差函数
$C_X(\tau)$, $C_{XY}(\tau)$	平稳信号自（或互）协方差函数
EX, $E(X)$, $E[X]$, m_X	数学期望、均值、统计平均、集平均
EX^2, $E[X^2]$	均方值
$E(X-EX)^2$, σ_X^2, $\mathrm{Var}(X)$, $D(X)$	方差
$E(XY)$, m_{11}	二阶联合原点矩
EX^n, $E(X^n)$, m_n	n阶原点矩
$E(X-EX)^n$, μ_n	n阶中心矩
$E\|X\|^n$, $E(\|X\|^n)$	n阶绝对矩
$E[X\mid Y=y]$, $E[X\mid Y]$, $m_{X\mid Y}$	条件数学期望、条件平均
$EX(t)$, $E[X(t)]$, $m_X(t)$	随机信号的均值函数
$EX^2(t)$, $E[X^2(t)]$	随机信号的均方值函数
$F_X(x)$, $F(x)$	（概率）分布函数，累积分布函数
$F_{X_1X_2}(x_1,x_2)$	多维联合（概率）分布函数
$F_{X\mid Y}(x\mid y)$, $F(x\mid y)$	条件（概率）分布函数
$F_X(x;t)$	随机信号的一维分布函数
$F_X(x_1,x_2;t_1,t_2)$	随机信号的多维分布函数
$f_X(x)$, $f(x)$	（概率）密度函数
$f_{X_1X_2}(x_1,x_2)$	多维联合（概率）密度函数

符号	含义
$f_{X\|Y}(x\|y), f(x\|y)$	条件（概率）密度函数
$f_X(x;t)$	随机信号的一维密度函数
$f_X(x_1,x_2;t_1,t_2)$	随机信号的多维密度函数
$f_{ij}^{(n)}$	状态 i 到 j 的 n 步首达概率
f_{ij}	状态 i 到 j 的最终到达概率
$G_X(\omega),\ G(\omega)$	单边功率谱密度
G_0	系统的中心功率增益
$h(t)$	系统冲激响应
$H(\mathrm{j}\omega)$	系统频率响应
$h(n)$	离散系统冲激响应
$H(\mathrm{e}^{\mathrm{j}\omega})$	离散系统频率响应
$H(z)$	离散系统 z 函数
$\mathscr{H}[\ ],\ \mathscr{H}^{-1}[\ ]$	希尔伯特变换与逆变换
$i(t),\ q(t)$	带通信号的同相与正交分量
$i\to j$	状态 i 可达状态 j
$i\leftrightarrow j$	状态 i 与 j 互通
J	雅可比行列式
$L[\ ]$	线性系统算子
LPF{ }	低通滤波处理
$\hat{m}_X$	均值的估计
$N(\mu,\sigma^2)$	正态（高斯）分布
$N(\mu_1,\mu_2,\sigma_1^2,\sigma_2^2;\rho)$	二维正态（高斯）分布
$N(\boldsymbol{\mu}_X,\boldsymbol{C}_X)$	n 维正态（高斯）分布
$N_0/2$	白噪声功率谱密度
$N(t)$	泊松（计数）过程
$P(A)$	事件 A 的概率
$P(A\|B)$	事件 B 条件下事件 A 的概率
$P(\lambda)$	（参数为 λ 的）泊松分布
$P_X,\ P$	功率
$\boldsymbol{P},\ \boldsymbol{P}^{(k)}$	一步与 k 步转移概率矩阵
$\boldsymbol{P}(m,n)$	m 时刻向 n 时刻的转移矩阵
$p_{ij},\ p_{ij}^{(k)}$	一步与 k 步转移概率
$p_{ij}(m,n)$	m 时刻向 n 时刻的转移概率
$R_X(t_1,t_2),\ R_{XY}(t_1,t_2)$	随机信号自（或互）相关函数
$R_X(\tau),\ R_{XY}(\tau)$	平稳信号自（或互）相关函数
$\hat{R}_X[m]$	自相关序列的估计
$r_h(t)$	系统相关函数
$S_X(\omega),\ S_{XY}(\omega)$	功率谱与互功率谱
$S_X(\mathrm{e}^{\mathrm{j}\omega}),\ S_{XY}(\mathrm{e}^{\mathrm{j}\omega})$	平稳序列功率谱与互功率谱
$S_X(z),\ S_{XY}(z)$	平稳序列自（或互）相关函数的 z 变换
S_n	泊松事件的到达时刻
T_n	（相邻）泊松事件的时间间隔
T_{ij}	从状态 i 到 j 的首达时间
T_s	采样间隔
$U(a,b)$	区间 (a,b) 上的均匀分布
$u(x)$	（单位）阶跃函数
$u(n),\ u[n]$	（单位）阶跃序列
W_N	系统等效噪声带宽（角频率）
$X\|Y,\ X\|Y=y$	条件随机变量
$X_1,\cdots,X_n\|Y_1,\cdots,Y_m$	多维条件随机变量
$\{X(t,\xi),t\in T\},\ X(t,\xi),\ X(t)$	随机信号，随机过程
$\{X(n,\xi),n\in N\},\ X(n,\xi),\ X(n),\ X_n$	随机序列，离散随机过程
$X_0(t),\ \dot{X}(t)$	中心化信号与归一化信号
$x(t)\leftrightarrow X(\mathrm{j}\omega)$	傅里叶变换对
$\hat{x}(t)$	$x(t)$ 的希尔伯特变换
$z(t)$	解析信号

目　　录

第 1 章　概率论基础

概率论的基本知识读者已经学习过了，它们是随机信号分析的理论基础。因此，本章将简明地复习与总结这些知识，同时也扩充一些后面需要用到的新知识点，例如，利用冲激函数表示离散与混合型随机变量的概率密度函数，随机变量的条件数学期望与特征函数等。

1.1　概率公理与随机变量

随机现象总是表现得捉摸不定，它的基本特征在于：结果多样且事先无法预知。为了对随机性进行定量描述，并使用数学工具深入分析其内在规律，人们建立了随机试验、样本空间、事件与概率等概念，并定义了随机变量。

1.1.1　概率公理

1．概率的定义

数学家通过对大量随机现象的深入考察建立了一系列的基本概念与术语：

随机试验　对随机现象做出的观察与科学实验被抽象为随机试验（Random Experiment）。它具有下述特性：① 可以在相同条件下重复进行；② 全部的可能结果是事先知道的；③ 每次试验的结果不可预知。

随机试验的例子很多，例如：投掷骰子，观察顶面出现的点数；连续投掷硬币两次，观察正、反面出现的组合结果；记录某街道照明灯泡的寿命时间；统计网络交换机 1 s 内接收到的数据包数目与到达时刻；用电压表测量某接收机前端的噪声电压。

样本点与样本空间　随机试验所有的基本可能结果构成的集合称为样本空间（Sample Space），记为Ω。Ω的元素是单个基本可能结果，称为样本点（Sample Point），记为$\xi_i(i=1,2,\cdots)$，$\xi_i\in\Omega$。

事件　事件（Event）是随机试验中“人们感兴趣的结果”构成的集合，是Ω的子集，常用大写字母 A、B、C 等表示。事件可以是：

① 基本事件，仅包含一个样本点，如$\{\xi_1\}$，$\{\xi_3\}$等；

② 复合事件，它包含多个样本点，如$\{\xi_1,\xi_2,\xi_6\}$，$\{\xi_6,\xi_2\}$等；

③ 不可能事件，空集$\varnothing$，它不包含任何样本点；

④ 必然事件，整个Ω，它包含所有样本点。

概率　事件是随机的。除必然事件与不可能事件外，随机试验进行前无法确知“感兴趣的结果”是否会出现。赋予每个事件一个出现可能性的度量值，称为**概率**（Probability）。

所谓“可能性的度量值”是指“宏观”意义下（即大数量的情形下）事件出现的比例值。人们对于随机现象长期的研究发现了一个有趣的结果：捉摸不定的随机事件在大量统计下，出现的比例表现为某个明确的固定值。这种特征——既在个别时表现为无法确定又在大数量时表现为具有规律，引出了一套全新的理论，概率这个术语正好集中反映了这一特征，因而是这套理论的核心术语。

在实际应用中，事件 A 出现的可能性直观地由其**相对频率**（Relative Frequency）来计算，因此

$$P(A)\approx\frac{\text{随机试验中}A\text{ 出现的次数}}{\text{总随机试验次数}}=\frac{n_A}{n}\quad（n\text{ 很大}）\tag{1.1}$$

相对频率的客观特性要求（理论研究中的）概率具有一些基本特性，称为概率公理。

概率公理　任何事件 A 的概率满足：

① 非负性：任取事件 A，$P(A)\geqslant 0$；

② 归一性：$P(\Omega)=1$；

③ 可加性：若事件 A,B 互斥，即 $A\cap B=\varnothing$，则 $P(A\cup B)=P(A)+P(B)$。

概率与概率公理是概率论的基石，它们源于科学实践，其正确性在于它能合理地表述与解释客观世界，并能有效地解决实际问题。

2. 条件概率与独立性

“前提条件”与“相互独立”是随机问题中经常遇到的概念。

若事件 A 会发生，即 $P(A)>0$，考虑在 A 发生的条件下，另外一个事件 B，这便引出了**条件事件**和**条件概率**（Conditional Probability），它们定义为

$$B|A=\text{事件 }A\text{ 发生条件下的事件 }B$$

$$P(B|A)=\frac{P(AB)}{P(A)},\quad P(A)>0\tag{1.2}$$

在实际应用中，条件概率可以用相对频率计算如下（n 足够大）

$$P(B|A)\approx（A\text{ 发生时 }B\text{ 也发生的次数占 }A\text{ 发生总次数的相对比例}）=n_{AB}/n_A$$

它还可以按图 1.1 直观地进行理解。

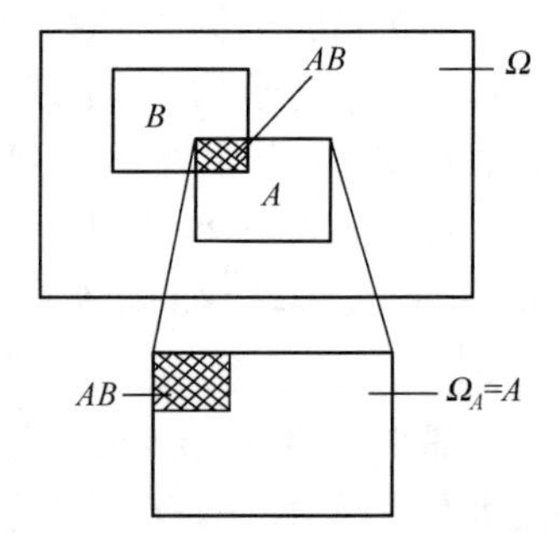

图 1.1　条件事件及其集合表示

独立的概念用于描述事件的发生不依赖于条件的特性，即 $P(B|A)=P(B)$。因此，事件 A 与 B **独立**（Independent）等价地定义为

$$P(AB)=P(A)P(B)$$

多个事件 $A_1,A_2,\cdots,A_n$ 彼此独立的定义为：若对于任意的 $m(1<m\leqslant n)$ 与 m 个任意整数：$1\leqslant k_1<k_2<\cdots<k_m\leqslant n$，满足

$$P(A_{k_1}A_{k_2}\cdots A_{k_m})=P(A_{k_1})P(A_{k_2})\cdots P(A_{k_m})\tag{1.3}$$

则称 $A_1,A_2,\cdots,A_n$ 彼此独立。可见多个事件的独立要求它们两两独立，三三独立，以及任意 $m(\leqslant n)$ 个都独立。

3. 基本性质与事件运算

基于公理，容易导出事件概率的如下基本性质：

① $P(\varnothing)=0$；

② $0\leqslant P(A)\leqslant 1$；

③ $P(A)\leqslant P(B)$，如果 $A\subseteq B$；

④ $P(AB)\leqslant P(A)\leqslant P(A\cup B)$。

样本空间与事件的数学描述都是集合，因此，事件的运算是集合的运算。事件的基本运算包括：非、加（或）、减、乘（与）及除（条件），对应的概率关系如下：

① $P(\overline{A})=1-P(A)$

② $P(A\cup B)=P(A)+P(B)-P(AB)$

$\qquad =P(A)+P(B)$ （如果彼此互斥）

③ $P(A-B)=P(A\cap\overline{B})=P(A)-P(AB)$

$\qquad =P(A)-P(B)$ （如果 $B\subseteq A$）

④ $P(AB)=P(A)P(B|A),\quad P(A)>0$

$\qquad =P(B)P(A|B),\quad P(B)>0$

$\qquad =P(A)P(B)$ （如果彼此独立）

⑤ $P(B|A)=P(AB)/P(A),\quad P(A)>0$

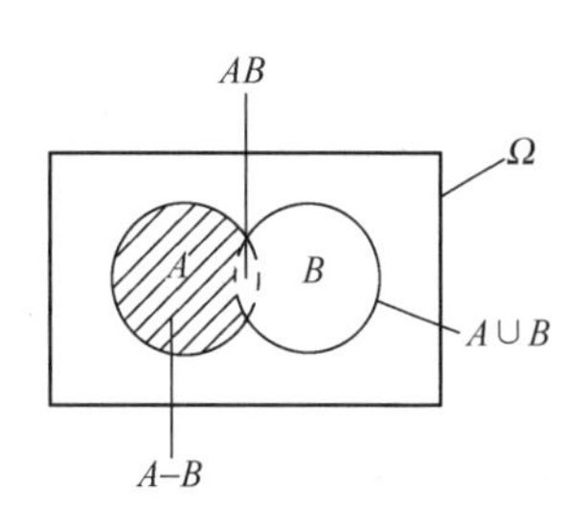

图 1.2 文氏图

通过**文氏图**（Venn Diagram）可以形象化地理解概率的基本性质、事件运算及其对应概率的运算，如图 1.2 所示。

事件的反复运算生成各种新的事件，各种不同事件的总体构成一个事件集合，称为事件域 F。样本空间、事件和概率是概率理论的三个最基本的概念。

例 1.1 分析掷均匀硬币问题。

解：掷币试验的基本结果是：H —正面，T —反面。因此有

（1）样本空间：$\Omega=\{H,T\}$。

（2）事件域：$F=\{\{H\},\{T\},\varnothing,\Omega\}$。

（3）由硬币的均匀特性可得，$P\{H\}=P\{T\}=0.5$；而且 $P\{\varnothing\}=0$，$P\{\Omega\}=1$。

例 1.2 有 N 个格子排为一列，将一只小球随机地放入其中任一格子。对于 $k\in[1,N]$，求：

（1）小球放入第 k 号格子的概率。

（2）前 k 个格子中有小球的概率。

解：因为是等概的，显然

$$P(\text{小球放入任一格子})=1/N$$

又因为小球放入各个格子是互斥的，于是有

$$P(\text{小球放入任意}k\text{个格子})=k/N$$

基于概率论解决实际问题的原则思路是：首先为问题设计随机试验模型，确定其样本空间 Ω，然后合理地假设其中某些基本事件的概率，再由它们推导出我们感兴趣的事件概率与特性，从而解决所关心的问题。

4. 几个基本公式

概率论中，有下面几个重要的公式。

（1）链式法则

$$P(A_1A_2\cdots A_n)=P(A_1)P(A_2|A_1)P(A_3|A_1A_2)\cdots P(A_n|A_1A_2\cdots A_{n-1}) \tag{1.4}$$

式中，$P(A_1),P(A_1A_2),\cdots,P(A_1A_2\cdots A_{n-1})>0$。易见，链式法则是反复运用条件概率定义的结果。

（2）全概率公式

事件组 $A_i, i=1,2,\cdots,n$，若满足：

$$\forall i \neq j,\ A_iA_j = \varnothing; \quad \bigcup_{i=1}^{n} A_i = \Omega$$

则称该事件组为样本空间的一个**完备事件组**或**分割**（Partition）。完备事件组是既彼此互斥又可以完整地拼成Ω的事件组。

若 $A_i, i=1,2,\cdots,n$，是完备组，任取另外一个事件 B，有

$$P(B)=\sum_{i=1}^{n} P(B|A_i)P(A_i) \qquad (1.5)$$

该式称为全概率公式。

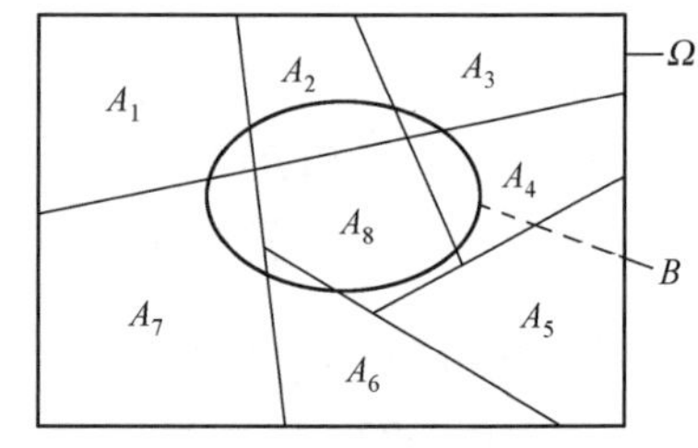

图 1.3　全概率公式

易见上式等价于 $P(B)=\sum_{i=1}^{n} P(A_iB)$，其中各个 A_iB 是图 1.3 中 B 的局部子块，它们彼此互斥。于是，上式可由概率公理的可加性得出。形象地讲，全概率公式表明："全部"的概率是由各种（互斥的）"部分"的概率按比例构成的。

（3）贝叶斯（Bayes）公式

若 $A_i, i=1,2,\cdots,n$，是完备组，任取另外一个事件 B，有

$$P(A_k|B)=\frac{P(A_k)P(B|A_k)}{\sum_{i=1}^{n} P(B|A_i)P(A_i)}, \quad k=1,2,\cdots,n \qquad (1.6)$$

易见，上式等号右边的分子与分母分别为

$$P(A_k)P(B|A_k)=P(A_kB), \quad \sum_{i=1}^{n} P(B|A_i)P(A_i)=P(B)$$

因此，式（1.6）本质上源于条件概率的定义。

贝叶斯公式在研究因果推测、信息传输与检测等问题中有着重要的应用。通常将各个原因事件概率 $P(A_i)$ 称为**先验概率**（Priori Probability），它是观察事件 B 出现与否之前已存在的；将条件概率 $P(B|A_k)$ 称为**转移概率**（Transition Probability），它是第 k 个原因事件转移成（或引起）事件 B 的概率；而将观察到 B 出现之后，条件概率 $P(A_k|B)$ 称为**后验概率**（Posteriori Probability）。

考虑一下因果推测问题：A_i 是 n 个原因事件，B 是某种结果事件；各原因的概率是先验概率，由原因引起结果的概率是转移概率，而知道结果后推测起因的概率就是后验概率。贝叶斯公式正是基于结果 B 推测某种起因 A_k 的可能性的方法。

例 1.3　二元传输与检测。假定二元消息表示为 0 与 1，记为 X，其先验概率分别为 $P\{X=0\}=0.9$，$P\{X=1\}=0.1$，传输可靠性为 80%。问：收到 1 时，真正发送的消息是什么？

解：由于传输并非绝对可靠，不论发送的是 0 或 1，接收到的消息可能为 0，也可能为 1，记为 Y。如图 1.4 所示，问题实际上是要求回答"$Y=1$条件下，X到底是什么?"，这需要比较 $P\{X=0|Y=1\}$ 与 $P\{X=1|Y=1\}$ 的大小。

根据贝叶斯公式可得

$$P\{X=0|Y=1\}=\frac{0.9\times 0.2}{0.9\times 0.2+0.1\times 0.8}=\frac{9}{13}$$

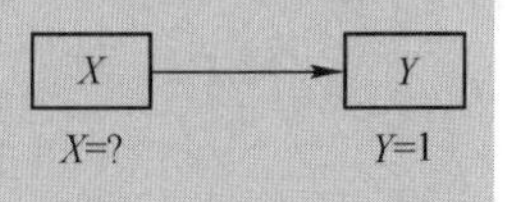

图 1.4　二元传输系统

$$P\{X=1|Y=1\}=\frac{0.1\times0.8}{0.9\times0.2+0.1\times0.8}=\frac{4}{13}$$

由于$P\{X=0|Y=1\}>P\{X=1|Y=1\}$，收到的虽然是 1，但合理的估计仍然是“原本发送的是 0”，尽管传输可靠性高达 80%。这样一来，不管接收到 0 或 1，我们总是“赌”发送的是 0。这样做当然可能出错，但它是最为“理智”的选择。这是因为在源端，消息 1 本身“太稀有了”，发送它的概率不大。因此，这个 1 更可能是发送 0 时错误产生的。

1.1.2 随机变量

概率论中的样本空间与事件等都是一般意义下的集合，为了更加有效地进行讨论与分析，我们希望将原来的集合描述形式转换为实数描述形式，因为在实数域上存在着丰富的数学分析方法与结果。为此，设计一个从样本空间向实数域的映射，将样本点映射为实数值，将事件映射为实数集合，这便产生了随机变量。

在样本空间Ω上定义一个单值实函数$X(\xi)$，称为**随机变量**（Random Variable，常缩写为 R.V.）。并规定：任取实数x，用$\{X(\xi)\leqslant x\}$的概率来描述$X(\xi)$的概率特性，记为

$$F_X(x)=P\{X(\xi)\leqslant x\} \tag{1.7}$$

称它为X的**概率分布函数**（Probability Distribution Function）或**概率累积分布函数**（Probability Cumulative Distribution Function），简称为分布函数。

定义随机变量$X(\xi)$时，不仅关心它取什么值，而且关心它取值的概率大小。定义中的$\{X(\xi)\leqslant x\}$是$\{\xi\colon X(\xi)\leqslant x\}$的缩写，它本质上是样本空间上某些样本点的集合，具体讲，是随机变量的值不超过x所对应的样本点的集合，它是一个事件，而非普通的实数集合。为了书写简便，常省略括号及其中的ξ，将随机变量简记为X。

分布函数$F_X(x)$的下标指出它所关注的随机变量是X，常常可以省略；而自变量x是确定变量，指示取值的位置。由概率公理与性质容易得出，分布函数具有如下基本性质：

① $F(-\infty)=0$，$F(+\infty)=1$；

② $F(x)$是右连续的单调非降函数，即

$$F(x_1)\leqslant F(x_2),\quad x_1<x_2;\qquad F(x^+)=F(x)$$

③ 在随机变量上，事件对应于实数集合，常用区间描述。基本区间事件的概率计算公式为

$$P\{x_1<x\leqslant x_2\}=F(x_2)-F(x_1)$$

$$P\{x_1\leqslant x\leqslant x_2\}=P\{x_1<x\leqslant x_2\}+P(x=x_1)=F(x_2)-F(x_1^-)$$

$$P\{x_1<x<x_2\}=P\{x_1<x\leqslant x_2\}-P(x=x_2)=F(x_2^-)-F(x_1)$$

$$P(X=x)=F(x)-F(x^-)$$

以上各式中，$F(x^+)$与$F(x^-)$分别表示$F(x)$在x处的右、左极限。

实用中，X只会有三种类型，由它们的分布函数反映出来：

① 连续型：$F(x)$是连续取值的。由于它有无限多种取值而所有取值的概率之和为 1，显然，它取任何单个实数值的概率均为零，即$\forall x$有$P(X=x)=0$。

② 离散型：$F(x)$仅含有跳跃型间断点。这些间断点是可列的，记为$\{x_i\}$；显然，X只

能取这些孤立点，或者说，X仅在这些点上具有非零的概率，记为$\{p_i\}$。因此

$$P(X=x_i)=p_i=F(x_i)-F(x_i^-) \quad (i\text{ 为整数})$$

称为X的**分布律**（或**分布列**）(Distribution Law)。并有$\sum_i p_i=1$，$p_i \geqslant 0$。

③ 混合型：这时$F(x)$既有连续的部分也有间断点，是上面两种形式的组合。

可见，分布函数可能含有间断点，但它们必定是跳跃型的。

X的**概率密度函数**（Probability Density Function）（简称密度函数）定义为其分布函数的导数，即

$$f(x)=\frac{\mathrm{d}}{\mathrm{d}x}F(x) \tag{1.8}$$

密度函数的基本性质为：

① 非负性与归一性：　　$f(x)\geqslant 0,\quad \int_{-\infty}^{+\infty} f(x)\mathrm{d}x=1$

② 区间A上的概率计算公式：　　$P\{X\in A\}=\int_A f(x)\mathrm{d}x$

$f(x)$的定义涉及到求导运算，当$F(x)$不连续时，我们引入阶跃函数$u(x)$与冲激函数$\delta(x)$来表示$F(x)$和$f(x)$。定义

$$u(x)=\begin{cases}1, & x\geqslant 0\\ 0, & x<0\end{cases};\qquad \delta(x)=\frac{\mathrm{d}}{\mathrm{d}x}u(x) \tag{1.9}$$

这样，即使在$F(x)$的间断处，我们仍可认为其（广义）导数存在，于是，密度函数存在。

极端的情况是，分布律为$P(X=x_i)=p_i$的离散型随机变量，其分布函数为

$$F(x)=\sum_i p_i u(x-x_i),\quad i\text{ 为整数} \tag{1.10}$$

密度函数为

$$f(x)=\sum_i p_i \delta(x-x_i),\quad i\text{ 为整数} \tag{1.11}$$

式中，取值位置对应$u(\ )$与$\delta(\ )$自变量的偏移量，取值概率对应前面的幅值。

例 1.4　均匀骰子试验。定义随机变量X为骰子顶面的编号，取值为$\{1,2,3,4,5,6\}$。显然X是离散型的，其概率特性通常用分布律描述最为方便，即

$$P(X=i)=1/6,\quad i=1,2,\cdots,6$$

或者采用表1.1进行表示，直观、清楚。

表 1.1　均匀骰子试验中，随机变量的分布律

状态：$\{x_i\}$	1	2	3	4	5	6
概率：$\{p_i\}$	1/6	1/6	1/6	1/6	1/6	1/6

但使用分布函数与密度函数可以统一地描述各型随机变量的概率特性，由式（1.10）与式（1.11）可得

$$F(x)=\sum_{i=1}^{6}\frac{1}{6}u(x-i),\quad \text{或}\quad f(x)=\sum_{i=1}^{6}\frac{1}{6}\delta(x-i)$$

如图 1.5 所示。（本题中，定义该随机变量时，其实还隐含规定 X 取其他实数值的概率为零）。

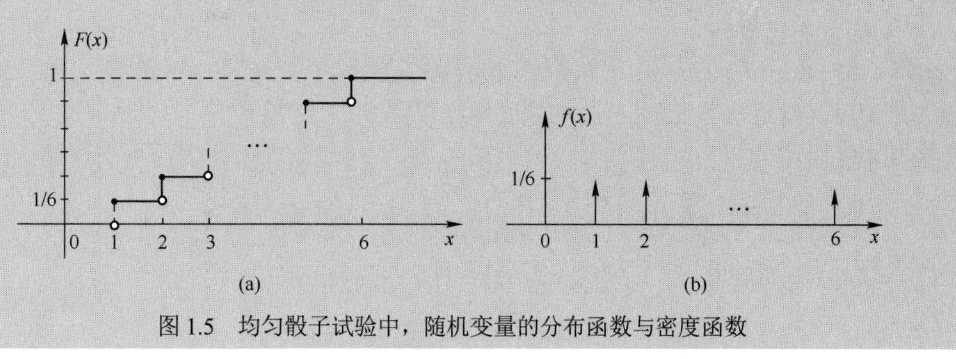

图 1.5　均匀骰子试验中，随机变量的分布函数与密度函数

随机变量不同于普通变量就在于其“随机性”，而随机性表现为以下两点：

① 变量可以有多个取值，并且永远不能预知它到底会取哪个值；

② 变量取值是有规律的，这种规律是“宏观”的，用概率特性来明确表述。

因此，凡是讨论随机变量就必然要联系到它的取值范围与概率特性。常用的概率特性，如正态分布、均匀分布、0–1 分布等，在初等概率论中已学习过，1.6 节将详细列出。

在描述随机变量的概率特性时，我们注意到：

① 对于离散变量，采用取值概率来描述是最直观与最方便的，这便是分布律；

② 对于连续变量或混合变量的连续部分，由于任何单个取值的概率都为零，因此，我们只好采用分布函数 $F_X(x)$ 进行描述，其中自变量 x 不是随机变量，而是（确定的）指示参量。$F_X(x)$ 指明直到 x 处的累积概率，即 $P\{X \leqslant x\}$；

③ 尽管连续变量或混合变量的连续部分取值的概率都为零，但不同位置处的概率密度（或“强度”）是不同的，这种规律便是密度函数 $f_X(x)$，它同样全面地表示了随机变量的概率特性。实际上，对于连续变量采用密度函数通常是最方便的。基于密度函数，我们很容易运用积分运算计算各种事件的概率。

随机变量的定义中采用了分布函数，因为它在数学上具有更好的普适性。

1.2　多维随机变量与条件随机变量

1.2.1　多维随机变量

多个随机变量放在一起，构成 n 维随机变量（或向量），记为 $(X_1, X_2, \cdots, X_n)$。它们的概率特性由 n 维（或 n 元）**联合概率分布函数**与**联合概率密度函数**描述，简称为联合分布函数（或分布函数）与联合密度函数（或密度函数），分别定义为

$$F_{X_1X_2\cdots X_n}(x_1, x_2, \cdots, x_n) = P\{X_1 \leqslant x_1, X_2 \leqslant x_2, \cdots, X_n \leqslant x_n\} \tag{1.12}$$

$$f_{X_1X_2\cdots X_n}(x_1, x_2, \cdots, x_n) = \frac{\partial^n}{\partial x_1 \cdots \partial x_n} F_{X_1X_2\cdots X_n}(x_1, x_2, \cdots, x_n) \tag{1.13}$$

联合概率特性包含了分量随机变量各自的（边缘）概率特性与相互间“交叉”的概率特性。它们的基本性质与前面的相仿。

以二维为例，分布函数反映了直到 (x, y) 处的联合累积概率，它有下面的性质：

① $F_{XY}(x, -\infty) = 0$，$F_{XY}(-\infty, y) = 0$，$F_{XY}(+\infty, +\infty) = 1$；

② $F_{XY}(x, y)$ 是 x 或 y 的单调非减函数；

③ $P\{a<X\leqslant b;c<Y\leqslant d\}=F_{XY}(b,d)-F_{XY}(a,d)-F_{XY}(b,c)+F_{XY}(a,c)$，如图 1.6 所示。

④ 边缘分布函数为

$$F_X(x)=F_{XY}(x,+\infty)\text{，}\quad F_Y(y)=F_{XY}(+\infty,y)$$

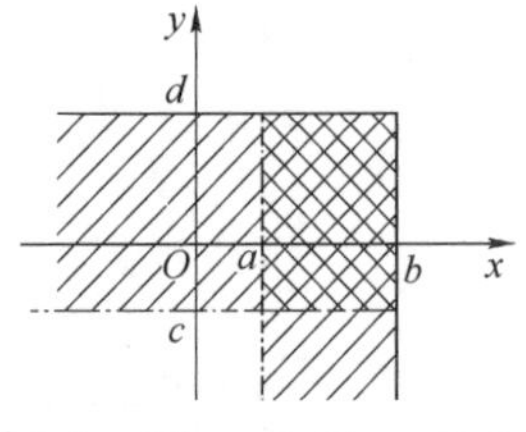

图 1.6　$P\{a<X\leqslant b;c<Y\leqslant d\}$ 的几何表示

二维密度函数反映了在 (x,y) 处的联合概率“强度”，它具有下面的基本性质：

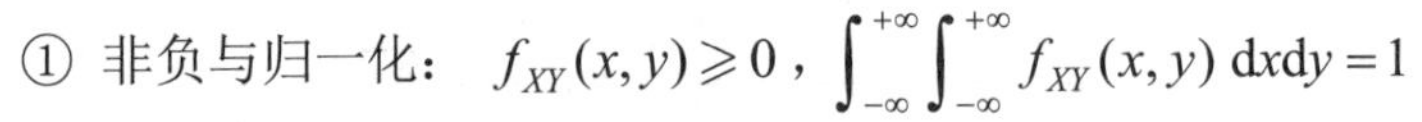

① 非负与归一化：$f_{XY}(x,y)\geqslant 0$，$\int_{-\infty}^{+\infty}\int_{-\infty}^{+\infty} f_{XY}(x,y)\,\mathrm{d}x\mathrm{d}y=1$

② 区域 D 上的概率：$P\{(x,y)\in D\}=\iint\limits_D f_{XY}(x,y)\mathrm{d}x\mathrm{d}y$

③ 边缘密度函数为：

$$f_X(x)=\frac{\mathrm{d}}{\mathrm{d}x}F_X(x)=\int_{-\infty}^{+\infty} f_{XY}(x,y)\mathrm{d}y$$

$$f_Y(y)=\frac{\mathrm{d}}{\mathrm{d}y}F_Y(y)=\int_{-\infty}^{+\infty} f_{XY}(x,y)\mathrm{d}x$$

离散型随机向量的概率特性常常用**联合分布律**来描述

$$P\{X=x_i,Y=y_j\}=p_{ij},\quad \sum_i\sum_j p_{ij}=1 \tag{1.14}$$

从中可以清楚地看到 (X,Y) 取各离散点的概率。联合密度函数完全由如下形式的多维冲激函数组成

$$f_{XY}(x,y)=\sum_i\sum_j p_{ij}\delta(x-x_i,y-y_j) \tag{1.15}$$

其中，$\delta(x,y)=\delta(x)\delta(y)$。其联合分布函数由如下形式的多维阶跃函数组成

$$F_{XY}(x,y)=\sum_i\sum_j p_{ij}u(x-x_i,y-y_j) \tag{1.16}$$

其中，$u(x,y)=u(x)u(y)$。式（1.15）与式（1.16）中，随机变量取值位置对应 $u(\ )$ 与 $\delta(\ )$ 自变量的偏移量，取值概率对应前面的幅值。

例 1.5　某电子系统有部件 A_1 和 A_2。部件正常工作记为 n，发生故障记为 f，且 $P[A_1=f]=0.01$，$P[A_2=f]=0.02$。定义如下随机变量

$$X_1=\begin{cases}1, & A_1=n\\ 0, & A_1=f\end{cases};\quad X_2=\begin{cases}1, & A_2=n\\ 0, & A_2=f\end{cases}$$

（1）给出观察系统工作情况的样本空间 Ω 和随机向量 (X_1,X_2) 的联合样本空间 S_J，并指出 Ω 和 S_J 中事件的对应关系；

（2）计算 (X_1,X_2) 的密度函数。

解： 电子系统工作情况可由部件 A_1 和 A_2 的工作情况表示。因此，系统工作情况的样本空间为

$$\Omega=[(n,n),(n,f),(f,n),(f,f)]$$

随机变量 X_1 和 X_2 为实数，因此，联合样本空间为二维实空间中的四点：

$$S_J=[(1,1),(1,0),(0,1),(0,0)]$$

Ω 与 S_J 及其对应关系如图 1.7(a)所示。

若假定部件 A_1 和 A_2 是否正常工作的事件是彼此独立的，则有

$$\begin{aligned}P[X_1=1,X_2=1]&=P[A_1=n,A_2=n]=P[A_1=n]P[A_2=n]\\&=(1-0.01)\times(1-0.02)=0.9702\end{aligned}$$

如果将 $P[A_1 = n, A_2 = n]$ 和 $P[X_1 = 1, X_2 = 1]$ 简记为 $P\{n,n\}, P\{1,1\}$，则上式变为

$$P\{1,1\} = P\{n,n\} = 0.9702$$

类似于上面的分析，还有

$$P\{1,0\} = P\{n,f\} = (1-0.01)\times(0.02) = 0.0198$$

$$P\{0,1\} = P\{f,n\} = 0.01\times(1-0.02) = 0.0098$$

$$P\{0,0\} = P\{f,f\} = 0.01\times 0.02 = 0.0002$$

使用二维冲激函数记号，(X_1, X_2) 的密度函数可以表示为

$$f(x_1,x_2) = 0.9702\delta(x_1-1,x_2-1) + 0.0198\delta(x_1-1,x_2) + 0.0098\delta(x_1,x_2-1) + 0.0002\delta(x_1,x_2)$$

于是，电子系统工作情况的密度函数 $f(x_1,x_2)$ 的图形如图 1.7(b)所示。

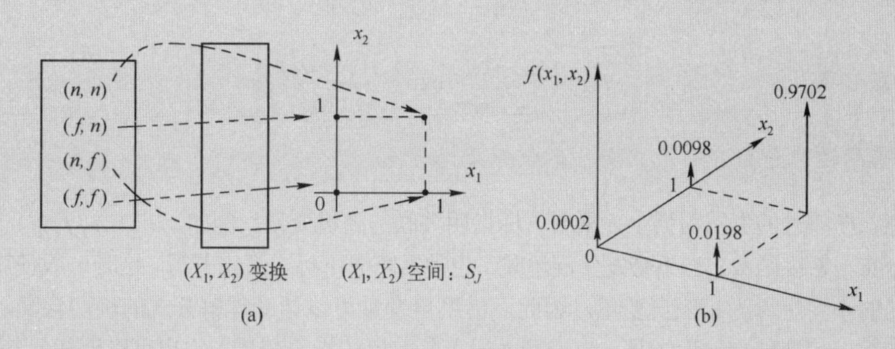

图 1.7　例 1.5 图

例 1.6　已知随机变量 (X,Y) 仅在区域 $D=\{0\leqslant x\leqslant 2, |y|\leqslant 2-x\}$ 上取值，如图 1.8 所示，并且为均匀分布。求此二维均匀分布的 $f(x,y)$、$f_X(x)$ 与 $f_Y(y)$。

解：区域 D 如图 1.8 所示，可得面积 $S=4$，因此

$$f(x,y) = \begin{cases} 1/S, & (x,y)\in D \\ 0, & 其他 \end{cases} = \begin{cases} 1/4, & (x,y)\in D \\ 0, & 其他 \end{cases}$$

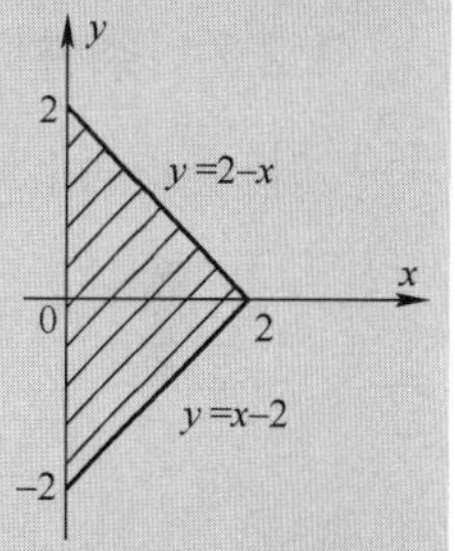

利用积分可求得边缘密度函数为

$$f_X(x) = \begin{cases} \displaystyle\int_{x-2}^{2-x} \frac{1}{4}\mathrm{d}y = 1 - x/2, & x\in[0,2] \\ 0, & 其他 \end{cases}$$

图 1.8　区域 D

$$f_Y(y) = \begin{cases} \displaystyle\int_0^{2-y} \frac{1}{4}\mathrm{d}x, & y\in[0,2] \\ \displaystyle\int_0^{y+2} \frac{1}{4}\mathrm{d}x, & y\in[-2,0) \\ 0, & 其他 \end{cases} = \begin{cases} \dfrac{2-|y|}{4}, & |y|\leqslant 2 \\ 0, & 其他 \end{cases}$$

例 1.7　二维正态分布随机变量 $(X,Y)\sim N(\mu_1,\sigma_1^2;\mu_2,\sigma_2^2;\rho)$，其联合密度函数为

$$f(x,y) = \frac{1}{2\pi\sigma_1\sigma_2\sqrt{1-\rho^2}} \mathrm{e}^{-\frac{1}{2(1-\rho^2)}\left[\left(\frac{x-\mu_1}{\sigma_1}\right)^2 - 2\rho\frac{(x-\mu_1)(y-\mu_2)}{\sigma_1\sigma_2} + \left(\frac{y-\mu_2}{\sigma_2}\right)^2\right]} \tag{1.17}$$

式中，μ_1,μ_2 为任意常数，σ_1,σ_2 为正常数，$|\rho|\leqslant 1$ 为常数。求 $f_X(x)$ 与 $f_Y(y)$。

解：首先将 $f(x,y)$ 的指数部分写为

$$-\frac{\left[\left(\rho\frac{x-\mu_1}{\sigma_1}-\frac{y-\mu_2}{\sigma_2}\right)^2+(1-\rho^2)\frac{(x-\mu_1)^2}{\sigma_1^2}\right]}{2(1-\rho^2)}=-\frac{\left[y-\mu_2-\rho\frac{(x-\mu_1)\sigma_2}{\sigma_1}\right]^2}{2(1-\rho^2)\sigma_2^2}-\frac{(x-\mu_1)^2}{2\sigma_1^2}$$

则 $f_X(x)=\int_{-\infty}^{+\infty}f(x,y)\mathrm{d}y=\frac{1}{\sqrt{2\pi}\sigma_1}\exp\left[\frac{-(x-\mu_1)^2}{2\sigma_1^2}\right]\int_{-\infty}^{+\infty}\frac{1}{\sqrt{2\pi}\sigma_2\sqrt{1-\rho^2}}\exp\left\{-\frac{\left[y-\mu_2-\rho\frac{(x-\mu_1)\sigma_2}{\sigma_1}\right]^2}{2(1-\rho^2)\sigma_2^2}\right\}\mathrm{d}y$

对照一维正态分布的密度函数形式，并利用其归一性，易知上式等号右边的积分项正好为 1，因此

$$f_X(x)=\frac{1}{\sqrt{2\pi}\sigma_1}\exp\left\{-\frac{(x-\mu_1)^2}{2\sigma_1^2}\right\}$$

同理可得

$$f_Y(y)=\frac{1}{\sqrt{2\pi}\sigma_2}\exp\left\{-\frac{(y-\mu_2)^2}{2\sigma_2^2}\right\}$$

可见，它的边缘分布分别是 X 与 Y 的一维正态分布。

注意，在符号的书写习惯上，采用下标指明关联的随机变量，例如，$F_X(\ ),f_Y(\ )$ 分别是 X 与 Y 的分布与密度函数。当不会发生混淆时，也常常略去下标，简化书写。这时一般使用与随机变量同名的小写字母为相应自变量。因此，借助自变量可以帮助理解公式的确切含义，例如，$F(x),f(y)$。但要特别注意的是，自变量本质上是取值的指示变量，它也可以用任何其他符号，而与原随机变量没有强制性的符号约定，如 $F_X(y)=P[X\leqslant y]$ 与 $F_X(\alpha)=P[X\leqslant\alpha]$。因此，如果使用 $F(y)$ 可能被误解为 $F_Y(y)$ 时，就必须保留下标，仍记为 $F_X(y)$。

1.2.2 条件随机变量

随机变量与多维随机变量的**条件事件**形如：

$$X\in A|X\in B$$

$$X\leqslant x|Y\in B$$

$$X_1\leqslant x_1,X_2\leqslant x_2,\cdots,X_n\leqslant x_n|Y_1\in B_1,Y_2\in B_2,\cdots,Y_n\in B_n$$

$$X_1\leqslant x_1,X_2\leqslant x_2,\cdots,X_n\leqslant x_n|Y_1=y_1,Y_2=y_2,\cdots,Y_n=y_n$$

式中，A,B 与 B_i 都是实数集。上面最后一种是“点事件”作为条件的情形。由于随机变量取值为单点的事件概率常常为 0，因此这类条件事件的概率采用极限形式来定义。以二维为例，**条件分布**与**密度函数**定义为：

$$F_{X|Y}(x|y)=\lim_{\Delta y\to 0}\frac{P\{X\leqslant x,y<Y\leqslant y+\Delta y\}}{P\{y<Y\leqslant y+\Delta y\}}=\lim_{\Delta y\to 0}\frac{\int_{-\infty}^{x}f_{XY}(u,y)\Delta y\mathrm{d}u}{f_Y(y)\Delta y}=\int_{-\infty}^{x}\frac{f_{XY}(u,y)}{f_Y(y)}\mathrm{d}u \quad (1.18)$$

$$f_{X|Y}(x|y)=\frac{\partial}{\partial x}F_{X|Y}(x|y)=\frac{f_{XY}(x,y)}{f_Y(y)} \quad (1.19)$$

该式在形式上与条件概率的基础定义相似。

离散型随机变量可采用条件分布律

$$P[X=x_i|Y=y_j]=\frac{p_{ij}}{p_{\cdot j}},\qquad p_{\cdot j}=\sum_i p_{ij} \quad (1.20)$$

条件分布与密度函数具有与普通分布与密度函数相似的性质。并且还满足

全概率公式：
$$f(x)=\int_{-\infty}^{+\infty} f(x|y)f(y)\mathrm{d}y \tag{1.21}$$

贝叶斯公式：
$$f(x|y)=\frac{f(y|x)f(x)}{\int_{-\infty}^{+\infty} f(y|x)f(x)\mathrm{d}x} \tag{1.22}$$

链式公式：
$$f(x_1x_2\cdots x_n)=f(x_1)f(x_2|x_1)f(x_3|x_1x_2)\cdots f(x_n|x_1x_2\cdots x_{n-1}) \tag{1.23}$$

对比上一节的有关公式，可以看到它们在概念与形式上的相似性。

1.2.3 独立性

设$X_1,X_2,\cdots,X_n$是n个随机变量，若任取n个实数$x_1,x_2,\cdots,x_n$，有
$$F_{X_1X_2\cdots X_n}(x_1,x_2,\cdots,x_n)=F_{X_1}(x_1)F_{X_2}(x_2)\cdots F_{X_n}(x_n)$$
则称它们相互独立。

独立性的核心在于联合事件的概率等于各自概率的积。采用密度函数，可以将独立性的定义表述如下
$$f_{X_1X_2\cdots X_n}(x_1,x_2,\cdots,x_n)=f_{X_1}(x_1)f_{X_2}(x_2)\cdots f_{X_n}(x_n)$$
若随机变量是离散型的，也可以用分布律来表述
$$P[X_1=x_{1k_1},X_2=x_{2k_2},\cdots,X_n=x_{nk_n}]=P[X_1=x_{1k_1}]P[X_2=x_{2k_2}]\cdots P[X_n=x_{nk_n}]$$
式中，$x_{1k_1},x_{2k_2},\cdots,x_{nk_n}$分别是$X_1,X_2,\cdots,X_n$的可能取值。

随机变量的独立性是原事件独立性概念的引申。还可以得出下面几点：

① 若两组随机变量$(X_1,X_2,\cdots,X_n)$与$(Y_1,Y_2,\cdots,Y_m)$满足
$$F(X_1,X_2,\cdots,X_n;Y_1,Y_2,\cdots,Y_m)=F_{X_1X_2\cdots X_n}(x_1,x_2,\cdots,x_n)F_{Y_1Y_2\cdots Y_m}(y_1,y_2,\cdots,y_m) \tag{1.24}$$
则称两组变量独立，但它们各自内部不必彼此独立。

② 在独立随机变量组之间，条件不起作用，即
$$F_{X_1X_2\cdots X_n|Y_1Y_2\cdots Y_m}(x_1,x_2,\cdots,x_n|y_1,y_2,\cdots,y_m)=F_{X_1X_2\cdots X_n}(x_1,x_2,\cdots,x_n)$$

例 1.8 二维正态分布为
$$f(x,y)=\frac{1}{2\pi\sigma_1\sigma_2\sqrt{1-\rho^2}}\mathrm{e}^{-\frac{1}{2(1-\rho^2)}\left[\left(\frac{x-\mu_1}{\sigma_1}\right)^2-2\rho\frac{(x-\mu_1)(y-\mu_2)}{\sigma_1\sigma_2}+\left(\frac{y-\mu_2}{\sigma_2}\right)^2\right]}$$
求：（1）$f(y|x)$；（2）X与Y之间的独立性。

解：（1）利用例 1.7 中$f_X(x)$的结果，由定义有
$$f(y|x)=\frac{f(x,y)}{f(x)}=\frac{1}{\sqrt{2\pi}\sigma_2\sqrt{1-\rho^2}}\mathrm{e}^{-\frac{1}{2(1-\rho^2)\sigma_2^2}\left[y-\mu_2-\rho\frac{(x-\mu_1)\sigma_2}{\sigma_1}\right]^2} \tag{1.25}$$
可见其条件分布是均值为$\mu_2+\rho\dfrac{(x-\mu_1)\sigma_2}{\sigma_1}$，方差为$(1-\rho^2)\sigma_2^2$的一维正态分布。

（2）易见，当且仅当$\rho=0$时，$f(x,y)=f(x)f(y)$。因此，$\rho=0$是二维正态分布的X与Y独立的充要条件。

例 1.9 二维均匀分布为
$$f(x,y)=\begin{cases}1/4, & 0\leqslant x\leqslant 2, |y|\leqslant 2-x\\ 0, & 其他\end{cases}$$

求 $P\{X\leqslant 1|Y=0\}$ 与 $P\{X\leqslant 1\}$。

解：根据例 1.6 中 $f_Y(y)$ 的结果，由定义有

$$f(x|y)=\frac{f(x,y)}{f(y)}=\begin{cases}\dfrac{1}{2-|y|}, & (X,Y)\in D\\ 0, & 其他\end{cases}$$

于是

$$f(x|y=0)=\begin{cases}1/2, & x\in[0,2)\\ 0, & 其他\end{cases}$$

即条件事件 $(X|Y=0)$ 服从均匀分布 $U(0,2)$。其实，任意给定 $y\in[-2,2]$，条件事件 $(X|Y=y)$ 服从均匀分布 $U(0,2-|y|)$。于是

$$P\{X\leqslant 1|Y=0\}=\int_{-\infty}^{1}f(x|y=0)\mathrm{d}x=\int_{0}^{1}\frac{1}{2}\mathrm{d}x=\frac{1}{2}$$

而

$$P\{X\leqslant 1\}=\int_{-\infty}^{1}f(x)\mathrm{d}x=\int_{0}^{1}(1-x/2)\mathrm{d}x=\frac{3}{4}$$

由于是均匀分布，该概率也容易由图 1.8 用几何方法求得。可见，条件“$Y=0$”对 $\{X\leqslant 1\}$ 的概率有影响，X 与 Y 是不独立的。

1.3 随机变量的函数

一个或多个随机变量的函数为

$$Y=g(X)，\qquad 或 \qquad Z=g(X_1,X_2,\cdots,X_n)$$

它们构成从原样本空间到实数域的复合映射，可见，Y 或 Z 是新的随机变量。自变量的多样性与不确定性导致因变量的多样性与不确定性，自变量的概率特性决定因变量的概率特性。

1.3.1 一元函数

一元函数形如：$Y=g(X)$。确定其分布的基本方法是从定义出发：

$$F_Y(y)=P[g(X)\leqslant y]=P[X\in\{x:g(x)\leqslant y\}]=\int_{\{x:\,g(x)\leqslant y\}}f_X(x)\mathrm{d}x \tag{1.26}$$

例 1.10　神经网络中的激活函数 ReLU。

神经网络是人工智能（AI）的一个基础单元。它的核心要素之一是非线性激活函数，ReLU（Rectifier Linear Unit）就是一种广为应用的激活函数。ReLU 的基本特性与电路中半波整流器的一样，它的输出 Y 与输入 X 之间的数学模型可以表示为

$$Y=g(X)=\begin{cases}X, & X\geqslant 0\\ 0, & X<0\end{cases}$$

如图 1.9 所示。若已知输入 X 的密度与分布函数分别为 $f_X(x)$ 和 $F_X(x)$，试求输出 Y 的密度函数 $f_Y(y)$。

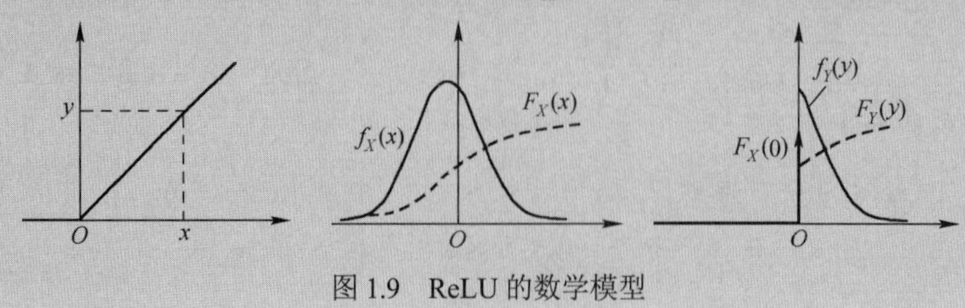

图 1.9　ReLU 的数学模型

解：由已知
$$Y=g(X)=\begin{cases}X, & X\geqslant 0\\ 0, & X<0\end{cases}$$
于是可得：

① 如果 $y<0$，由于始终有 $Y\geqslant 0$，因此事件 $\{Y\leqslant y\}$ 是不可能事件，所以
$$F_Y(y)=P[Y\leqslant y]=P[\varnothing]=0$$
② 如果 $y\geqslant 0$，事件 $\{Y\leqslant y\}$ 等同于事件 $\{X\leqslant y\}$，于是
$$F_Y(y)=P[Y\leqslant y]=P[X\leqslant y]=F_X(y)$$
注意到 $F_Y(y)$ 在 $y=0$ 处有一个跳跃型间断点，跳跃幅度为 $F_X(0)$。因此
$$\begin{cases}F_Y(y)=F_X(y)u(y)\\ f_Y(y)=f_X(y)u(y)+F_X(0)\delta(y)\end{cases} \tag{1.27}$$
深度神经网络在 AI 中发挥着重要作用。分析发现，它的强大能力来源于网络层之间的非线性激活函数。ReLU 激活函数因其计算简单、有效缓解梯度消失问题和提高训练效率的特性，在深度学习中得到了广泛应用。图 1.10 给出了 Leaky ReLU 与 Random ReLU 两种改进形式，Leaky 型在负段采用一定斜率的直线，而 Random 型在负段的斜率参数 a_{ji} 通常采用高斯随机变量。

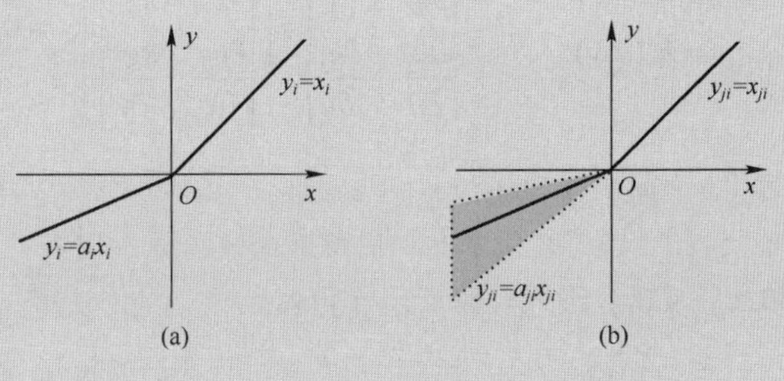

图 1.10 Leaky ReLU（a）与 Random ReLU（b）

对于连续型随机变量，如果 $g(x)$ 是单调递增或单调递减函数，则有下面的定理。

定理 1.1 设 $Y=g(X)$，若 $g(x)$ 处处可导且恒有 $g'(x)>0$ 或 $g'(x)<0$，则
$$f_Y(y)=\begin{cases}f_X[h(y)]|h'(y)|, & a<y<b\\ 0, & 其他\end{cases} \tag{1.28}$$
式中，$a=\min\{g(-\infty),g(+\infty)\}$，$b=\max\{g(-\infty),g(+\infty)\}$，$h(y)$ 是 $g(x)$ 的反函数。

例 1.11 求 $Y=aX+b$ 的密度函数。

解：由于函数符合定理的条件，且反函数形式为 $x=(y-b)/a$，导函数为 $1/a$。于是
$$f_Y(y)=\frac{1}{|a|}f_X\left(\frac{y-b}{a}\right) \tag{1.29}$$

1.3.2 二元函数

二元函数表示为 $Z=g(X,Y)$，确定其分布函数的基本方法同样是从定义出发
$$\begin{aligned}F_Z(z)&=P[g(X,Y)\leqslant z]=P\left[(X,Y)\in\{(x,y):g(x,y)\leqslant z\}\right]\\ &=\int_{\{(x,y):\ g(x,y)\leqslant z\}}f_{XY}(x,y)\mathrm{d}x\mathrm{d}y\end{aligned} \tag{1.30}$$

例 1.12 求$U=\min(X,Y)$与$V=\max(X,Y)$的分布函数。

解： 按定义 $$F_U(u)=P\left[\min(X,Y)\leqslant u\right]=P\left[(X\leqslant u)\cup(Y\leqslant u)\right]$$

由概率的基本性质 $$P(A\cup B)=P(A)+P(B)-P(A\cap B)$$

有 $$F_U(u)=F_X(u)+F_Y(u)-F_{XY}(u,u) \tag{1.31}$$

仿此有 $$\begin{aligned}F_V(v)&=P\left[\max(X,Y)\leqslant v\right]=P\left[(X\leqslant v)\cap(Y\leqslant v)\right]\\&=P\left[X\leqslant v,Y\leqslant v\right]=F_{XY}(v,v)\end{aligned} \tag{1.32}$$

更一般的函数关系可以是如下的二元至二元的映射组

$$\begin{cases}U=g_1(X,Y)\\V=g_2(X,Y)\end{cases} \tag{1.33}$$

仿照一元函数，对于连续型随机变量，可用下面的公式确定其联合密度函数

$$f_{UV}(u,v)=f_{XY}\left[h_1(u,v),h_2(u,v)\right]|J| \tag{1.34}$$

式中，$h_1(\ )$与$h_2(\ )$为反函数，J为**雅可比行列式**（Jacobian），即

$$\begin{cases}x=h_1(u,v)\\y=h_2(u,v)\end{cases},\quad J=\begin{vmatrix}\frac{\partial h_1}{\partial u} & \frac{\partial h_1}{\partial v}\\ \frac{\partial h_2}{\partial u} & \frac{\partial h_2}{\partial v}\end{vmatrix}=\left(\begin{vmatrix}\frac{\partial g_1}{\partial x} & \frac{\partial g_1}{\partial y}\\ \frac{\partial g_2}{\partial x} & \frac{\partial g_2}{\partial y}\end{vmatrix}\right)^{-1}\neq 0 \tag{1.35}$$

例 1.13 求$Z=X+Y$的密度函数。

解： 为了利用公式（1.34），必须建立相同维数的映射组。因而，我们定义辅助变量$U=Y$，则函数、相应的反函数形式与雅可比行列式如下

$$\begin{cases}Z=X+Y\\U=Y\end{cases},\qquad \begin{cases}x=z-u\\y=u\end{cases},\qquad J=\begin{vmatrix}1 & -1\\0 & 1\end{vmatrix}=1$$

于是 $$f_{ZU}(z,u)=f_{XY}(z-u,u)\times 1$$

对该联合密度函数积分可得

$$f_Z(z)=f_{X+Y}(z)=\int_{-\infty}^{+\infty}f_{XY}(z-u,u)\mathrm{d}u \tag{1.36}$$

如果X与Y独立，则$f_{XY}(x,y)=f_X(x)f_X(y)$，于是

$$f_Z(z)=f_{X+Y}(z)=\int_{-\infty}^{+\infty}f_X(z-u)f_Y(u)\mathrm{d}u=f_X(z)*f_Y(z) \tag{1.37}$$

上式中“*”表示卷积运算。可见，独立随机变量和的密度函数等于各密度函数的卷积。相仿地，还可以求出

$$f_{XY}(z)=\int_{-\infty}^{+\infty}\frac{1}{|u|}f_{XY}\left(\frac{z}{u},u\right)\mathrm{d}u \tag{1.38}$$

$$f_{X/Y}(z)=\int_{-\infty}^{+\infty}|u|f_{XY}(zu,u)\mathrm{d}u \tag{1.39}$$

例 1.14 假定电阻库中的电阻精度均为±1%，误差服从均匀分布。某电路中需要 20 kΩ的电阻，问：

（1）取一个标称 20 kΩ的电阻，其实际值在 20 kΩ± 100 Ω以内的概率是多少？

（2）取两个标称 10 kΩ的电阻进行串联，其实际值在 20 kΩ± 100 Ω以内的概率是多少？

解：（1）精度为±1%、标称 20 kΩ电阻的真实电阻值是随机的，在 20 kΩ± 200 Ω范围内均匀分布，显然，一个标称 20 kΩ的电阻的实际值在 20 kΩ± 100 Ω以内的概率是 0.5。

（2）同理，精度为±1%、标称 10 kΩ的真实电阻值是随机的，服从 10 kΩ± 100 Ω上的均匀分布。随机取两个这样的电阻 R_1, R_2，可以认为彼此独立，串联后的阻值 $R = R_1 + R_2$，其分布为

$$f_R(r) = f_{R_1}(r_1) * f_{R_2}(r_2)$$

由于相同矩形函数卷积结果为三角形函数，如图 1.11 所示。图中阴影部分为"落在 20 kΩ± 100 Ω以内的概率"，易见，它是 0.75。

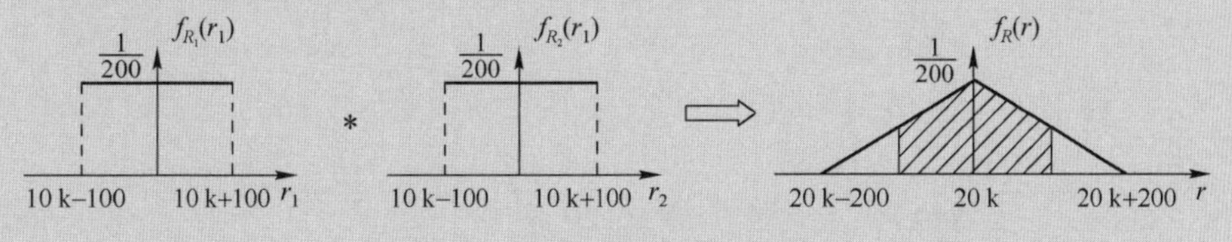

图 1.11 串联电阻的概率密度

可见，当误差服从均匀分布时，由两个电阻串联的方法很可能获得更高精度的阻值。

1.3.3 瑞利与莱斯分布

理论分析与工程应用中经常遇到正态随机变量的变换，这些变换衍生出一些重要的分布。其中，瑞利与莱斯分布是无线电技术与通信工程等领域的常见分布。下面我们通过例子说明这两个分布。

例 1.15 复随机变量 $Z = X + \mathrm{j}Y = R\mathrm{e}^{\mathrm{j}\Theta}$，其中实部与虚部是同分布的零均值正态随机变量：$X \sim N(0,\sigma^2)$，$Y \sim N(0,\sigma^2)$，且 X 与 Y 独立。讨论振幅 R 与相位 Θ 的概率特性。

解：R、Θ 与 X、Y 之间的函数、反函数形式与雅可比行列式如下

$$\begin{cases} R = \sqrt{X^2 + Y^2} \\ \Theta = \arctan(Y/X) \end{cases}, \quad \begin{cases} x = r\cos\theta \\ y = r\sin\theta \end{cases}, \quad J = \begin{vmatrix} \cos\theta & -r\sin\theta \\ \sin\theta & r\cos\theta \end{vmatrix} = r$$

根据 X 与 Y 独立，有

$$f_{XY}(x,y) = f_X(x) f_Y(y) = \frac{1}{2\pi\sigma^2}\mathrm{e}^{-\left(x^2+y^2\right)/2\sigma^2}$$

于是

$$f_{R\Theta}(r,\theta) = \begin{cases} f_{XY}(r\cos\theta, r\sin\theta)r, & r \geqslant 0 \\ 0, & r < 0 \end{cases}$$

$$= \begin{cases} \dfrac{r}{2\pi\sigma^2}\mathrm{e}^{-r^2/2\sigma^2}, & r \geqslant 0 \\ 0, & r < 0 \end{cases} \tag{1.40}$$

边缘密度函数为

$$f_R(r) = \int_0^{2\pi} f_{R\Theta}(r,\theta)\mathrm{d}\theta = \begin{cases} \dfrac{r}{\sigma^2}\mathrm{e}^{-r^2/2\sigma^2}, & r \geqslant 0 \\ 0, & r < 0 \end{cases} \tag{1.41}$$

$$f_\Theta(\theta) = \int_0^{+\infty} f_{R\Theta}(r,\theta)\mathrm{d}r = \begin{cases} \dfrac{1}{2\pi}, & \theta \in [0, 2\pi) \\ 0, & 其他 \end{cases} \tag{1.42}$$

式（1.41）的分布被称为**瑞利（Rayleigh）分布**，如图 1.12(a)所示。由式（1.41）易见，

$f_{R\Theta}(r,\theta)=f_R(r)/(2\pi)$。注意到$\int_{-\infty}^{\infty}f_R(r)\mathrm{d}r=1$，容易得出式（1.42）。

可见，复随机变量Z的幅度为瑞利分布，相位为均匀分布，并且$f_{R\Theta}(r,\theta)=f_R(r)f_\Theta(\theta)$，说明$R$与$\Theta$独立。

进一步地，如果X与Y的均值不为零，分别为μ_X与μ_Y，则

$$f_{XY}(x,y)=f_X(x)f_Y(y)=\frac{1}{2\pi\sigma^2}\exp\left\{-\frac{(x-\mu_X)^2+(y-\mu_Y)^2}{2\sigma^2}\right\}$$

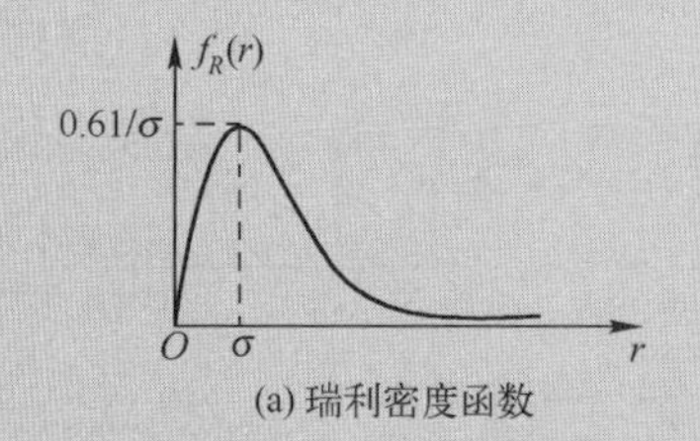

(a) 瑞利密度函数

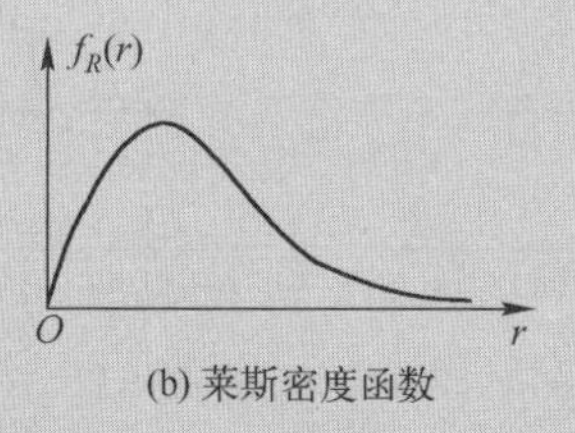

(b) 莱斯密度函数

图 1.12　瑞利与莱斯密度函数

令
$$\begin{cases}a=\sqrt{\mu_X^2+\mu_Y^2}\\ \phi=\arctan(\mu_Y/\mu_X)\end{cases},\quad \begin{cases}\mu_X=a\cos\phi\\ \mu_Y=a\sin\phi\end{cases}$$

$f_{XY}(x,y)$的指数部分中

$$\begin{aligned}(x-\mu_X)^2+(y-\mu_Y)^2&=x^2+y^2+\mu_X^2+\mu_Y^2-2(x\mu_X+y\mu_Y)\\&=r^2+a^2-2ra\cos(\theta-\phi)\end{aligned}$$

于是
$$f_{R\Theta}(r,\theta)=\frac{r}{2\pi\sigma^2}\exp\left\{-\frac{r^2+a^2}{2\sigma^2}+\frac{ra\cos(\theta-\phi)}{\sigma^2}\right\}$$

所以
$$\begin{aligned}f_R(r)&=\int_0^{2\pi}f_{R\Theta}(r,\theta)\mathrm{d}\theta=\frac{r\mathrm{e}^{-(r^2+a^2)/2\sigma^2}}{2\pi\sigma^2}\int_0^{2\pi}\mathrm{e}^{ra\cos(\theta-\phi)/\sigma^2}\mathrm{d}\theta\\&=\frac{r\mathrm{e}^{-(r^2+a^2)/2\sigma^2}}{\sigma^2}\mathrm{I}_0\left(\frac{ra}{\sigma^2}\right)\qquad(r\geqslant 0)\end{aligned}\tag{1.43}$$

式中，修正零阶贝塞尔函数

$$\mathrm{I}_0(x)=\frac{1}{2\pi}\int_0^{2\pi}\mathrm{e}^{x\cos\theta}\mathrm{d}\theta\tag{1.44}$$

式（1.43）的分布称为**莱斯**（Rician）**分布**（或称广义瑞利分布），如图 1.12(b)所示。若有必要，还可以进一步求出$f_\Theta(\theta)$，并可发现R与Θ一般不独立。

在电子与通信工程等应用中，信号与噪声在许多时候服从高斯分布。分析中常常要讨论这些信号或噪声的两个正交分量及其幅度与相位的特性，它们在数学上分别对应于复变量的实部、虚部、振幅与相位，因此，将大量地用到瑞利与莱斯分布。

1.4　数字特征与条件数学期望

随机变量的一些重要特征可用少量的数值来刻画，这些数值是一些统计平均值，统称为随机变量或分布函数的**数字特征**。

1.4.1　数学期望（或统计平均）

定义 1.1　若随机变量 X 的密度函数为 $f(x)$，且 $\int_{-\infty}^{+\infty}|x|f(x)\mathrm{d}x<+\infty$，则

$$E(X)=\int_{-\infty}^{+\infty}xf(x)\mathrm{d}x \tag{1.45}$$

称为 X 的**数学期望**（Expectation），或**统计（集）平均**（Ensemble Average）。

定义中的条件 $\int_{-\infty}^{+\infty}|x|f(x)\mathrm{d}x<+\infty$ 是为了保证 $E(X)$ 存在。式（1.45）中可能涉及冲激函数 $\delta(x)$。特别是，当 X 为离散型时，$f(x)$ 完全由冲激函数组成，由于冲激函数的筛选性质使得 $\int_{-\infty}^{+\infty}xp_i\delta(x-x_i)\,\mathrm{d}x=x_ip_i$，因此

$$E(X)=\sum_i x_ip_i \tag{1.46}$$

数学期望刻画了 $f(x)$ 的中心位置，其物理意义是 X 取值的算术平均

$$\bar{X}=(X_1+X_2+\cdots+X_N)/N$$

$E[X]$ 也常称为**均值**（Mean），并简记为 m_X。各种典型分布及其均值将在 1.6 节中讨论。

数学期望的基本性质有：

① 线性：$E(aX+bY+c)=aE(X)+bE(Y)+c$，其中，a,b,c 为任意常数。

② 若 $X_1,X_2,\cdots,X_n$ 独立，则 $E(X_1X_2\cdots X_n)=E(X_1)E(X_2)\cdots E(X_n)$。

而且可以证明，随机变量的函数的均值可直接计算。例如，对于 $Z=g(X)$，有

$$E[g(X)]=E[Z]=\int_{-\infty}^{+\infty}zf_Z(z)\mathrm{d}z=\int_{-\infty}^{+\infty}g(x)f_X(x)\mathrm{d}x \tag{1.47}$$

又例如，$Z=g(X_1,X_2,\cdots,X_n)$，则

$$\begin{aligned}E[g(X_1,X_2,\cdots,X_n)]&=E[Z]=\int_{-\infty}^{+\infty}zf_Z(z)\mathrm{d}z\\&=\int_{-\infty}^{+\infty}\cdots\int_{-\infty}^{+\infty}g(x_1,x_2,\cdots,x_n)f_{X_1X_2\cdots X_n}(x_1,x_2,\cdots,x_n)\mathrm{d}x_1\mathrm{d}x_2\cdots\mathrm{d}x_n\end{aligned} \tag{1.48}$$

采用直接计算公式避免了求解函数随机变量的密度函数，使得计算简便。

数学上，数学期望还常常采用更为简洁的书写方式，如 EX, EX^2, $Eg(X)$ 等，应注意识别。

1.4.2　矩与联合矩

基于数学期望，可定义单个或多个随机变量的一批数字特征，统称为 k 阶矩（Moment）与 $(k+r)$ 阶**联合矩**（**或混合矩**）（Joint Moment）。

绝对原点矩：$E\left(|X|^k\right)$　　　$E\left(|X|^k|Y|^r\right)$

原点矩：$m_k=E\left(X^k\right)$　　　$m_{k+r}=E\left(X^kY^r\right)$

中心矩：$\mu_k=E\left(X-EX\right)^k$　　　$\mu_{k+r}=E\left[(X-EX)^k(Y-EY)^r\right]$

如果令 $X-EX$ 是 X 的中心化随机变量，则中心矩是中心化随机变量的普通原点矩，因此它与原点矩有许多相同的特征。

矩与联合矩中，特别重要的有：

（1）均方值

$$m_2 = EX^2$$

（2）方差

$$\mu_2 = E(X - EX)^2$$

方差（Variance）常记为σ^2、$\mathrm{Var}(X)$或$D(X)$。并称$\sigma = \sqrt{\mathrm{Var}(X)}$为**标准差**（Standard Deviation），它刻画出X围绕EX的散布程度。例如，正态随机变量落入EX的$\pm 3\sigma$邻域内的概率达99.97%。方差的基本性质有：

① $\mathrm{Var}(X) = EX^2 - (EX)^2$； （1.49）

② $\mathrm{Var}(aX + c) = a^2 \mathrm{Var}(X)$，$a,c$为任意常数；

③ 如果$X_i, i = 1,\cdots,n$，两两独立，则

$$\mathrm{Var}(X_1 + X_2 + \cdots + X_n) = \mathrm{Var}(X_1) + \mathrm{Var}(X_2) + \cdots + \mathrm{Var}(X_n)$$

（3）联合矩

$$m_{11} = E(XY)$$

（4）协方差

$$\mu_{11} = E\left[(X - EX)(Y - EY)\right]$$

协方差（Covariance）常记为$\mathrm{Cov}(X,Y)$，其基本性质有：

① $$\mathrm{Cov}(X,Y) = E(XY) - (EX)(EY) \tag{1.50}$$

② $$\mathrm{Cov}(X+Y,Z) = \mathrm{Cov}(X,Z) + \mathrm{Cov}(Y,Z)$$

（5）相关系数

$$\rho_{XY} = \frac{\mathrm{Cov}(X,Y)}{\sigma_X \sigma_Y}$$

相关系数是归一化随机变量的协方差，有$|\rho_{XY}| \leqslant 1$。并且称

$$\rho = \begin{cases} 0, & X与Y无关 \\ \pm 1, & X与Y线性(正或负)相关 \end{cases}$$

1.4.3 无关与正交

$E(XY)$、$\mathrm{Cov}(X,Y)$与ρ_{XY}常用于刻画随机变量之间的关联程度。尤其是ρ_{XY}提供了一种归一化的测度。定义：

① 随机变量X与Y**无关**（Uncorrelated）：$\mathrm{Cov}(X,Y) = 0$或$\rho_{XY} = 0$，也就是，$E(XY) = (EX)(EY)$。

② 随机变量X与Y**正交**（Orthogonal）：$E(XY) = 0$。

显然，如果EX与EY中至少有一个为0时，则正交与无关等价。正交与无关是基于二阶矩的概念，而独立性是基于概率特性的概念，两者的出发角度不一样。一般而言，独立比无关更为苛刻，但对正态随机变量，两者是等同的。独立、无关与正交三者的关系如图1.13所示。

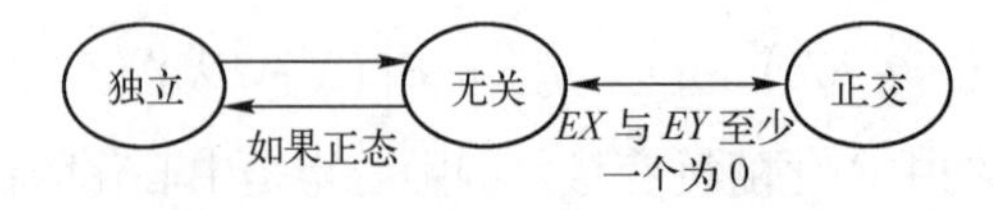

图1.13 独立、无关与正交三者的关系

例 1.16 二维均匀分布为 $f(x,y)=\begin{cases}1/4, & 0\leqslant x\leqslant 2, |y|\leqslant 2-x\\ 0, & 其他\end{cases}$

讨论 X 与 Y 的基本数字特征。

解：利用例 1.6 的结果

$$f_X(x)=\begin{cases}1-x/2, & x\in[0,2]\\ 0, & 其他\end{cases}$$

$$E(X)=\int_0^2 x\left(1-\frac{1}{2}x\right)\mathrm{d}x=\left(\frac{1}{2}x^2-\frac{1}{6}x^3\right)\bigg|_0^2=\frac{2}{3}$$

$$E(X^2)=\int_0^2 x^2\left(1-\frac{1}{2}x\right)\mathrm{d}x=\left(\frac{1}{3}x^3-\frac{1}{8}x^4\right)\bigg|_0^2=\frac{2}{3}$$

$$D(X)=E(X^2)-(EX)^2=\frac{2}{3}-\left(\frac{2}{3}\right)^2=\frac{2}{9}$$

同理可得 $$E(Y)=\int_{-2}^2 yf_Y(y)\mathrm{d}y=0$$

$$E(Y^2)=\int_{-2}^2 y^2 f_Y(y)\mathrm{d}y=\int_{-2}^0 y^2\frac{2+y}{4}\mathrm{d}y+\int_0^2 y^2\frac{2-y}{4}\mathrm{d}y$$

$$=2\int_0^2\left(\frac{1}{2}y^2-\frac{1}{4}y^3\right)\mathrm{d}y=\left(\frac{1}{3}y^3-\frac{1}{8}y^4\right)\bigg|_0^2=\frac{2}{3}$$

$$D(Y)=2/3$$

而由 D 区域的对称性可得

$$E(XY)=\int_{-\infty}^{+\infty}\int_{-\infty}^{+\infty}xyf(x,y)\mathrm{d}x\mathrm{d}y=\iint_D\frac{1}{4}xy\mathrm{d}x\mathrm{d}y=0$$

可见，X 与 Y 虽不独立（见例 1.9），但相互无关且正交。

1.4.4 条件数学期望

在一定条件下的数学期望，称为**条件数学期望**（或**条件均值**）。以二维为例，定义如下：

$$E(X|Y=y)=\int_{-\infty}^{+\infty}xf_{X|Y}(x|y)\mathrm{d}x=\frac{\int_{-\infty}^{+\infty}xf_{XY}(x,y)\mathrm{d}x}{f_Y(y)} \tag{1.51}$$

对于离散型随机变量，显然

$$E(X|Y=y_j)=\frac{\sum_i x_i p_{ij}}{p_j} \tag{1.52}$$

容易看出，$E(X|Y=y)$ 是 y 的函数，有时也简记为 $E(X|y)$。如果该函数的自变量为随机变量 Y，则 $E(X|Y)$ 是随机变量的函数，因此是一个新的随机变量。进一步对它求平均有

$$E[E(X|Y)]=\int_{-\infty}^{+\infty}E(X|y)f_Y(y)\mathrm{d}y=\int_{-\infty}^{+\infty}\int_{-\infty}^{+\infty}xf_{XY}(x,y)\,\mathrm{d}x\mathrm{d}y=E(X) \tag{1.53}$$

该式称为**全期望公式**。

条件期望与一般期望有相似的基本性质，并有如下一些新性质：

① $E(aX+bY+c|Z)=aE(X|Z)+bE(Y|Z)+c$， a,b,c 为任意常数。
可见，条件期望也是线性的。

② 如果 X 与 Y 独立，则

$$E(X|Y)=E(X) \tag{1.54}$$

更为一般地，

$$E\{g(X,Y)|Y=y\}=E\{g(X,y)\} \tag{1.55}$$

可见，独立的随机变量为条件时，条件不起作用。

③

$$E[h(Y)g(X)|Y]=h(Y)E[g(X)|Y] \tag{1.56}$$

可见，对于条件期望，给定的条件部分等同于确知量。

例 1.17 证明条件期望的上述基本性质①与②。

证明：（1）先考虑 $Z=z$ 条件下的情况

$$\begin{aligned}E(aX+bY+c|Z=z)&=\int_{-\infty}^{+\infty}\int_{-\infty}^{+\infty}(ax+by+c)f_{XY|Z}(x,y|Z=z)\,\mathrm{d}x\mathrm{d}y\\&=a\int_{-\infty}^{+\infty}\int_{-\infty}^{+\infty}xf_{XY|Z}(x,y|Z=z)\,\mathrm{d}x\mathrm{d}y+\\&\quad b\int_{-\infty}^{+\infty}\int_{-\infty}^{+\infty}yf_{XY|Z}(x,y|Z=z)\,\mathrm{d}x\mathrm{d}y+\\&\quad c\int_{-\infty}^{+\infty}\int_{-\infty}^{+\infty}f_{XY|Z}(x,y|Z=z)\,\mathrm{d}x\mathrm{d}y\end{aligned}$$

由于 $f_{XY|Z}(x,y|Z=z)=\dfrac{f_{XYZ}(x,y,z)}{f_Z(z)}$，因此

$$\begin{aligned}\int_{-\infty}^{+\infty}\int_{-\infty}^{+\infty}xf_{XY|Z}(x,y|Z=z)\,\mathrm{d}x\mathrm{d}y&=\int_{-\infty}^{+\infty}x\frac{\int_{-\infty}^{+\infty}f_{XYZ}(x,y,z)\,\mathrm{d}y}{f_Z(z)}\mathrm{d}x\\&=\int_{-\infty}^{+\infty}x\frac{f_{XZ}(x,z)}{f_Z(z)}\mathrm{d}x=E(X|Z=z)\end{aligned}$$

同理

$$\int_{-\infty}^{+\infty}\int_{-\infty}^{+\infty}yf_{XY|Z}(x,y|Z=z)\,\mathrm{d}x\mathrm{d}y=E(Y|Z=z)$$

$$\int_{-\infty}^{+\infty}\int_{-\infty}^{+\infty}f_{XY|Z}(x,y|Z=z)\,\mathrm{d}x\mathrm{d}y=1$$

所以

$$E(aX+bY+c|Z=z)=aE(X|Z=z)+bE(Y|Z=z)+c$$

再将条件 $Z=z$ 更换为随机变量 Z，得到该性质。

（2）如果 X 与 Y 独立，则 $f_{XY}(x,y)=f_X(x)f_Y(y)$，于是

$$E(X|Y=y)=\int_{-\infty}^{+\infty}x\frac{f_{XY}(x,y)}{f_Y(y)}\mathrm{d}x=\int_{-\infty}^{+\infty}xf_X(x)\mathrm{d}x=E(X)$$

将条件 $Y=y$ 更换为随机变量 Y，得到该性质。或者

$$\begin{aligned}E\{g(X,Y)|Y=y\}&=\int_{-\infty}^{+\infty}g(x,y)\frac{f_{XY}(x,y)}{f_Y(y)}\mathrm{d}x\\&=\int_{-\infty}^{+\infty}g(x,y)f_X(x)\mathrm{d}x=E\{g(X,y)\}\end{aligned}$$

例 1.18 二维均匀分布

$$f(x,y)=\begin{cases}1/4, & 0\leqslant x\leqslant 2,\ |y|\leqslant 2-x\\ 0, & 其他\end{cases}$$

如例 1.9 所述，求：

（1）$E(X|Y=0)$ 与 $E(X|Y=1)$；（2）$E(X|Y)$ 及其取值范围。

解：（1）根据例 1.9 中 $f(x|y)$ 的结果，条件事件 $(X|Y=0)$ 与 $(X|Y=1)$ 分别服从均匀分布 $U(0,2)$ 与 $U(0,1)$，于是

$$E(X|Y=0)=1 \qquad E(X|Y=1)=1/2$$

（2）如果考虑随机变量 $Y\in[-2,2]$，则条件事件 $(X|Y)$ 服从均匀分布 $U(0,2-|Y|)$，于是

$$E(X|Y)=(2-|Y|)/2=1-|Y|/2$$

易见，它是一个随机变量，由 Y 的取值范围可知其取值范围为 $[0,1]$。

例 1.19 某小店平均每天有 50 名顾客，每人平均购买 10 元的商品。问小店每天的平均营业额是多少？

解：由常识可知，平均营业额 $=50\times10=500$ 元。而其严格的数学分析如下：令每天的顾客数为 N，每人购买量为 X_i 元，$i=1,2,\cdots,N$，这里 X_i 与 N 都是随机的。可见，营业额为 $Y=\sum_{i=1}^{N}X_i$，于是，我们需要计算 $E(Y)$。

然而，Y 由多个随机变量“合成”，形如，$Y=g(N,X_1,X_2,\cdots,X_N)$，但因为 N 是随机的，这里的合成关系不是一般的叠加，因此无法用线性可加性来求解。下面借助条件平均来求解。首先，假设条件 $N=n$，有

$$E(Y|N=n)=E\left(\sum_{i=1}^{n}X_i\middle|N=n\right)=\sum_{i=1}^{n}E(X_i|N=n)$$

可合理地认为 N 与 X_i 独立，利用式（1.54）有，$E(X_i|N=n)=E(X_i)$，因此

$$E(Y|N=n)=\sum_{i=1}^{n}E(X_i)=10\,n$$

而 $E(Y|N)=10N$，所以

$$E(Y)=E\left[E(Y|N)\right]=E[10N]=10\times50=500\ (元)$$

计算复杂问题的均值时，利用条件数学期望实施“分步”计算常常是一种极为有效的方法：选择某个变量为前提条件，先计算条件均值，再借助全期望公式计算总的均值。

1.4.5 重要不等式

概率论中两个最为基本与重要的不等式如下，它们在后面的分析与证明中经常用到。

定理 1.2（切比雪夫不等式）（Chebyshev Inequality） 设 X 为任一具有有限方差的随机变量，对任意 $\varepsilon>0$，有

$$P\{|X-EX|\geqslant\varepsilon\}\leqslant\frac{\sigma_X^2}{\varepsilon^2} \tag{1.57}$$

切比雪夫不等式指出，X 落在 $m=EX$ 的 ε 邻域 $(m-\varepsilon,m+\varepsilon)$ 内的概率大于 $1-\frac{\sigma^2}{\varepsilon^2}$。我们知道方差 σ^2 是随机变量分散程度的度量，只要方差非常小，X 集中在 m 的附近的概率就非常高。如果 $\sigma^2=0$，则 X 完全集中在 m 一点上。因为对于任意小的 ε，$P\{|X-m|\geqslant\varepsilon\}=0$，

或者说，$P\{X\in(m-\varepsilon,m+\varepsilon)\}=1$，即 $P\{X=m\}=1$，X 以概率 1 取 m。

切比雪夫不等式是通用的，无须知道 X 的具体分布。例如

$$P[|X-m|<3\sigma]>1-\frac{\sigma^2}{9\sigma^2}\approx 88.89\%$$

由于是通用的，这个估计是“保守”的。比如，在正态分布的特定条件下，可以准确算出其概率值可高达 99.74%。

定理 1.3 **（柯西–施瓦兹不等式）**（Cauchy-Schewarz Inequality） 设 X,Y 为任意两个随机变量，若 $E|X|^2<+\infty$，$E|Y|^2<+\infty$，则 $E(XY)$ 存在，且

$$|E(XY)|^2\leqslant(E|X|^2)(E|Y|^2) \tag{1.58}$$

1.5 特 征 函 数

特征函数是一种重要的数学工具，它是随机变量密度函数的傅里叶变换。在许多分析中，使用它比使用分布与密度函数更加有效。

1.5.1 （一维）特征函数

1. 基本概念

定义 1.2 随机变量 X 的**特征函数**（Characteristic Function）定义为

$$\phi_X(v)=E[\mathrm{e}^{\mathrm{j}vX}] \tag{1.59}$$

式中，$\mathrm{j}=\sqrt{-1}$，v 为确定的实变量。

根据均值的有关公式，当 X 为连续型或离散型随机变量时，其特征函数可以分别计算如下

$$\phi_X(v)=\int_{-\infty}^{+\infty}\mathrm{e}^{\mathrm{j}vx}f_X(x)\mathrm{d}x,\quad \phi_X(v)=\sum_i \mathrm{e}^{\mathrm{j}vx_i}p_i \tag{1.60}$$

在信号与系统中我们知道，时间信号 $f(t)$ 的傅里叶变换与反变换定义为

$$F(\mathrm{j}\omega)=\int_{-\infty}^{+\infty}f(t)\mathrm{e}^{-\mathrm{j}\omega t}\mathrm{d}t,\quad f(t)=\frac{1}{2\pi}\int_{-\infty}^{+\infty}F(\mathrm{j}\omega)\mathrm{e}^{\mathrm{j}\omega t}\mathrm{d}\omega \tag{1.61}$$

简记为：$f(t)\leftrightarrow F(\mathrm{j}\omega)$。其中，$F(\mathrm{j}\omega)$ 有时直接记为 $F(\omega)$，它们是信号分析中的两种习惯记法。本书主要采用带 j 的 $F(\mathrm{j}\omega)$ 形式标记信号的傅里叶变换与系统的频率响应。

如果将式（1.60）中的 v 更换为 $-v$，则

$$\phi(-v)=\int_{-\infty}^{+\infty}f_X(x)\mathrm{e}^{-\mathrm{j}vx}\mathrm{d}x$$

该式的等号右边是傅里叶变换的标准形式，记为 $f_X(x)\leftrightarrow\phi_X(-v)$。由此可得下面的定理。

定理 1.4 随机变量 X 的密度函数 $f_X(x)$ 与其特征函数 $\phi_X(v)$ 是一对傅里叶变换，即

$$f_X(x)\leftrightarrow\phi_X(-v)\qquad 或\qquad f_X(-x)\leftrightarrow\phi_X(v)$$

定理 1.4 说明，可以利用傅里叶变换计算特征函数：先求密度函数的傅里叶变换，而后将结果中的 ω 更换为 $-v$，如图 1.14 所示。基于此定理可以利用傅里叶变换已有的大量结果与性质来计算或分析特征函数。例如，由于 $f_X(x)$ 总是实函数，则特征函数的实部为 v 的偶函数，虚部为 v 的奇函数等。

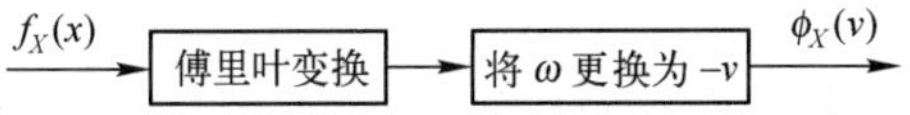

$f_X(x)$ → 傅里叶变换 → 将 ω 更换为 $-v$ → $\phi_X(v)$

图 1.14　利用傅里叶变换计算特征函数

由于密度函数是绝对可积的，因此特征函数必定存在，我们有下面的定理。

定理 1.5（唯一性定理）　密度函数 $f_X(x)$ 与特征函数 $\phi_X(v)$ 相互唯一确定。

于是，特征函数以另外一种方式全面地描述着随机变量的概率特性。特征函数 $\phi_X(v)$ 通常是复数，它及其自变量 v 不具有直接的物理意义。

2. 基本性质

特征函数既是复随机变量 $\mathrm{e}^{\mathrm{j}vX}$ 的数学期望，也是 $f_X(x)$ 的傅里叶变换（自变量需反号）。基于这两点可以得出许多重要性质。从中可以发现，特征函数对于研究独立变量之和、分析正态随机变量与计算变量的各阶矩是十分有效的。

性质 1　独立随机变量之和的特征函数是它们各自的特征函数之积，即

$$\phi_{X_1+X_2+\cdots+X_n}(v)=\phi_{X_1}(v)\phi_{X_2}(v)\cdots\phi_{X_n}(v) \tag{1.62}$$

证明： 设 $Y=X_1+X_2+\cdots+X_n$，利用独立性有

$$\begin{aligned}\phi_Y(v)&=E\left[\mathrm{e}^{\mathrm{j}v(X_1+X_2+\cdots+X_n)}\right]=E\left[\mathrm{e}^{\mathrm{j}vX_1}\right]E\left[\mathrm{e}^{\mathrm{j}vX_2}\right]\cdots E\left[\mathrm{e}^{\mathrm{j}vX_n}\right]\\&=\phi_{X_1}(v)\phi_{X_2}(v)\cdots\phi_{X_n}(v)\end{aligned}$$

独立随机变量之和的密度函数是各密度函数的卷积，如图 1.15 所示。显然，乘法运算比卷积运算简单，因此，在研究独立变量之和的问题时，采用特征函数的方法更为有效。

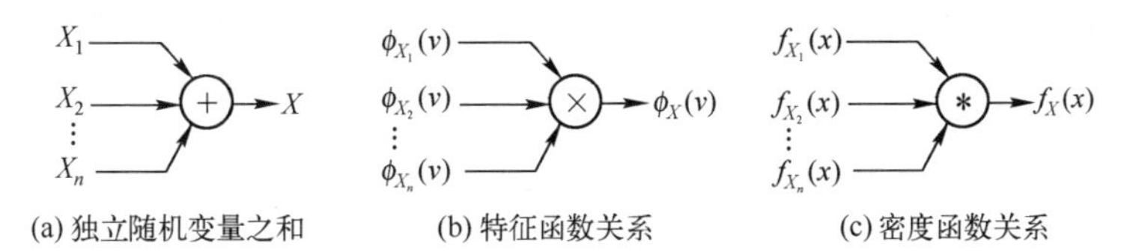

图 1.15　独立随机变量之和的密度函数

性质 2　设 X 的特征函数为 $\phi_X(v)$，a 和 b 为确定实数，则 $Y=aX+b$ 的特征函数为

$$\phi_Y(v)=\mathrm{e}^{\mathrm{j}vb}\phi_X(av) \tag{1.63}$$

证明：

$$\phi_Y(v)=E\left[\mathrm{e}^{\mathrm{j}v(aX+b)}\right]=\mathrm{e}^{\mathrm{j}vb}E\left[\mathrm{e}^{\mathrm{j}(av)X}\right]=\mathrm{e}^{\mathrm{j}vb}\phi_X(av)$$

许多随机变量的特征函数可利用上面的定理与性质求出，下面给出几个例子。

例 1.20　求二项分布 $X\sim B(n,p)$ 的特征函数。

解： 首先令 $X=\sum_{i=1}^{n}X_i$，其中，X_i 是独立同分布的，服从 0–1 分布，且 $P(X_i=1)=p$。

按定义

$$\phi_{X_i}(v)=q+p\mathrm{e}^{\mathrm{j}v}$$

其中，$q=1-p$。利用性质 1 有

$$\phi_X(v)=\prod_{i=1}^{n}\phi_{X_i}(v)=(q+p\mathrm{e}^{\mathrm{j}v})^n$$

例 1.21 求参数为λ的指数分布的特征函数。

解： 利用单位阶跃函数，指数分布的密度函数可以写成

$$f(x)=\lambda \mathrm{e}^{-\lambda x}u(x) \leftrightarrow \frac{\lambda}{\lambda+\mathrm{j}\omega}$$

其中用到了傅里叶变换公式：$\mathrm{e}^{-at}u(t) \leftrightarrow \frac{1}{a+\mathrm{j}\omega}$，$a>0$。因此$\phi(v)=\frac{\lambda}{\lambda-\mathrm{j}v}$。

例 1.22 求正态分布$X \sim N(\mu,\sigma^2)$的特征函数。

解： 首先令$X_0=(X-\mu)/\sigma$，则$X_0 \sim N(0,1)$。按定义有

$$\phi_{X_0}(v)=\int_{-\infty}^{+\infty}\mathrm{e}^{\mathrm{j}vx}\left(\frac{1}{\sqrt{2\pi}}\mathrm{e}^{-\frac{x^2}{2}}\right)\mathrm{d}x=\int_{-\infty}^{+\infty}\frac{1}{\sqrt{2\pi}}\mathrm{e}^{-\frac{(x-\mathrm{j}v)^2}{2}+\frac{(\mathrm{j}v)^2}{2}}\mathrm{d}x=\mathrm{e}^{-\frac{1}{2}v^2}$$

式中，用到复变函数的结论：$\int_{-\infty}^{+\infty}\frac{1}{\sqrt{2\pi}}\mathrm{e}^{-\frac{(x-\mathrm{j}v)^2}{2}}\mathrm{d}x=1$。再根据式（1.63），最后得到

$$\phi_X(v)=\mathrm{e}^{\mathrm{j}v\mu}\phi_{X_0}(\sigma v)=\mathrm{e}^{\mathrm{j}\mu v-\frac{1}{2}\sigma^2 v^2}$$

对于正态随机变量，尤其是多维正态随机变量，其特征函数总是比其密度函数具有更简单的形式。因此，研究正态随机变量也常常采用特征函数，2.4 节将详细说明。

性质 3 若随机变量X的r阶绝对矩有穷，即$E|X|^r<\infty$，则对于一切正整数$k \leqslant r$，X的特征函数$\phi_X(v)$的k阶导数存在且连续，并有

$$EX^k=(-\mathrm{j})^k\phi_X^{(k)}(0) \tag{1.64}$$

式中，$\phi_X^{(k)}(0)$是$\phi_X(v)$对v的第k阶导数在$v=0$点的值。

证明： 式（1.59）两边对v求导数，得到

$$\phi_X^{(k)}(v)=(\mathrm{j})^k\int_{-\infty}^{+\infty}x^k\mathrm{e}^{\mathrm{j}vx}f(x)\mathrm{d}x=(\mathrm{j})^k E\left[X^k\mathrm{e}^{\mathrm{j}vX}\right]$$

令$v=0$，有

$$EX^k=(\mathrm{j})^{-k}\phi_X^{(k)}(0)=(-\mathrm{j})^k\phi_X^{(k)}(0)$$

这说明由特征函数可以方便地确定随机变量的各阶矩，该性质又称为特征函数的**矩生成特性**。

对特征函数进行幂级数展开，并结合矩生成性质可以得出下面的推论。

推论 若随机变量X的任意k阶原点矩EX^k存在，则其特征函数为

$$\phi_X(v)=\sum_{k=0}^{+\infty}\phi^{(k)}(0)\frac{v^k}{k!}=\sum_{k=0}^{+\infty}EX^k\frac{(\mathrm{j}v)^k}{k!} \tag{1.65}$$

它表明随机变量的全部原点矩决定了特征函数，因而它们（全体）也能全面地描述随机变量的统计特性。

例 1.23 根据$\phi_X(v)=\exp\left(-\frac{1}{2}\sigma^2 v^2\right)$，求正态分布$X \sim N(0,\sigma^2)$的 1 至 4 阶原点矩。

解： 根据矩生成特性，有

$$\phi_X^{(1)}(0) = -\sigma^2 v \phi_X(v)\big|_{v=0} = 0$$

$$\phi_X^{(2)}(0) = -\sigma^2 \left[\phi_X(v) + v\phi_X^{(1)}(v)\right]\Big|_{v=0} = -\sigma^2 \phi_X(0) = -\sigma^2$$

$$\phi_X^{(3)}(0) = -\sigma^2 \left[2\phi_X^{(1)}(v) + v\phi_X^{(2)}(v)\right]\Big|_{v=0} = -2\sigma^2 \phi_X^{(1)}(0) = 0$$

$$\phi_X^{(4)}(0) = -\sigma^2 \left[3\phi_X^{(2)}(v) + v\phi_X^{(3)}(v)\right]\Big|_{v=0} = -3\sigma^2 \phi_X^{(2)}(0) = 3\sigma^4$$

因此，X的1至4阶原点矩为：$EX=0$，$EX^2=\sigma^2$，$EX^3=0$，$EX^4=3\sigma^4$。

1.5.2 多维（联合）特征函数

1. 基本概念

定义 1.3 二维随机变量(X,Y)的（**联合**）**特征函数**定义为

$$\phi_{XY}(u,v) = E\left[e^{juX+jvY}\right] \tag{1.66}$$

式中，$j=\sqrt{-1}$，u与v为确定的实变量。

当(X,Y)为连续型或离散型二维随机变量时，其特征函数可以分别计算如下

$$\phi_{XY}(u,v) = \int_{-\infty}^{+\infty}\int_{-\infty}^{+\infty} e^{j(ux+vy)} f_{XY}(x,y)\mathrm{d}x\mathrm{d}y$$

$$\phi_{XY}(u,v) = \sum_{k=1}^{+\infty}\sum_{l=1}^{+\infty} e^{j(ux_k+vy_l)} p_{kl}$$

式中，二维离散随机变量的分布律为$p_{kl}=P\{X=x_k, Y=y_l\}$。

进一步地，对于n维随机变量$\boldsymbol{X}=(X_1,X_2,\cdots,X_n)$，我们可以使用向量形式来描述。

定义 1.4 n维随机变量$\boldsymbol{X}=(X_1,X_2,\cdots,X_n)^{\mathrm{T}}$的（**联合**）**特征函数**定义为

$$\phi_{\boldsymbol{X}}(\boldsymbol{v}) = E[e^{j\boldsymbol{v}^{\mathrm{T}}\boldsymbol{X}}] \tag{1.67}$$

式中，$j=\sqrt{-1}$，$(\ )^{\mathrm{T}}$为转置运算，$\boldsymbol{v}=(v_1,v_2,\cdots,v_n)^{\mathrm{T}}$为确定实变量。

如果$\boldsymbol{X}$的联合密度函数是$f_{X_1X_2\cdots X_n}(x_1,x_2,\cdots,x_n)$，则其特征函数为

$$\phi_{\boldsymbol{X}}(\boldsymbol{v}) = \int_{-\infty}^{+\infty}\cdots\int_{-\infty}^{+\infty} e^{j(v_1x_1+v_2x_2+\cdots+v_nx_n)} f_{X_1X_2\cdots X_n}(x_1,x_2,\cdots,x_n)\mathrm{d}x_1\mathrm{d}x_2\cdots\mathrm{d}x_n$$

如果$\boldsymbol{X}$是离散型随机变量，且分布律为$P[X_1=x_{1k_1}, X_2=x_{2k_2},\cdots,X_n=x_{nk_n}]=p_{k_1k_2\cdots k_n}$，其中$k_i(i=1,2,\cdots,n)$是整数，则其特征函数可计算如下

$$\phi_{\boldsymbol{X}}(\boldsymbol{v}) = \sum_{k_1}\sum_{k_2}\cdots\sum_{k_n} e^{j\left(v_1x_{1k_1}+v_2x_{2k_2}+\cdots+v_nx_{nk_n}\right)} p_{k_1k_2\cdots k_n}$$

同样地，分布函数与特征函数相互唯一确定，并有下面的定理。

定理 1.6 随机变量的特征函数与其密度函数之间是一对多维傅里叶变换

$$f_{X_1X_2\cdots X_n}(x_1,x_2,\cdots,x_n) \xleftrightarrow{\mathrm{FT}} \phi(-v_1,-v_2,\cdots,-v_n)$$

2. 基本性质

性质 1 n个随机变量$X_1,X_2,\cdots,X_n$相互独立的充分必要条件是

$$\phi_{X_1X_2\cdots X_n}(v_1,v_2,\cdots,v_n)=\prod_{i=1}^{n}\phi_{X_i}(v_i)$$

证明：利用独立性有

$$\begin{aligned}\phi_{X_1X_2\cdots X_n}(v_1,v_2,\cdots,v_n)&=E\left[\mathrm{e}^{\mathrm{j}(v_1X_1+v_2X_2+\cdots+v_nX_n)}\right]\\&=E\left[\mathrm{e}^{\mathrm{j}v_1X_1}\right]E\left[\mathrm{e}^{\mathrm{j}v_2X_2}\right]\cdots E\left[\mathrm{e}^{\mathrm{j}v_nX_n}\right]\\&=\prod_{i=1}^{n}\phi_{X_i}(v_i)\end{aligned}$$

性质 2 设 m 维随机变量 $Y_1,Y_2,\cdots,Y_m$ 由 $X_1,X_2,\cdots,X_n$ 通过如下线性变换得到

$$\begin{aligned}&Y_1=g_{11}X_1+g_{12}X_2+\cdots+g_{1n}X_n+b_1\\&Y_2=g_{21}X_1+g_{22}X_2+\cdots+g_{2n}X_n+b_2\\&\quad\vdots\\&Y_m=g_{m1}X_1+g_{m2}X_2+\cdots+g_{mn}X_n+b_m\end{aligned}$$

采用矩阵形式记为：$\boldsymbol{Y}=\boldsymbol{GX}+\boldsymbol{b}$。其中

$$\boldsymbol{Y}=\begin{bmatrix}Y_1\\Y_2\\\vdots\\Y_m\end{bmatrix},\quad\boldsymbol{G}=\begin{bmatrix}g_{11}&g_{12}&\cdots&g_{1n}\\g_{21}&g_{22}&\cdots&g_{2n}\\\vdots&\vdots&\ddots&\vdots\\g_{m1}&g_{m2}&\cdots&g_{mn}\end{bmatrix},\quad\boldsymbol{b}=\begin{bmatrix}b_1\\b_2\\\vdots\\b_m\end{bmatrix}$$

则 $\boldsymbol{Y}$ 的特征函数为

$$\phi_{\boldsymbol{Y}}(\boldsymbol{v})=\mathrm{e}^{\mathrm{j}\boldsymbol{v}^{\mathrm{T}}\boldsymbol{b}}\phi_{\boldsymbol{X}}(\boldsymbol{G}^{\mathrm{T}}\boldsymbol{v})\tag{1.68}$$

证明：

$$\begin{aligned}\phi_{\boldsymbol{Y}}(\boldsymbol{v})&=E[\mathrm{e}^{\mathrm{j}\boldsymbol{v}^{\mathrm{T}}\boldsymbol{Y}}]=E\left[\mathrm{e}^{\mathrm{j}\boldsymbol{v}^{\mathrm{T}}(\boldsymbol{GX}+\boldsymbol{b})}\right]\\&=\mathrm{e}^{\mathrm{j}\boldsymbol{v}^{\mathrm{T}}\boldsymbol{b}}E\left[\mathrm{e}^{\mathrm{j}(\boldsymbol{G}^{\mathrm{T}}\boldsymbol{v})^{\mathrm{T}}\boldsymbol{X}}\right]=\mathrm{e}^{\mathrm{j}\boldsymbol{v}^{\mathrm{T}}\boldsymbol{b}}\phi_{\boldsymbol{X}}(\boldsymbol{G}^{\mathrm{T}}\boldsymbol{v})\end{aligned}$$

例 1.24 设 $X_1,X_2,\cdots,X_n$ 是 n 个独立正态随机变量，各自服从 $N(\mu_i,\sigma_i^2)$。求 $\boldsymbol{X}=(X_1,X_2,\cdots,X_n)^{\mathrm{T}}$ 的 n 维联合特征函数。

解：由独立性有

$$\begin{aligned}\phi_{\boldsymbol{X}}(\boldsymbol{v})&=\prod_{i=1}^{n}\phi_{X_i}(v_i)=\prod_{i=1}^{n}(\mathrm{e}^{\mathrm{j}\mu_iv_i-\frac{1}{2}\sigma_i^2v_i^2})\\&=\exp\left(\mathrm{j}\sum_{i=1}^{n}\mu_iv_i-\frac{1}{2}\sum_{i=1}^{n}\sigma_i^2v_i^2\right)\end{aligned}$$

1.6 典型分布

在工程应用与理论研究中，人们发现大量的随机变量具有一些特定的分布或密度函数。下面集中说明其中最为常用的基础分布，概述它们的定义、特点、主要参数与物理背景。

1. 0-1 分布

0-1 分布（或两点分布）的随机变量是最简单的，其结果只有两种，通常记为 1 与 0，概率分布是 p 与 q，$p+q=1$。

分布律：　$P(X=1)=p, \quad P(X=0)=q$

分布函数：　$F(x)=pu(x-1)+qu(x)$

密度函数：　$f(x)=p\delta(x-1)+q\delta(x)$

均值与方差：$EX=p, \quad \mathrm{Var}(X)=pq$

特征函数：　$\phi(v)=p\mathrm{e}^{\mathrm{j}v}+q$

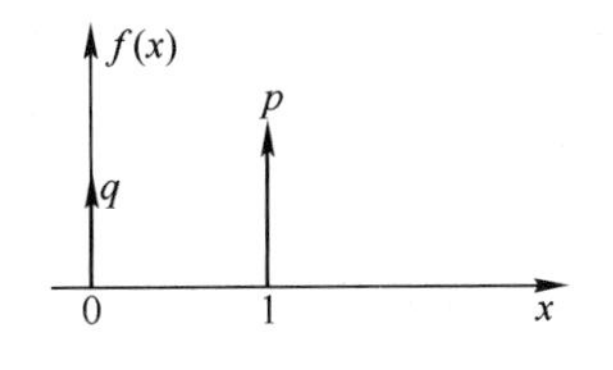

图 1.16　0-1 分布的密度函数

0-1 分布随机变量是离散的，它的密度函数由冲激组成，如图 1.16 所示。这种分布代表了许多实际的物理现象，如掷币试验、击中与否、有无检验、二元数据等。

2．二项分布（Binomial）

二项分布 $B(n,p)$ 的随机变量结果共有 n+1 种：整数 0～n。我们常常这样来理解它：n 次独立试验，每次都是同分布的 0-1 试验，取 1 和 0 的概率分别为 p 和 q，n 次试验中 1 发生的总次数 k 就是二项分布。

分布律：　$P_n(k)=\binom{n}{k}p^k q^{n-k}, \quad k=0,1,2,\cdots,n, \ \ p+q=1$

分布函数：　$F(x)=\sum_{k=0}^{n}\binom{n}{k}p^k q^{n-k}u(x-k)$

密度函数：　$f(x)=\sum_{k=0}^{n}\binom{n}{k}p^k q^{n-k}\delta(x-k)$

均值与方差：$EX=np, \quad \mathrm{Var}(X)=npq$

特征函数：　$\phi(v)=(p\mathrm{e}^{\mathrm{j}v}+q)^n$

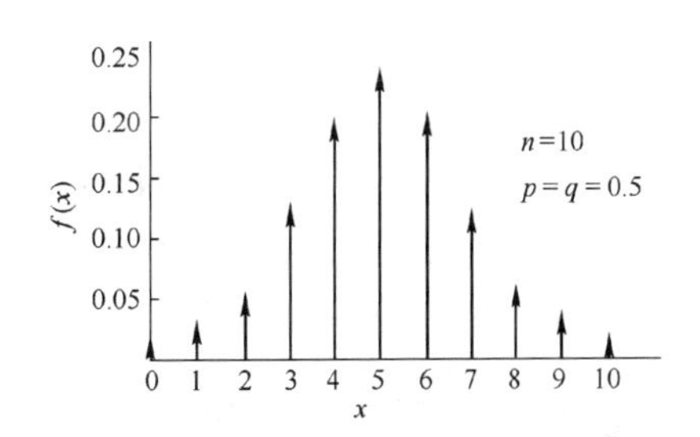

图 1.17　二项分布的密度函数

二项分布随机变量是离散的，它的取值概率是二项式的系数，因而得名为二项分布。该随机变量的密度函数由冲激组成，如图 1.17 所示。典型的二项分布有：连续 n 次掷币试验后正面的总数目，n 次独立二元检验中总的吻合次数，长为 n 的独立二进制数据串中 1 的总数，等等。

3．泊松分布（Poisson）

泊松分布 $P(\lambda)$ 随机变量的结果为非负整数。可这样理解：在一个时段上某种事件可随机地发生许多次，每个瞬间它都有可能发生，发生与否是独立同分布的，总体而言它发生的平均比率为常数 λ，则在该时段上它发生的总次数 k 是一个范围在 $[0,+\infty)$ 的整数随机变量，其分布就是泊松分布。其特性如下：

分布律：　$P(k)=\frac{\lambda^k}{k!}\mathrm{e}^{-\lambda}, \ \ k=0,1,2,\cdots,+\infty$

分布函数：　$F(x)=\sum_{k=0}^{\infty}\frac{\lambda^k}{k!}\mathrm{e}^{-\lambda}u(x-k)$

密度函数：　$f(x)=\sum_{k=0}^{\infty}\frac{\lambda^k}{k!}\mathrm{e}^{-\lambda}\delta(x-k)$

均值与方差：$EX=\lambda, \quad \mathrm{Var}(X)=\lambda$

特征函数：$\phi(v)=\mathrm{e}^{-\lambda(1-\mathrm{e}^{\mathrm{j}v})}$

泊松分布随机变量是离散的，它的密度函数如图 1.18 所示。大量的实际物理现象近似地符合这种分布。例如，顾客服务问题中，顾客的数目；误码发生问题中，误码的数目；网络服务器应用中，服务请求的次数；故障部件更换中，更换的次数等。

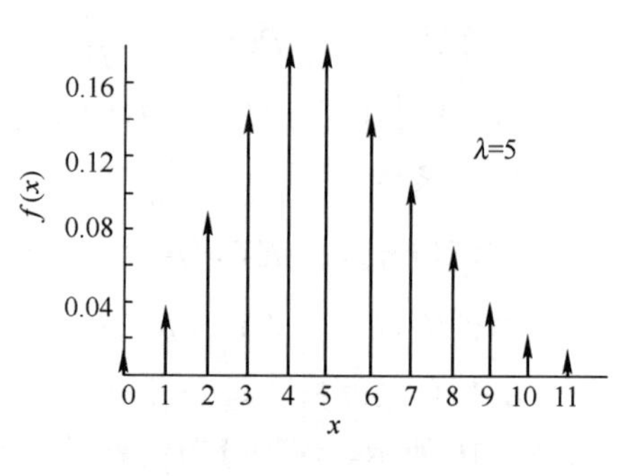

图 1.18　泊松分布的密度函数

4．（离散）均匀分布（Uniform）

（离散）均匀分布是 N 元等概的，其特性如下。

分布律：$P(X=k)=\dfrac{1}{N}, \quad k=0,1,2,\cdots,N-1$

分布函数：$F(x)=\sum\limits_{k=0}^{N-1}\dfrac{1}{N}u(x-k)$

密度函数：$f(x)=\sum\limits_{k=0}^{N-1}\dfrac{1}{N}\delta(x-k)$

均值与方差：$EX=\dfrac{N-1}{2}, \quad \mathrm{Var}(X)=\dfrac{N^2-1}{12}$

特征函数：$\phi(v)=\dfrac{1-\mathrm{e}^{\mathrm{j}Nv}}{N(1-\mathrm{e}^{\mathrm{j}v})}$

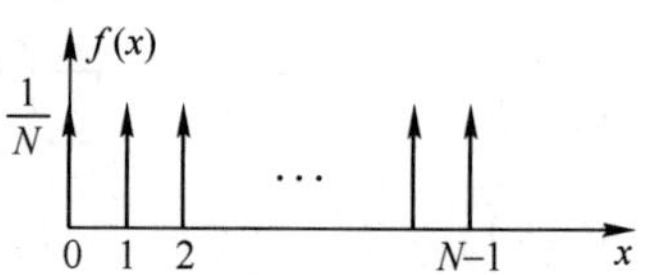

图 1.19　（离散）均匀分布的密度函数

（离散）均匀分布的密度函数如图 1.19 所示。常常用到的古典概型就是（离散）均匀分布的。

5．（连续）均匀分布（Uniform）

（连续）均匀分布 $U(a,b)$ 的特性如下。

分布函数：$F(x)=\begin{cases}0, & x\leqslant a\\ \dfrac{x-a}{b-a}, & a<x\leqslant b\\ 1, & x>b\end{cases}$

密度函数：$f(x)=\begin{cases}\dfrac{1}{b-a}, & a<x\leqslant b\\ 0, & \text{其他}\end{cases}$

均值与方差：$EX=\dfrac{a+b}{2}, \ \mathrm{Var}(X)=\dfrac{(b-a)^2}{12}$

特征函数：$\phi(v)=\dfrac{\mathrm{e}^{\mathrm{j}bv}-\mathrm{e}^{\mathrm{j}av}}{\mathrm{j}v(b-a)}$

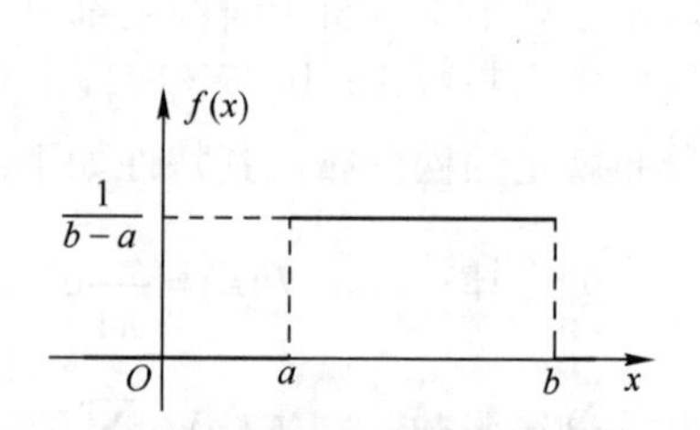

图 1.20　均匀分布的密度函数

均匀分布的密度函数如图 1.20 所示。实际应用中，均匀的或没有明确偏向性的物理特性导致均匀分布随机特性。例如，量化与截尾噪声一般认为具有均匀分布，当步长为 $\varDelta$ 时，常认为量化与截尾噪声分别服从 $U(-\varDelta/2,\varDelta/2)$ 与 $U(0,\varDelta)$。

此外，工程中的正弦信号 $A\sin(\omega t+\Theta)$ 通常具有均匀的相位特性，即 $\Theta \sim U(0,2\pi)$。

6. 指数分布（Exponential）

指数分布随机变量的取值为非负实数，具体特性如下 $(\lambda>0)$。

分布函数：$F(x)=\begin{cases}1-\mathrm{e}^{-\lambda x}, & x\geqslant 0\\ 0, & x<0\end{cases}$

密度函数：$f(x)=\begin{cases}\lambda\mathrm{e}^{-\lambda x}, & x\geqslant 0\\ 0, & x<0\end{cases}$

均值与方差：$EX=\dfrac{1}{\lambda}$，　$\mathrm{Var}(X)=\dfrac{1}{\lambda^2}$

特征函数：$\phi(v)=\dfrac{1}{1-\mathrm{j}v/\lambda}$

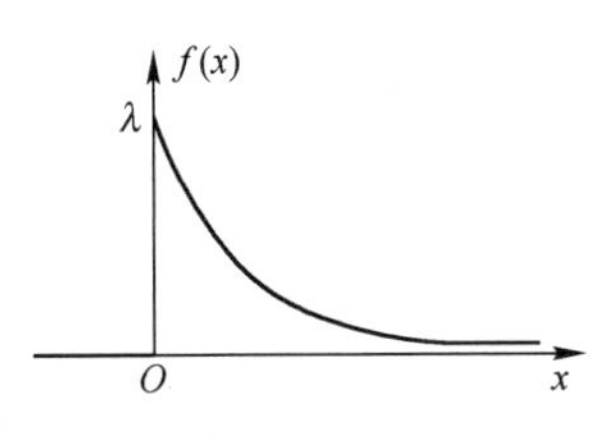

图 1.21　指数分布的密度函数

指数分布的密度函数如图 1.21 所示。实际应用中它经常用于描述一些具有随机性的等待时间与间隔。例如，在公交车站等车的时间；顾客排队等候服务的时间；电话交换机或网络服务器等待呼叫的时间；设备工作到出现故障的时间等。指数分布与泊松分布密切关联：事件的计数值是泊松的，而事件的时间间隔是指数型的；反之亦然。

7. 正态（或高斯）分布（Normal/Gaussian）

正态（或高斯）分布 $N(\mu,\sigma^2)$ 在概率论与统计数学中有着重要地位，它的具体特性如下。

分布函数：$F(x)=\dfrac{1}{\sqrt{2\pi}\sigma}\displaystyle\int_{-\infty}^{x}\mathrm{e}^{-(t-\mu)^2/2\sigma^2}\mathrm{d}t$

密度函数：$f(x)=\dfrac{1}{\sqrt{2\pi}\sigma}\mathrm{e}^{-(x-\mu)^2/2\sigma^2}$

均值与方差：$EX=\mu$，　$\mathrm{Var}(X)=\sigma^2$

特征函数：$\phi(v)=\mathrm{e}^{\mathrm{j}\mu v-\frac{\sigma^2v^2}{2}}$

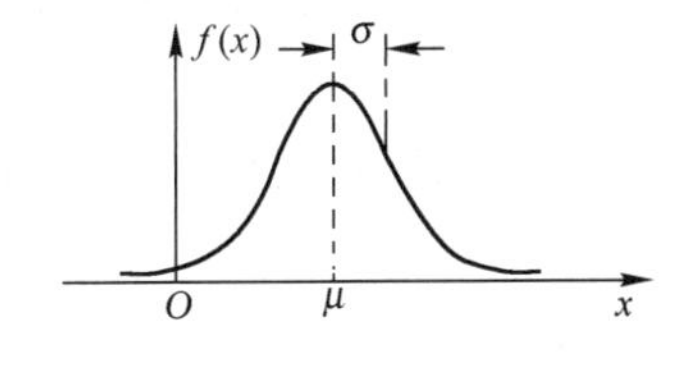

图 1.22　正态分布的密度函数

正态分布的密度函数如图 1.22 所示。在客观应用中的许多随机变量，它们由大量相互独立的随机因素综合影响所形成，而其中每一单个因素在总的影响中所起的作用是微小的，这类随机变量大都近似地服从正态分布。下面的中心极限定理（Central Limit Theorem）给出了这种现象的数学解释。

定理 1.7　设 $\{X_n\}$ 为独立同分布的随机变量序列，记 $\mu=EX_n$，$\sigma^2=\mathrm{Var}(X_n)$，若 $\sigma^2<+\infty$，则 $S_n=\sum\limits_{i=1}^{n}X_i$ 满足

$$\lim_{n\to\infty}P\left\{\frac{S_n-n\mu}{\sigma\sqrt{n}}\leqslant x\right\}=\Phi(x) \tag{1.69}$$

式中，$\Phi(x)=\displaystyle\int_{-\infty}^{x}\frac{1}{\sqrt{2\pi}}\mathrm{e}^{-t^2/2}\mathrm{d}t$ 是标准正态分布函数。

我们经常需要查表计算正态分布函数 $F(x)$ 的数值。为了计算方便，人们编制了《标准正态分布表》以供查阅。标准正态分布函数为 $N(0,1)$，记为 $\Phi(x)$。易见 $\Phi(-x)=1-\Phi(x)$，因此，标准正态分布表有时只给出 $x\geqslant 0$ 的部分。对于一般的正态分布 $X\sim N(\mu,\sigma^2)$，有

$$F(x)=\int_{-\infty}^{x}\frac{1}{\sqrt{2\pi}\sigma}\mathrm{e}^{-\frac{(t-\mu)^2}{2\sigma^2}}\mathrm{d}t=\Phi\left(\frac{x-\mu}{\sigma}\right)=\text{标准正态分布表位于}\frac{x-\mu}{\sigma}\text{的值}$$

应用中我们还常用到与正态分布函数有关的其他几种函数：

误差函数：

$$\operatorname{erf}(x)=\frac{2}{\sqrt{\pi}}\int_{0}^{x}\mathrm{e}^{-t^2}\mathrm{d}t,\quad x\geqslant 0 \tag{1.70}$$

补误差函数：

$$\operatorname{erfc}(x)=\frac{2}{\sqrt{\pi}}\int_{x}^{\infty}\mathrm{e}^{-t^2}\mathrm{d}t,\quad x\geqslant 0 \tag{1.71}$$

Q(x)函数：

$$\mathrm{Q}(x)=\frac{1}{\sqrt{2\pi}}\int_{x}^{\infty}\mathrm{e}^{-t^2/2}\mathrm{d}t \tag{1.72}$$

容易证明，上述几种函数满足下面关系：

$$\operatorname{erf}(x)=2\Phi(\sqrt{2}x)-1,\ \operatorname{erfc}(x)=2-2\Phi(\sqrt{2}x) \tag{1.73}$$

$$\operatorname{erf}(x)+\operatorname{erfc}(x)=1 \tag{1.74}$$

$$\mathrm{Q}(x)+\Phi(x)=1 \tag{1.75}$$

误差、补误差与Q(x)函数的关系如图1.23所示。

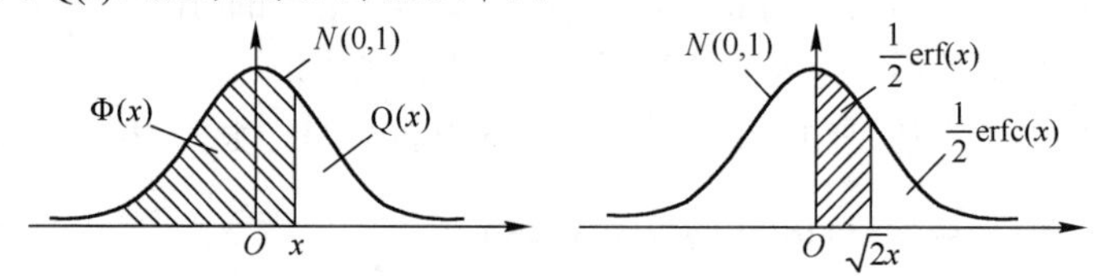

图1.23　误差、补误差与Q(x)函数的关系

8．瑞利与莱斯分布（Rayleigh and Rician）

瑞利与莱斯分布如1.3.3节所述。它们是正态分布随机变量的变换结果。

（1）瑞利分布

其取值为非负实数，特性为：

密度函数：$f(x)=\begin{cases}\dfrac{x}{\sigma^2}\mathrm{e}^{-\frac{x^2}{2\sigma^2}}, & x\geqslant 0\\ 0, & x<0\end{cases}\quad(\sigma>0)$

均值与方差：$EX=\sqrt{\dfrac{\pi}{2}}\sigma,\qquad \operatorname{Var}(X)=(2-\pi/2)\sigma^2$

特征函数：$\phi(v)=\left(1+\mathrm{j}\sqrt{\dfrac{\pi}{2}}\sigma v\right)\mathrm{e}^{-\sigma^2v^2/2}$

（2）莱斯分布

其取值也为非负实数，它的部分特性为：

密度函数：$f(x)=\dfrac{x}{\sigma^2}\mathrm{e}^{-(x^2+a^2)/2\sigma^2}\mathrm{I}_0\left(\dfrac{ax}{\sigma^2}\right)\qquad(a>0,\sigma>0)$

式中，$\mathrm{I}_0(\eta)=\dfrac{1}{2\pi}\int_0^{2\pi}\mathrm{e}^{\eta\cos\theta}\mathrm{d}\theta$，为一阶贝塞尔函数。

均值：$EX=\left[(1+r)\mathrm{I}_0\left(\dfrac{r}{2}\right)+r\mathrm{I}_1\left(\dfrac{r}{2}\right)\right]\dfrac{\sqrt{\pi}}{2}\sigma\mathrm{e}^{-\frac{r}{2}}$

式中，$r=a^2/2\sigma^2$，$\mathrm{I}_1(\eta)$是修正的一阶贝塞尔函数（略）。

瑞利与莱斯分布随机变量的密度函数如图 1.12 所示。它们在通信与电子工程领域的应用中经常出现。例如，后面将讨论的窄带高斯信号的包络就服从瑞利或莱斯分布。

9. χ^2 分布（Chi-square）

χ^2 分布也是正态分布随机变量的变换结果，它在统计检验中有重要的应用。χ^2 分布又可以分为以下两种。

（1）中心 χ^2 分布

n 个独立、零均值、同方差的正态分布随机变量 $X_i \sim N(0,\sigma^2)$，它们的平方和 $Y=\sum_{i=1}^{n} X_i^2$ 所具有的分布，称为中心 χ^2 分布，n 是它的自由度。其特性为：

密度函数：
$$f(y)=\frac{y^{n/2-1}}{(2\sigma^2)^{n/2}\Gamma(n/2)}\mathrm{e}^{-\frac{y}{2\sigma^2}},\quad y\geqslant 0$$

式中，$\Gamma(n/2)=\int_0^{\infty} x^{n/2-1}\mathrm{e}^{-x}\mathrm{d}x$。

均值与方差：$EX=n\sigma^2$，$\mathrm{Var}(X)=2n\sigma^4$

特征函数：$\phi(v)=\left(1-\mathrm{j}2\sigma^2 v\right)^{-n/2}$

中心 χ^2 分布的密度函数如图 1.24 所示。

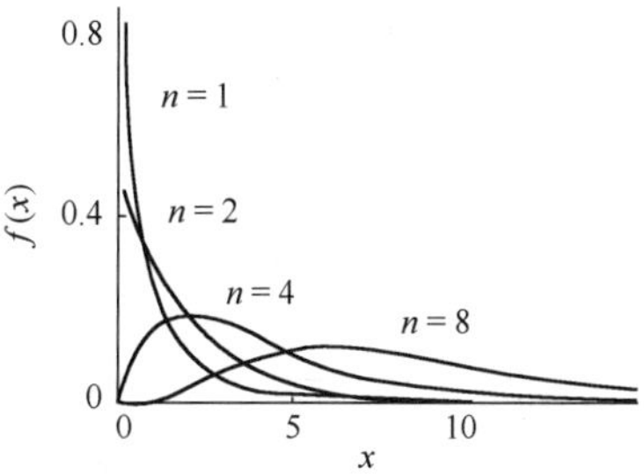

图 1.24　中心 χ^2 分布的密度函数

特别是 n=2 时，$f(y)=\frac{1}{2\sigma^2}\mathrm{e}^{-\frac{y}{2\sigma^2}}$，$y\geqslant 0$，它是指数分布，而 $\lambda=\frac{1}{2\sigma^2}$。

（2）非中心 χ^2 分布

n 个独立、非零均值、同方差的正态分布随机变量 $X_i \sim N(\mu_i,\sigma^2)$，它们的平方和 $Y=\sum_{i=1}^{n} X_i^2$ 所具有的分布，称为非中心 χ^2 分布，n 是它的自由度。其特性为：

密度函数：
$$f(y)=\frac{1}{2\sigma^2}\left(\frac{y}{\lambda}\right)^{\frac{n-2}{4}}\mathrm{e}^{-\frac{y+\lambda}{2\sigma^2}}\mathrm{I}_n\left(\frac{\sqrt{\lambda y}}{\sigma^2}\right),\qquad y\geqslant 0$$

式中，$\lambda=\sum_{i=1}^{n}\mu_i^2$，$\mathrm{I}_n(x)=\sum_{m=0}^{\infty}\frac{(x/2)^{n+2m}}{m!\Gamma(n+m+1)}$。

均值与方差：$EX=n\sigma^2+\lambda$，$\mathrm{Var}(X)=2n\sigma^4+4\sigma^2\lambda$

在电子技术应用中我们经常使用平方律检波器件来预处理零均值与非零均值的高斯信号，而后对检波器输出的信号进行采样累加，得到 $Y=\sum_{i=1}^{n} X_i^2$ 型统计量。该统计量是 χ^2 分布的随机变量。

1.7* 随机变量的仿真

要实际地获得某种分布的随机变量，我们可以构造相应的物理试验装置。例如，0−1 分布的随机变量可以通过掷币试验产生，正态分布的随机变量可以通过噪声二极管试验电路产生。显然，这些试验方法很不方便，而且，对于较为复杂的分布，难于用这类方法准确实现。

实际上，几乎所有的计算机程序语言与仿真软件都配备有产生基本随机数的措施。利用计算机模拟产生某种分布的随机数非常方便与准确，因而，得到广泛的运用。本节通过简单例子说明使用 MATLAB 在 PC 上仿真与分析常见随机变量的基本方法。

MATLAB 是一种最常用的 PC 模拟与仿真软件，它数学功能丰富，包括各种随机数产生与辅助功能。MATLAB 简单易用，只要拥有初步的计算机基础、编程知识、基本的数学与专业知识就可以借助 Help 边实践边学习。

在 MATLAB 上很容易产生各种随机数，并进行基本测量。有关函数与命令可以通过 Help 按类查到，或按英文名称查找。主要功能包括：

① 产生指定分布随机数，函数名形如“????rnd”，其中“????”是该分布的英文缩写；

② 统计一组随机数的均值、方差与直方图（密度函数），函数名形如 mean、var 与 hist；

③ 绘制某种分布与密度函数曲线，函数名形如“????cdf”与“????pdf”，其中“????”也是该分布的英文缩写。

表 1.2 列出了 MATLAB 中的部分相关函数与命令，它们的具体使用方法请阅读 MATLAB Help 中的说明。

表 1.2　MATLAB 中的部分相关函数与命令

分布名称	产生随机数	密度函数值	分布函数值	均值与方差
二项分布	binornd	binopdf	binocdf	binostat
泊松分布	poissrnd	poisspdf	poisscdf	poissstat
离散均匀分布	unidrnd	unidpdf	unidcdf	unidstat
均匀分布	unifrnd	unifpdf	unifcdf	unifstat
指数分布	exprnd	exppdf	expcdf	expstat
正态分布	normrnd	normpdf	normcdf	normstat
瑞利分布	raylrnd	raylpdf	raylcdf	raylstat
χ^2 分布	chi2rnd	chi2pdf	chi2cdf	chi2stat

下面举例说明它们的一些基本应用。

实验 1　随机数的产生与测量：产生 $\lambda=1.0$ 的 10 000 个指数分布随机数，测量它们的均值、方差与概率密度。

解：用 Help 在 Statistics Toolbox 中找到相关命令，并阅读有关说明。其中的核心函数为：

① $\text{exprnd}(\lambda,m,n)$，它产生参数为 λ 的指数分布随机数 $m\times n$ 个，形成 $m\times n$ 的随机数矩阵。

② $\text{mean}(x)$ 与 $\text{var}(x)$ 分别计算数据组（矩阵）x 的均值与方差。

③ $\text{hist}(x,\ldots)$ 计算数据组 x 的直方图，它反映出数据的近似密度函数状况。命令可以含控制参数，也可以省去。选择适当的控制参数时，能够得到更优美的直方图结果。

使用命令行方式很容易进行尝试，命令过程与结果如图 1.25 所示。可以看出，这些结果与该分布的理论参数吻合。

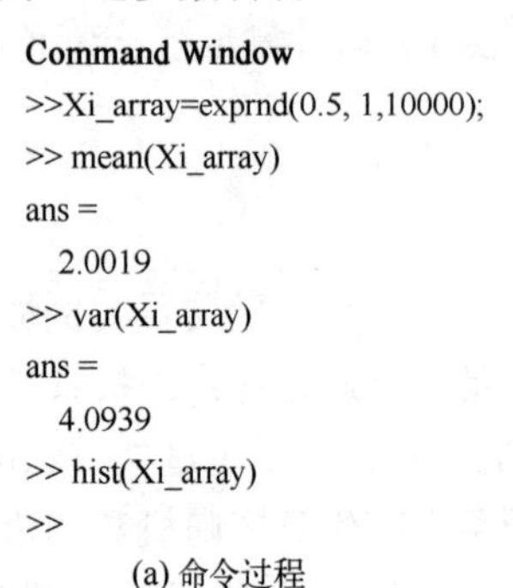

(a) 命令过程

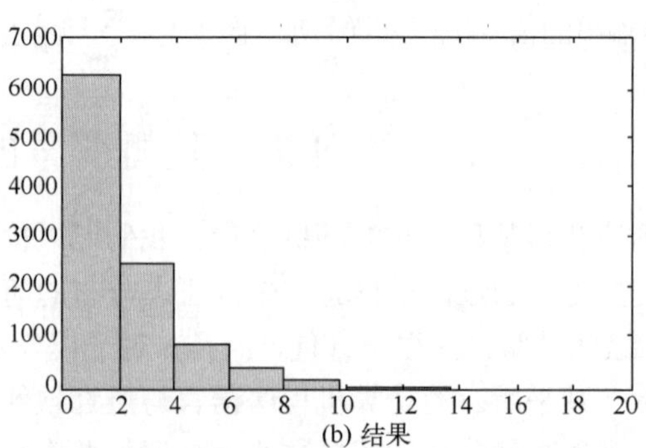

(b) 结果

图 1.25　实验 1

MATLAB 的图形表示功能突出，可使得结果显示很直观，下面的实验说明了这点。

实验 2 密度函数曲线的图形表示：绘制 $N(0,1)$ 与 $N(2,3)$ 的密度函数曲线。

解： 用 Help 找到正态分布密度函数的计算函数 normpdf()与绘图函数 plot()。

（1）$\text{normpdf}(x,\mu_X,\sigma_X^2)$ 用于计算 $N(\mu_X,\sigma_X^2)$ 分布在 x 处的概率密度值。图 1.26 的命令过程的第一行使 x 为一批数据 $\{-10.0,-9.9,-9.8,\cdots,+9.9,+10.0\}$，它们从−10 到+10，每间距 0.1 一个，共 201 个。有趣的是 MATLAB 很善于根据自变量特点自动进行“并行”（矩阵）运算，这里 normpdf(x,…)一下就完成了整批数据（共 201 次）的计算。

（2）$\text{plot}(x,y,\ldots)$ 用于绘制 x–y 曲线，后面是控制参数。$'k'$ 表示使用黑色，$'k-'$ 表示使用黑色虚线。

命令过程与结果如图 1.26 所示。

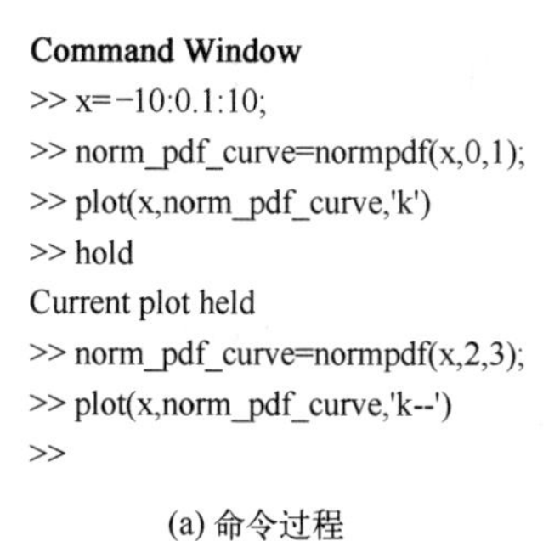

```
Command Window
>> x=-10:0.1:10;
>> norm_pdf_curve=normpdf(x,0,1);
>> plot(x,norm_pdf_curve,'k')
>> hold
Current plot held
>> norm_pdf_curve=normpdf(x,2,3);
>> plot(x,norm_pdf_curve,'k--')
>>
```

(a) 命令过程

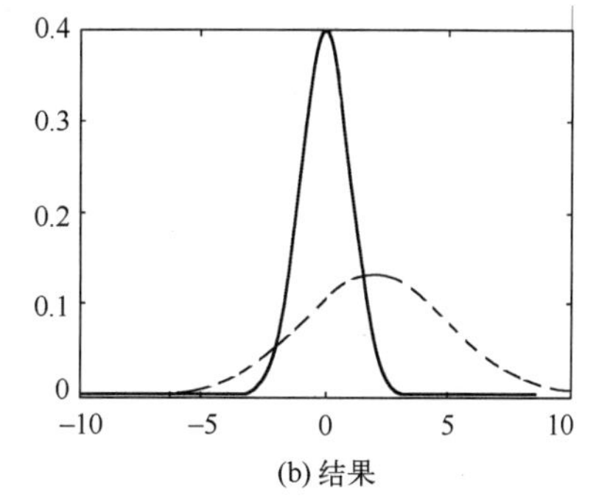

(b) 结果

图 1.26 实验 2

利用 MATLAB 还可以进行符号与数值的积分运算，使我们很容易进行统计分析。

实验 3 统计分析：二维正态分布 $(X,Y)\sim N(0,1,0,4;0.5)$ 的联合密度函数为

$$f(x,y)=\frac{1}{2\pi\sqrt{3}}\exp\left[-\frac{2}{3}\left(x^2-0.5xy+0.25y^2\right)\right]$$

利用 MATLAB 求：（1）$f_Y(y)$；（2）$E(|X+Y|)$；（3）$P(X\leqslant 0,Y\leqslant 0)$。

解： 实验中，可以利用 syms 定义符号量，进行公式推导；利用 $\text{int}(f,x,a,b)$ 求解定积分 $\int_a^b f(x)\mathrm{d}x$ 的值。在命令行方式下的具体过程与结果如下。

```
Command Window
>>syms x y;

>> f=exp(-2*(x*x-0.5*x*y+0.25*y*y)/3)/( 2*pi*sqrt(3) );
>> fy=int(f,x, -inf,inf)
fy =
281474976710656/6126469605667549*exp(-1/8*y^2)*2^(1/2)*3^(1/2)*pi^(1/2)
>> x_yf=abs(x+y)*f;
>> Exy=int(int(x_yf,x, -inf,inf),y, -inf,inf)
Exy =
```

```
844424930131968/42885287239672843*42^(1/2) *pi^(1/2)+2814749767106560/6126469605667549*6^(1/2) *pi^(1/2)*hypergeom
([1/2],[], -3/25)
>> P=int(int(f,x, -inf,0),y, -inf,0)
P =
140737488355328/18379408817002647*pi*6^(1/2)*2^(1/2)+70368744177664/6126469605667549*pi *6^(1/2)*8^(1/2)
>>
```

观察结果中的 fy，我们注意到：

$\left(2\sqrt{2\pi}\right)^{-1}$=281474976710656/6126469605667549*2^(1/2)*3^(1/2)*pi^(1/2)=0.1995

因此，经过化简后得到

$$f_Y(y)=\frac{1}{2\sqrt{2\pi}}\exp\left[-\frac{y^2}{8}\right]$$

同样，进一步化简上面 Exy 与 P 的结果值，可见，它们分别为 0.211 与 0.3333，即

$$E(|x+y|)=0.2110\text{，}\quad P(x\leqslant 0,y\leqslant 0)=0.3333$$

习题

1.1　已知 A, B, C 为样本空间上的三个事件，试用 A, B, C 的运算关系表示下列事件：

（1）A 发生，B 与 C 不发生；　　（2）A, B, C 都发生；

（3）A, B, C 中至少有一个发生；　　（4）A, B, C 不多于两个发生。

1.2　已知样本空间 $\Omega=\{1,2,\cdots,10\}$，事件 $A=\{2,3,4\}$，$B=\{3,4,5\}$，$C=\{5,6,7\}$，写出下列事件的表达式：

（1）$\overline{A}\cup B$；　（2）$\overline{A}B$；　（3）$\overline{A(B\cup C)}$；　（4）$\overline{A\overline{BC}}$。

1.3　设随机试验 E 是将一枚硬币抛两次，观察 H（正面）、T（反面）出现的情况，试分析它的样本空间、事件与概率。

1.4　设 A, B, C 是建立在样本空间 Ω 上的事件，试证明：

$$P(A\cup B\cup C)=P(A)+P(B)+P(C)-P(AB)-P(AC)-P(BC)+P(ABC)$$

1.5　已知事件 A, B 相互独立，试证明：

（1）A 和 $\overline{B}$ 相互独立；　（2）$\overline{A}$ 和 B 相互独立；　（3）$\overline{A}$ 和 $\overline{B}$ 相互独立。

1.6　有四批零件，第一批有 2 000 个零件，其中 5%是次品。第二批有 500 个零件，其中 40%是次品。第三批和第四批各有 1 000 个零件，次品约占 10%。我们随机地选择一个批次，并随机取出一个零件。求：

（1）所选零件为次品的概率是多少？

（2）发现次品后，它来自第二批的概率是多少？

1.7　一个电子系统为 5 个用户服务。若各用户独立地使用系统，每个用户使用系统时，系统输出功率为 0.6 W，使用概率均为 0.3。

（1）求电子系统输出功率的概率分布；

（2）系统输出大于 2 W 时，系统过载，求其过载的概率。

1.8　有朋自远方来，她乘火车、轮船、汽车或飞机来的概率分别是 0.3, 0.2, 0.1, 0.4。如果她乘火车、轮船或汽车来，迟到的概率分别是 0.25, 0.4, 0.1，乘飞机来则不会迟到。结果她迟到了，问她最可能搭乘的是哪种交通工具？

1.9　设随机试验 X 的分布律为

X	1	2	3
P	0.2	0.5	0.3

求X的密度和分布函数，并给出图形。

1.10　设随机变量 X 的绝对值不大于 1，它在区间 $(-1,1)$ 上均匀分布，且 $P(X=1)=0.2$，$P(X=-1)=0.3$。求：

（1）X的密度和分布函数，并给出图形；　（2）$P(X<0)$。

1.11　设随机变量X的密度函数为$f(x)=a\mathrm{e}^{-|x|}$，求：

（1）系数a；（2）其分布函数。

1.12　某生产线制造 1000 Ω的电阻器，必须满足容许偏差 10%的要求。实际生产的电阻器阻值不可能每次都是精确的 1000 Ω，而是随机变化的。实际生产电阻器阻值的概率分布满足$N(1000,30^2)$。求：

（1）该电阻器的报废率是多少？

（2）生产10^6个电阻，平均报废的电阻器是多少？

1.13　某汽车站每天有 1000 辆汽车进出，而每辆汽车每天平均发生事故的概率为 0.0001，问一天内汽车站出事故的次数大于 1 的概率是多少？

1.14　若离散随机变量X与Y的联合分布律如下。试求：

X \ Y	−1	0	1
0	0.07	0.18	0.15
1	0.08	0.32	0.20

（1）X与Y的联合分布函数与密度函数；　（2）X与Y的边缘分布律；

（3）$Z=XY$的分布律；　（4）X与Y的相关系数。

1.15　设高斯随机变量$X\sim N(0,2)$作用于一个$L=4$电平的量化器，其量化特性如图题 1.15 所示。试求输出随机变量Y的分布律。

1.16　设随机变量$X\sim N(0,1)$，$Y\sim N(0,1)$，且相互独立，$U=X+Y,\ V=X-Y$。

（1）求随机变量(U,V)的联合密度函数$f_{UV}(u,v)$；

（2）求随机变量U与V是否相互独立？

1.17　半波整流器的输出Y与输入X之间的数学模型可以表示为

$$Y=g(X)=\begin{cases}X, & X\geqslant 0\\ 0, & X<0\end{cases}$$

如图题 1.17 所示。若已知输入随机变量X的密度与分布函数分别为$f_X(x)$和$F_X(x)$，试求输出Y的密度函数$f_Y(y)$。

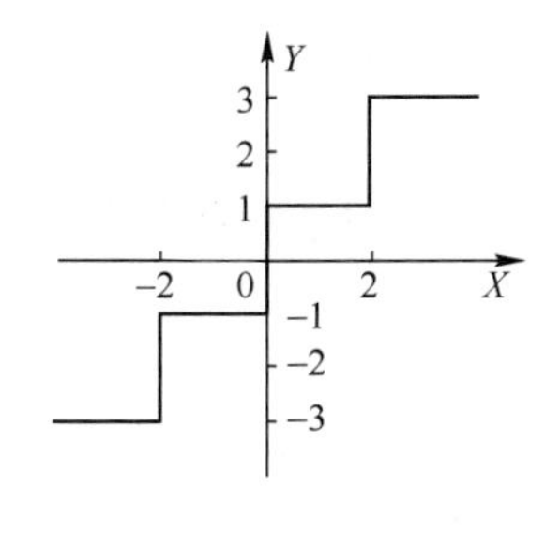

图　题 1.15

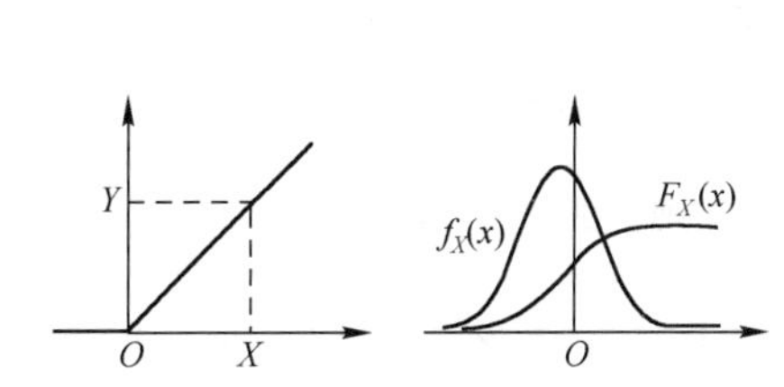

图　题 1.17

1.18 已知随机变量 X 的可能取值为 $\{-4,-1,0,3,4\}$，且每个值出现的概率均为 $1/5$。求：

（1）随机变量 X 的数学期望和方差；（2）随机变量 $Y=3X^2$ 的密度函数；（3）Y 的数学期望和方差。

1.19 整数型随机变量 X 与 Y 独立，密度函数分别为 $f_X(x)$ 与 $f_Y(y)$，求 $X+Y$ 的分布。

1.20 设服务器 L 由两个相互独立的子服务器 L_1 和 L_2 连接而成，L_1,L_2 的寿命 X,Y 分别服从参数为 α,β 的指数分布，两个子服务器的连接方式有：（1）串联；（2）并联；（3）备用。试分别求出系统 L 寿命 Z 的密度函数 $f_Z(z)$。

1.21 随机变量 X 与 Y 中，已知 $EX=1$，$EY=3$，$D(X)=4$，$D(Y)=16$，$\rho_{XY}=0.5$，又设 $U=3X+Y$，$V=X-2Y$。试求 $EU,EV,D(U),D(V),\mathrm{Cov}(U,V)$。

1.22 若随机变量 X 与 Y 的联合密度函数为

$$f_{XY}(x,y)=\begin{cases}xy/9, & 0\leqslant x<2,\ 0\leqslant y<3\\0, & 其他\end{cases}$$

判断 X 与 Y 是否正交、无关与独立。

1.23 若随机变量 X 与 Y 的联合密度函数为

$$f_{XY}(x,y)=\begin{cases}\mathrm{e}^{-x}, & 0<y<x<1\\0, & 其他\end{cases}$$

求：（1）X 与 Y 的边缘分布律；（2）X 与 Y 的独立性；（3）$E(Y|X=x)$。

1.24 已知随机变量 X 服从 $[0,a]$ 上的均匀分布，随机变量 Y 服从 $[X,a]$ 上的均匀分布。试求：

（1）$E(Y|X),\ 0\leqslant X\leqslant a$；（2）$EY$。

1.25 试证明条件期望基本性质：$E[h(Y)g(X)|Y]=h(Y)E[g(X)|Y]$。

1.26 设太空梭飞行中，宇宙粒子进入其仪器舱的数目 N 服从参数为 λ 的泊松分布。进舱后每个粒子造成损坏的概率为 p，彼此独立。求造成损坏的粒子的总数目。

1.27 若随机变量 X 的概率特性如下，求其相应的特征函数。

（1）X 为常数 c，即 $P\{X=c\}=1$；

（2）参数为 2 的泊松分布；

（3）（-1, 1）伯努利分布：$f(x)=0.4\delta(x-1)+0.6\delta(x+1)$；

（4）指数分布：$f(x)=\begin{cases}3\mathrm{e}^{-3x}, & x\geqslant 0\\0, & 其他\end{cases}$。

1.28 随机变量 X_1,X_2,X_3 彼此独立，且特征函数分别为 $\phi_1(v),\phi_2(v),\phi_3(v)$，求下列随机变量的特征函数：

（1）$X=X_1+X_2$；（2）$X=X_1+X_2+X_3$；

（3）$X=X_1+2X_2+3X_3$；（4）$X=2X_1+X_2+4X_3+10$。

1.29 随机变量 X 具有下列特征函数，求其密度函数、均值、均方值与方差。

（1）$\phi(v)=0.2+0.3\mathrm{e}^{\mathrm{j}2v}+0.2\mathrm{e}^{\mathrm{j}4v}+0.2\mathrm{e}^{-\mathrm{j}2v}+0.1\mathrm{e}^{-\mathrm{j}4v}$；（2）$\phi(v)=0.3\mathrm{e}^{\mathrm{j}v}+0.7\mathrm{e}^{-\mathrm{j}v}$；

（3）$\phi(v)=4/(4-\mathrm{j}v)$；（4）$\phi(v)=(\sin 5v)/(5v)$。

1.30 利用傅里叶变换推导均匀分布的特征函数。

1.31 利用特征函数的唯一性，证明：若高斯随机变量 $X_i,\ i=1,2,\cdots,n$，$X_i\sim N(\mu_i,\sigma_i^2)$ 相互独立，并且 $Y=\sum_{i=1}^{n}X_i$，则 Y 也是高斯的。

1.32 设有高斯随机变量 $X\sim N(\mu,\sigma^2)$，试利用随机变量的矩发生特性证明：

（1）$EX=\mu$；（2）$EX^2=\sigma^2+\mu^2$；（3）$EX^3=3\mu\sigma^2+\mu^3$。

1.33 已知随机变量 X,Y 的联合特征函数为

$$\phi_{XY}(u,v)=\frac{6}{6-2\mathrm{j}u-3\mathrm{j}v-uv}$$

求：（1）随机变量 X 的特征函数；（2）随机变量 Y 的期望和方差。

1.34　计算机在进行某种加法运算时，将每个加数舍入最靠近它的整数，假设所有舍入误差是独立的，且在 $(-0.5,0.5)$ 内服从均匀分布。

（1）若将 1200 个数相加，问误差总和的绝对值超过 10 的概率是多少？

（2）为保证误差总和的绝对值小于 10 的概率不小于 0.90，最多可有几个数相加？

1.35　编写 MATLAB 程序，绘出 $N(3,0.5)$ 的密度和分布函数的图形。

1.36　编写 MATLAB 程序，绘出二维正态分布 $N(0,1,2,0.5,0.3)$ 的密度和分布函数的图形。

1.37　编写 MATLAB 程序，绘出不同自由度的中心 χ^2 随机变量的密度函数。

1.38　编写 MATLAB 程序，设两组独立同分布的正态($N(0,2)$)数据 X 与 Y，每组一万个分量，即 $X=\{x_i\}$ 与 $Y=\{y_\mathrm{i}\}$，$i=1,2,\cdots,10000$ 。令 u_i=$x_i^2+y_i^2$，z_i=$\sqrt{u_i}$ ，产生两组新数据 U=$\{u_i\}$ 与 Z=$\{z_i\}$ 。试分析 U 与 Z 分别服从什么分布，统计它们的均值并与分析结果对比。

1.39　已知二维随机变量 (X,Y) 的联合密度函数为

$$f(x,y)=\begin{cases}A\mathrm{e}^{-(x+y)}, & x>0,y>0\\ 0, & \text{其他}\end{cases}$$

利用 MATLAB 的符号运算功能，求：

（1）待定系数 A；（2）$P\{X>2,Y>1\}$；（3）边缘密度函数 $f_X(x)$ 和 $f_Y(y)$。

第2章　随机信号

在信号分析中，我们把携带某种信息、随时间、空间或其他某个参量变化的物理量抽象为信号，并使用确定的时间函数来表示它们，例如，$f(t)$或$s(t)$，这类信号是确定信号。另外一大类信号源自于不确定的随机现象，因而是随机的，它们的特性服从某种统计规律，该类信号称为随机信号。

本章介绍随机信号的定义、基本特性与描述方式；讨论几个典型的信号例子及其基本的分析方法；本章还介绍十分重要的高斯信号与独立信号。

2.1　定义与基本特性

实际应用中的许多物理量既是按时间（或其他参量）推进的，又是随机的，描述这类现象需要用随机过程或随机信号。

2.1.1　概念与定义

我们首先通过两个例子来考察一类随机现象。

例 2.1　噪声电压信号。电子设备中，电阻上的噪声电压是典型的随机信号。由于热电子的骚动，引起电阻两端的电压有一个不确定的起伏。对该电压进行一次观测可能记录到一段波形$x_1(t)$，而进行第二次观测又记录到一段不同的波形$x_2(t)$，如图 2.1 所示。每次观测前我们都无法预知可能会记录到什么样的波形，该电压信号是无穷多个可能波形中的某一个。可见，噪声电压信号是一族随机的函数。

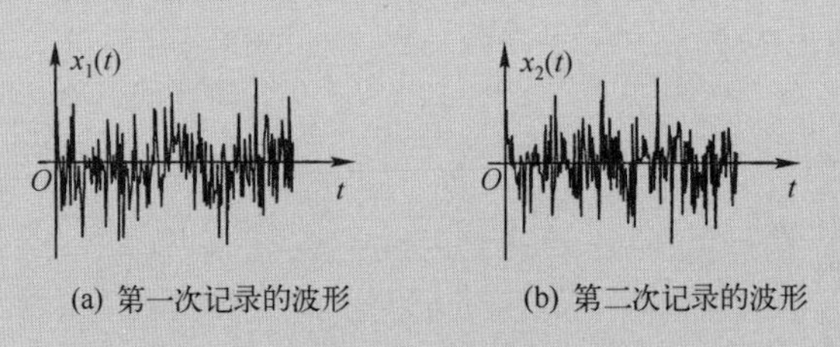

图 2.1　例 2.1 图

例 2.2　用掷币试验产生信号。进行投币试验并规定正面对应 250 Hz 的余弦波，反面对应 250 Hz 的正弦波。可见，试验有 2 种结果波形：$x_1(t)=\cos(500\pi t)$与$x_2(t)=\sin(500\pi t)$，如图 2.2 所示。于是，该试验产生的是这两种可能波形中的一种，是一个随机函数。

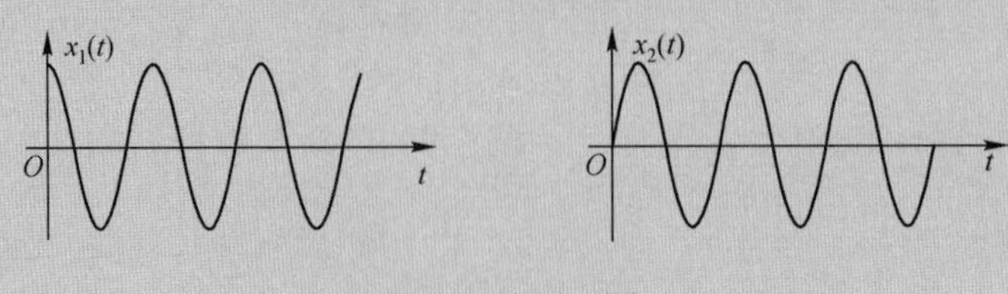

图 2.2　例 2.2 图

这样一个随机信号也可以记为：$X(t,\xi)=\cos(500\pi t - I(\xi)\pi/2)$。其中，$I(\xi)$ 是取值为 0、1 的等概随机变量。

在概率论中，随机变量 X 是定义在样本空间 Ω 上的单值实函数：它是一种对每个样本点 ξ 赋予一个实数值 $X(\xi)$ 的规则。扩展这一概念可建立下面的定义，并将它形象地表示为图 2.3。

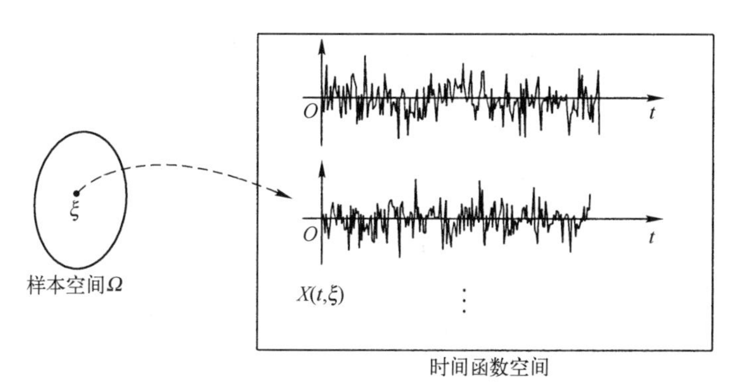

图 2.3　定义实函数 $X(t,\xi)$

定义 2.1　对于随机试验样本空间 Ω 上每个 ξ，我们赋予一个函数 $X(t,\xi)$，$\xi\in\Omega$，则确定了一个具有一定统计特性的随机函数，称为随机过程（Stochastic Process or Random Process），或随机信号（Random Signal）。

随机过程是数学上主要使用的术语。在工程应用中，尤其是在讨论信号与系统的场合，我们也常称随机过程为随机信号，本书中我们不加区分地使用这两种术语。为了便于理解，本书中一般采用大写字母表示随机变量与信号，小写字母表示确定量与函数。

随机信号也可以是离散的，如下例所述。

例 2.3　医院登记新生儿性别。 男婴记为 1，女婴记为 0。这份记录可能是：10011010…，也可能是：001010110…，等等。可见这份记录本质上是无穷多种数列中的某个不能事先确知的数列，它是具有某种统计规律的随机数列。

“新生儿性别记录”问题也可以这样来阐述：如果记录中将第 n 个婴儿的性别记为 $X_n(\xi)$，那么该记录是序列 $\{X_n(\xi),\ n=1,2,\cdots\}$，参量 n 是正整数，每一个 n 对应的 $X_n(\xi)$ 是二值随机变量。于是，新生儿记录是一列有序的随机变量。这份记录事前是完全无法预知的，而最终呈现为某种具体的记录结果，如图 2.4 所示。

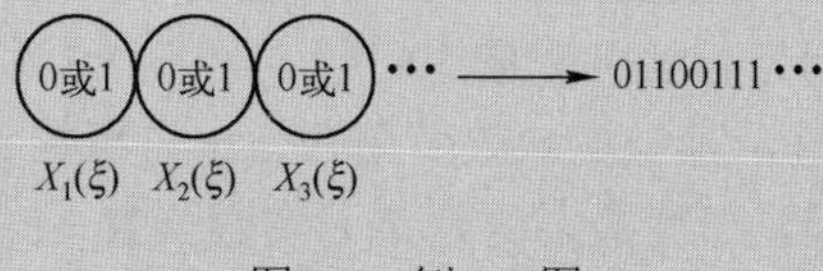

图 2.4　例 2.3 图

上例中的后一种阐述将随机信号看成含有参量 n 的无穷多个随机变量的集合。采用这种方法也可以有效地理解例 2.1 与例 2.2，以及其他类似的随机问题。

从上面的例子与讨论可以发现，随机过程（或信号）本质上是一个特殊的二元函数

$X(t,\xi)$，其中t与ξ是具有不同特性的两个自变量。ξ在集合Ω上取值，而t通常在实数域上取值。ξ的存在表明它具有随机特性。应该注意，$X(t,\xi)$包含了下面几个方面的含义：

① 当ξ固定时，它是t的确定函数，称此函数为样本函数（Sample Function），对应于某次试验的结果。

② 当t固定时，它是一个随机变量，说明过程在任何时刻上的取值是不确定的。

③ 当t与ξ都固定时，它是一个确定数值，称为状态（State），如$X(t)=x$就称为“在t时刻过程X（的某个试验结果）位于x状态”。

④ 当$X(t,\xi)$的t与ξ都发生变化时，就构成了随机过程（或信号）的完整概念。

这些含义可形象地表示在表 2.1 中。

表 2.1 随机信号 $X(t,\xi)$ 的含义

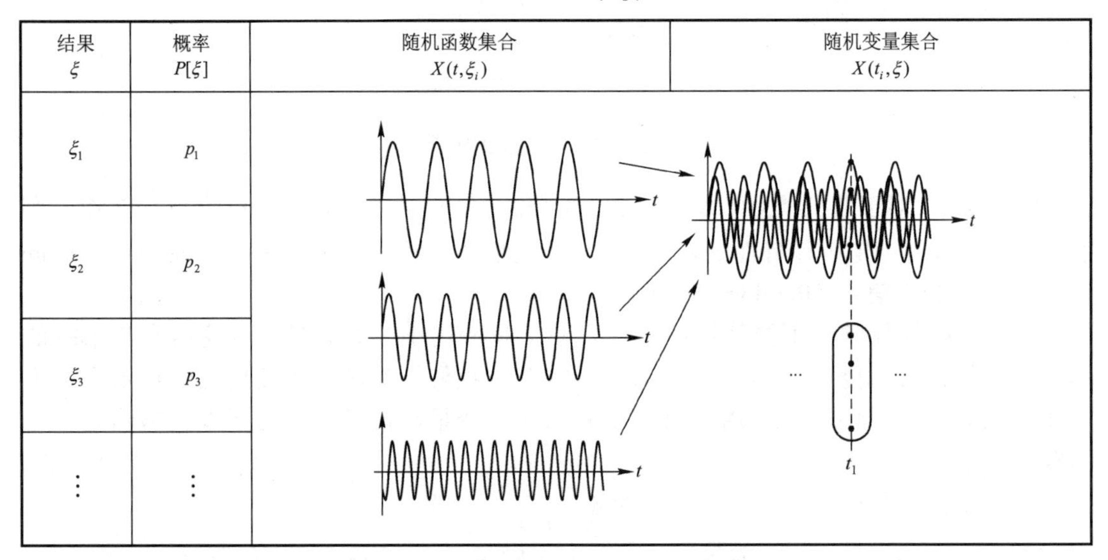

结果 ξ	概率 $P[\xi]$	随机函数集合 $X(t,\xi_i)$	随机变量集合 $X(t_i,\xi)$
ξ_1	p_1		
ξ_2	p_2		
ξ_3	p_3		
⋮	⋮		

通过分析可以看出，随机过程是一族样本函数的集合，也可以看成一组随机变量的集合。数学上常常从后一个观点出发，对随机过程做如下的定义。

定义 2.2 给定某个参量集T，若对于每个$t\in T$，都有一个随机变量$X(t,\xi)$与之对应，就称依赖于参量t的随机变量族$\{X(t,\xi),t\in T\}$为随机过程。

定义 2.1 与定义 2.2 在概念上相互补充，而本质是一样的。前一种定义形式常用于试验观测中，通过大量的观测得到充分的样本函数，进而可总结出信号的统计规律；后一种定义形式在数学上更为严谨，常用于理论分析。由于将随机信号定义为随机变量的集合，使得分析随机信号的问题容易转化为分析随机变量的问题。

随机过程常常简记为$X(t)$，其样本函数简记为$x(t)$。参数t一般表示时间，这正是称之为“过程”或“信号”的原因。研究最多的是T为实数集$\mathbf{R}=(-\infty,+\infty)$或其子集，它可以是有穷或无穷的，可列或不可列的。如果T为整数集或其子集，它就是随机序列或离散随机信号。这时，我们又常改用字母n表示参数，记为$X(n)$或者X_n。

2.1.2 基本概率特性

随机信号是含参数t的随机变量族，虽然它是不确定的，但也是有规律的。描述随机信

号的特性可以通过描述带 t 的随机变量 $X(t,\xi)$ 来实现。

例 2.4 分析例 2.2 的掷币试验：正面（记为 H）对应 250 Hz 频率的余弦波 $\cos(500\pi t)$，反面（记为 T）对应 250 Hz 的正弦波 $\sin(500\pi t)$。求：

（1）$t=1$ ms 时随机信号的密度函数与均值函数；（2）任意 t 时随机信号的密度函数与均值函数。

解：（1）在 t=0.001s 时，随机信号取值为 $X(0.001)$，它是一个随机变量，不妨简记为 X_1。易知，X_1 可能有两种结果：cos0.5π 或 sin0.5 π，即 0 或 1，概率同为 0.5。因此

$$f_{X_1}(x)=f_{X(0.001)}(x)=0.5\delta(x)+0.5\delta(x-1)$$

而且，其均值函数为 $EX_1=E[X(0.001)]=0.5$。

（2）$\forall t$，随机信号为一个随机变量，简记为 X_t，其取值为：$\cos(500\pi t)$ 或 $\sin(500\pi t)$，概率同为 0.5。因此

$$f_{X(t)}(x)=0.5\delta[x-\cos(500\pi t)]+0.5\delta[x-\sin(500\pi t)]$$

其均值函数为 $$EX_t=E[X(t)]=0.5[\cos(500\pi t)+\sin(500\pi t)]$$

上例分析了随机信号在各个孤立时刻上的统计特性，简单地讲，随机信号的描述同随机变量基本一样，只不过附加了参量 t 而已。下面的例子进一步分析随机信号在两个时刻上的联合统计特性。

例 2.5 分析上例的掷币试验。求：

（1）$t_1=0.5$ ms 与 $t_2=1$ ms 时随机信号的二维联合密度函数；

（2）任意 t_1,t_2 时随机信号的二维联合密度函数。

解：（1）分别简记两时刻上的随机变量为 X_1=$X(0.0005)$与 X_2=$X(0.001)$，依据掷币结果有：

$\xi=H$ 时，$\{X_1,X_2\}=\{0.707,0\}$，概率为 0.5。

$\xi=T$ 时，$\{X_1,X_2\}=\{0.707,1\}$，概率为 0.5。

显然，$\{X_1,X_2\}$ 是二维离散随机变量，因此

$$f_{X_1,X_2}(x,y)=0.5\delta(x-0.707,y)+0.5\delta(x-0.707,y-1)$$

（2）同理，$\forall t_1,t_2$，记 $X_1=X(t_1)$ 与 $X_2=X(t_2)$，依据掷币结果有：

$\xi=H$ 时，$\{X_1,X_2\}=\{\cos(500\pi t_1),\cos(500\pi t_2)\}$，概率为 0.5。

$\xi=T$ 时，$\{X_1,X_2\}=\{\sin(500\pi t_1),\sin(500\pi t_2)\}$，概率为 0.5。

因此 $$f_{X_1,X_2}(x,y)=0.5\delta(x-\cos(500\pi t_1),y-\cos(500\pi t_2))+$$
$$0.5\delta(x-\sin(500\pi t_1),y-\sin(500\pi t_2))$$

由于附带有参量 t（或 t_1,t_2），随机信号的统计特性是随时间（或时间组）变化的。研究随机信号不只是要分析其具体时刻的统计特性，更重要的是要分析这些统计特性随时间（或时间组）的变化规律。为此，我们使用下面的定义。

一维（阶）分布函数定义为任意 $t\in T$ 时刻随机变量 $X(t)$ 的分布函数

$$F_X(x;t)=F_{X(t)}(x)=P[X(t)\leqslant x]$$

因此，$F_X(x;t)$ 是 t 时刻的随机变量直至 x 处的累积概率值。

一维（阶）密度函数为

$$f_X(x;t)=f_{X(t)}(x)=\frac{\mathrm{d}}{\mathrm{d}x}F_X(x;t)$$

它以时间 t 为参量，如图 2.5 所示。

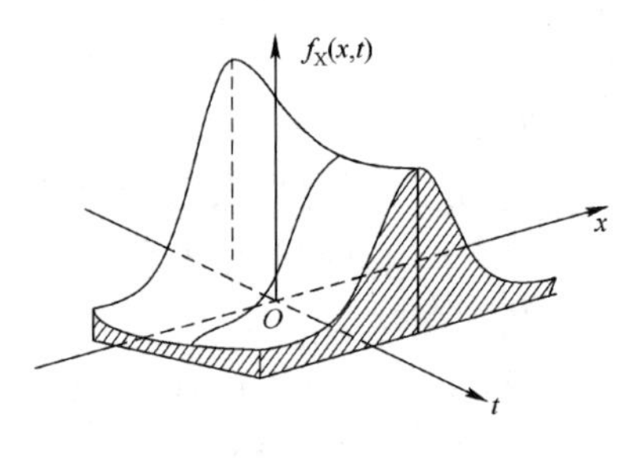

图 2.5　一维（阶）密度函数

二维（阶）分布函数是 T 上任意两个时刻随机变量 $X(t_1)$ 与 $X(t_2)$ 的联合分布函数

$$\begin{aligned}F_X(x_1,x_2;t_1,t_2)&=F_{X(t_1)X(t_2)}(x_1,x_2)\\&=P[X(t_1)\leqslant x_1,X(t_2)\leqslant x_2]\end{aligned}$$

因此，$F_X(x_1,x_2;t_1,t_2)$ 是 t_1 与 t_2 两时刻的随机变量直至 (x_1,x_2) 处的联合累积概率值。

二维（阶）密度函数为

$$f_X(x_1,x_2;t_1,t_2)=f_{X(t_1)X(t_2)}(x_1,x_2)=\frac{\partial^2}{\partial x_1\partial x_2}F_X(x_1,x_2;t_1,t_2)$$

通过计算边缘分布函数，由二维分布函数可以得出一维分布函数的结果，因此，二维分布函数比一维分布函数包含了更多的信息，但也更为复杂。

从上述定义中我们注意到：随机信号的符号记法与随机变量的相似，但习惯地将下标随机变量中的 t 或 t_1,t_2 移到主括号中，比如，将 $F_{X(t)}(x)$ 改记为 $F_X(x;t)$，这样突出了统计特性对于参量的依赖关系。后面的讨论中也一直沿用这一习惯，我们不再特别提醒。此外，各种符号中下标 X 表示所针对的随机信号是 $X(t)$，在不引起混淆时，也可以简化书写，省略下标。

2.1.3　基本数字特征

例 2.4 中我们还分析了信号在各时刻的均值，它是一种最基本的数字特征。随机信号的数字特征本质上就是带参量的随机变量的数字特征，一些基本的数字特征基于单个随机变量 $X(t)$ 或两个变量 $X(t_1)$ 与 $X(t_2)$，定义如下：

- 均值函数　　$m_X(t)=m_{X(t)}=EX(t)$
- 方差函数与标准差函数　　$\sigma_X^2(t)=\sigma_{X(t)}^2=E[X(t)-m_X(t)]^2$

  $\sigma_X^2(t)$ 有时也记为 $\mathrm{Var}[X(t)]$ 或 $D(t)$，并且，$\sigma_X(t)=\sigma_{X(t)}=\sqrt{\mathrm{Var}[X(t)]}$。
- 自相关函数　　$R_X(t_1,t_2)=E[X(t_1)X(t_2)]$
- 均方值函数　　$EX^2(t)=R_X(t,t)$
- 协方差函数　　$$\begin{aligned}C_X(t_1,t_2)&=\mathrm{Cov}(X(t_1),X(t_2))\\&=E\{[X(t_1)-m_X(t_1)][X(t_2)-m_X(t_2)]\}\\&=R_X(t_1,t_2)-m_X(t_1)m_X(t_2)\end{aligned}$$
- 相关系数函数　　$$\rho_X(t_1,t_2)=\frac{\mathrm{Cov}(X(t_1),X(t_2))}{\sigma_{X(t_1)}\sigma_{X(t_2)}}=\frac{C_X(t_1,t_2)}{\sigma_X(t_1)\sigma_X(t_2)}$$

由于定义中的随机变量与参量（时间）有关，因此，随机信号的数字特征都是参量（时间）的确定函数，反映了物理现象随参量推进的过程感。如果分别定义中心化信号与归一化信号为

$$X_0(t)=X(t)-m_X(t),\qquad \dot{X}(t)=\frac{X(t)-m_X(t)}{\sigma(t)} \tag{2.1}$$

则有
$$C_X(t_1,t_2)=R_{X_0}(t_1,t_2),\quad \rho_X(t_1,t_2)=R_{\dot{X}}(t_1,t_2) \tag{2.2}$$

在符号书写时，下标指明相关的随机变量，当不发生混淆时，也常被省略。通常，t 时刻的均方值函数反映了随机信号当时的总平均功率，均值函数与标准差函数反映了其平均特性与摆动范围。例如，具有正态分布的信号，处于区域 $m_X(t)\pm 3\sigma(t)$ 的可能性超过 99.74%。利用切比雪夫不等式，可以确定一般随机信号样本函数的最可能出现区域。这个区域很可能随时间变化，如图 2.6 所示。

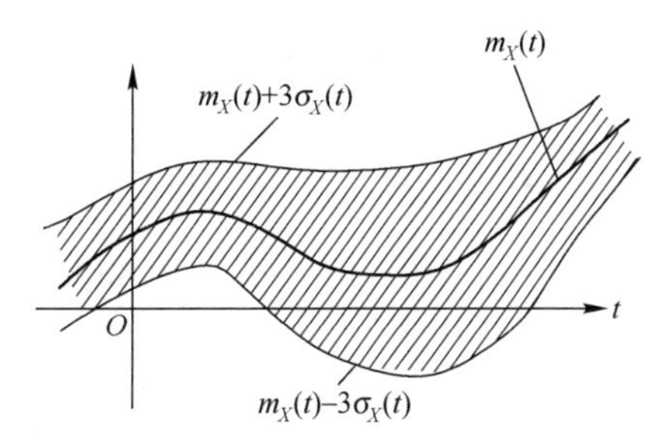

图 2.6　样本函数的最可能出现区域

虽然上面大量讨论的是连续随机信号的特性与描述方法，但对于离散随机信号（或随机序列），其结论是类似的，只需将连续时间变量 t 换为离散时间 n 就行了。例如，一维分布函数定义为$F_X(x;n)=P[X(n)\leqslant x]$，均值函数与自相关函数定义为 $m_X(n)=EX(n)$ 与 $R_X(n_1,n_2)=E\left[X(n_1)X(n_2)\right]$，等等。

2.2　典型信号举例

下面介绍几个简单且极为重要的随机信号。我们考虑定义域中的任意时刻t 与时刻组t_1,t_2，讨论信号的均值函数与相关函数，以及一、二维分布与密度函数。讨论中示范了常用的分析与计算方法。

2.2.1　随机正弦信号

正弦信号是一种在物理与电子工程的科学研究中有着广泛应用的信号。随机正弦信号定义为：$\left\{X(t)=A\cos(\varOmega t+\varTheta),t\in(-\infty,+\infty)\right\}$，其中，$A,\varOmega$与$\varTheta$ 部分或全部是随机变量。

电路与系统中，几乎总要产生、发送与接收正弦信号，它本质上都是随机的。假定将振荡器设计为产生准确的频率为 5 MHz、峰值为 1 V、绝对相位为零的正弦信号。由于器件与生产工艺固有的容差与不确定性等因素，任何的设计与生产者都不可能实际制造出绝对准确的电路与设备。设想一下，100 块相同的振荡电路，同时开启后的结果波形不会是绝对的精确，也不会绝对的一模一样。再设想一下，即便是同一块电路，每次开启后也不会呈现出完全一模一样的波形。通常幅度与频率可以接近设计值，高精度的设备具有较小的差异；而初始相位总是难于控制的，实际上几乎是完全随机的，因此，通常近似认为它的数值在整个 2π 上均匀分布。

再假定用无线方式传输正弦波，由于传输过程中受到物理介质内在的不确定性的影响，收发两端的距离也无法绝对准确地测量，因此，收到的信号中，幅度经常呈现随机衰落，而相位发生未知漂移。即使发送的是确定的正弦信号，经过传输后它也将是随机的。

一种典型的正弦信号是 $X(t)=A\cos(\omega_0 t+\varTheta)$，其中，$\omega_0$ 是确定量，A与$\varTheta$ 彼此独立，并分别服从参数为 σ^2 的瑞利分布与 $[0,2\pi)$ 的均匀分布。这种相位服从 $[0,2\pi)$ 均匀分布的信号，也统称为**随机相位信号**（简称**随相信号**）。下面讨论 $X(t)$ 的基本特性。

（1）均值函数

$$E[X(t)]=E[A]E[\cos(\omega_0 t+\Theta)]=E[A]\int_0^{2\pi}\cos(\omega_0 t+\theta)\frac{1}{2\pi}\mathrm{d}\theta=0 \tag{2.3}$$

（2）自相关函数

$$\begin{aligned}R(t_1,t_2)&=E[A^2]E[\cos(\omega_0 t_1+\Theta)\cos(\omega_0 t_2+\Theta)]\\&=\frac{1}{2}E[A^2]\{E[\cos(\omega_0 t_1-\omega_0 t_2)]+E[\cos(\omega_0 t_1+\omega_0 t_2+2\Theta)]\}\end{aligned}$$

上式中最后一项的均值为0，由于A是瑞利分布的，于是

$$\begin{aligned}E[A^2]&=\int_0^{\infty}r^2\cdot\frac{r}{\sigma^2}\mathrm{e}^{-r^2/2\sigma^2}\mathrm{d}r=-\left[r^2\mathrm{e}^{-r^2/2\sigma^2}\Big|_0^{\infty}-\int_0^{\infty}\mathrm{e}^{-r^2/2\sigma^2}\mathrm{d}r^2\right]\\&=-2\sigma^2\mathrm{e}^{-r^2/2\sigma^2}\Big|_0^{\infty}=2\sigma^2\end{aligned}$$

因而

$$R(t_1,t_2)=\sigma^2\cos\omega_0(t_1-t_2) \tag{2.4}$$

式（2.4）表明，信号的自相关函数是随时刻间距按正弦规律变化的。

（3）一、二维密度函数

为了方便书写，我们令$X_1=X(t_1)$与$X_2=X(t_2)$，其中$t_1\neq t_2$。因此

$$\begin{cases}X_1=g_1(A,\Theta)=A\cos(\omega_0 t_1+\Theta)\\X_2=g_2(A,\Theta)=A\cos(\omega_0 t_2+\Theta)\end{cases}$$

可见，X_1与X_2的概率特性能够由A与Θ的概率特性得到。由于A与Θ独立，它们的联合密度函数为

$$f_{A\Theta}(a,\theta)=\begin{cases}\dfrac{a}{2\pi\sigma^2}\mathrm{e}^{-a^2/2\sigma^2}, & a\geqslant 0\\0, & a<0\end{cases}$$

计算二元变换的雅克比行列式

$$\begin{aligned}J&=\begin{vmatrix}\cos(\omega_0 t_1+\theta) & -a\sin(\omega_0 t_1+\theta)\\\cos(\omega_0 t_2+\theta) & -a\sin(\omega_0 t_2+\theta)\end{vmatrix}^{-1}\\&=\frac{1}{a\sin(\omega_0 t_1+\theta)\cos(\omega_0 t_2+\theta)-a\cos(\omega_0 t_1+\theta)\sin(\omega_0 t_2+\theta)}\\&=\frac{1}{a\sin\omega_0(t_1-t_2)}\end{aligned}$$

于是，利用二元联合密度函数的有关公式得到

$$f_{X_1X_2}(x_1,x_2)=\begin{cases}\dfrac{1}{2\pi\sigma^2|\sin\omega_0(t_1-t_2)|}\mathrm{e}^{-a^2/2\sigma^2}, & a\geqslant 0\\0, & a<0\end{cases}$$

其中a^2应该更换为x_1与x_2，可如下求得：先由

$$\begin{aligned}x_1&=a\cos(\omega_0 t_1+\theta)=a\cos\theta\cos\omega_0 t_1-a\sin\theta\sin\omega_0 t_1\\x_2&=a\cos(\omega_0 t_2+\theta)=a\cos\theta\cos\omega_0 t_2-a\sin\theta\sin\omega_0 t_2\end{aligned}$$

解出

$$a\cos\theta=\frac{x_2\sin\omega_0 t_1-x_1\sin\omega_0 t_2}{\sin\omega_0(t_1-t_2)},\quad a\sin\theta=\frac{x_2\cos\omega_0 t_1-x_1\cos\omega_0 t_2}{\sin\omega_0(t_1-t_2)}$$

进而

$$a^2=\left(a\cos\theta\right)^2+\left(a\sin\theta\right)^2=\frac{{x_1}^2+{x_2}^2-2x_1x_2\cos\omega_0(t_1-t_2)}{\sin^2\omega_0(t_1-t_2)}$$

所以 $$f_{X_1X_2}(x_1,x_2)=\frac{1}{2\pi\sigma^2\left|\sin\omega_0(t_1-t_2)\right|}\exp\left[-\frac{x_1^2+x_2^2-2x_1x_2\cos\omega_0(t_1-t_2)}{2\sigma^2\sin^2\omega_0(t_1-t_2)}\right]$$

$$=\frac{1}{2\pi\sigma^2\sqrt{1-\rho^2}}\exp\left[-\frac{x_1^2+x_2^2-2x_1x_2\rho}{2\sigma^2(1-\rho^2)}\right]$$

其中，$\rho=\cos\omega_0(t_1-t_2)$。上式其实是 X_1 与 X_2 的二维密度函数，写成规范形式如下

$$f_X(x_1,x_2;t_1,t_2)=f_{X_1X_2}(x_1,x_2)=\frac{1}{2\pi\sigma^2\left|\sin\omega_0(t_1-t_2)\right|}\cdot\exp\left[-\frac{x_1^2+x_2^2-2x_1x_2\cos\omega_0(t_1-t_2)}{2\sigma^2\sin^2\omega_0(t_1-t_2)}\right] \tag{2.5}$$

对照二维正态分布的密度函数公式可知，$X_1,X_2\sim N(0,\sigma^2;0,\sigma^2;\rho)$。因此，$X_1$ 或 X_2 都服从 $N(0,\sigma^2)$。其实 t_1 与 t_2 可以任意，它只影响 ρ 的数值。于是，该正弦信号的一维密度函数为

$$f_X(x;t)=f_{X_1}(x)=\frac{1}{\sqrt{2\pi}\sigma}\mathrm{e}^{-x^2/2\sigma^2} \tag{2.6}$$

上面两个式子表明：信号的一维概率特性不随时间变化；二维概率特性随时刻间距变化。

从上述分析可看出：

① 分析随机信号本质上就是分析相应的随机变量；

② 计算均值函数与自相关函数是基本的，也是比较容易的。而且由它们也容易导出协方差函数、方差函数等结果。例如

$$C_X(t_1,t_2)=R_X(t_1,t_2)-m_X(t_1)m_X(t_2)=\sigma^2\cos\omega_0(t_1-t_2)$$

$$\sigma_X^2(t)=C_X(t,t)=\sigma^2\cos\omega_0(t-t)=\sigma^2$$

$$\rho_X(t_1,t_2)=\frac{C_X(t_1,t_2)}{\sigma_X(t_1)\sigma_X(t_2)}=\frac{\sigma^2\cos\omega_0(t_1-t_2)}{\sigma^2}=\cos\omega_0(t_1-t_2)$$

③ 求解密度函数时常常要计算随机变量函数的密度函数，可利用概率论中的相应公式。

2.2.2 伯努利随机序列

伯努利（Bernoulli）序列：$\{X_n,n=1,2,\cdots\}$，其中各个 X_n 是取值（0,1）的独立、同分布二值随机变量，即 $X_n\sim B(1,p)$，记 $P[X_n=1]=p$，$P[X_n=0]=1-p=q$。

伯努利序列可以是许多随机现象的数学模型，例如：

① 在 $n=1,2,3,\cdots$ 时刻独立、无休止地进行相同的投币试验：1—正面；0—反面。

② 给定某个无限长的序列进行试验，试验间彼此独立并具有相同分布。观测某个事件 B 是否发生：1—B 发生，0—B 不发生。

③ 各种数字通信中，串行传输的二进制比特流（常假定各数据位独立、同分布）。伯努利序列是通信与信息论分析中最常用的数学模型之一。

伯努利序列的样本序列可以有无穷多种，例如：

$$\{0,\ 1,\ 1,\ 0,\ 1,\ 0,\ \cdots,\ 1,\ 0,\ \cdots\}$$

$$\{1,\ 1,\ 0,\ 0,\ 0,\ 1,\ \cdots,\ 0,\ 0,\ \cdots\}$$

$$\{0,\ 1,\ 0,\ 1,\ 0,\ 0,\ \cdots,\ 1,\ 1,\ \cdots\}$$

下面讨论它的基本特性：

（1）均值函数

$$E[X_n]=p\,，\quad 即\quad m(n)=p \tag{2.7}$$

（2）自相关函数

$$R(n_1,n_2)=E\left[X_{n_1}X_{n_2}\right]=\begin{cases}E[X_{n_1}]E[X_{n_2}]=p^2, & n_1\neq n_2\\ E[X_{n_1}^2]=p, & n_1=n_2\end{cases}$$

写成紧凑形式有

$$R(n_1,n_2)=pq\delta[n_1-n_2]+p^2 \tag{2.8}$$

（3）一维概率特性

对于所有 n，有 $P[X_n=0]=q$，$P[X_n=1]=p$。其密度函数为

$$f(x,n)=f_{X_n}(x)=q\delta(x)+p\delta(x-1)$$

（4）二维概率特性

观测任意两个时刻 $n_1\neq n_2$。令 $P[X_{n_1}X_{n_2}=ab]=P[X_{n_1}=a,X_{n_2}=b]$，对于 ab 的 4 种可能：00, 01, 10, 11，根据独立性分别有

$$P[X_{n_1}X_{n_2}=00]=qq,\qquad P[X_{n_1}X_{n_2}=01]=qp$$
$$P[X_{n_1}X_{n_2}=10]=pq,\qquad P[X_{n_1}X_{n_2}=11]=pp$$

它是随机序列的“二维分布律”。

至于二维密度函数，有

$$f(x_1,x_2;n_1,n_2)=q^2\delta(x_1,x_2)+pq\delta(x_1-1,x_2)+pq\delta(x_1,x_2-1)+p^2\delta(x_1-1,x_2-1)$$

这也可利用独立性，由一维分布求出：

$$\begin{aligned}f(x_1,x_2;n_1,n_2)&=\left[q\delta(x_1)+p\delta(x_1-1)\right]\left[q\delta(x_2)+p\delta(x_2-1)\right]\\&=q^2\delta(x_1)\delta(x_2)+pq\delta(x_1-1)\delta(x_2)+pq\delta(x_1)\delta(x_2-1)+p^2\delta(x_1-1)\delta(x_2-1)\end{aligned}$$

注意到，$\delta(x_1,x_2)=\delta(x_1)\delta(x_2)$，可得到与上面相同的结果。

对于 $n_1=n_2$，由于 ab 只有两种可能：00 与 11，而且

$$P[X_{n_1}X_{n_2}=00]=q,\qquad P[X_{n_1}X_{n_2}=11]=p$$

因此，由式（1.16）得到

$$f(x_1,x_2;n_1,n_1)=q\delta(x_1,x_2)+p\delta(x_1-1,x_2-1)$$

伯努利序列是最简单的随机序列，其取值是离散的且只有两种可能。该序列的均值函数与一维概率特性不随时间 n 变化；而自相关函数与二维概率特性同时刻间距有关，分为相同时刻与不同时刻两种情形。

说明：分析中要充分利用独立性条件。求离散随机变量的密度函数时，可先分析取值组合与有关概率，再由下面公式直接写出结果：

$$f_X(x)=\sum_i p_i\delta(x-x_i)\,，\qquad f_{XY}(x,y)=\sum_i\sum_j p_{ij}\delta(x-x_i,y-y_j)$$

求分布函数时，只要将上面公式中的冲激函数改为阶跃函数形式即可。

2.2.3 半随机二进制传输信号

半随机二进制传输信号：$\{X(t)=2X_n-1,\ (n-1)T\leqslant t<nT,\ t\geqslant 0\}$，其中，$\{X_n,\ n=1,2,\cdots\}$ 是伯努利序列，T 是某常数值。

在通信中，我们称 T 长的时段为 1 个时隙，第 n 个时隙是 $t\in[(n-1)T,nT)$。因此，如果 $\{X_n\}$ 是二进制数据序列，那么，二进制传输信号描述的是以 ±1 的电平，按 T 宽的时隙，逐一承载二进制数据流的传输信号。其简明的表示形式为

$$\begin{cases}X(t)=+1, & 若X_n=1\\ X(t)=-1, & 若X_n=0\end{cases};\qquad t\in[(n-1)T,nT) \tag{2.9}$$

即 $X(t)=I_n,\quad t\in[(n-1)T,nT)$。其中，$\{I_n=2X_n-1,\ n=1,2,\cdots\}$ 是取值（−1,+1）的伯努利序列。或者，利用方波脉冲信号，也可以紧凑地表示为

$$X(t)=\sum_{n=0}^{\infty}I_{n+1}P_T(t-nT)$$

式中，$P_T(t)$ 是高为 1、宽为 T 的方波脉冲，它在 $t\in[0,T)$ 时取值为 1，其余区域取值为 0。如果令 $P_T(t)$ 在 $t\in[-T/2,+T/2)$ 时取值为 1，其余区域取值为 0，则

$$X(t)=\sum_{n=1}^{\infty}I_nP_T\left(t-nT+\frac{T}{2}\right) \tag{2.10}$$

二进制传输信号的样本函数如图 2.7(a)所示。

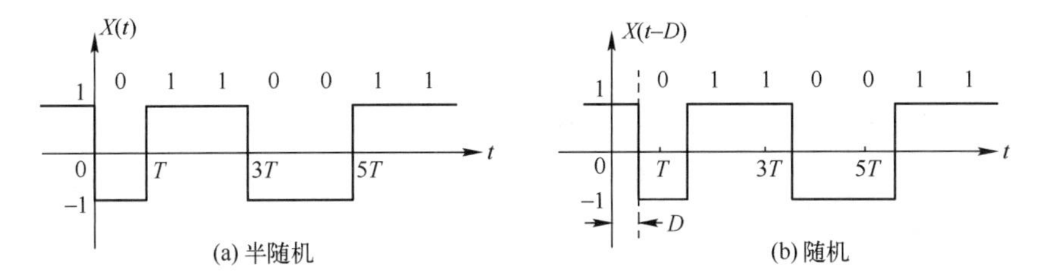

图 2.7 半随机与随机二进制传输信号样本函数

这种信号在通信等领域中大量用到，特别是数字通信中，它是基带传输信号的基本模型，稍微扩展后，也是许多其他传输信号的模型。上面的几种表现形式都会出现，有时还将时间 t 延伸到负无穷，即考虑 $t\in(-\infty,+\infty)$。我们常称这种信号为半随机的，因为其时隙位置准确地与 t=0 对齐。在通信应用中，这是确知同步时钟的情形。更一般的情形中，随机二进制传输信号定义为 $Y(t)=X(t-D)$，其中 D 与 $X(t)$独立，是 $[0,T)$ 上均匀分布的随机变量。D 引入随机滑动，使得时隙边界的位置具有完全的不确定性，如图 2.7(b)所示。下面只讨论半随机二进制传输信号的基本特性，随机二进制传输信号将在以后讨论。

（1）均值函数

$$m(t)=E[X(t)]=2EX_n-1=2p-1=p-q,\qquad t\geqslant 0 \tag{2.11}$$

（2）自相关函数

$$R(t_1,t_2)=E\big[X(t_1)X(t_2)\big],\qquad t_1\geqslant 0,\ t_2\geqslant 0$$

令 $n_1=\big[t_1/T\big]$，$n_2=\big[t_2/T\big]$，[ ] 是取整运算。以下分两种情况讨论。

如果两个时刻位于同一时隙，有 $n_1=n_2$，则

$$R(t_1,t_2)=E[I_{n_1}^2]=p+q=1$$

如果两个时刻位于不同时隙，有 $n_1\neq n_2$，则

$$R(t_1,t_2)=E[I_{n_1}]E[I_{n_2}]=(2p-1)^2=1-4p(1-p)=1-4pq$$

合并在一起，稍加整理有

$$R(t_1,t_2)=4pq\delta([t_1/T]-[t_2/T])+1-4pq,\qquad t_1\geqslant 0,\ t_2\geqslant 0 \tag{2.12}$$

多数情况下，二进制数据位是等概的，即 $p=q=0.5$ 。这时 $m(t)=0$ ，且

$$R(t_1,t_2)=\delta([t_1/T]-[t_2/T])=\begin{cases}1, & n_1=n_2\\ 0, & n_1\neq n_2\end{cases} \tag{2.13}$$

如图 2.8 所示。

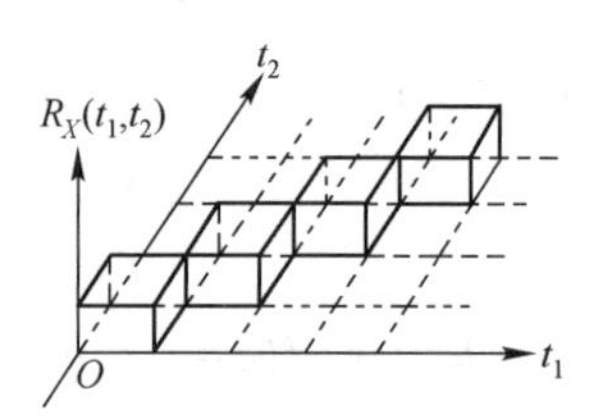

图2.8　半随机二进制传输信号的自相关函数（ $p=q=0.5$ ）

说明：半随机二进制传输信号可视为伯努利序列的变形，它的参量是连续的而取值仍是离散的。该信号常表示为式（2.9）与式（2.10）的分段函数形式与方脉冲和的形式，适用于不同的计算与分析。研究中要处理好参量 t 与 n 的转换，使用取整运算是一种有效的方法。

2.2.4　泊松（计数）过程

泊松（Poisson）过程研究的是某种随机现象反复发生的时间点与数目的问题，其样本函数如图2.9所示。例如：在某个服务窗口前，观察一个个顾客前来接受服务的事件；又如：在某台电话交换机上统计请求通话的事件。这些反复发生的随机事件有这样的基本特征：①各个事件“平等”独立，且随机发生；②在一定的观察时段上，事件的平均发生率稳定。

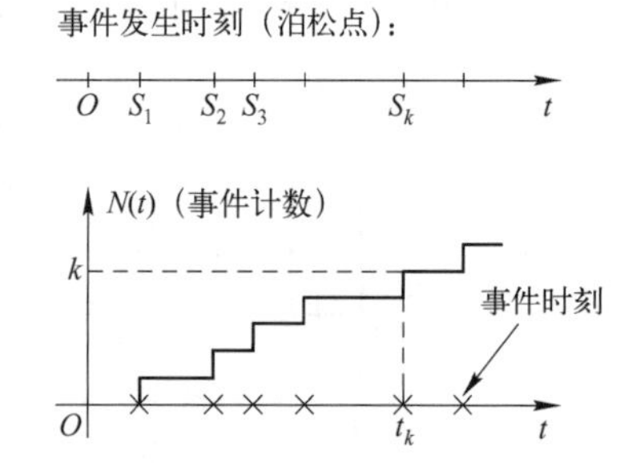

图 2.9　泊松事件时刻与泊松计数的样本函数

经过适当的数学简化与推导，这类随机现象的特性可以更加准确地描述如下：

① 在任何长度为 τ 的区间上，发生的数目服从泊松分布 $P(\lambda\tau)$ 。其中，λ 是常数，表示单位长度的发生率。

② 在不重叠的区间上，发生的行为彼此独立。

泊松过程记为：$\{N(t),t\geqslant 0\}$ ，表示直到 t 时刻总的发生数目，令其初值为 0。可以证明它具有下面的概率特性

$$P[N(t)=k]=\frac{(\lambda\ t)^k}{k!}\mathrm{e}^{-\lambda t},\ k=0,1,2,\cdots \tag{2.14}$$

它是参数为 λt 的泊松随机变量。

许多物理现象发生的时刻与个数是随机的，并服从上面描述的规律，它们常以泊松过程作为数学模型。例如：

① 顾客服务：在某个服务窗口前，观察顾客的总人数；

② 故障发生：路灯损坏了就立即更换，在长期维护中观测更换总个数；

③ 电子发射：电子枪发射电子流，发出电子的总数；

④ 误码发生：传输数据流时，错误码发生总数目；

⑤ 电话呼叫：某台电话交换机收到呼叫请求的个数；

⑥ 网络服务：某服务器收到服务请求的个数。

泊松过程是通信误码分析、交换技术与网络业务分析等应用中的一个基本数学模型。

下面讨论泊松过程的基本特性，其中，$t \geqslant 0,\ t_1 \geqslant 0,\ t_2 \geqslant 0$。

（1）均值函数

根据 1.6 节泊松随机变量的均值与方差等结果，容易得到

$$m(t) = E[N(t)] = \lambda t \tag{2.15}$$

（2）自相关函数

不妨先考虑 $t_2 \geqslant t_1$，令 $\tau = t_2 - t_1$。利用泊松过程的特性（1）可知，在 $[t_1, t_2)$ 上的发生个数是参数为 $\lambda\tau$ 的泊松随机变量，因此就是 $N(\tau)$。于是

$$\begin{aligned} R(t_1,t_2) &= E\left[N(t_1)N(t_2)\right] = E\left\{N(t_1)[N(t_1)+N(\tau)]\right\} \\ &= E\left[N^2(t_1)\right] + E\left[N(t_1)N(\tau)\right] \end{aligned}$$

再利用泊松过程的特性（2）有

$$E\left[N(t_1)N(\tau)\right] = E\left[N(t_1)\right]E\left[N(\tau)\right]$$

又根据泊松随机变量的均值与方差等结果，有

$$E[N(t_1)] = \lambda t_1$$

$$E[N(\tau)] = \lambda\tau = \lambda(t_2 - t_1)$$

$$E[N^2(t_1)] = D[N(t_1)] + \{E[N(t_1)]\}^2 = \lambda t_1 + (\lambda t_1)^2$$

所以

$$R(t_1,t_2) = \lambda t_1 + \lambda^2 t_1 t_2$$

当 $t_2 < t_1$ 时，由 $R(t_1,t_2)$ 的对称性，将上式中 t_1 与 t_2 互换即可。综合起来最后有

$$R(t_1,t_2) = \lambda \min(t_1,t_2) + \lambda^2 t_1 t_2 \tag{2.16}$$

（3）一维概率特性

泊松过程 $N(t) \sim P(\lambda t)$，由于取值是离散的，采用概率形式更简洁，即

$$P[N(t)=k] = \frac{(\lambda t)^k}{k!}\mathrm{e}^{-\lambda t},\quad k = 0,1,2,\cdots$$

也有很多时候使用其特征函数。利用 1.6 节泊松随机变量的相应结果，可以得出

$$\phi(v;t) = E[\mathrm{e}^{\mathrm{j}vN(t)}] = \exp[\lambda t(\mathrm{e}^{\mathrm{j}v} - 1)] \tag{2.17}$$

说明：分析泊松信号时要充分利用它的两个特性，如在上面自相关函数的计算中。需要用到泊松变量的有关结果时，可在 1.6 节中找到。

最后，通过上面几个简单例子及其分析，我们注意到：

① 上面几个简单例子给出了几个重要的随机信号，它们是多种实际物理现象的模型。

② 上面几个简单例子示范了随机信号的几种基本类型，如表 2.2 所示。

表 2.2　随机信号的基本类型

	连续值域	离散值域
连续参量	正弦信号	（半随机）二进制传输信号，泊松信号
离散参量	—	伯努利序列

③ 一般而言，随机信号的统计特性是随参量变化的，表现出规律性。

④ 简单地讲，分析随机信号本质上就是分析相应的随机变量。其中，计算均值函数与自相关函数是基本的，由它们容易导出协方差函数与方差函数等结果。求解概率特性时，对于取值连续的信号，常常要计算随机变量函数的密度函数，可利用有关定理与公式；对于取值离散的信号，通常应先直接计算有关概率，需要密度（或分布）函数时，再用其冲激（或

阶跃）函数形式来表示。

2.3 一般特性与基本运算

前面详细讨论了随机信号 $X(t)$ 的一、二维分布与矩的基本特性。由于 $X(t)$ 是无穷多个随机变量的总体，因此，要全面地描述它的统计特性必须用到其任意有穷维分布。下面讨论它的一些更一般的特性。

讨论中只考虑连续参数的随机信号 $X(t)$。下面的定义与结论，除积分与导数运算外，同样适用于离散随机信号（或随机序列）$X(n)$，只需要将连续时间变量 t 换为离散时间变量 n 就行了。本章后面各节中也大都如此，我们不再特别说明。

2.3.1 *n* 维概率特性

随机信号 $\{X(t), t \in T\}$ 的 n 维（阶）概率特性由它的任意 n 个时刻 $t_1, t_2, \cdots, t_n \in T$ 上的随机变量 $X(t_1), X(t_2), \cdots, X(t_n)$ 来定义。它的 **n 维（阶）分布函数**定义为

$$F(x_1, x_2, \cdots, x_n; t_1, t_2, \cdots, t_n) = P[X(t_1) \leqslant x_1, X(t_2) \leqslant x_2, \cdots, X(t_n) \leqslant x_n]$$

其 **n 维（阶）密度函数**定义为 $f(x_1, x_2, \cdots, x_n; t_1, t_2, \cdots, t_n)$，它满足

$$F(x_1, x_2, \cdots, x_n; t_1, t_2, \cdots, t_n) = \int_{-\infty}^{x_n} \cdots \int_{-\infty}^{x_2} \int_{-\infty}^{x_1} f(x_1, x_2, \cdots, x_n; t_1, t_2, \cdots, t_n) \mathrm{d}x_1 \mathrm{d}x_2 \cdots \mathrm{d}x_n$$

对于连续型信号有

$$f(x_1, x_2, \cdots, x_n; t_1, t_2, \cdots, t_n) = \frac{\partial^n}{\partial x_1 \partial x_2 \cdots \partial x_n} F(x_1, x_2, \cdots, x_n; t_1, t_2, \cdots, t_n)$$

还可以定义它的 **n 维特征函数**为

$$\phi(v_1, v_2, \cdots, v_n; t_1, t_2, \cdots, t_n) = E\left\{\exp\left[\mathrm{j}\left(v_1 X(t_1) + v_2 X(t_2) + \cdots + v_n X(t_n)\right)\right]\right\}$$

2.1 节讨论随机信号 $X(t)$ 的一、二维分布函数时，我们注意到二维分布函数比一维分布函数包含了更多的信息。可以想象，如果时刻点取得越多，用到的高维分布函数的维数越高，则对信号特性的描述也越趋完善。理论上讲，无限地增加时刻点数，缩小时刻间距，可以全面地反映出信号的统计特性。一般而言，求高维分布函数是不容易的，除非随机信号在不同时刻的随机变量是彼此独立的。例如，伯努利序列的 n 维密度函数是其一维密度函数的乘积，即

$$f(x_1, x_2, \cdots, x_n; t_1, t_2, \cdots, t_n) = \prod_{i=1}^{n} f(x_i; t_i) = \prod_{i=1}^{n} [q\delta(x_i) + p\delta(x_i - 1)]$$

实际应用时往往不必（也可能无法）获得较高维的分布特性，而只需要一、二维分布函数就可以解决大量问题，甚至仅需要几个基本的数字特征即可。

2.3.2 联合特性

研究多个随机信号及相互关系时，要用到联合特性。两个信号 $X(t)$ 与 $Y(t)$ 的**联合分布函数**由它们任意两个时刻的随机变量 $X(t_1)$ 与 $Y(t_2)$ 来定义，即

$$F_{XY}(x, y; t_1, t_2) = F_{X(t_1)Y(t_2)}(x, y) = P[X(t_1) \leqslant x, Y(t_2) \leqslant y]$$

进而，它们的（$n+m$）维联合分布函数定义为

$$
\begin{aligned}
&F_{XY}(x_1,x_2,\cdots,x_n;y_1,y_2,\cdots,y_m;t_1,t_2,\cdots,t_n;s_1,s_2,\cdots,s_m)\\
&=P\left[X(t_1)\leqslant x_1,X(t_2)\leqslant x_2,\cdots,X(t_n)\leqslant x_n;Y(s_1)\leqslant y_1,Y(s_2)\leqslant y_2,\cdots,Y(s_m)\leqslant y_m\right]
\end{aligned}
$$

相仿地可定义 $X(t)$与 $Y(t)$的**联合密度函数**与**特征函数**。

信号 $X(t)$与 $Y(t)$的基本联合数字特征是互相关函数、互协方差函数与互相关系数函数。它们基于随机变量 $X(t_1)$ 与 $Y(t_2)$ 的定义如下：

互相关函数： $R_{XY}(t_1,t_2)=E\left[X(t_1)Y(t_2)\right]$

互协方差函数：

$$
\begin{aligned}
C_{XY}(t_1,t_2)&=\mathrm{Cov}(X(t_1),Y(t_2))\\
&=E\{[X(t_1)-m_X(t_1)][Y(t_2)-m_Y(t_2)]\}\\
&=R_{XY}(t_1,t_2)-m_X(t_1)m_Y(t_2)
\end{aligned}
$$

互相关系数函数：

$$\rho_{XY}(t_1,t_2)=\frac{C_{XY}(t_1,t_2)}{\sigma_X(t_1)\sigma_Y(t_2)}$$

由上可见，$R_{XX}(t_1,t_2)$ 也就是 $R_X(t_1,t_2)$，有的文献中常采用这种记法。关于两个随机信号的关系，我们有下面的定义。

定义 2.3 若对于所有 $t_1,t_2\in T$，恒有

① $R_{XY}(t_1,t_2)=0$，则称信号 $\{X(t),t\in T\}$ 与 $\{Y(t),t\in T\}$ 彼此**正交**。

② $C_{XY}(t_1,t_2)=0$，即 $E\left[X(t_1)Y(t_2)\right]=E\left[X(t_1)\right]E\left[Y(t_2)\right]$，则称信号 $\{X(t),t\in T\}$ 与 $\{Y(t),t\in T\}$ 彼此**无关**。

相仿地，若从两个信号中取得的任意随机变量组彼此独立，则称信号 $\{X(t),t\in T\}$ 与 $\{Y(t),t\in T\}$ 彼此**独立**。其充要条件是：任取 $t_1,t_2,\cdots,t_n$；$s_1,s_2,\cdots,s_m\in T$，恒有

$$
\begin{aligned}
&F_{XY}(x_1,x_2,\cdots,x_n;y_1,y_2,\cdots,y_m;t_1,t_2,\cdots,t_n;s_1,s_2,\cdots,s_m)\\
&=F_X(x_1,x_2,\cdots,x_n;t_1,t_2,\cdots,t_n)F_Y(y_1,y_2,\cdots,y_m;s_1,s_2,\cdots,s_m)
\end{aligned}
$$

显然，该条件也可用相应的密度函数或特征函数进行表述，其形式是相似的。

如 1.4 节所述，正交与无关是基于二阶矩的概念，而独立性是基于概率特性的概念，独立性的概念更为苛刻，三者的关系仍如图 1.13 所示。

n 个随机信号集中在一起构成 n 维**向量随机信号**，形如$\left(X_1(t),X_2(t),\cdots,X_n(t)\right)$。它的概率特性由这 n 个随机信号各自的，以及联合的统计特性所规定。例如，二维随机游动点的平面坐标$\{\left(X(t),Y(t)\right),t\in T\}$，本质上是两个关联的随机信号。此外，如果参数的取值是多维的，则称其为**多参量随机信号**，或**随机场**。例如，某时刻全国各地的温度值$\{T(x,y),x,y\in R^2\}$，参量是地域坐标；或者一幅数字图像$\{V(x,y),1\leqslant x,y\leqslant 1024\}$。这些形式的随机信号的分析建立在基本随机信号的基础上，本书不做深入讨论。

例 2.6 讨论随机信号 $Z(t)=aX(t)+bY(t)$ 的均值函数、自相关函数与协方差函数，其中 a 与 b 是确定量。

解： 根据定义有

$$E[Z(t)]=aE[X(t)]+bE[Y(t)]=am_X(t)+bm_Y(t)$$

$$
\begin{aligned}
R_Z(t_1,t_2)&=E\{[aX(t_1)+bY(t_1)][aX(t_2)+bY(t_2)]\}\\
&=a^2R_X(t_1,t_2)+b^2R_Y(t_1,t_2)+abR_{XY}(t_1,t_2)+baR_{YX}(t_1,t_2)
\end{aligned}
$$

其中涉及两个信号的互相关函数。如果$X(t)$与$Y(t)$正交，则

$$R_Z(t_1,t_2)=a^2R_X(t_1,t_2)+b^2R_Y(t_1,t_2)$$

考虑减去均值的中心化信号$Z_0(t)=aX_0(t)+bY_0(t)$，于是

$$R_{Z_0}(t_1,t_2)=a^2R_{X_0}(t_1,t_2)+b^2R_{Y_0}(t_1,t_2)+abR_{X_0Y_0}(t_1,t_2)+baR_{Y_0X_0}(t_1,t_2)$$

即

$$C_Z(t_1,t_2)=a^2C_X(t_1,t_2)+b^2C_Y(t_1,t_2)+abC_{XY}(t_1,t_2)+baC_{YX}(t_1,t_2)$$

其中涉及两个信号的互协方差函数。如果$X(t)$与$Y(t)$无关，则

$$C_Z(t_1,t_2)=a^2C_X(t_1,t_2)+b^2C_Y(t_1,t_2)$$

例 2.7 讨论两个信号$R(t)=A\cos(\omega_0t+\Theta)$与$I(t)=A\sin(\omega_0t+\Theta)$。其中$A$与$\Theta$为实随机变量，且彼此独立。假定$A$服从参数为$\sigma^2$的瑞利分布，$\Theta$在$[-\pi,\pi)$上均匀分布。

（1）讨论它们的联合概率特性；（2）讨论它们的互相关函数及正交与无关性。

解：（1）$R(t)$与$I(t)$为随机正弦信号，它们最基本的联合密度函数是$R(t_1)$与$I(t_2)$之间的联合密度函数，可仿照2.2节中的方法求出，先建立$R(t_1)$、$I(t_2)$与A、Θ的函数关系，然后有

$$f_{RI}(r,i;t_1,t_2)=f_{A\Theta}(a,\theta)|J|$$

式中

$$J=\begin{vmatrix}\cos(\omega_0t_1+\theta) & -a\sin(\omega_0t_1+\theta)\\ \sin(\omega_0t_2+\theta) & a\cos(\omega_0t_2+\theta)\end{vmatrix}^{-1}=\frac{1}{a\cos\omega_0(t_1-t_2)}$$

另一种方法是借助已有的结果，注意到$R(t)$与2.2节中分析的随机正弦信号相同，而

$$I(t)=A\sin(\omega_0t+\Theta)=A\cos\left[\omega_0\left(t-\frac{\pi}{2\omega_0}\right)+\Theta\right]=R\left(t-\frac{\pi}{2\omega_0}\right)$$

因此利用式（2.5）有

$$\begin{aligned}f_{RI}(r,i;t_1,t_2)&=f_{RR}\left(r,i;t_1,t_2-\frac{\pi}{2\omega_0}\right)\\&=\frac{1}{2\pi\sigma^2|\cos\omega_0(t_1-t_2)|}\exp\left[-\frac{r^2+i^2+2ri\sin\omega_0(t_1-t_2)}{2\sigma^2\cos^2\omega_0(t_1-t_2)}\right]\\&=\frac{1}{2\pi\sigma^2\sqrt{1-\rho^2}}\exp\left[-\frac{r^2+i^2-2ri\rho}{2\sigma^2(1-\rho^2)}\right]\end{aligned}$$

这里，$\rho=-\sin\omega_0(t_1-t_2)$，它显然也是正态分布的。

对于（1+1）维以上的联合概率特性，这里不再分析。

（2）$R(t)$与$I(t)$都是随机正弦信号，易知，$E[R(t)]=E[I(t)]=0$。再分析$R(t)$与$I(t)$之间的互相关性

$$R_{RI}(t_1,t_2)=E[A^2\cos(\omega_0t_1+\Theta)\sin(\omega_0t_2+\Theta)]=\frac{1}{2}E[A^2]\sin\omega_0(t_2-t_1)$$

$$R_{IR}(t_1,t_2)=E[A^2\sin(\omega_0t_1+\Theta)\cos(\omega_0t_2+\Theta)]=\frac{1}{2}E[A^2]\sin\omega_0(t_1-t_2)$$

于是

$$C_{RI}(t_1,t_2)=R_{RI}(t_1,t_2)=\frac{1}{2}E[A^2]\sin\omega_0(t_2-t_1)$$

$$C_{IR}(t_1,t_2)=R_{IR}(t_1,t_2)=\frac{1}{2}E[A^2]\sin\omega_0(t_1-t_2)$$

可见，两个信号间的互相关函数值是随时刻间距而变的。$R_{RI}(t,t)=C_{RI}(t,t)=0$，表明在同一时刻，两信号上的随机变量$R(t)$与$I(t)$正交且无关。但整个信号$\{R(t),t\in(-\infty,+\infty)\}$与$\{I(t),t\in(-\infty,+\infty)\}$之间非正交，也相关。

2.3.3 相关函数与协方差函数的性质

相关函数与协方差函数本质上是两个随机变量之间的矩，用于研究随机信号不同时刻间的关联性，是随机信号最重要的特性之一。它们是二元确定函数，并具有下面这些主要的特

性，这些特性可直接由定义或基本性质得到，因此这里不做证明。

性质 1 信号$\{X(t), t\in T\}$的自相关函数与协方差函数等满足：

① 对称性：$R(t_1,t_2)=R(t_2,t_1)$，$C(t_1,t_2)=C(t_2,t_1)$；

② 均方值为非负实数：$E[X^2(t)]=R(t,t)\geqslant 0$；

③ 方差为非负实数：$\sigma^2(t)=R(t,t)-m^2(t)\geqslant 0$；

④ $|\rho(t_1,t_2)|\leqslant 1$，$\rho(t,t)=1$。

性质 2 两个信号$\{X(t), t\in T\}$与$\{Y(t), t\in T\}$的联合矩特性满足：

① 对称性：$R_{XY}(t_1,t_2)=R_{YX}(t_2,t_1)$；

② $C_{XY}(t_1,t_2)=R_{XY}(t_1,t_2)-m_X(t_1)m_Y(t_2)$；

③ $|\rho_{XY}(t_1,t_2)|\leqslant 1$。

显然，性质 1 可以看成性质 2 的特例。如果对信号进行中心化与归一化处理，则有

$$C_{XY}(t_1,t_2)=R_{X_0Y_0}(t_1,t_2),\quad \rho_{XY}(t_1,t_2)=R_{\dot{X}\dot{Y}}(t_1,t_2)$$

因此，互协方差函数与互相关系数函数具有自相关函数所具有的各种性质。

例 2.8 结合 2.2 节半随机二进制传输信号，验证上述性质。

解：

$$R(t_2,t_1)=4pq\delta([t_2/T]-[t_1/T])+1-4pq=R(t_1,t_2)$$

$$\begin{aligned}C(t_1,t_2)&=4pq\delta([t_1/T]-[t_2/T])+1-4pq-(1-2p)^2\\&=4pq\delta([t_1/T]-[t_2/T])=C(t_2,t_1)\end{aligned}$$

$$\sigma^2(t)=C(t,t)=4pq$$

$$\rho(t_1,t_2)=\frac{C(t_1,t_2)}{\sigma(t_1)\sigma(t_2)}=\delta([t_1/T]-[t_2/T])$$

可见，$|\rho(t_1,t_2)|\leqslant 1$，$\rho(t,t)=1$。

例 2.9 结合两个正交信号$R(t)=A\cos(\omega_0 t+\Theta)$与$I(t)=A\sin(\omega_0 t+\Theta)$（例 2.7 续），验证上述性质。

解： 首先，$R(t)$与$I(t)$都是随机正弦信号，有

$$R_{RR}(t_1,t_2)=E\left[A^2\cos(\omega_0 t_1+\Theta)\cos(\omega_0 t_2+\Theta)\right]=\frac{1}{2}E[A^2]\cos\omega_0(t_2-t_1)$$

$$R_{II}(t_1,t_2)=E\left[A^2\sin(\omega_0 t_1+\Theta)\sin(\omega_0 t_2+\Theta)\right]=\frac{1}{2}E[A^2]\cos\omega_0(t_2-t_1)$$

显然，它们满足对称性。由于两者相同，下面只讨论其中之一。

$$C_R(t_1,t_2)=C_{RR}(t_1,t_2)=R_{RR}(t_1,t_2)-0=\frac{1}{2}E[A^2]\cos\omega_0(t_2-t_1)$$

$$\sigma_R^2(t)=C_{RR}(t,t)=\frac{1}{2}E[A^2]$$

$$\rho_R(t_1,t_2)=\rho_{RR}(t_1,t_2)=\frac{C_{RR}(t_1,t_2)}{\sigma_R(t_1)\sigma_R(t_2)}=\cos\omega_0(t_2-t_1)$$

$R(t)$与$I(t)$之间的互相关结果如例 2.7，由于两者反号，下面主要讨论其中之一。

$$R_{IR}(t_1,t_2)=R_{RI}(t_2,t_1)$$

$$C_{RI}(t_1,t_2)=R_{RI}(t_1,t_2)-0=\frac{1}{2}E[A^2]\sin\omega_0(t_2-t_1)$$

$$\rho_{RI}(t_1,t_2)=\frac{C_{RI}(t_1,t_2)}{\sigma_R(t_1)\sigma_I(t_2)}=\sin\omega_0(t_2-t_1)$$

2.3.4* 微分与积分

下面讨论随机信号的定积分与微分的基本概念、均值与相关函数等。

1．定积分

定积分符号“$I=\int_a^b X(t)\mathrm{d}t$”的严格定义可由均方微积分给出。这里，我们根据随机信号二元函数的含义做如下解释：给定样本空间的每一个结果ξ_i，$X(t,\xi_i)$是一个样本函数，于是获得一个确定数值$I(\xi_i)=\int_a^b X(t,\xi_i)\mathrm{d}t$。由于$\xi_i$在整个样本空间上取值，所以$I(\xi)$是一个随机变量，简记为$I=\int_a^b X(t)\mathrm{d}t$。可以证明，对于通常的实际信号而言，求期望与求积分运算可以交换顺序。于是，I的均值、均方值与方差分别为

$$m_I=\int_a^b E[X(t)]\mathrm{d}t=\int_a^b m(t)\mathrm{d}t \tag{2.18}$$

$$E[I^2]=E\left[\int_a^b X(u)\mathrm{d}u\int_a^b X(v)\mathrm{d}v\right]=E\left[\int_a^b\int_a^b X(u)X(v)\mathrm{d}u\mathrm{d}v\right]=\int_a^b\int_a^b R(u,v)\mathrm{d}u\mathrm{d}v \tag{2.19}$$

$$\sigma_I^2=E[(I-m_I)^2]=\int_a^b\int_a^b C(u,v)\mathrm{d}u\mathrm{d}v \tag{2.20}$$

进一步推广，$Y(t)=\int_a^t X(u)\mathrm{d}u$是一个随机信号，可以仿上求出相应的均值函数、方差函数与自相关函数。

2．微分

与定积分相仿，我们根据“$\frac{\mathrm{d}}{\mathrm{d}t}X(t,\xi_i)$是样本空间上$\xi_i$所对应的一个函数”的想法，将$X(t,\xi)$的导数理解为一个随机信号，简记为$X'(t)=\frac{\mathrm{d}}{\mathrm{d}t}X(t)$。可以证明，对于通常的实际信号而言，求期望与求导数运算也可以交换顺序。于是

$$E[X'(t)]=\frac{\mathrm{d}}{\mathrm{d}t}E[X(t)]=m'(t) \tag{2.21}$$

$$R_{X'}(t_1,t_2)=E\left[\frac{\mathrm{d}}{\mathrm{d}t_1}X(t_1)\frac{\mathrm{d}}{\mathrm{d}t_2}X(t_2)\right]=E\left[\frac{\partial^2}{\partial t_1\partial t_2}X(t_1)X(t_2)\right]=\frac{\partial^2}{\partial t_1\partial t_2}R_X(t_1,t_2) \tag{2.22}$$

照此方法，我们还可以计算求导前、后两个信号之间的互相关函数。例如

$$R_{XX'}(t_1,t_2)=E\left[X(t_1)\frac{\mathrm{d}}{\mathrm{d}t_2}X(t_2)\right]=\frac{\partial}{\partial t_2}R_X(t_1,t_2) \tag{2.23}$$

例 2.10 假定 2.2 节的正弦电压信号 $X(t)=[A\cos(\omega_0 t+\Theta)]$ 作用在 $C=0.1\ \mu\text{F}$ 的电容上，求相应电流的均值函数与方差函数。

解： 令电流 $I(t)=C\dfrac{\mathrm{d}}{\mathrm{d}t}X(t)=C\dfrac{\mathrm{d}}{\mathrm{d}t}[A\cos(\omega_0 t+\Theta)]$，它是随机信号。由公式有

$$m_I(t)=Cm'_X(t)=0$$

$$R_I(t_1,t_2)=C^2\frac{\partial^2}{\partial t_1\partial t_2}R_X(t_1,t_2)=C^2\frac{\partial^2}{\partial t_1\partial t_2}\{\sigma^2\cos\omega_0(t_1-t_2)\}$$
$$=\omega_0^2C^2\sigma^2\cos\omega_0(t_1-t_2)$$

因此，$\sigma_I^2=\omega_0^2C^2\sigma^2$。可见电流的直流功率为 0，交流功率为 $\omega_0^2C^2\sigma^2$。

2.3.5 人工智能中自然语言的建模方法

人类语言文字灵活多变，它表现为词语序列的形式。从随机信号的角度看，自然语言是一种非常复杂的随机序列。对自然语言进行有效的建模是以 ChatGPT（一种聊天机器人程序）为代表的人工智能技术的基础，这是一项极有挑战的工作，它的方法对复杂随机过程的构建具有很好的启发性。

为了让机器（计算机）理解语言，必须把它表示为合适的数值形式。考虑一个基本的汉语言系统，为了简化问题，不妨假定共有 1000 个词语。将它们全部汇集在一起，构成词语的样本空间，比如

$$\Omega=\{\text{苹果，梨子，……}\}$$

然后，可以用 1～1000 的数值依次表示它们，从而将词语映射为“词随机变量”，其样本集为

$$\Omega=\{1,2,3,\cdots,1000\}$$

这样的代码形式，有时称为**标记**（token）。借助词随机变量，语言文本可被建模为随机序列。于是，一段文本是它的一次样本，比如

“苹果与梨子都是水果……”$=\{1,2,157,392,7,\cdots\}$

然而，语言文字是复杂的，用这样简单的一维代码虽然能将它们数值化，但难表其“义”。将词语映射为高维随机向量可以增加其“内涵”，一种经典方法是运用 1000 维的向量表示每个词语。于是，词汇空间中第 n 个词语被映射为第 n 号 1000 维向量，它的第 n 维分量为 1，而其他所有分量为零，形如

$$\boldsymbol{v}_{1000}^{n}=\{0,0,\cdots,0,1,0,\cdots,0\}_{1000}$$

这种仅有一个非零分量的特定表示方法被称为**独热（One-hot）编码**。于是，

“苹果与梨子都是水果……”$=\{\boldsymbol{v}_{1000}^{1},\ \boldsymbol{v}_{1000}^{2},\ \boldsymbol{v}_{1000}^{157},\ \boldsymbol{v}_{1000}^{392},\ \boldsymbol{v}_{1000}^{7},\ \cdots\}$

独热编码的维数正是词汇量的数目。通常词汇量很大，向量的维数太高，难以运算。另外，独热编码的所有向量都彼此正交，而实际词语之间彼此多有关联，甚至可能是同义词，显然正交性与同义性在“概念上”很不相符。其实，适当维数的“常规”实向量就可以充分表示词语及其彼此间的基本关系。于是，出现了“词嵌入”的方法。

词嵌入（word embedding）指将词汇映射到适当维数的实数向量的方法。词嵌入还期望能够将词语之间的相似性和关联性等（语义）关系转化为向量空间中的距离和方向等（数学）

关系，这样就为自然语言处理后续的高级任务奠定了基础。比如

$$|\boldsymbol{v}_{1000}^{苹果}-\boldsymbol{v}_{1000}^{梨子}| \ll |\boldsymbol{v}_{1000}^{苹果}-\boldsymbol{v}_{1000}^{男人}| \quad 与 \quad |\boldsymbol{v}_{1000}^{国王}-\boldsymbol{v}_{1000}^{男人}| \approx |\boldsymbol{v}_{1000}^{女王}-\boldsymbol{v}_{1000}^{女人}|$$

词嵌入的一种实现方法是：先采用独热编码将词表示为很高维的向量，而后再通过变换将其降维到适当维数，比如，$\boldsymbol{v}_{16}^{n}=\boldsymbol{A}\boldsymbol{v}_{1000}^{n}$。这个关键的降维变换借助神经网络算法来完成，具体就是，设计神经网络来学习大量现实社会中的文本，从文本中“感悟”词语间的关系，进而完成降维变换。词语的向量化过程示意图如图 2.10 所示。

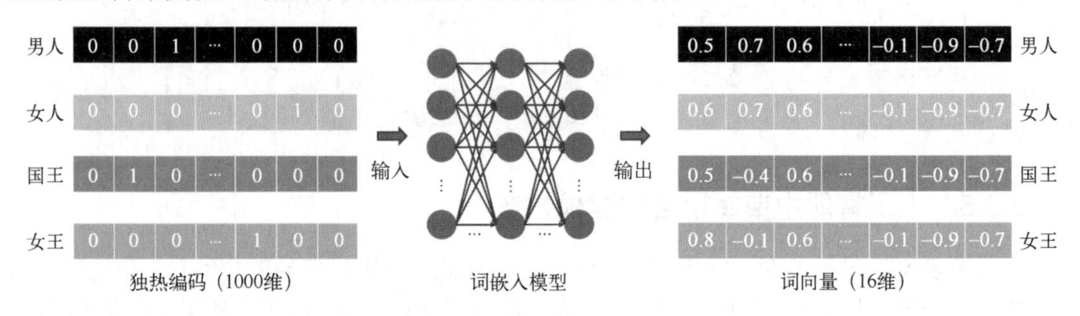

图 2.10　词语的向量化过程示意图

例 2.11　OpenAI 与 Meta 公司的词嵌入案例的向量维数。

OpenAI 是由马斯克等人创立的一家人工智能研究公司，因发布 ChatGPT 而闻名世界。OpenAI 公司的 Text Embedding 是一种将文本转换为固定大小的实数向量的技术，text-embedding-ada-002 是 OpenAI 于 2022 年 12 月提出的词嵌入模型，它的词向量维度是 1536。

Meta 公司（Meta Platform Inc）原名 Facebook，是由马克·扎克伯格等人创立的一家全球著名的互联网公司。该公司在多语种机器翻译领域提出 NLLB（No Language Left Behind），它是另外一个词嵌入模型，可支持超过 200 种人类语言的互译，其词表大小约为 256000，词向量维度为 1024。

可以看到，词嵌入提供了一种用随机序列对复杂随机现象建模的巧妙方法。一方面，自然词语是复杂的，需要适当维数的向量来表征，它们也称为特征向量；另一方面，词语“活在”自然语言中，其丰富的特性与关系难以“显式”表达，而通过某种“隐式”的方法则可以有效获得。作为随机序列，词语的统计特性、文本随机序列的高阶分布特性都是异常复杂的，但又需要深入与准确的描述。实际上，ChatGPT 基于 transformer 的 encoder 与 decoder 模块，通过大量真实文本进行预训练，文本的词语被依序输入模块，序列迭代中模块“领悟”词语间的复杂关系与规律，以“隐式”的方法深入捕获语言文本的高阶分布特性，因而，它能够像人一样地读懂自然语言。

ChatGPT（Chat Generative Pre-trained Transformer）自 2022 年 11 月底发布以来，因其能够像真人一样聊天交流，引起了巨大的轰动，也由此拉开了人工智能井喷式发展的序幕。AI 技术既深入运用随机过程的基本理论与方法，又在其发展中为随机问题的建模与解决提供新的思路与技术。作为全球科技发展的重要技术，人工智能将深刻改变未来社会的每一个角落，推动经济社会发展和国家竞争力提升。结合新技术的发展，有助于学好随机信号及其分析的基本理论与方法，为将来更好地探索创新与服务国家贡献力量。

2.4 多维高斯分布与高斯随机信号

一般而言，正态分布也称高斯分布，它是一种极为重要的分布。一方面，这种分布在工程应用中经常遇到；另一方面，它又具有良好的数学性质，易于进行理论分析。高斯分布的基本概念已在概率论中讨论过了，本节先介绍多维高斯分布及其性质，而后讨论具有这种分布的随机信号。

2.4.1 多维高斯分布

下面首先给出高斯分布的有关定义及其几种表示形式。

1. 一维与二维高斯分布

一维高斯分布是指随机变量 X 的密度函数为

$$f_X(x)=\frac{1}{\sqrt{2\pi}\sigma}\exp\left[-\frac{(x-\mu)^2}{2\sigma^2}\right] \tag{2.24}$$

式中，μ 和 σ^2 是均值与方差。一维高斯分布简记为 $X\sim N(\mu,\sigma^2)$。

二维高斯分布是指两个随机变量 X,Y 的联合密度函数为

$$f_{XY}(x,y)=\frac{1}{2\pi\sigma_1\sigma_2\sqrt{1-\rho^2}}\exp\left\{-\frac{1}{2(1-\rho^2)}\left[\frac{(x-\mu_1)^2}{\sigma_1{}^2}-2\rho\frac{(x-\mu_1)(y-\mu_2)}{\sigma_1\sigma_2}+\frac{(y-\mu_2)^2}{\sigma_2{}^2}\right]\right\} \tag{2.25}$$

式中，μ_1,μ_2 和 σ_1^2,σ_2^2 是各自的均值与方差，ρ 是互相关系数。二维高斯分布记为 $(X,Y)\sim N(\mu_1,\sigma_1{}^2;\mu_2,\sigma_2{}^2;\rho)$。

由于密度函数与特征函数相互唯一确定，也可以通过特征函数来定义与说明某种分布。因此，一、二维高斯分布是指随机变量的特征函数分别为

$$\phi_X(v)=\exp\left(\mathrm{j}\mu v-\frac{1}{2}\sigma^2v^2\right) \tag{2.26}$$

$$\phi_{XY}(v_1,v_2)=\exp\left[\mathrm{j}(\mu_1v_1+\mu_2v_2)-\frac{1}{2}\left(\sigma_1{}^2v_1{}^2+2\rho\sigma_1\sigma_2v_1v_2+\sigma_2{}^2v_2{}^2\right)\right] \tag{2.27}$$

一、二维高斯分布的密度函数如图 2.11 所示。

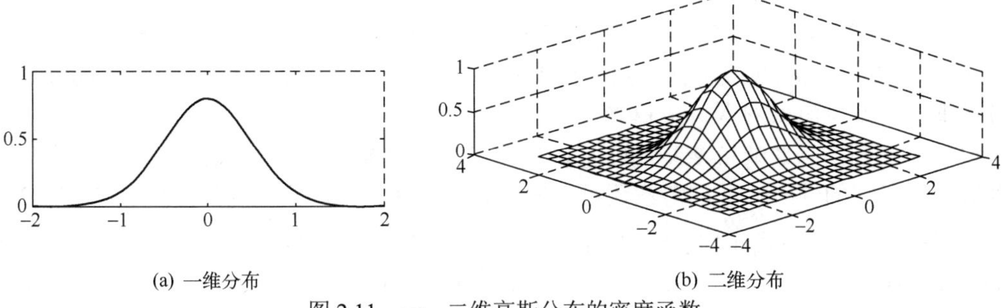

图 2.11 一、二维高斯分布的密度函数

2．多维高斯分布

多维高斯分布是指 n 个随机变量 $X_1, X_2, \cdots, X_n$ 的联合密度函数和特征函数分别为

$$f_{X_1X_2\cdots X_n}(x_1, x_2, \cdots, x_n) = \frac{1}{(2\pi)^{n/2}|\boldsymbol{C}|^{1/2}} \exp\left[-\frac{1}{2|\boldsymbol{C}|}\sum_{i=1}^{n}\sum_{k=1}^{n}|\boldsymbol{C}|_{ik}(x_i - \mu_i)(x_k - \mu_k)\right] \tag{2.28}$$

$$\phi_{X_1X_2\cdots X_n}(v_1, v_2, \cdots, v_n) = \exp\left(\mathrm{j}\sum_{k=1}^{n}\mu_k v_k - \frac{1}{2}\sum_{i=1}^{n}\sum_{k=1}^{n}c_{ik}v_i v_k\right) \tag{2.29}$$

式中，$|\boldsymbol{C}|$ 是协方差矩阵 $\boldsymbol{C}$ 的行列式值，$\boldsymbol{C}$ 将在下面予以说明，而 $|\boldsymbol{C}|_{ik}$ 是协方差矩阵的元素 c_{ik} 的代数余子式；$\mu_i = E[X_i]$，$c_{ik} = \mathrm{Cov}(X_i, X_k)$，$i,k = 1,2,\cdots,n$。上述定义中只用到了均值与协方差，可见，高斯随机变量的统计特性都由其一、二阶矩参数完全决定。容易得出，前面一、二维高斯分布是多维高斯分布的特例。显然，多维高斯分布的表达式变得比较复杂。

为了书写紧凑与简明，我们可采用向量与矩阵形式的表示方法，令

$$\boldsymbol{X} = \begin{bmatrix} X_1 \\ X_2 \\ \vdots \\ X_n \end{bmatrix}, \quad \boldsymbol{x} = \begin{bmatrix} x_1 \\ x_2 \\ \vdots \\ x_n \end{bmatrix}, \quad \boldsymbol{v} = \begin{bmatrix} v_1 \\ v_2 \\ \vdots \\ v_n \end{bmatrix} \tag{2.30}$$

其中第一个是随机向量，第二、三个是确定向量。$\boldsymbol{X}$ 的均值向量与协方差矩阵为

$$\boldsymbol{\mu} = \begin{bmatrix} \mu_1 \\ \mu_2 \\ \vdots \\ \mu_n \end{bmatrix} = E[\boldsymbol{X}], \qquad \boldsymbol{C} = (c_{ij})_{n\times n} = E[(\boldsymbol{X} - \boldsymbol{\mu})(\boldsymbol{X} - \boldsymbol{\mu})^{\mathrm{T}}] \tag{2.31}$$

这里，$(\ )^{\mathrm{T}}$ 表示转置运算。均值（列）向量的各元素是 $\mu_i = E[X_i]$，$i = 1,2,\cdots,n$。协方差矩阵 $\boldsymbol{C}$ 是 $n\times n$ 阶方阵，其第 (i,j) 号元素为 $c_{ij} = \mathrm{Cov}(X_i, X_j)$。

可以证明，式（2.28）与式（2.29）等价于

$$f_{\boldsymbol{X}}(\boldsymbol{x}) = \frac{1}{(2\pi)^{n/2}|\boldsymbol{C}|^{1/2}} \exp\left[-\frac{(\boldsymbol{x} - \boldsymbol{\mu})^{\mathrm{T}}\boldsymbol{C}^{-1}(\boldsymbol{x} - \boldsymbol{\mu})}{2}\right] \tag{2.32}$$

$$\phi_{\boldsymbol{X}}(\boldsymbol{v}) = \exp\left(\mathrm{j}\boldsymbol{\mu}^{\mathrm{T}}\boldsymbol{v} - \frac{1}{2}\boldsymbol{v}^{\mathrm{T}}\boldsymbol{C}\boldsymbol{v}\right) \tag{2.33}$$

式中，$\boldsymbol{C}^{-1}$ 是 $\boldsymbol{C}$ 的逆阵。

对照式（2.24）、式（2.26）与式（2.32）、式（2.33）可见，采用向量与矩阵表示后，一维与 n 维高斯密度函数（或特征函数）在形式上是相似的。因此，我们常常利用这种形式，并将多维高斯分布简记为 $\boldsymbol{X} \sim N(\boldsymbol{\mu}, \boldsymbol{C})$。

特别注意到，高斯随机变量的特征函数比其密度函数更简洁，因此，人们常常通过特征函数来研究它的性质。仔细考察还可以发现，如果 $|\boldsymbol{C}| = 0$，则式（2.28）与式（2.32）不存在，而式（2.29）与式（2.33）总是存在的，因此特征函数具有更好的普适性。严格地讲 $f_{\boldsymbol{X}}(\boldsymbol{x})$ 与 $\phi_{\boldsymbol{X}}(\boldsymbol{v})$ 都存在时，称为正态分布；而只有 $\phi_{\boldsymbol{X}}(\boldsymbol{v})$ 存在时称为退化正态分布。高斯分布是正态分布的推广，包括正常的与退化的正态分布。

2.4.2 高斯随机变量的性质

首先，我们考虑由 n 个随机变量 $X_1, X_2, \cdots, X_n$ 通过如下线性变换得到 m 个随机变量 $Y_1, Y_2, \cdots, Y_m$ 的情形：

$$\begin{aligned} Y_1 &= g_{11}X_1 + g_{12}X_2 + \ldots + g_{1n}X_n \\ Y_2 &= g_{21}X_1 + g_{22}X_2 + \ldots + g_{2n}X_n \\ &\vdots \\ Y_m &= g_{m1}X_1 + g_{m2}X_2 + \ldots + g_{mn}X_n \end{aligned} \tag{2.34}$$

令

$$\boldsymbol{Y} = \begin{bmatrix} Y_1 \\ Y_2 \\ \vdots \\ Y_m \end{bmatrix}, \quad \boldsymbol{G} = \begin{bmatrix} g_{11} & g_{12} & \cdots & g_{1n} \\ g_{21} & g_{22} & \cdots & g_{2n} \\ \vdots & \vdots & \ddots & \vdots \\ g_{m1} & g_{m2} & \cdots & g_{mn} \end{bmatrix}$$

式（2.34）可以用矩阵形式表示为

$$\boldsymbol{Y} = \boldsymbol{GX} \tag{2.35}$$

进而，其均值向量与协方差矩阵为

$$\boldsymbol{\mu_Y} = E[\boldsymbol{Y}] = E[\boldsymbol{GX}] = \boldsymbol{G\mu_X} \tag{2.36}$$

$$\begin{aligned} \boldsymbol{C_Y} &= E[(\boldsymbol{Y} - \boldsymbol{\mu_Y})(\boldsymbol{Y} - \boldsymbol{\mu_Y})^{\mathrm{T}}] = E[\boldsymbol{G}(\boldsymbol{X} - \boldsymbol{\mu_X})(\boldsymbol{X} - \boldsymbol{\mu_X})^{\mathrm{T}} G^{\mathrm{T}}] \\ &= \boldsymbol{G}E[(\boldsymbol{X} - \boldsymbol{\mu_X})(\boldsymbol{X} - \boldsymbol{\mu_X})^{\mathrm{T}}]G^{\mathrm{T}} = \boldsymbol{GC_X G}^{\mathrm{T}} \end{aligned} \tag{2.37}$$

若 $\boldsymbol{X} = (X_1, X_2, \cdots, X_n)^{\mathrm{T}}$ 是 n 维（联合）高斯随机变量，则它具有下述性质。

① 经过任意线性变换后仍是高斯随机变量，并且，$\boldsymbol{Y} = \boldsymbol{GX} \sim N(\boldsymbol{G\mu_X}, \boldsymbol{GC_X G}^{\mathrm{T}})$；

② 任意 $m(< n)$ 维边缘分布也是高斯的，特别地，各分量随机变量是一维高斯的；

③ 任意 $m(< n)$ 维条件分布也是高斯的；

④ 各随机变量相互独立的充要条件是两两互不相关，因此，它的协方差矩阵为对角阵，对角线上的元素就是各个方差值，有

$$\boldsymbol{C} = \begin{bmatrix} \sigma_1^2 & & & \\ & \sigma_2^2 & & \\ & & \ddots & \\ & & & \sigma_n^2 \end{bmatrix}$$

证明：①计算 $\boldsymbol{Y}$ 的特征函数为

$$\phi_{\boldsymbol{Y}}(\boldsymbol{v}) = E[\exp(\mathrm{j}\boldsymbol{v}^{\mathrm{T}}\boldsymbol{Y})] = E[\exp(\mathrm{j}\boldsymbol{v}^{\mathrm{T}}\boldsymbol{GX})] = \phi_{\boldsymbol{X}}(\boldsymbol{G}^{\mathrm{T}}\boldsymbol{v})$$

再利用式（2.33）的结果有

$$\begin{aligned} \phi_{\boldsymbol{Y}}(\boldsymbol{v}) &= \exp\left[\mathrm{j}\boldsymbol{\mu}_{\boldsymbol{X}}^{\mathrm{T}}(\boldsymbol{G}^{\mathrm{T}}\boldsymbol{v}) - \frac{1}{2}(\boldsymbol{G}^{\mathrm{T}}\boldsymbol{v})^{\mathrm{T}}\boldsymbol{C_X}(\boldsymbol{G}^{\mathrm{T}}\boldsymbol{v})\right] \\ &= \exp\left(\mathrm{j}\boldsymbol{\mu}_{\boldsymbol{X}}^{\mathrm{T}}\boldsymbol{G}^{\mathrm{T}}\boldsymbol{v} - \frac{1}{2}\boldsymbol{v}^{\mathrm{T}}\boldsymbol{GC_X G}^{\mathrm{T}}\boldsymbol{v}\right) \\ &= \exp\left(\mathrm{j}\boldsymbol{\mu}_{\boldsymbol{Y}}^{\mathrm{T}}\boldsymbol{v} - \frac{1}{2}\boldsymbol{v}^{\mathrm{T}}\boldsymbol{C_Y}\boldsymbol{v}\right) \end{aligned}$$

由上式与特征函数的唯一性，$\boldsymbol{Y} \sim N(\boldsymbol{G\mu_X}, \boldsymbol{GC_X G}^{\mathrm{T}})$。于是，性质①得到证明。其他性质的

证明从略。

n 个随机变量 $X_1, X_2, \cdots, X_n$ 怎样才会是联合高斯的呢？一般而言，任意的 n 个一维高斯变量集中在一起不一定是联合高斯的，但若它们彼此独立，则必定是联合高斯的。

例 2.12 设三维随机变量 $(X_1, X_2, X_3) \sim N(\boldsymbol{\mu}_X, \boldsymbol{C}_X)$，其中

$$\boldsymbol{\mu}_X = \begin{bmatrix} 1 \\ 2 \\ 2 \end{bmatrix}, \quad \boldsymbol{C}_X = \begin{bmatrix} 4 & 2 & 0 \\ 2 & 4 & 2 \\ 0 & 2 & 3 \end{bmatrix}$$

求：（1）X_1 的密度函数；（2）(X_1, X_2) 的密度函数；（3）$X_1 + X_3$ 的密度函数。

解：（1）X_1 是 (X_1, X_2, X_3) 的一个分量，因而是一维高斯的，其均值 $E(X_1) = \mu_1 = 1$，方差 $\sigma_{X_1}^2 = c_{11} = 4$，因此，$X_1 \sim N(1,4)$。于是

$$f_X(x) = \frac{1}{2\sqrt{2\pi}} \exp\left[-\frac{(x-1)^2}{8}\right]$$

（2）对于 (X_1, X_2)，它是原三维高斯变量的边缘分布，因此是二维高斯的。其均值向量与协方差矩阵为

$$\boldsymbol{\mu} = \begin{bmatrix} 1 \\ 2 \end{bmatrix}, \quad \boldsymbol{C} = \begin{bmatrix} 4 & 2 \\ 2 & 4 \end{bmatrix}$$

因此，$E(X_1) = 1$，$E(X_2) = 2$，$\sigma_{X_1}^2 = \sigma_{X_2}^2 = 4$，而 $\rho = \dfrac{\mathrm{Cov}(X_1, X_2)}{\sigma_{X_1}\sigma_{X_2}} = \dfrac{2}{\sqrt{4} \times \sqrt{4}} = \dfrac{1}{2}$。于是，$(X_1, X_2) \sim N(1,4;2,4;1/2)$。由式（2.27）得

$$f_{X_1X_2}(x_1, x_2) = \frac{1}{4\sqrt{3}\pi} \mathrm{e}^{-\frac{1}{6}[(x_1-1)^2 - (x_1-1)(x_2-2) + (x_2-2)^2]}$$

（3）不妨记 $Y = X_1 + X_3$，则

$$Y = [1 \quad 0 \quad 1] \begin{bmatrix} X_1 \\ X_2 \\ X_3 \end{bmatrix}$$

它也是原三维高斯变量的变换结果，因此是高斯的。其均值为 $E(Y) = 1 + 2 = 3$，方差为 $\sigma_Y^2 = 4 + 3 = 7$。于是，$X_1 + X_3 \sim N(3,7)$，并且

$$f_Y(y) = \frac{1}{\sqrt{14\pi}} \exp\left[-\frac{(y-3)^2}{14}\right]$$

其实，由协方差阵易见，X_1 与 X_3 是无关的，也是独立的，由此也容易得出上述结果。

2.4.3 高斯随机信号

定义 2.4 若随机信号 $\{X(t), t \in T\}$，对于任意正整数 n 及 $t_1, t_2, \cdots, t_n \in T$，$n$ 元随机变量 $(X(t_1), X(t_2), \cdots, X(t_n))$ 的联合分布为 n 维高斯分布，则称该信号为**高斯信号**（**或正态信号**）（Gaussian / Normal Process）。

若高斯信号 $X(t)$ 的均值函数为 $m(t)$，自相关函数为 $R(s,t)$，则协方差函数为

$$C(s,t) = R(s,t) - m(s)m(t)$$

方差函数为 $$D(t)=C(t,t)=R(t,t)-m^2(t)$$

于是，$X(t)\sim N(m(t),D(t))$。由此，该信号的一维密度函数与特征函数分别为

$$f_X(x,t)=\frac{1}{\sqrt{2\pi D(t)}}\exp\left\{-\frac{[x-m(t)]^2}{2D(t)}\right\} \tag{2.38}$$

$$\phi_X(v,t)=\exp\left[\mathrm{j}m(t)v-\frac{1}{2}D(t)v^2\right] \tag{2.39}$$

进一步，考虑任意 n 个时刻及其对应的随机变量，定义时间组（列向量）$\boldsymbol{t}=(t_1,t_2,\cdots,t_n)^{\mathrm{T}}$，并令

$$\boldsymbol{X}=\begin{bmatrix}X(t_1)\\X(t_2)\\\vdots\\X(t_n)\end{bmatrix},\quad \boldsymbol{\mu}=\begin{bmatrix}m(t_1)\\m(t_2)\\\vdots\\m(t_n)\end{bmatrix},\quad \boldsymbol{C}=\begin{bmatrix}C(t_1,t_1)&C(t_1,t_2)&\dots&C(t_1,t_n)\\C(t_2,t_1)&C(t_2,t_2)&\dots&C(t_2,t_n)\\\vdots&\vdots&\ddots&\\C(t_n,t_1)&C(t_n,t_2)&\dots&C(t_n,t_n)\end{bmatrix}$$

则 $\boldsymbol{X}\sim N(\boldsymbol{\mu},\boldsymbol{C})$。于是，该信号的 n 维密度函数与特征函数分别为

$$f_{\boldsymbol{X}}(\boldsymbol{x},\boldsymbol{t})=\frac{1}{(2\pi)^{n/2}|\boldsymbol{C}|^{1/2}}\exp\left[-\frac{(\boldsymbol{x}-\boldsymbol{\mu})^{\mathrm{T}}\boldsymbol{C}^{-1}(\boldsymbol{x}-\boldsymbol{\mu})}{2}\right] \tag{2.40}$$

$$\phi_{\boldsymbol{X}}(\boldsymbol{v},\boldsymbol{t})=\exp\left(\mathrm{j}\boldsymbol{\mu}^{\mathrm{T}}\boldsymbol{v}-\frac{1}{2}\boldsymbol{v}^{\mathrm{T}}\boldsymbol{C}\boldsymbol{v}\right) \tag{2.41}$$

式中，$\boldsymbol{x}$ 与 $\boldsymbol{v}$ 的定义见式（2.30）。上面两式本质上与随机变量的相同，但含有 n 个时间参变量。结合式（2.29），容易将其特征函数写成展开形式

$$\phi_{X_1X_2\cdots X_n}(v_1,\cdots,v_n;t_1,\cdots,t_n)=\exp\left(\mathrm{j}\sum_{k=1}^{n}m(t_k)v_k-\frac{1}{2}\sum_{i=1}^{n}\sum_{k=1}^{n}C(t_i,t_k)v_iv_k\right) \tag{2.42}$$

根据定义与前面高斯随机变量的性质，我们可迅速得到高斯信号的性质：

① 所有分布完全由其均值函数 $m(t)$ 和协方差函数 $C(s,t)$ 决定；

② 经过任意线性变换（或线性系统处理）后仍然是高斯信号；

③ 它是独立信号的充要条件是其协方差函数 $C(s,t)=0\ \ (s\neq t)$。

简而言之，在线性变换（或处理）中，高斯变量与信号“翻来覆去”始终是高斯的，只要研究它们的均值与协方差就能够准确地把握它们全部的统计特性。因此，其性质的优良性与易于分析性是显而易见的。

例 2.13 设 A 与 B 是两个独立随机变量，且 $A\sim N(0,\sigma^2)$，$B\sim N(0,\sigma^2)$。而随机信号 $\{X(t)=A\cos\omega t+B\sin\omega t,\ t\in(-\infty,+\infty)\}$ 是高斯信号，其中 ω 是常量。试写出该信号的一、二维密度函数。

解：

$$E[X(t)]=E[A]\cos\omega t+E[B]\sin\omega t=0$$

$$\begin{aligned}C(s,t)=R(s,t)&=E[(A\cos\omega s+B\sin\omega s)(A\cos\omega t+B\sin\omega t)]\\&=E(A^2)\cos\omega s\cos\omega t+E(B^2)\sin\omega s\sin\omega t+\\&\quad E(A)E(B)\cos\omega s\sin\omega t+E(A)E(B)\sin\omega s\cos\omega t\\&=\frac{1}{2}E(A^2)\cos\omega(s-t)+\frac{1}{2}E(B^2)\cos\omega(s-t)\\&=\sigma^2\cos\omega(s-t)\end{aligned}$$

因此，$m(t)=0$，$\sigma^2(t)=C(t,t)=\sigma^2$，而且

$$\rho=\frac{C(s,t)}{\sigma(s)\sigma(t)}=\cos\omega(s-t)$$

于是，$X(t)\sim N(0,\sigma^2)$，其一维密度函数为

$$f_X(x,t)=\frac{1}{\sqrt{2\pi}\sigma}\exp\left(-\frac{x^2}{2\sigma^2}\right)$$

$(X(s),X(t))$服从$N(0,\sigma^2;0,\sigma^2;\cos\omega(s-t))$，其二维密度函数为

$$f_{XY}(x,y;s,t)=\frac{1}{2\pi\sigma^2|\sin\omega(s-t)|}\exp\left[-\frac{x^2-2xy\cos\omega(s-t)+y^2}{2\sigma^2\sin^2\omega(s-t)}\right]$$

其中，$\omega(t-s)\neq k\pi$（k为任意整数）。更方便与安全的方法是由特征函数描述该信号的特性。

例 2.14 在上例中，$X(t)=A\cos\omega t+B\sin\omega t$ 的协方差函数为$C(s,t)=\sigma^2\cos\omega(s-t)$，假定$\omega=250\pi$，常数$T=1/1000$，取$t=0,T,2T$，求这三个时刻上信号$X(t)$的协方差阵。

解：由定义可得

$$\boldsymbol{C}=\begin{bmatrix}C(t_1,t_1) & C(t_1,t_2) & \dots & C(t_1,t_n)\\ C(t_2,t_1) & C(t_2,t_2) & \dots & C(t_2,t_n)\\ \vdots & \vdots & \ddots & \vdots\\ C(t_n,t_1) & C(t_n,t_2) & \dots & C(t_n,t_n)\end{bmatrix}=\begin{bmatrix}C(0,0) & C(0,T) & C(0,2T)\\ C(T,0) & C(T,T) & C(T,2T)\\ C(2T,0) & C(2T,T) & C(2T,2T)\end{bmatrix}$$

而

$$C(0,0)=C(T,T)=C(2T,2T)=\sigma^2\cos 0=\sigma^2$$

$$C(0,T)=C(T,2T)=C(T,0)=C(2T,T)=\sigma^2\cos(\omega T)=\sqrt{2}\sigma^2/2$$

$$C(0,2T)=C(2T,0)=\sigma^2\cos(2\omega T)=0$$

因此

$$\boldsymbol{C}=\begin{bmatrix}\sigma^2 & \sqrt{2}\sigma^2/2 & 0\\ \sqrt{2}\sigma^2/2 & \sigma^2 & \sqrt{2}\sigma^2/2\\ 0 & \sqrt{2}\sigma^2/2 & \sigma^2\end{bmatrix}$$

2.5 独 立 信 号

考虑一种理想与简单的随机信号，其各时刻的随机变量是彼此独立或无关的，这就引出了独立信号的概念。

定义 2.5 若信号$\{X(t),t\in T\}$在任意 n 个时刻$t_1,t_2,\cdots,t_n\in T$ 上的随机变量$X(t_1),X(t_2),\cdots,X(t_n)$彼此统计独立，则称它为**独立随机信号**（Independent Process）。

相仿地，对于序列$\{X(n),n=1,2,\cdots\}$，如果任意n个编号对应的随机变量彼此独立，则称其为**独立随机序列**。

根据定义中的独立性，容易知道，$\{X(t),t\in T\}$是独立信号的充要条件为：对于任意正整数n，其n维分布函数满足

$$F(x_1,x_2,\cdots,x_n;t_1,t_2,\cdots,t_n)=\prod_{i=1}^{n}F_i(x_i;t_i) \tag{2.43}$$

式中，$F_i(x_i;t_i)$ 是 $X(t)$ 在 t_i 时刻的一维分布函数。该条件的密度函数与特征函数形式为

$$f(x_1,x_2,\cdots,x_n;t_1,t_2,\cdots,t_n)=\prod_{i=1}^{n}f_i(x_i;t_i) \tag{2.44}$$

$$\phi(v_1,v_2,\cdots,v_n;t_1,t_2,\cdots,t_n)=\prod_{i=1}^{n}\phi_i(v_i;t_i) \tag{2.45}$$

如果信号的均值函数与方差函数为 $m(t)$ 与 $\sigma^2(t)$，则

$$R(t_1,t_2)=E[X(t_1)X(t_2)]=\begin{cases}E[X^2(t_1)], & t_1=t_2\\ m(t_1)m(t_2), & t_1\neq t_2\end{cases} \tag{2.46}$$

$$C(t_1,t_2)=\begin{cases}\sigma^2(t_1), & t_1=t_2\\ 0, & t_1\neq t_2\end{cases};\qquad \rho(t_1,t_2)=\begin{cases}1, & t_1=t_2\\ 0, & t_1\neq t_2\end{cases} \tag{2.47}$$

可见，独立信号在各不同时刻上的随机变量彼此不相关。

独立信号是极其理想的。一般而言，工程上的随机信号 $\{X(t),t\in T\}$ 在不同时刻 $s,t\in T$ 的随机变量 $X(t)$ 与 $X(s)$ 是相互依赖的，而这种依赖性又随着实际差距 $|s-t|$ 的加大而减小。

例 2.15 讨论伯努利序列 $\{X(n),n=1,2,\cdots\}$（见 2.2 节）的独立性与概率特性。

解： 由定义，伯努利序列是同分布且彼此独立的，它是独立序列。假定 $X(n)$ 以概率 p,q 分别取值 1,0，其 m 维概率特性为

$$P\{(X(n_1),X(n_2),\cdots,X(n_m))=(x_1,x_2,\cdots,x_m)\}=\prod_{i=1}^{m}P\{X(n_i)=x_i\}$$

其中，$n_i(i=1,2,\cdots,m)$ 是任意 m 个正整数。如果 $x_i(i=1,2,\cdots,m)$ 只取 0 或 1，且其中 1 的个数为 $k(\leqslant m)$，则上式等于 $p^k q^{m-k}$，否则它等于 0。例如，令 $m=4$，并简记 $X_i=X(n_i)$，则

$$P\{(X_1X_2X_3X_4)=(0000)\}=q^4,\qquad P\{(X_1X_2X_3X_4)=(1010)\}=p^2q^2$$

$$P\{(X_1X_2X_3X_4)=(0110)\}=p^2q^2,\qquad P\{(X_1X_2X_3X_4)=(0210)\}=0$$

例 2.16 若 $N(t)$ 是方差函数为 σ^2 的零均值独立高斯过程。试求：

（1）它的自相关函数 $R(t_1,t_2)$ 与协方差函数 $C(t_1,t_2)$；（2）它的 n 维密度函数。

解： 由于 $N(t)$ 是独立过程，易知

$$R(t_1,t_2)=C(t_1,t_2)=\begin{cases}\sigma^2, & t_1=t_2\\ 0, & t_1\neq t_2\end{cases}$$

又 $N(t)\sim N(0,\sigma^2)$，根据独立过程特性，有

$$f(x_1,x_2,\cdots,x_n;t_1,t_2,\cdots,t_n)=\prod_{i=1}^{n}f_i(x_i;t_i)=\frac{1}{(2\pi)^{n/2}\sigma^n}\exp\left[-\frac{1}{2\sigma^2}\left(\sum_{i=1}^{n}x_i^2\right)\right]$$

习题

2.1 设有正弦随机信号 $X(t)=V\cos\omega t$，其中 $0\leqslant t<\infty$，ω 为常数，V 是 $[0,1)$ 内均匀分布的随机变量。

（1）画出该过程两个样本函数；（2）确定 $t_i=0,\ \dfrac{\pi}{4\omega},\ \dfrac{3\pi}{4\omega},\ \dfrac{\pi}{\omega}$ 时随机变量 $X(t_i)$ 的密度函数；

（3）当 $t_0=\dfrac{\pi}{2\omega}$ 时，求 $X(t_0)$ 的密度函数。

2.2　随机过程 $X(t)$ 如图题 2.2 所示，该过程仅由三个样本函数组成，而且每个样本函数均等概率发生。试求：

（1）$E[X(2)]$，$E[X(6)]$，$R_X(2,6)$；

（2）$F_X(x,2)$，$F_X(x,6)$ 及 $F_X(x_1,x_2,2,6)$，分别画出它们的图形。

2.3　掷一枚硬币，定义一个随机过程：

$$X(t)=\begin{cases}\cos\pi t, & \text{出现正面}\\ 2t, & \text{出现反面}\end{cases}$$

设"出现正面"和"出现反面"的概率相等。试求：

（1）$X(t)$ 的一维分布函数 $F_X(x,1/2)$，$F_X(x,1)$；

（2）$X(t)$ 的二维分布函数 $F_X(x_1,x_2;1/2,1)$；

（3）画出上述分布函数的图形。

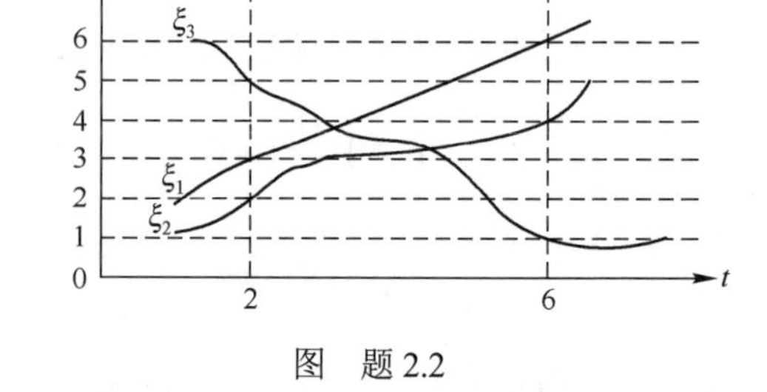

图　题 2.2

2.4　假定二进制数据序列{$B(n)$, n=1, 2, 3,…}是伯努利随机序列，其每一位数据对应随机变量 $B(n)$，并有概率 $P[B(n)=0]=0.2$ 和 $P[B(n)=1]=0.8$。试求：

（1）连续 4 位构成的串为{1011}的概率是多少？　　（2）连续 4 位构成的串的平均串是什么？

（3）连续 4 位构成的串中，概率最大的是什么？

2.5　正弦随机信号{$X(t, s)=A\cos(200\pi t)$, $t>0$}，其中振幅随机变量 A 取值为 1 和 0，概率分别为 0.1 和 0.9。试求：

（1）一维分布函数 $F(x,5)$；（2）二维分布函数 $F(x, y, 0, 0.0025)$；（3）开启该设备后最可能见到什么样的信号？

（4）如果开启后 $t=1$ 时刻测得输出电压为 1 V，问 t=2 时刻可能的输出电压是多少？概率是多少？

2.6　若正弦信号 $X(t)=A\cos(\omega t+\Theta)$，其中振幅 A 与频率 ω 取常数，相位 Θ 是一个随机变量，它均匀分布于 $[-\pi,\pi]$ 间，即

$$f(\theta)=\begin{cases}\dfrac{1}{2\pi}, & -\pi\leqslant\theta\leqslant\pi\\ 0, & \text{其他}\end{cases}$$

求在 t 时刻信号 $X(t)$ 的密度函数 $f_X(x)$。

2.7　设质点运动的位置如直线过程 $X(t)=Vt+X_0$，其中 $V\sim N(1,1)$，$X_0\sim N(0,2)$，并彼此独立。试求 t 时刻随机变量的一维密度函数、均值函数与方差函数。

2.8　假定（−1,+1）的伯努利序列 $\{I_n, n=1,2,\cdots\}$ 的取值具有等概特性。试求它的一维密度函数、均值函数与协方差函数；

2.9　设某信号源每 T 秒产生一个幅度为 A 的方波脉冲，其脉冲宽度 X 为均匀分布于 $[0,T]$ 中的随机变量。这样构成一个随机过程 $Y(t)$，$0\leqslant t<\infty$，其中一个样本函数如图题 2.9 所示。设不同间隔中的脉冲宽度是统计独立的，求 $Y(t)$ 的概率密度。

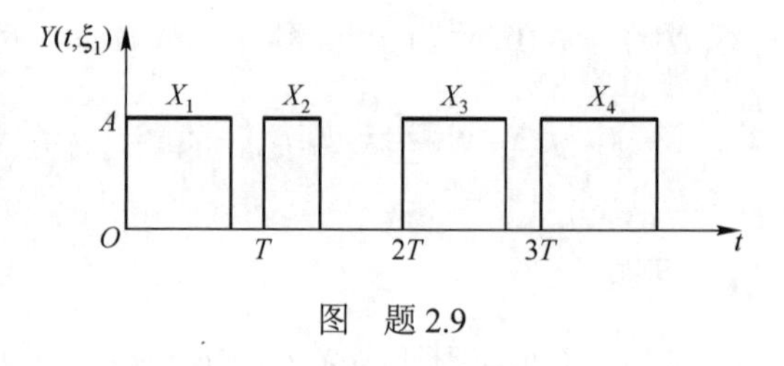

图　题 2.9

2.10　给定随机过程 $X(t)$ 和常数 a，试以 $X(t)$ 的自相关函数来表示差信号 $Y(t)=X(t+a)-X(t)$ 的自相关函数。

2.11　两个随机信号 $X(t)=A\sin(\omega t+\Theta)$与 $Y(t)=B\cos(\omega t+\Theta)$，其中 A 与 B 为未知随机变量，Θ为 0～2π内均匀分布的随机变量，A，B，Θ两两统计独立，ω为常数。试求：

（1）两个随机信号的互相关函数 $R_{XY}(t_1,t_2)$；

（2）讨论两个随机信号的正交性、互不相关（无关）与统计独立性。

2.12 二项式随机信号 $Y(n)=\sum_{i=1}^{n}X(i)$，其中 $X(n)$是取值（0,1）的伯努利随机信号，$P[X(n)=0]=q$ 和 $P[X(n)=1]=p$。试求：

（1）$Y(n)$的均值函数；（2）$\mathrm{Var}[Y(n)-Y(m)]$，$n>m$；（3）$Y(n)$的自相关函数。

2.13 假定正弦电压信号 $X(t)=A\cos(\omega t+\Theta)$，其中，$\omega$为常数，$A$ 服从均匀分布 $U(-1,+1)$，Θ 服从均匀分布 $U(-\pi,+\pi)$，它们彼此独立。如果将信号施加到 RC 并联电路上，求总的电流信号及其均方值函数。

2.14 求随机信号的积分 $Y(t)=\int_0^t X(u)\mathrm{d}u$ 的均值函数与自相关函数表达式。

2.15 高斯信号 $X(t)$ 的自相关函数为 $R_X(t_1-t_2)=0.5\mathrm{e}^{-|t_1-t_2|}$，均值函数为零。求 $X(t)$ 的一维和二维密度函数。

2.16 设随机过程 $X(t)=A\cos\omega t+B\sin\omega t$，其中 ω 为常数，A 和 B 是两个相互独立的高斯随机变量。已知 $E[A]=E[B]=0$，$E[A^2]=E[B^2]=\sigma^2$，求 $X(t)$ 的一维和二维密度函数。

2.17 设有零均值的高斯信号 $X(t)$，令 $X_1=X(t_1)$，$X_2=X(t_2)$，$X_3=X(t_3)$ 和 $X_4=X(t_4)$，试证明：

$$E[X_1X_2X_3X_4]=E[X_1X_2]E[X_3X_4]+E[X_1X_3]E[X_2X_4]+E[X_1X_4]E[X_2X_3]$$

2.18 某高斯信号的均值函数 $m_X(t)=2$，协方差函数 $C_X(t_1,t_2)=8\cos(t_1-t_2)$，写出当 $t_1=0$，$t_2=0.5$，$t_3=1$ 时的三维密度函数。

2.19 设随机变量 $(X,Y)\sim N(\boldsymbol{\mu},\boldsymbol{C})$，其中 $\boldsymbol{\mu}=\begin{bmatrix}2\\2\end{bmatrix}$，$\boldsymbol{C}=\begin{bmatrix}2&3\\3&5\end{bmatrix}$，求 (X,Y) 的密度函数和特征函数 $\phi_{XY}(u,v)$。

2.20 若 $\boldsymbol{X}=(X_1,X_2,\cdots,X_n)^{\mathrm{T}}$ 是 n 维（联合）高斯随机变量，试证明：各随机变量相互独立的充要条件是两两互不相关，即协方差矩阵为对角阵，且对角线上的元素就是各个方差的值。

2.21 计算机内存自地址 0 开始存放字节（8 位）数据，形成序列（假定高端地址值很大），如果所存数据为随机、彼此独立且同为均匀分布。

（1）给出描述该数据序列的数学模型；

（2）求其相邻两字节为 0x55, 0xAA 的概率；

（3）求其一维与二维概率特性；

（4）求其均值函数、方差函数与协方差函数。

第 3 章　平稳性与功率谱密度

随机信号描述的是随参量推进的随机现象，其统计特性也随相应参量呈现出规律性。例如，$X(t)$的一维分布函数 $F(x;t)$、自相关函数$R(t_1,t_2)$等，随 t 或(t_1,t_2)的位置变化而变化。有一类极为重要的随机信号，它的主要（或全部）统计特性关于参量保持“稳定不变”，这种随机信号被称为平稳随机信号。本章将介绍这类随机信号，讨论它们的自相关函数与功率谱密度；本章还将介绍循环平稳随机信号，它的统计特性呈周期性变化。

3.1　平稳性与联合平稳性

随机信号的主要（或全部）统计特性对于参量保持不变的特性称为**平稳性**（Stationarity），它包括严格平稳性与广义平稳性。

3.1.1　严格与广义平稳信号

定义 3.1　若信号$\{X(t),t\in T\}$的任意 n 维分布函数具有下述的参量移动不变性：对于任意的$t_1,t_2,\cdots,t_n\in T$与$x_1,x_2,\cdots,x_n\in R$，以及满足$t_1+u,t_2+u,\cdots,t_n+u\in T$的任意$u$值，恒有

$$F(x_1,x_2,\cdots,x_n;t_1,t_2,\cdots,t_n)=F(x_1,x_2,\cdots,x_n;t_1+u,t_2+u,\cdots,t_n+u) \tag{3.1}$$

则称它为**严格平稳（SSS）信号**（或**强平稳信号**）。

上式也等价于　　$f(x_1,x_2,\cdots,x_n;t_1,t_2,\cdots,t_n)=f(x_1,x_2,\cdots,x_n;t_1+u,t_2+u,\cdots,t_n+u)$

显然，严格平稳信号 $X(t)$具有如下特性：

（1）$X(t)$的一维分布函数、密度函数与均值函数都与时间 t 无关：

$$F(x;t)=F(x;t+u)=F(x)$$

$$f(x;t)=f(x;t+u)=f(x)$$

$$E[X(t)]=m(t)=m(t+u)=\text{常数}$$

式中，u 可以为任意值，只要$t+u\in T$。

（2）$X(t)$的二维分布与密度函数和两个时刻(t_1,t_2)的绝对位置无关，只与它们的差$\tau=t_1-t_2$有关：

$$F(x_1,x_2;t_1,t_2)=F(x_1,x_2;t_1+u,t_2+u)=F(x_1,x_2;\tau,0)=F(x_1,x_2;\tau)$$

$$f(x_1,x_2;t_1,t_2)=f(x_1,x_2;t_1+u,t_2+u)=f(x_1,x_2;\tau,0)=f(x_1,x_2;\tau)$$

$$R(t_1,t_2)=R(t_1+u,t_2+u)=R(\tau,0)=R(\tau)$$

式中，u 可以为任意值，只要$t_1+u,t_2+u\in T$。

当我们只关注两个参量(t_1,t_2)的差，而它们的绝对位置可随意移动时，采用$(t+\tau,t)$的等价形式更为明确，其中，$\tau=t_1-t_2$是核心变量；t 为绝对位置，可为任意值。
后面我们将经常使用这种形式。

定义 3.2　若信号$\{X(t),t\in T\}$的均值函数与自相关函数存在，并且满足：

① 均值函数为常数，即$E[X(t)]=m=\text{常数}$；

② 自相关函数与两时间参量$(t+\tau,t)$的绝对位置无关，即

$$R(t+\tau,t)=R(\tau) \tag{3.2}$$

则称它为**广义平稳（WSS）信号**（或弱平稳信号、或宽平稳信号），简称**平稳信号**。

简单地讲，平稳性是随机信号的统计特性对参量（组）的移动不变性，图 3.1 与图 3.2 形象地表示了这种性质的特点。当然，信号本身的取值不是“固定不变”的，在不同的参量处信号仍然对应于不同的随机变量，只不过它们具有同样的统计特性而已。

将随机信号划分为平稳的与非平稳的具有十分重要的理论与实际意义。因为如果信号是平稳的，问题的分析与处理会变得简单。显然，平稳信号的相应特性的测试不受观察时刻的影响，可以在任何方便的时候实施。例如，测量接收机的噪声功率，如果它是平稳的，那么在任何时候都能得到相同的结果。

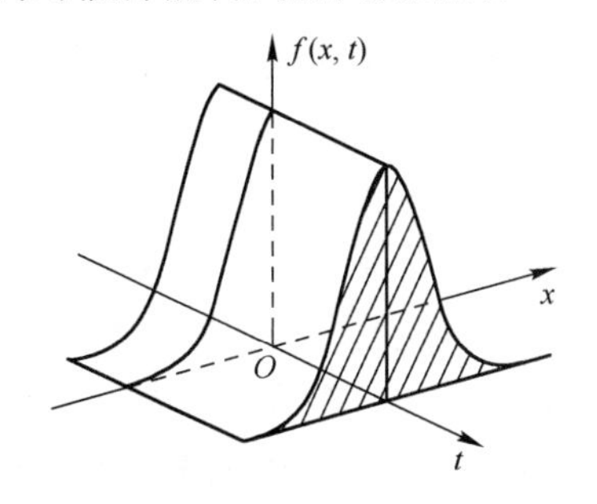

图 3.1　一维密度函数的平稳性示例

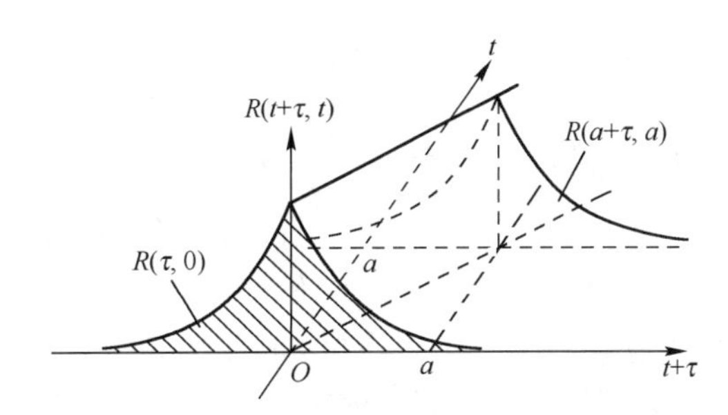

图 3.2　自相关函数的平稳性示例

严格平稳性要求全部统计特性都具有移动不变性；而广义平稳性只要求一、二阶矩特性具有移动不变性。应用与研究最多的平稳信号是广义平稳信号，严格平稳性因要求太“苛刻”，而更多地用于理论研究中。严格平稳过程与广义平稳过程之间有关系：

$$\begin{pmatrix}\text{严格平稳}\\ \text{过程}\end{pmatrix} \underset{\text{不一定是}}{\overset{\text{如果其均值函数与自相关函数存在}}{\rightleftarrows}} \begin{pmatrix}\text{广义平稳}\\ \text{过程}\end{pmatrix} \tag{3.3}$$

上述关系式指出，广义平稳信号通常不一定是严格平稳的，但高斯信号是一个例外，下面的定理证明了这点。

定理 3.1　广义平稳的高斯信号必定是严格平稳的。

证明：如果高斯信号$X(t)$是广义平稳的，则其均值函数为常数m，协方差函数满足平移不变性，即$C(s,t)=C(s+\tau,t+\tau)$。利用前面给出的高斯信号特征函数的展开形式：

$$\phi_{X_1X_2\ldots X_n}(v_1,v_2,\cdots,v_n;t_1,t_2,\cdots,t_n)=\exp\left(\mathrm{j}\sum_{k=1}^{n}mv_k-\frac{1}{2}\sum_{i=1}^{n}\sum_{k=1}^{n}C(t_i,t_k)v_iv_k\right)$$

显然，对于任何τ，有

$$\phi_{X_1\cdots X_n}(v_1,v_2,\cdots,v_n;t_1,t_2,\cdots,t_n)=\phi_{X_1X_2\cdots X_n}(v_1,v_2,\cdots,v_n;t_1+\tau,t_2+\tau,\cdots,t_n+\tau)$$

因此，该信号是严格平稳的。

关于离散随机信号（或随机序列）的平稳性问题，其讨论是类似的。只需要将连续时间变量t换为离散时间变量n就行了。

例 3.1　假定高斯随机信号$U(t)$的一维密度函数为

$$f(u;t)=\frac{1}{\sqrt{2\pi}\sigma}\exp\left[-\frac{(u-a)^2}{2\sigma^2}\right]$$

其中 a 与 σ 为常数，而且 $U(t)$ 在不同的时刻彼此独立。试分析其平稳性。

解：根据独立性，$U(t)$ 的任意 n 维密度函数为 n 个一维密度函数之积，即

$$f(u_1,u_2,\cdots,u_n;t_1,t_2,\cdots,t_n)=\frac{1}{\left(\sqrt{2\pi}\sigma\right)^n}\exp\left(-\frac{1}{2\sigma^2}\sum_{i=1}^{n}(u_i-a)^2\right)$$

该结果与各个参量 t_i 本身无关，也与这组参量的平移无关。于是，$U(t)$ 是严格平稳信号。

显然，同分布的独立信号必定是严格平稳信号。例如，伯努利序列是严格平稳的。

例 3.2 试说明 2.2 节各例的平稳性。

解：根据这些例子中各个信号的均值函数、自相关函数与概率特性，容易得出：

（1）伯努利信号是严格平稳信号，也是广义平稳信号。

（2）随机正弦信号（该例的特定条件下）是广义平稳信号；又由于是高斯的，因此是严格平稳的。

（3）半随机二进制传输信号与泊松信号都是非平稳的。

例 3.3 讨论乘法调制输出信号：实广义平稳随机信号 $X(t)$ 通过乘法调制器得到随机信号 $Y(t)=X(t)\cos(\omega_0 t+\Theta)$，其中，振荡频率 ω_0 是确定量，相位 Θ 是 $[-\pi,+\pi)$ 内均匀分布的随机变量，Θ 与 $X(t)$ 统计独立。试讨论 $Y(t)$ 的广义平稳性。

解：简单地讲，调制就是将信号附加到某个正弦波上，是通信等应用中的重要技术。乘法调制器将信号与某个正弦波相乘，使信号附加到正弦波的振幅上。调制器输出信号的均值函数为

$$E[Y(t)]=E[X(t)]E[\cos(\omega_0 t+\Theta)]=0$$

自相关函数为

$$\begin{aligned}E[Y(t+\tau)Y(t)]&=E[X(t+\tau)X(t)\cos(\omega_0 t+\omega_0\tau+\Theta)\cos(\omega_0 t+\Theta)]\\&=E[X(t+\tau)X(t)]\times\frac{1}{2}E[\cos(\omega_0\tau)+\cos(2\omega_0 t+2\Theta+\omega_0\tau)]\\&=\frac{1}{2}R_X(\tau)\cos(\omega_0\tau)\end{aligned}$$

由于均值函数是常数且自相关函数仅与 τ 有关，因此 $Y(t)$ 是广义平稳的。

对于实际问题，利用分布与密度函数或通过它们计算各种平均来判断信号的平稳性是困难的。如果产生与影响随机信号的主要物理条件不随时间而改变，那么通常可以认为此信号是平稳的。电子与通信工程中所遇到的随机信号，很多都可以认为是平稳随机信号。例如，考察电子线路的热噪声电压 $U(t)$，这里温度是影响 $U(t)$ 特性的主要物理条件。刚接通电源时，由于温度还在不断上升，因此 $U(t)$ 是非平稳的；过一段时间后，电路的温度将达到稳定状态，$U(t)$ 可以认为是平稳的。

凡是不满足平稳性定义的随机信号，统称为**非平稳信号**。应该说，非平稳信号具有更为广泛与实际的意义，平稳信号只是一种近似或特殊情况。当非平稳信号的统计特性变化比较缓慢时，在一个较短的时段内，非平稳信号可以近似为平稳信号来处理。语音信号是明显的非平稳信号，研究表明，在 10～30 ms 的时段上，语音信号可以近似为平稳信号。因此，在语音的处理中，人们普遍实施 10～30 ms 的分帧，再采用平稳信号的处理技术解决有关问题。

3.1.2 联合平稳性

在讨论多个随机信号时，联合平稳性指其联合统计特性对参量（组）具有移动不变性。

定义 3.3　联合严格平稳性定义为随机信号 $X(t)$与 $Y(t)$的任意（$n+m$）维联合分布函数满足下面的公式：

$$F_{XY}(x_1,x_2,\cdots,x_n,y_1,y_2,\cdots,y_m;t_1,t_2,\cdots,t_n,s_1,s_2,\cdots,s_m)$$
$$=F_{XY}(x_1,x_2,\cdots,x_n,y_1,y_2,\cdots,y_m;t_1+u,t_2+u,\cdots,t_n+u,s_1+u,s_2+u,\cdots,s_m+u)$$

其中，各个时间参量与状态的取值（在相应定义域中）是任意的。

上述定义可以改用 $X(t)$与 $Y(t)$的密度函数给出。类似地，联合严格平稳随机信号的分布函数、密度函数与互相关函数只与两时刻的差$\tau=t_1-t_2$有关。同样，联合广义平稳性只要求二阶联合矩对于参量组具有平移不变性。

定义 3.4　联合广义平稳性定义为 $X(t)$与 $Y(t)$分别是广义平稳的，且满足下面的公式：

$$R_{XY}(t_1,t_2)=R_{XY}(t+\tau,t)=R_{XY}(\tau),\qquad \tau=t_1-t_2$$

例 3.4　讨论例 3.3 中乘法调制器的输入与输出信号的互相关函数与联合平稳性。

解：由例 3.3，输入与输出信号各自广义平稳，又互相关函数为

$$E[X(t+\tau)Y(t)]=E[X(t+\tau)X(t)\cos(\omega t+\Theta)]=R_X(\tau)E[\cos(\omega t+\Theta)]=0$$

显然，输入与输出信号是联合广义平稳的，并且正交。我们应该注意到，在有关应用中如果振荡不是随机相位的，则输出信号可能不是平稳的，输入与输出信号不会正交，也不会联合广义平稳。

3.2*　循环平稳性

随机过程如果不平稳，则它的统计量是时变的，当这种时变呈周期性时，过程中通常蕴含着某种周期特征。循环平稳性关注随机过程的统计特性的周期性。它分为严格循环平稳性与广义循环平稳性。

3.2.1　严格循环平稳性

定义 3.5　严格循环平稳性（SSCS）定义为随机过程的任意 n 维分布函数具有下述的周期性

$$F(x_1,x_2,\cdots,x_n;t_1,t_2,\cdots,t_n)=F(x_1,x_2,\cdots,x_n;t_1+kT,t_2+kT,\cdots,t_n+kT) \tag{3.4}$$

式中，k 为任意整数，T 为正常数。称 T 为 $X(t)$的**循环周期**。（注意：这里的 T 与我们常使用的参数集 T 有不同的含义）

严格循环平稳过程 $X(t)$具有如下特性：

① 严格平稳过程可以看成严格循环平稳过程，而其循环周期可以是任意值。

② 严格循环平稳过程通过在其循环周期内均匀滑动后，变为严格平稳过程。表述如下。

定理 3.2　若 $X(t)$是周期为 T 的严格循环平稳过程，Θ 是$[0,T)$上均匀分布的独立随机变量，则 $Y(t)=X(t-\Theta)$ 是严格平稳的，且其任意 n 维分布函数为

$$F_Y(y_1,y_2,\cdots,y_n;t_1,t_2,\cdots,t_n)=\frac{1}{T}\int_0^T F_X(y_1,y_2,\cdots,y_n;t_1-\theta,t_2-\theta,\cdots,t_n-\theta)\mathrm{d}\theta \tag{3.5}$$

证明：由定义并利用条件概率与全概率公式有

$$f_Y(y_1,y_2,\cdots,y_n;t_1,t_2,\cdots,t_n)=\int_{-\infty}^{+\infty}f_{Y|\Theta}(y_1,y_2,\cdots,y_n;t_1,t_2,\cdots,t_n\mid\theta)f_\Theta(\theta)\mathrm{d}\theta$$

可以证明，相仿的公式如下

$$F_Y(y_1,y_2,\cdots,y_n;t_1,t_2,\cdots,t_n)=\int_{-\infty}^{+\infty}F_{Y|\Theta}(y_1,y_2,\cdots,y_n;t_1,t_2,\cdots,t_n\mid\theta)f_\Theta(\theta)\mathrm{d}\theta$$

由于 Θ 与 $X(t)$独立，因此

$$F_{Y|\Theta}(y_1,y_2,\cdots,y_n;t_1,t_2,\cdots,t_n\mid\theta)=P[X(t_1-\theta)\leqslant y_1,X(t_2-\theta)\leqslant y_2,\cdots,X(t_n-\theta)\leqslant y_n]$$

所以

$$\begin{aligned}F_Y(y_1,y_2,\cdots,y_n;t_1,t_2,\cdots,t_n)&=\int_0^T P\{X(t_1-\theta)\leqslant y_1,X(t_2-\theta)\leqslant y_2,\cdots,X(t_n-\theta)\leqslant y_n\}\frac{1}{T}\mathrm{d}\theta\\&=\frac{1}{T}\int_0^T F_X(y_1,y_2,\cdots,y_n;t_1-\theta,t_2-\theta,\cdots,t_n-\theta)\mathrm{d}\theta\end{aligned}$$

如果我们令观察时刻移动任意 τ 值

$$\begin{aligned}&F_Y(y_1,y_2,\cdots,y_n;t_1+\tau,t_2+\tau,\cdots,t_n+\tau)\\&=\frac{1}{T}\int_0^T F_X(y_1,y_2,\cdots,y_n;t_1-(\theta-\tau),t_2-(\theta-\tau),\cdots,t_n-(\theta-\tau))\mathrm{d}\theta\\&=\frac{1}{T}\int_{-\tau}^{T-\tau}F_X(y_1,y_2,\cdots,y_n;t_1-u,t_2-u,\cdots,t_n-u)\mathrm{d}u\end{aligned}$$

利用 $F_X(\cdots)$ 关于各个参量是 T 的周期函数，有

$$\begin{aligned}F_Y(y_1,y_2,\cdots,y_n;t_1+\tau,t_2+\tau,\cdots,t_n+\tau)&=\frac{1}{T}\int_0^T F_X(y_1,y_2,\cdots,y_n;t_1-u,t_2-u,\cdots,t_n-u)\mathrm{d}u\\&=F_Y(y_1,y_2,\cdots,y_n;t_1,t_2,\cdots,t_n)\end{aligned}$$

可见，$Y(t)=X(t-\Theta)$ 是严格平稳的。

在实际应用中，信号 $X(t)$经过传送产生时延，变成 $Y(t)=X(t-\Theta)$，其中时延 Θ 通常是随机的，并可认为它服从[0, T)上的均匀分布，我们称这样的变化为随机滑动（或抖动）。循环平稳过程的统计特性以周期 T 循环重复，但在一个周期内一般是不一致的。[0, T)上均匀的随机滑动，使得周期内的不一致性消失，统计特性不再随参数的移动而变化，因而变成了平稳过程。循环平稳过程与平稳过程之间的关系可简述为

$$\begin{pmatrix}\text{循环平稳}\\\text{过程}\end{pmatrix}\underset{\text{以任意值为周期}}{\overset{\text{经周期内独立、均匀的随机滑动}}{\rightleftarrows}}\begin{pmatrix}\text{平稳}\\\text{过程}\end{pmatrix}\tag{3.6}$$

对于后面的广义循环平稳过程，相似的关系同样成立。

3.2.2 广义循环平稳性

类似于广义平稳性，随机信号的广义循环平稳性可以表述如下。

定义 3.6 广义循环平稳（WSCS）**性**定义为过程的均值函数与自相关函数具有下述的周期性

$$\begin{cases}E[X(t)]=E[X(t+kT)],\quad\text{即}\quad m(t)=m(t+kT)\\R(t_1,t_2)=R(t_1+kT,t_2+kT)\end{cases}\tag{3.7}$$

式中，k 为任意整数，T 为正常数。称 T 为 $X(t)$的**循环周期**。

广义循环平稳过程通过在其循环周期内均匀的随机滑动，变为广义平稳过程。表述如下。

定理 3.3 若 $X(t)$是周期为 T 的广义循环平稳过程，Θ 是[0,T)上均匀分布的独立随机变量，则 $Y(t)=X(t-\Theta)$ 是广义平稳的，且

$$m_Y=\frac{1}{T}\int_0^T m_X(t)\mathrm{d}t,\quad R_Y(\tau)=\frac{1}{T}\int_0^T R_X(t+\tau,t)\mathrm{d}t \tag{3.8}$$

证明： 首先计算 $Y(t)$的均值函数。可运用条件均值，并利用 $X(t)$与 Θ 统计独立，有

$$m_Y=E[Y(t)]=E\{E[X(t-\Theta)|\Theta]\}=E\left[m_X(t-\Theta)\right]=\int_0^T m_X(t-\theta)f_\Theta(\theta)\mathrm{d}\theta$$

考虑到$m_X(t)$ 是周期为 T的函数，而积分区间正好是 T，有

$$m_Y=\frac{1}{T}\int_0^T m_X(t-\theta)\mathrm{d}\theta=\frac{1}{T}\int_0^T m_X(t)\mathrm{d}t=\text{常数}$$

对于自相关函数，同理可得

$$\begin{aligned}R_Y(t+\tau,t)&=E\{E[X(t+\tau-\Theta)X(t-\Theta)|\Theta]\}\\&=E\left[R_X(t+\tau-\Theta,t-\Theta)\right]=\frac{1}{T}\int_0^T R_X(t+\tau,t)\mathrm{d}t\end{aligned}$$

积分对 t 进行，因此结果仅与τ有关。于是$Y(t)=X(t-\Theta)$ 是广义平稳的。

例 3.5 半随机二进制传输过程$X(t)$，如前面 2.2 节所述。讨论它的循环平稳性。

解： 首先由 2.2 节的结果，$X(t)$的均值函数$m(t)=p-q$ 为常数。又

$$\begin{aligned}R(t_1+kT,t_2+kT)&=4pq\delta([(t_1+kT)/T]-[(t_2+kT)/T])+1-4pq\\&=4pq\delta([t_1/T]-[t_2/T]+(k-k))+1-4pq\\&=R(t_1,t_2)\end{aligned}$$

因此，$X(t)$是广义循环平稳过程，但不是广义平稳过程。

事实上，半随机二进制传输过程 $X(t)$是严格循环平稳的。因为，对于任意 n 维分布函数，若取观察时刻组$t_1,t_2,\cdots,t_n\in(-\infty,+\infty)$，有

$$F(x_1,x_2,\cdots,x_n;t_1,t_2,\cdots,t_n)=P[X(t_1)\leqslant x_1,X(t_2)\leqslant x_2,\cdots,X(t_n)\leqslant x_n]$$

由于不同时隙上的取值彼此统计独立并具有相同的分布，该联合事件的概率取决于观察时刻之间的相对关系：哪些落在同一个传输时隙内，哪些落在不同的传输时隙上。如果时刻都移动一个时隙长度 T，得到新的观察时刻组$t_1+T,t_2+T,\cdots,t_n+T\in(-\infty,+\infty)$，在新的时刻组里，各时刻之间的上述关系保持不变。于是，联合事件的概率不变，即

$$\begin{aligned}F(x_1,x_2,\cdots,x_n;t_1,t_2,\cdots,t_n)&=P[X(t_1+T)\leqslant x_1,X(t_2+T)\leqslant x_2,\cdots,X(t_n+T)\leqslant x_n]\\&=F(x_1,x_2,\cdots,x_n;t_1+T,t_2+T,\cdots,t_n+T)\end{aligned}$$

所以，$X(t)$是严格循环平稳的。

有趣的是，由定义与图 2.7 可见，半随机二进制传输过程的任何一个样本函数几乎必定不是周期的，但这一过程却是循环平稳的。这是因为该过程蕴含的周期特征是“潜在”的，是统计意义上的。周期特征的根源在于信号中时隙的划分。在应用中，这种“潜在”的周期信息也可以被利用起来进行信号分析。循环平稳信号分析与循环统计量理论是现代信号分析理论的一个重要的部分。

例 3.6 讨论乘法调制输出信号（续）。实广义平稳随机信号 $X(t)$通过乘法调制器得到随机信号$Y(t)=X(t)\cos\omega_0 t$，其中，振荡频率ω_0是确定量。

（1）试讨论 $Y(t)$的循环平稳性。

（2）经过$[0,2\pi/\omega_0)$上的随机滑动后得到 $Z(t)=Y(t-D)$，D 是$[0,2\pi/\omega_0)$上均匀分布的

随机变量，D 与 $X(t)$统计独立，试讨论 $Z(t)$的平稳性。

解：（1）均值函数与自相关函数为

$$m_Y(t)=E[Y(t)]=E[X(t)]\cos\omega_0 t=m_X\cos\omega_0 t$$

$$\begin{aligned}R_Y(t+\tau,t)&=E[X(t+\tau)\cos\omega_0(t+\tau)X(t)\cos\omega_0 t]\\&=R_X(\tau)\cos\omega_0(t+\tau)\cos\omega_0 t\\&=\frac{1}{2}R_X(\tau)[\cos\omega_0(2t+\tau)+\cos\omega_0\tau]\end{aligned}$$

显然，$m_Y(t)$ 是周期为 $2\pi/\omega_0$ 的周期函数，$R_Y(t+\tau,t)$ 关于 t 是周期为 π/ω_0 的周期函数，因此 $Y(t)$是循环平稳信号，周期为 $2\pi/\omega_0$。

（2）经过 $[0,2\pi/\omega_0)$ 上均匀的随机滑动后，由定理 3.3 可得

$$Z(t)=Y(t-D)=X(t-D)\cos\omega_0(t-D)$$

是广义平稳的，并且

$$m_Z=\frac{\omega_0}{2\pi}\int_0^{2\pi/\omega_0}m_X\cos\omega_0 t\mathrm{d}t=0$$

$$\begin{aligned}R_Z(\tau)&=\frac{\omega_0}{2\pi}\int_0^{2\pi/\omega_0}\frac{1}{2}R_X(\tau)[\cos\omega_0(2t+\tau)+\cos\omega_0\tau]\mathrm{d}t\\&=\frac{1}{2}R_X(\tau)\left[\frac{\omega_0}{2\pi}\int_0^{2\pi/\omega_0}\cos\omega_0(2t+\tau)\mathrm{d}t+\frac{\omega_0}{2\pi}\int_0^{2\pi/\omega_0}\cos\omega_0\tau\mathrm{d}t\right]\\&=\frac{1}{2}R_X(\tau)\cos\omega_0\tau\end{aligned}$$

本例中考虑乘法调制器的结果信号为 $Y(t)=X(t)\cos\omega_0 t$，等效于认为正弦信号的参考时间能够与信号 $X(t)$ 对齐，使其初相为零。实际上，正弦信号通常具有随机相位，这时的情况如例 3.3，正弦信号与 $X(t)$ 之间存在随机时延 D，而 D 在 $[0,2\pi/\omega_0)$ 上均匀分布。

3.3 平稳信号的相关函数

人们最关心随机信号的一、二阶矩特征。当 $\{X(t),t\in T\}$ 是平稳信号时，其均值是常数，自相关函数只与差 $\tau=t_1-t_2$ 有关，因此各种性质可以简化。本节介绍平稳信号相关函数的性质及其物理意义。

3.3.1 基本性质

下面以连续型信号为例说明平稳随机信号相关函数的性质，这些结论也同样适用于离散型信号（即随机序列）。

性质 1 若 $\{X(t),t\in T\}$ 是实平稳信号，则自相关函数满足：

① 是实偶函数，即 $R(\tau)=R(-\tau)$；

② 在原点处非负并达到最大，即 $|R(\tau)|\leqslant R(0)$，$R(0)=E[X^2(t)]\geqslant 0$；

③ 若 $R(\tau_1)=R(0),\ \tau_1\neq 0$，则 $R(\tau)$ 是周期为 τ_1 的周期函数，这时称 $X(t)$ 为**周期平稳信号**；

④ 若 $R(\tau_1)=R(\tau_2)=R(0),\ \tau_1\neq 0,\ \tau_2\neq 0$，且 τ_1 与 τ_2 是不公约的，则 $R(\tau)$ 为常数；

⑤ 若 $R(\tau)$ 在原点处连续，则它处处连续。

证明：

① 直接由定义可得

$$R(-\tau)=E\{X(t)X(t+\tau)\}=E\{X(t+\tau)X(t)\}=R(\tau)$$

② 利用柯西–施瓦兹不等式：$\left|E[ZW]\right|^2 \leqslant E\left[|Z|^2\right]E\left[|W|^2\right]$，令 $Z=X(t_1),\ W=X(t_2)$，有

$$\left|E\left[X(t_1)X(t_2)\right]\right|^2 \leqslant E\left[|X(t_1)|^2\right]E\left[|X(t_2)|^2\right]=R^2(0)$$

即 $|R(\tau)|\leqslant R(0)$。

③ 令 $Z=X(t+\tau+\tau_1)-X(t+\tau),\ W=X(t)$，利用柯西–施瓦兹不等式有

$$\left\{E\left[\left(X(t+\tau+\tau_1)-X(t+\tau)\right)X(t)\right]\right\}^2 \leqslant E\left[\left(X(t+\tau+\tau_1)-X(t+\tau)\right)^2\right]E\left[X^2(t)\right]$$

简化后得到

$$\left[R(\tau+\tau_1)-R(\tau)\right]^2 \leqslant 2\left[R(0)-R(\tau_1)\right]R(0)$$

所以，当 $R(\tau_1)=R(0)$ 时，上式左端只能等于零。于是 $R(\tau+\tau_1)=R(\tau)$，即 $R(\tau)$ 以 τ_1 为周期。

④ 根据③的结论，$R(\tau)$ 既以 τ_1 为周期，又以 τ_2 为周期，而 τ_1 与 τ_2 是不公约的，因此 $R(\tau)$ 只能是常数。

⑤ 令 $\tau_1=\Delta\tau$ 并利用上面结果得

$$\left[R(\tau+\Delta\tau)-R(\tau)\right]^2 \leqslant 2\left[R(0)-R(\Delta\tau)\right]R(0)$$

令上式右端为 $B(\Delta\tau)$，于是可得

$$-\sqrt{B(\Delta\tau)} \leqslant R(\tau+\Delta\tau)-R(\tau) \leqslant \sqrt{B(\Delta\tau)}$$

若 $R(\tau)$ 在原点处连续，则 $R(0)$ 有界，并且有 $\lim\limits_{\Delta\tau\to 0}\left[R(0)-R(\Delta\tau)\right]=0$。于是可得

$$\lim_{\Delta\tau\to 0} B(\Delta\tau)=0$$

利用极限的性质有

$$\lim_{\Delta\tau\to 0}\left[R(\tau+\Delta\tau)-R(\tau)\right]=0$$

因此在 τ 的定义域中，$R(\tau)$ 处处连续。

自相关函数的性质表明，其曲线不能是任意形状的图形。图 3.3 中列举了几个不可能作为 $R(\tau)$ 的函数图形例子，其中图(a)、(b)、(c)分别违背了性质 1 中的③、④与①项，图(d)、(e)分别违背了性质 1 中的②与⑤项。

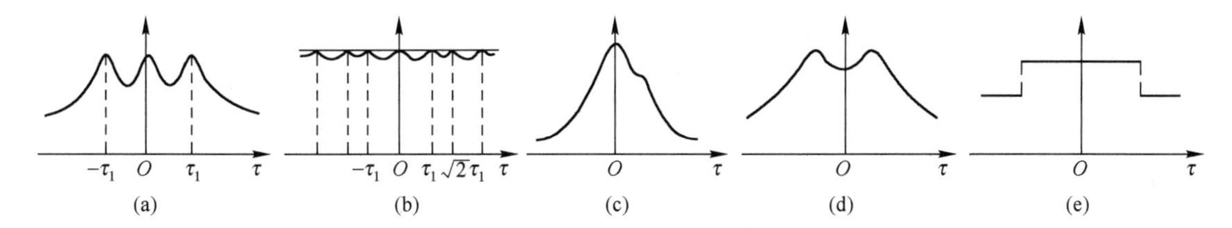

图 3.3 不可能作为 $R(\tau)$ 的函数图形的例子

根据相关函数与协方差函数的定义与性质，还容易得到：

性质 2 若 $\{X(t), t\in T\}$ 是平稳信号，则

$$C_X(\tau)=R_X(\tau)-m_X^2,\quad \sigma_X^2=R_X(0)-m_X^2$$

性质 3 若 $\{X(t), t\in T\}$ 与 $\{Y(t), t\in T\}$ 是联合平稳信号，则

$$R_{XY}(-\tau)=R_{YX}(\tau),\quad C_{XY}(\tau)=R_{XY}(\tau)-m_X m_Y$$

性质 2 和 3 显示出均值函数 m_X 与自相关函数 $R_X(\tau)$ 在研究单个信号时的核心作用，以及均值函数与互相关函数 $R_{XY}(\tau)$ 在研究两个信号时的核心作用。因为有了它们，信号的方

差函数、标准差函数、均方值函数、协方差函数、相关系数函数等其他一、二阶数字特征就完全确定了。其实，协方差函数与相关系数函数分别是原信号经过中心化与归一化以后的自相关函数。因此，关于自相关函数的性质也同样适用于它们。

3.3.2 物理意义

下面考察相关函数的物理意义。相关函数反映随机信号在统计意义上的关联程度。自相关函数度量信号自身在不同时刻之间的内在关联性；而互相关函数度量不同信号之间的相互关联性。粗略地讲，无关与线性相关是这种关联性的两个极端。相关的直观概念与它的通俗含义是基本相符的，例如，“子女的身高与他们父母的身高是相关的”“吸烟与肺癌是相关的”等，这些说法并不意味着每一个高个子的孩子都有高个子的父母，每一个吸烟者都必定会患上肺癌。相关是一种统计意义上的关联，是大量同类事件总的关联趋势。

对于平稳信号，这种关联性只与被度量的两点间的距离有关，而与从什么位置开始度量没有关系。实际应用中，我们注意到下面几个特点：

① 如果信号 $X(t)$ 中含有平均分量（均值），那么 $R(\tau)$ 将含有固定分量。关系式 $R(\tau)=C(\tau)+m^2$ 就说明了这一点。

② 如果信号 $X(t)$ 含有周期分量，那么 $R(\tau)$ 将含有同样周期的周期分量。这种周期平稳信号的周期特性可说明如下：

$$
\begin{aligned}
E\left\{\left[X(t+nT)-X(t)\right]^2\right\} &= R(t+nT,t+nT)-R(t+nT,t)-R(t,t+nT)+R(t,t) \\
&= R(0)-R(nT)-R(-nT)+R(0) \\
&= 2\left[R(0)-R(nT)\right]
\end{aligned}
$$

可见，$E\left\{\left[X(t+nT)-X(t)\right]^2\right\}=0$ 等价于 $\left[R(0)-R(nT)\right]=0$，即“信号依均方意义（也依概率为 1）呈现周期性”的充要条件是“$R(\tau)$ 是周期函数”，所以这种信号称为周期平稳信号。正弦随机信号 $X(t)=A\cos(\omega_0 t+\Theta)$ 是一个典型的周期平稳信号，$R(\tau)=\dfrac{1}{2}E\left(A^2\right)\cos(\omega_0\tau)$，可见，信号及其自相关函数均是周期函数。

③ 如果信号 $X(t)$ 中不含有任何周期分量，那么，从物理意义上看，随机变量 $X(t_1)$ 与 $X(t_2)$ 的关联程度会随着间距的增大而逐渐减小，直至无关。对于两个不同的信号 $X(t)$ 与 $Y(t)$，也有相似的特性。虽然从严格的数学理论上讲，并非所有的平稳过程都满足这种特性，但我们仍然给出下面的性质，它适用于大多数的实际信号。

性质 4 实际应用中的非周期平稳信号 $X(t)$ 与 $Y(t)$，一般都满足

$$\lim_{\tau\to\infty}C_X(\tau)=0,\quad \lim_{\tau\to\infty}C_{XY}(\tau)=0 \tag{3.9}$$

它们等价于

$$\lim_{\tau\to\infty}R_X(\tau)=m^2,\quad \lim_{\tau\to\infty}R_{XY}(\tau)=m_X m_Y \tag{3.10}$$

可见，在平稳信号的应用研究中，自相关函数 $R(\tau)$ 是最主要的统计表征。有了它就获得了信号的其他主要参数：

$$m^2=R(\infty),\ E[X^2(t)]=R(0),\ \sigma^2=C(0)=R(0)-R(\infty) \tag{3.11}$$

自相关函数中所包含的各种参数如图 3.4 所示。

④ 更为统一与准确地度量关联性可以使用相关系数函数 $\rho(\tau)$ 与互相关系数函数 $\rho_{XY}(\tau)$，

因为它们“排除”了均值与方差的影响。由于$\rho(\tau)$是$X(t)$的归一化信号的自相关函数，容易知道，$|\rho(\tau)|\leqslant\rho(0)=1$。$\rho(0)=1$表明在相同时刻处关联性总是达到满值1。

在实际工程中，当τ大于某个值以后，$\rho(\tau)$就很小了。不妨确定一个粗略的时间值τ_0，以它作为相关与否的简单分界点。为此，我们定义**相关时间**（Corre-lation Time）τ_0，使得$\tau\geqslant\tau_0$以后，$|\rho(\tau)|\leqslant\rho_0$，其中$\rho_0$是相关与否的门限，通常定为0.05，如图3.5所示。

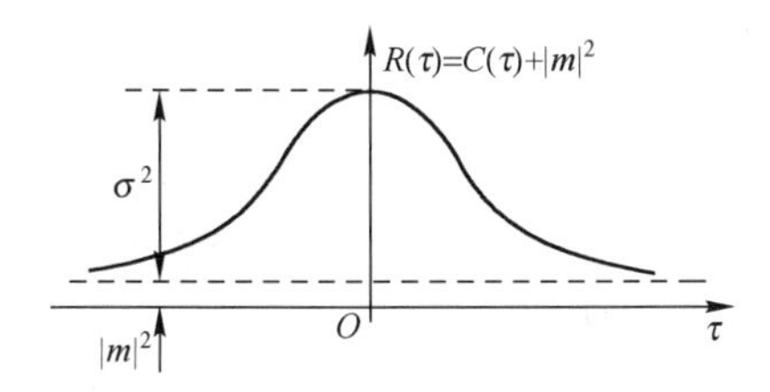

图3.4　自相关函数中所包含的各种参数

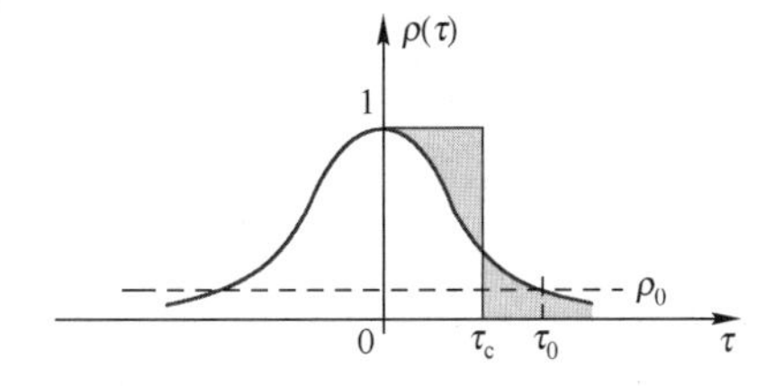

图3.5　相关系数函数与相关时间

有时也用矩形等效形式来定义相关时间，即

$$\tau_c=\int_0^{+\infty}\rho(\tau)\mathrm{d}\tau \tag{3.12}$$

τ_0与τ_c一般不相等，但它们都示出了相关性有无的大致分界处。

例3.7　工程应用中某一平稳信号$X(t)$的自相关函数为

$$R_X(\tau)=100\mathrm{e}^{-10|\tau|}+100\cos 10\tau+100$$

试估计其均值函数、均方值函数和方差函数。

解： 实际应用中，具有这类自相关函数的信号$X(t)$，通常可视为两个平稳随机信号$U(t)$与$V(t)$的和，而$U(t)$与$V(t)$的自相关函数分别为

$$R_U(\tau)=100\mathrm{e}^{-10|\tau|}+100,\quad R_V(\tau)=100\cos 10\tau$$

$U(t)$是$X(t)$的非周期分量，利用性质4可得

$$m_U=\pm\sqrt{R_U(\infty)}=\pm 10$$

$V(t)$是周期分量，很可能是具有随机相位的正弦信号的自相关函数，可以认为此分量的均值$m_V=0$。

于是可得$X(t)$的均值、均方值和方差分别为

$$m_X=m_U+m_V=\pm 10,\quad E\left[X^2(t)\right]=R_X(0)=300,\quad \sigma_X^2=R_X(0)-m_X^2=200$$

本例题说明了一种在已知条件不够充分时的工程分析方法，尽管从理论上讲，其中有的假设是不够严格的，但它们合乎大多数的实际场合，因此是很有用的。

3.4　功率谱密度与互功率谱密度

功率是信号的重要物理量，功率谱密度是功率沿频率轴的密度函数。本节说明平稳随机信号的功率谱密度正好是它的自相关函数的傅里叶变换，而且，平稳随机信号的频域分析主要是考察它的功率谱与互功率谱。

3.4.1 基本概念

在信号分析中，信号的能量与功率分别被定义为

$$E=\int_{-\infty}^{+\infty} x^2(t)\mathrm{d}t\text{，}\quad P=\lim_{T\to\infty}\frac{1}{2T}\int_{-T}^{T} x^2(t)\mathrm{d}t$$

它们的物理意义可这样来理解：假设$x(t)$是电路中的电流或电压信号，那么，E 与P就分别是消耗在单位（$1\,\Omega$）电阻上的能量或功率。显然，信号有两种类型：能量型信号，它的E有限，而P为0；功率型信号，它的P有限，而E为无穷。对于不同的信号类型我们应该研究不同的量。

傅里叶变换的理论指出，信号由各种频率成分构成。信号$x(t)$的傅里叶变换$X(\mathrm{j}\omega)$称为频谱密度，简称频谱，其含义是角频率为ω的成分在信号中所占的比例。类似地，可以分别为能量型与功率型信号定义能量谱密度或功率谱密度，从信号的能量或功率沿ω轴的分布状况考察信号的频域特性。

当应用于随机信号时，我们首先考虑某个样本函数的情形，而后，对这个结果进行统计平均。设随机信号$X(t)$的样本函数为$X(t,\xi)$，其**样本功率**定义为

$$P_{\mathrm{s}}(\xi)=\lim_{T\to\infty}\frac{1}{2T}\int_{-T}^{T} X^2(t,\xi)\mathrm{d}t \tag{3.13}$$

其中，下标s表示它们基于样本函数，ξ突出了样本功率的随机特性，在不发生混淆时，ξ也常常省略。由于书写上时域与频域形式都采用了大写字母，请注意根据各自的自变量来区分。

随机信号的**功率**定义为

$$P=E[P_{\mathrm{s}}]=\lim_{T\to\infty}\frac{1}{2T}\int_{-T}^{T} E[X^2(t)]\mathrm{d}t=\lim_{T\to\infty}\frac{1}{2T}\int_{-T}^{T} R(t,t)\mathrm{d}t \tag{3.14}$$

易见，随机信号的功率为

$$P=A[R(t,t)]$$

其中，记**算术平均算子**为

$$A[\ ]=\lim_{T\to\infty}\frac{1}{2T}\int_{-T}^{T}[\ ]\mathrm{d}t \tag{3.15}$$

以后的讨论中，我们主要关注平稳信号的情况。这时$R(t,t)=R(0)$是常量，因此，平稳信号的功率就是其均方值，即$P=A[R(0)]=R(0)$。正常情况下，它是大于零的，所以，平稳信号都是功率型的。

相应地，我们关注平稳信号的功率谱密度，即信号功率沿ω轴的分布函数。本节最后将详细说明，平稳信号的功率谱密度与其自相关函数有着如下的重要关系：

定理 3.4（维纳-辛钦定理（Wiener-Khinchin）） 平稳随机信号的功率谱密度$S(\omega)$是其自相关函数$R(\tau)$的傅里叶变换：

$$R(\tau)\leftrightarrow S(\omega) \tag{3.16}$$

3.4.2 定义与性质

1. 功率谱密度

根据维纳-辛钦定理的关系式，常常直接给出如下定义。

定义 3.7 平稳信号$\{X(t),t\in T\}$的自相关函数$R_X(\tau)$的傅里叶变换

$$S_X(\omega)=\int_{-\infty}^{+\infty}R_X(\tau)\mathrm{e}^{-\mathrm{j}\omega\tau}\mathrm{d}\tau \tag{3.17}$$

称其为**功率谱密度**（Power Spectral Density），简称**功率谱**。

在分析与计算功率谱密度时，可以利用傅里叶变换已有的大量结果与性质。根据傅里叶反变换公式，有

$$R_X(\tau)=\frac{1}{2\pi}\int_{-\infty}^{+\infty}S_X(\omega)\mathrm{e}^{\mathrm{j}\omega\tau}\mathrm{d}\omega \tag{3.18}$$

令$\tau=0$，得到平稳信号的**平均功率**（即均方值）为

$$P_X=E\left[X^2(t)\right]=R_X(0)=\frac{1}{2\pi}\int_{-\infty}^{+\infty}S_X(\omega)\mathrm{d}\omega \tag{3.19}$$

可见，$S_X(\omega)$沿ω轴的“总和”是信号的平均功率，这符合$S_X(\omega)$作为功率谱密度的物理意义。

第 5 章中，我们还将更为准确地说明：信号$X(t)$在任何频点ω_0的$\Delta\omega$邻域内的平均功率正比于$S_X(\omega_0)\Delta\omega$，因此，在$\omega_0$处信号功率的密度正是$S_X(\omega_0)$。功率谱密度的物理含义可以理解为：如果在某个$\omega_0$处$S_X(\omega_0)$比较大，则信号$X(t)$中含有较多的$\omega_0$频率分量；如果在某个$\omega_0$处$S_X(\omega_0)=0$，则信号中（统计意义上）不含$\omega_0$频率分量。

例 3.8 设正弦信号$X(t)=A\cos(\omega_0 t+\Theta)$，求它的功率谱。

解： 由于该信号的均值函数为零，自相关函数$R_X(\tau)=\sigma^2\cos(\omega_0\tau)$，因此是平稳的。于是可得

$$S_X(\omega)=\pi\sigma^2\left[\delta(\omega-\omega_0)+\delta(\omega+\omega_0)\right]$$

可见它是正的实偶函数，信号的功率全部集中在频率ω_0处。

考虑上例中随机信号的简单情况$X(t)=\cos(\omega_0 t+\Theta)$的几个样本函数，如图 3.6 所示。它们的傅里叶变换如下

$$x_1(t)=\cos(\omega_0 t+\theta_1)\longleftrightarrow\pi\left[\delta(\omega-\omega_0)\mathrm{e}^{\mathrm{j}\theta_1}+\delta(\omega+\omega_0)\mathrm{e}^{-\mathrm{j}\theta_1}\right]$$

$$x_2(t)=\cos(\omega_0 t+\theta_2)\longleftrightarrow\pi\left[\delta(\omega-\omega_0)\mathrm{e}^{\mathrm{j}\theta_2}+\delta(\omega+\omega_0)\mathrm{e}^{-\mathrm{j}\theta_2}\right]$$

它们的模相同而相位不确定，其实，$X(t)$的傅里叶变换是随机函数，即

$$X(t)=\cos(\omega_0 t+\Theta)\longleftrightarrow\pi\left[\delta(\omega-\omega_0)\mathrm{e}^{\mathrm{j}\Theta}+\delta(\omega+\omega_0)\mathrm{e}^{-\mathrm{j}\Theta}\right]$$

图 3.7 用极坐标形式示意了其样本函数的相位情况。由图可见，随机信号的谱函数均匀地取各种角度，易见，它的统计平均为零，因而无法有效地描述$X(t)$的频谱。此外，$X(t)$的功率谱为其自相关函数的傅里叶变换，即

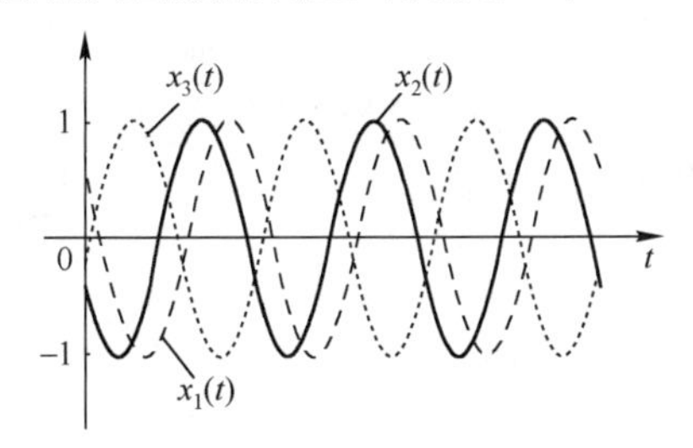

图 3.6　随相信号的样本函数

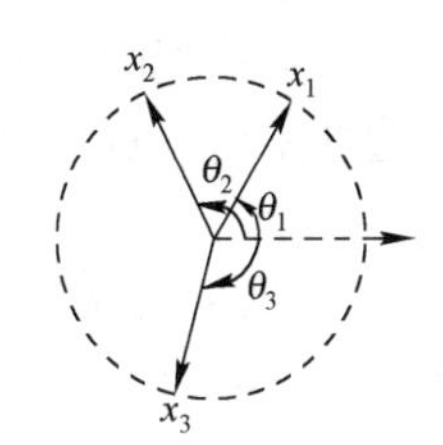

图 3.7　相位的不确定性

$$R(\tau)=\frac{1}{2}\cos(\omega_0\tau)\longleftrightarrow S(\omega)=\frac{\pi}{2}\left[\delta(\omega-\omega_0)+\delta(\omega+\omega_0)\right]$$

虽然损失了相位特性，但功率谱仍能有效地刻画出 $X(t)$ 的信号成分在频域上的分布状况。

可见，平稳随机信号的功率谱密度是一个确定的谱函数；而信号本身的傅里叶变换是随机的谱函数。显然，通过功率谱可以更为明确地说明随机信号中各频率成分的含量。因此，与确定信号不同的是，随机信号的频域分析主要是考察它的功率谱，而非信号谱。

性质 1 （功率谱密度的基本性质） 平稳信号的功率谱总是正的实偶函数，即 $S_X(-\omega)=S_X(\omega)\geqslant 0$。

证明：由于 $R_X(\tau)$ 是实偶函数，由傅里叶变换的性质，$S_X(\omega)$ 也一定是实偶函数。还可以证明：$S_X(\omega)$ 总是非负的，这符合功率的物理意义。

利用上面的性质，可以判别功率谱表达式的正确性。例如，$\dfrac{\omega^2}{\omega^4+\mathrm{j}2\omega^2+1}$ 可能为虚数；$1-\mathrm{e}^{-(\omega-1)^2}$ 可能为负，而且它也不是偶函数。因此，它们都不是正确的功率谱表达式。

例 3.9 已知随机信号 $X(t)$的功率谱 $S(\omega)=\dfrac{\omega^2+4}{\omega^4+10\omega^2+9}$，求其自相关函数与均方值。

解：首先进行分解，有

$$S(\omega)=\frac{\omega^2+4}{\omega^4+10\omega^2+9}=\frac{\omega^2+4}{(\omega^2+9)(\omega^2+1)}=\frac{5/8}{\omega^2+9}+\frac{3/8}{\omega^2+1}$$

利用傅里叶变换公式：$\mathrm{e}^{-a|t|}\longleftrightarrow 2a/(\omega^2+a^2)$，其中 $a>0$，可以求得

$$R(\tau)=\frac{5}{48}\mathrm{e}^{-3|\tau|}+\frac{3}{16}\mathrm{e}^{-|\tau|}$$

进而，均方值 $R(0)=7/24$。

由自相关函数的实偶特性与功率谱的正实偶特性不难发现在常用的傅里叶变换对关系中，只有部分适合于 $R_X(\tau)$ 与 $S_X(\omega)$ 对。

由于 $R_X(\tau)$ 与 $S_X(\omega)$ 都是实偶函数，这种情况下，只需关心 $\mathrm{e}^{\mathrm{j}\omega\tau}$ 的实部，于是可得

$$S_X(\omega)=\int_{-\infty}^{+\infty}R_X(\tau)\cos\omega\tau\mathrm{d}\tau=2\int_0^{+\infty}R_X(\tau)\cos\omega\tau\mathrm{d}\tau \tag{3.20}$$

$$R_X(\tau)=\frac{1}{2\pi}\int_{-\infty}^{+\infty}S_X(\omega)\cos\omega\tau\mathrm{d}\omega=\frac{1}{\pi}\int_0^{+\infty}S_X(\omega)\cos\omega\tau\mathrm{d}\omega \tag{3.21}$$

鉴于实信号的功率谱固有的偶函数特点，应用中经常只使用正频率部分，称它为**单边功率谱**。相对地，有时称原定义为双边功率谱。其实，频率的基本物理意义是单位时间内某物理量的反复次数，而负频率只有纯粹数学上的意义与分析上的方便。显然，在实际应用中使用单边功率谱有着更直观的物理意义，因此，它有时也被称为物理功率谱。

如果记单边功率谱为 $G_X(\omega)$，为了保持计算出的功率一样，有

$$G_X(\omega)=\begin{cases}2S_X(\omega), & \omega>0\\ 0, & \omega<0\end{cases} \tag{3.22}$$

如图 3.8 所示。

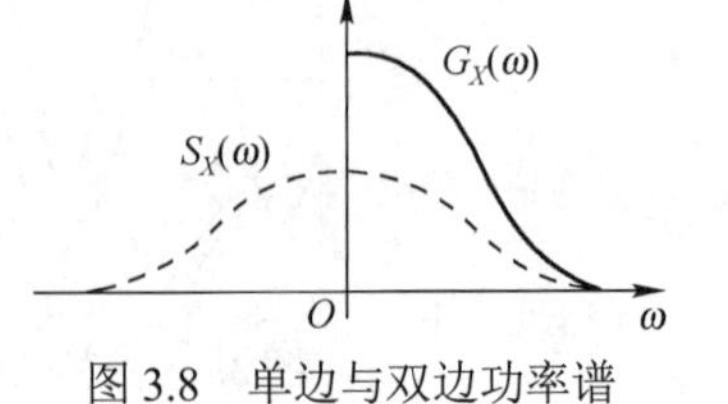

图 3.8 单边与双边功率谱

2．互功率谱密度

定义 3.8 联合平稳信号 $X(t)$ 与 $Y(t)$ 的**互功率谱密度**定义为其互相关函数 $R_{XY}(\tau)$ 与 $R_{YX}(\tau)$ 的傅里叶变换，即

$$S_{XY}(\omega)=\int_{-\infty}^{+\infty}R_{XY}(\tau)\mathrm{e}^{-\mathrm{j}\omega\tau}\mathrm{d}\tau\text{，}\quad S_{YX}(\omega)=\int_{-\infty}^{+\infty}R_{YX}(\tau)\mathrm{e}^{-\mathrm{j}\omega\tau}\mathrm{d}\tau \tag{3.23}$$

它们简称为**互功率谱**（Cross Power Spectral Density）。

互功率谱常常是复函数，它反映了两个信号的关联性沿 ω 轴的密度状况。如果 $S_{XY}(\omega)$ 很大，表明两个信号的相应频率分量关联度很高；如果 $S_{XY}(\omega)=0$，表明它们的相应频率分量是正交的。根据定义还容易证明互功率谱的以下性质：

性质 2 （互功率谱具有对称性） $S_{XY}^{*}(\omega)=S_{YX}(\omega)$； $S_{XY}^{*}(\omega)=S_{XY}(-\omega)$

可见，两种互功率谱的实部相同，而虚部反号；实信号的互相关函数为实函数，因此，互功率谱的实部都是偶函数，虚部都是奇函数。

例 3.10 单频干扰的功率谱分析。若实平稳随机信号 $X(t)$ 受到加性的独立随机正弦分量 $Z(t)=A\cos(\omega_0 t+\Theta)$ 的干扰。已知 A,ω_0 为常数，Θ 是在 $[0,2\pi)$ 上均匀分布的随机变量。试求：

（1）受扰后的信号 $Y(t)=X(t)+Z(t)$ 的自相关函数 $R_Y(t+\tau,t)$；

（2）信号 $X(t)$ 与 $Y(t)$ 是否联合平稳？如果是，进一步求解功率谱 $S_Y(\omega)$ 与互功率谱 $S_{XY}(\omega)$。

解：（1）
$$E[Z(t)]=AE[\cos(\omega_0 t+\Theta)]=0$$

$$R_Z(t+\tau,t)=E\left[A\cos(\omega_0 t+\omega_0\tau+\Theta)A\cos(\omega_0 t+\Theta)\right]=\frac{1}{2}A^2\cos\omega_0\tau$$

由于 $X(t)$ 与 $Z(t)$ 独立，且 $Z(t)$ 是零均值的，因此它们正交。对于 $Y(t)=X(t)+Z(t)$，有

$$\begin{aligned}R_Y(t+\tau,t)&=E\{[X(t+\tau)+Z(t+\tau)][X(t)+Z(t)]\}\\&=R_X(t+\tau,t)+R_Z(t+\tau,t)=R_X(\tau)+\frac{1}{2}A^2\cos\omega_0\tau\end{aligned}$$

$X(t)$ 与 $Z(t)$ 的正交性使得上式推导中的交叉项为零。

（2）因此，$Y(t)$ 是平稳信号。仿上有

$$R_{XY}(t+\tau,t)=E\{X(t+\tau)[X(t)+Z(t)]\}=R_X(\tau)$$

因此，$X(t)$ 与 $Y(t)$ 是联合平稳的。通过傅里叶变换可得

$$S_Y(\omega)=S_X(\omega)+\frac{\pi A^2}{2}[\delta(\omega-\omega_0)+\delta(\omega+\omega_0)]$$

$$S_{XY}(\omega)=S_X(\omega)$$

另外，从 $Y(t)$ 的自相关函数与功率谱中可以看到其中包含的周期分量，即单频干扰成分 ω_0。

3.4.3* 维纳-辛钦定理的证明

下面首先详细说明确定信号的能量谱密度与功率谱密度。

① 对能量型信号，定义**能量谱密度**为 $\left|X(\mathrm{j}\omega)\right|^2$，其中 $X(\mathrm{j}\omega)$ 为 $x(t)$ 的傅里叶变换。利用巴塞伐尔公式可发现，其基本物理意义反映在下式中

$$E=\int_{-\infty}^{+\infty}x^2(t)\mathrm{d}t=\frac{1}{2\pi}\int_{-\infty}^{+\infty}\left|X(\mathrm{j}\omega)\right|^2\mathrm{d}\omega$$

② 对于功率型信号，定义**功率谱密度**为

$$S(\omega)=\lim_{T\to\infty}\frac{1}{2T}\left|X_T(\mathrm{j}\omega)\right|^2$$

式中，$X_T(\mathrm{j}\omega)$ 是 $x_T(t)$ 的傅里叶变换，而 $x_T(t)$ 称为**截断信号**，它是从 $x(t)$ 上截取的 $[-T, +T]$ 段，它在 $[-T,+T]$ 区间以外为零，如图 3.9 所示。

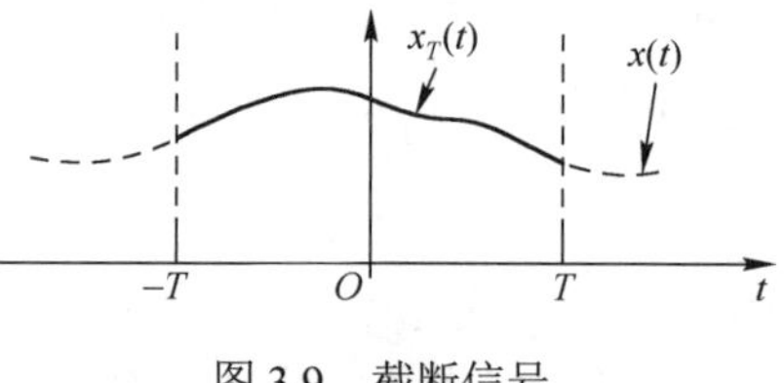

图 3.9　截断信号

相仿地，其基本物理意义反映在下式中

$$P=\lim_{T\to\infty}\frac{1}{2T}\int_{-T}^{T}x^2(t)\mathrm{d}t=\lim_{T\to\infty}\frac{1}{2T}\left[\int_{-\infty}^{+\infty}x_T^2(t)\mathrm{d}t\right]$$

$$=\lim_{T\to\infty}\frac{1}{2T}\left[\frac{1}{2\pi}\int_{-\infty}^{+\infty}\left|X_T(\mathrm{j}\omega)\right|^2\mathrm{d}\omega\right]$$

$$=\frac{1}{2\pi}\int_{-\infty}^{+\infty}\left[\lim_{T\to\infty}\frac{1}{2T}\left|X_T(\mathrm{j}\omega)\right|^2\right]\mathrm{d}\omega=\frac{1}{2\pi}\int_{-\infty}^{+\infty}S(\omega)\mathrm{d}\omega$$

可见，信号的能量谱密度或功率谱密度沿整个频率轴上的积分正好是信号的能量或功率。

对于随机信号 $X(t)$，记其样本函数为 $X(t,\xi)$，则**样本功率谱**定义为

$$S_\mathrm{s}(\omega,\xi)=\lim_{T\to\infty}\frac{1}{2T}\left|X_T(\mathrm{j}\omega,\xi)\right|^2 \tag{3.24}$$

随机信号的**功率谱密度**定义为

$$S(\omega)=E\left[S_\mathrm{s}(\omega)\right]=\lim_{T\to\infty}\frac{1}{2T}E\left[\left|X_T(\mathrm{j}\omega)\right|^2\right] \tag{3.25}$$

维纳-辛钦定理　平稳随机信号的功率谱密度满足：$R(\tau)\leftrightarrow S(\omega)$。

证明：

$$X_T(\mathrm{j}\omega,\xi)=\int_{-\infty}^{+\infty}X_T(t,\xi)\mathrm{e}^{-\mathrm{j}\omega t}\mathrm{d}t=\int_{-T}^{T}X(t,\xi)\mathrm{e}^{-\mathrm{j}\omega t}\mathrm{d}t$$

因此

$$\left|X_T(\mathrm{j}\omega,\xi)\right|^2=\left[\int_{-T}^{T}X(u,\xi)\mathrm{e}^{-\mathrm{j}\omega u}\mathrm{d}u\right]\left[\int_{-T}^{T}X(v,\xi)\mathrm{e}^{-\mathrm{j}\omega v}\mathrm{d}v\right]^*$$

$$=\int_{-T}^{T}\int_{-T}^{T}X(u,\xi)X^*(v,\xi)\mathrm{e}^{-\mathrm{j}\omega(u-v)}\mathrm{d}u\mathrm{d}v$$

进而

$$S(\omega)=\lim_{T\to\infty}\frac{1}{2T}E\left[\left|X_T(\mathrm{j}\omega,\xi)\right|^2\right]=\lim_{T\to\infty}\frac{1}{2T}\int_{-T}^{T}\int_{-T}^{T}R(u-v)e^{-\mathrm{j}\omega(u-v)}\mathrm{d}u\mathrm{d}v$$

作变换 $\begin{cases}t=v\\ \tau=u-v\end{cases}$，$\begin{cases}v=t\\ u=t+\tau\end{cases}$，于是 $|\boldsymbol{J}|=\begin{vmatrix}1&0\\1&1\end{vmatrix}=1$。积分区域的变化如图 3.10 所示，因此

$$S(\omega)=\lim_{T\to\infty}\frac{1}{2T}\left\{\int_{-2T}^{0}\left[\int_{-T-\tau}^{T}R(\tau)\mathrm{e}^{-\mathrm{j}\omega\tau}\mathrm{d}t\right]\mathrm{d}\tau+\int_{0}^{2T}\left[\int_{-T}^{T-\tau}R(\tau)\mathrm{e}^{-\mathrm{j}\omega\tau}\mathrm{d}t\right]\mathrm{d}\tau\right\}$$

$$=\lim_{T\to\infty}\frac{1}{2T}\left\{\int_{-2T}^{0}(2T+\tau)R(\tau)\mathrm{e}^{-\mathrm{j}\omega\tau}\mathrm{d}\tau+\int_{0}^{2T}(2T-\tau)R(\tau)\mathrm{e}^{-\mathrm{j}\omega\tau}\mathrm{d}\tau\right\}$$

$$=\lim_{T\to\infty}\int_{-2T}^{2T}(1-\frac{|\tau|}{2T})R(\tau)\mathrm{e}^{-\mathrm{j}\omega\tau}\mathrm{d}\tau$$

$$=\int_{-\infty}^{\infty}R(\tau)\mathrm{e}^{-\mathrm{j}\omega\tau}\mathrm{d}\tau$$

即 $R(\tau)\leftrightarrow S(\omega)$。

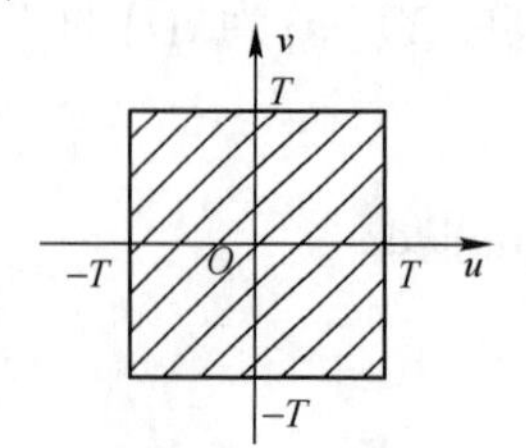

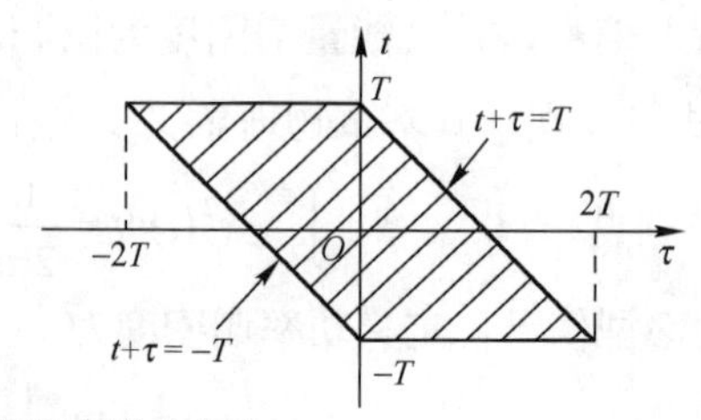

图 3.10　积分区域的变化

3.5 白噪声与热噪声

考虑一种理想与简单的随机过程，其功率谱为常数，这就引出了白噪声的概念，它具有重要的理论价值。工程实践中的一些随机过程在特定的条件下可以近似为这种白噪声，例如，（电阻）热噪声。

3.5.1 白噪声

定义 3.9 若广义平稳随机过程$\{X(t),t\in T\}$对任意$t+\tau,t\in T$，恒有

$$R(\tau)=\frac{N_0}{2}\delta(\tau),\quad S(\omega)=\frac{N_0}{2} \tag{3.26}$$

则称它是**（平稳）白噪声过程**（White Noise Process），简称**白噪声**。

通常假定白噪声总是零均值的，因此，$C(\tau)=R(\tau)$。白噪声是一种具有无限带宽的理想随机过程，如图 3.11(a)所示。由于其功率谱为常数，具有与光学中白色光类似的功率分布性质，因此它被称为白色的。相对地，我们定义任意非白色噪声为**有色噪声**（Colored Noise），简称**色噪声**，如图 3.11(b)所示。白噪声定义中采用常数$N_0/2$，而它的单边功率谱值正好是N_0，后面会看到这样取值便于分析与计算。由定义可知，白噪声的功率（方差）为无穷大，而不同时刻上的随机变量彼此不相关，有时也通俗地称白噪声是“纯随机的”。容易知道，白噪声的相关系数为

$$\rho(\tau)=\frac{C(\tau)}{C(0)}=\frac{R(\tau)}{R(0)}=\begin{cases}1, & \tau=0\\ 0, & \tau\neq 0\end{cases} \tag{3.27}$$

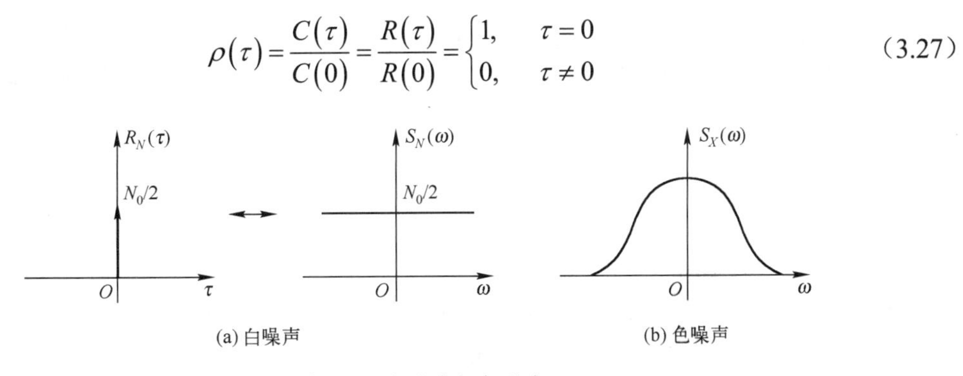

图 3.11 白噪声与色噪声

若白噪声的每个随机变量都服从高斯分布，则称它为**高斯白噪声**（WGN，White Gaussian Noise）。根据高斯信号（过程）的性质容易知道，它是无关过程，也就是独立过程。可见，高斯白噪声是极其理想的，它代表着“随机性”的一种极限。尽管知道了该过程的概率特性，但由于其方差为无穷大，我们无法写出其分布函数或密度函数。

相仿地，如果平稳序列对所有 m，恒有自相关函数$R[m]=\frac{N_0}{2}\delta[m]$，功率谱（参见 5.5 节）$S(e^{j\omega})=N_0/2$，则称它是**白噪声序列**。注意，与连续过程不同，离散冲激函数$\delta[m]$在$m=0$是有限的，因此，白噪声序列的方差（或功率）是有限的，取值$N_0/2$。另外，高斯白噪声序列也是独立序列，其独立性使我们很容易写出它的任意维密度函数。

例 3.11 若$N(n)$是方差为σ^2的零均值高斯白噪声序列，试求：

（1）它的自相关函数$R[n_1,n_2]$与协方差函数$C[n_1,n_2]$；（2）它的n维密度函数。

解：

$$R[n_1,n_2]=C[n_1,n_2]=\sigma^2\delta[n_1-n_2]$$

作为高斯白噪声，$N(n)$也是同分布的独立过程，于是可得

$$f(x_1,x_2,\cdots,x_n;n_1,n_2,\cdots,n_n)=\prod_{i=1}^{n}f(x_i)=\frac{1}{(2\pi)^{n/2}\sigma^n}\exp\left(-\frac{1}{2\sigma^2}\sum_{i=1}^{n}x_i^2\right)$$

3.5.2* 热噪声

工程上的电阻**热噪声**（Thermal Noise）很接近于理想的白噪声。当温度高于热力学温度零度时，实际电阻器中的自由电子呈现出随机骚动，在电阻的两端形成噪声电压。阻值为R的有噪电阻器可表示为如图 3.12 所示的两种等效电路。其中R为理想的无噪电阻，$V_n(t)$与$I_n(t)$为随机的噪声电压源与电流源。

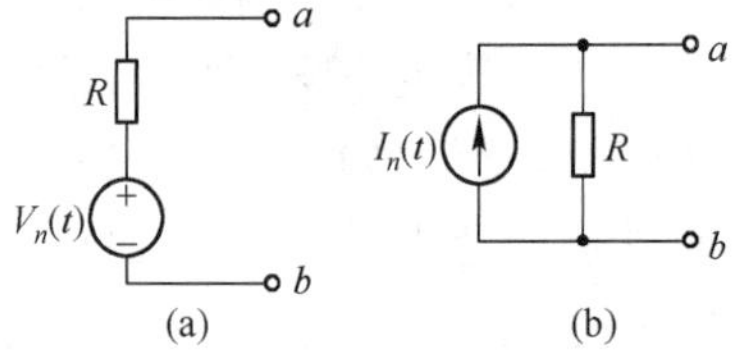

考虑电压源的等效形式，物理学家通过大量的试验与理论分析发现，随机电压源$V_n(t)$是零均值的，它的单边功率谱可以表示为

$$G_V(\omega)=\frac{2R}{\pi}\left(\frac{\omega h}{2}+\frac{\omega h}{e^{\omega h/(2\pi kT)}-1}\right),\quad \omega\geqslant 0 \qquad (3.28)$$

图 3.12 有噪电阻器的等效电路

式中，$h=6.63\times10^{-34}\,\mathrm{J\cdot s}$（普朗克常数），$k=1.38\times10^{-23}\,\mathrm{J/K}$（玻耳兹曼常数），$T=(273+C)\mathrm{K}$（热力学温度），$C$为摄氏温度。由于$V_n(t)$的具体物理含义为电压（单位：V），因而，$G_V(\omega)$的物理本质为单位带宽的均方电压（$\mathrm{V^2/Hz}$）。

在常温下，对于高达1000 GHz 的频率，$\omega h/(2\pi kT)<0.2$，因此，可利用近似公式$e^x\approx 1+x$得到

$$G_V(\omega)\approx 4\,kTR\quad \mathrm{V^2/Hz},\qquad \omega\geqslant 0 \qquad (3.29)$$

或者，对于电流源形式，可令电导$G=1/R$，则随机电流源$I_n(t)$的单边功率谱为

$$G_I(\omega)\approx 4\,kTG\quad \mathrm{A^2/Hz},\qquad \omega\geqslant 0 \qquad (3.30)$$

1000 GHz 包含了几乎所有的实用频率，因此，电阻的热噪声被视为理想的白噪声。

根据电路分析的知识，当图 3.12 中的等效电路接上阻值为R的负载时，有噪电阻器将送出最大功率，该最大功率也称为电阻的可用（噪声）功率。由$G_V(\omega)$的物理含义可知，电阻器单位带宽的均方噪声电压为$E(V_0^2)=4kTR\ \mathrm{V^2/Hz}$。由于负载电阻上分到一半的噪声电压，因此，它在单位带宽上的可用（噪声）功率为

$$\frac{E(V_0^2)}{2^2}\div R=kT\ \mathrm{W/Hz}$$

有时也称其为电阻热噪声的（单边）可用功率谱。注意，它与电阻器的具体阻值无关。

理论分析中常使用双边功率谱形式，则可令$N_0=4kTR$，于是，阻值为R的有噪电阻器的噪声电压过程的（双边）功率谱为

$$S_V(\omega)=N_0/2=2\,kTR \qquad (3.31)$$

电子热骚动的物理特性还使得这种噪声的统计特性具有平稳性并呈高斯分布，因此分析中总是以平稳高斯白噪声作为其基本模型，它的（双边）功率谱为$N_0/2=2kTR$（或$N_0/2=2kTG$）。

例 3.12　电子噪声测量。若在27℃使用带宽为BHz的电压表测量$R=1\ \text{M}\Omega$电阻器两端的开路噪声电压。求当带宽为1 MHz时，理论上测得的有效（均方根）电压值是多少？

解：任何实际的测量都只能获得一定带宽的噪声电压成分，本例中电压表测到的噪声电压部分只有BHz，其均方值为$E(V_0^2)=4kTRB\ \text{V}^2$，因此，测得的有效电压值为

$$V_{\text{rms}}=\sqrt{4kTRB}=\sqrt{4\times1.38\times10^{-23}\times(273+27)\times10^6\times10^6}\approx1.29\times10^{-4}\ \text{V}$$

虽然V_{rms}只有0.129 mV，但当电路中具有高增益放大器时，例如，在高灵敏接收机的前端电路中，这种噪声也是不可忽视的。

3.6　应用举例

本节通过举例进一步说明随机信号平稳性的分析过程，演示自相关函数与功率谱的计算方法；同时，介绍随机二元传输信号与随机电报信号，探讨它们的基本特性。

例 3.13　随机相位正弦信号的广义平稳条件。

随机相位正弦信号$X(t)=A\cos(\omega_0 t+\Theta)$，其中，随机变量$A$的均值为$m_A$，方差为$\sigma_A^2$，$\Theta$服从特征函数为$\phi_\Theta(v)$的某种分布，$\Theta$与$A$统计独立。讨论$X(t)$的广义平稳性。

解：为了分析平稳性，需要计算$X(t)$的均值函数与自相关函数。

$$E[X(t)]=m_A E[\cos(\omega_0 t+\Theta)]$$

利用欧拉公式：$\cos(\omega_0 t+\Theta)=\dfrac{\mathrm{e}^{\mathrm{j}(\omega_0 t+\Theta)}+\mathrm{e}^{-\mathrm{j}(\omega_0 t+\Theta)}}{2}$，有

$$E[X(t)]=\frac{m_A}{2}\left\{E[\mathrm{e}^{\mathrm{j}(\omega_0 t+\Theta)}]+E[\mathrm{e}^{-\mathrm{j}(\omega_0 t+\Theta)}]\right\}=\frac{m_A}{2}\left\{\mathrm{e}^{\mathrm{j}\omega_0 t}E[\mathrm{e}^{\mathrm{j}\Theta}]+\mathrm{e}^{-\mathrm{j}\omega_0 t}E[\mathrm{e}^{-\mathrm{j}\Theta}]\right\}\tag{3.32}$$

又根据特征函数的定义，$E[\mathrm{e}^{\mathrm{j}\Theta}]=\phi_\Theta(1)$，$E[\mathrm{e}^{-\mathrm{j}\Theta}]=\left\{E[\mathrm{e}^{\mathrm{j}\Theta}]\right\}^*=\phi_\Theta^*(1)$，因此，当且仅当$\phi_\Theta(1)=0$时，$E[X(t)]=0$（常数）。

又

$$\begin{aligned}E[X(t_1)X(t_2)]&=E(A^2)E[\cos(\omega_0 t_1+\Theta)\cos(\omega_0 t_2+\Theta)]\\&=\frac{E(A^2)}{2}E[\cos\omega_0(t_1-t_2)+\cos(\omega_0 t_1+\omega_0 t_2+2\Theta)]\end{aligned}$$

对于上式中的第二项，仿上利用欧拉公式，并参照式（3.32）的结果，得到

$$E[\cos(\omega_0 t_1+\omega_0 t_2+2\Theta)]=\frac{1}{2}\left\{\mathrm{e}^{\mathrm{j}(\omega_0 t_1+\omega_0 t_2)}E[\mathrm{e}^{\mathrm{j}2\Theta}]+\mathrm{e}^{-\mathrm{j}(\omega_0 t_1+\omega_0 t_2)}E[\mathrm{e}^{-\mathrm{j}2\Theta}]\right\}$$

因此，当且仅当$\phi_\Theta(2)=0$时，上式为零，使得

$$E[X(t_1)X(t_2)]=\frac{E(A^2)}{2}\cos\omega_0(t_1-t_2)=\frac{\sigma_A^2+m_A^2}{2}\cos\omega_0(t_1-t_2)$$

可见，这类随机相位正弦信号广义平稳的充要条件是：$\phi_\Theta(1)=\phi_\Theta(2)=0$。此时

$$E[X(t)]=0,\quad R(t_1,t_2)=\frac{E(A^2)}{2}\cos\omega_0(t_1-t_2)$$

例如，当Θ服从均匀分布$U(-\pi,\pi)$时，$\phi_\Theta(v)=\dfrac{\sin\pi v}{\pi v}$，符合上述条件，因而是广义平稳的。

例 3.14　乘法调制输出信号的功率谱。

乘法调制输出信号$Y(t)=X(t)\cos(\omega_0 t+\Theta)$，其中，相位$\Theta$服从均匀分布$U(-\pi,\pi)$，$X(t)$

为实广义平稳随机信号，其功率谱$S_X(\omega)$如图 3.13(a)所示，Θ与$X(t)$统计独立。

解：例 3.3 中已说明$Y(t)=X(t)\cos(\omega_0 t+\Theta)$是广义平稳的，并且，自相关函数为

$$R_Y(\tau)=\frac{1}{2}R_X(\tau)\cos(\omega_0\tau)$$

因此

$$\begin{aligned}S_Y(\omega)&=\frac{1}{2}\times\frac{1}{2\pi}S_X(\omega)*\left\{\pi\left[\delta(\omega+\omega_0)+\delta(\omega-\omega_0)\right]\right\}\\&=\frac{1}{4}\left[S_X(\omega+\omega_0)+S_X(\omega-\omega_0)\right]\end{aligned}$$

如图 3.13(b)所示。调制使得信号的功率谱平移到$\pm\omega_0$处，其基本原理与信号与系统等课程中所介绍的类似。

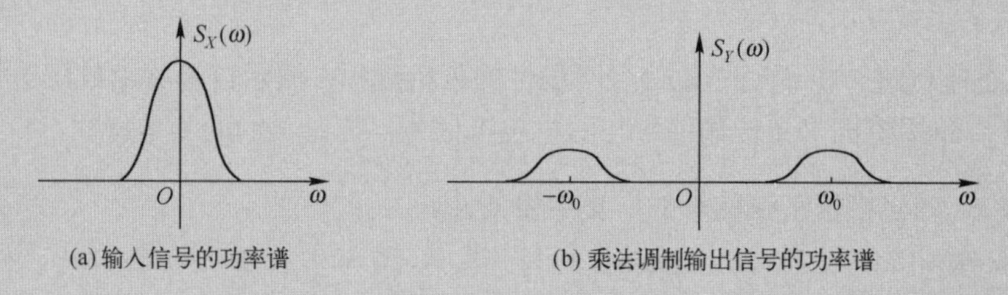

图 3.13　例 3.14 图

例 3.15　随机二元（二进制）传输信号的平稳性与功率谱。

前面 2.2 节中介绍了半随机二元（二进制）传输信号$X(t)$，这种信号常用于传输二进制数据信息。如图 3.14 所示，在实际通信中，由于收、发两端分离造成信号传递的时延，接收器无法确切知道其信号准确的开始时刻。于是，接收器获得的信号为初始时刻“随机滑动”的二元传输信号，记为$Y(t)=X(t-D)$，其中随机变量D用以表示这种不确定的时延滑动，一般可认为，D与$X(t)$统计独立，并服从均匀分布$U(0,T)$。$Y(t)$称为随机二元传输信号，是一种极重要的信号形式。

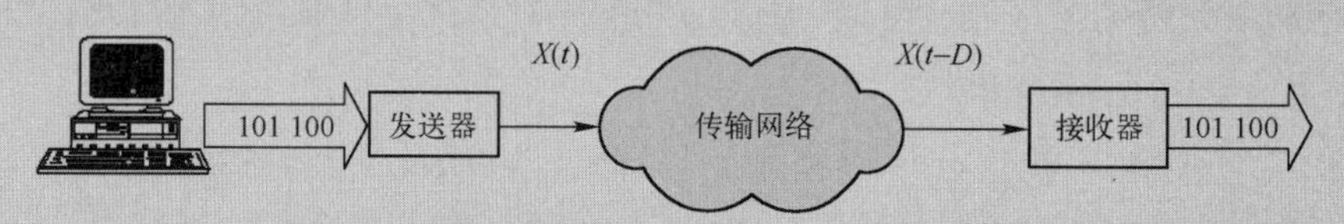

图 3.14　信号传输与随机时延

更为一般的形式称为数字传输信号，如下式

$$X(t)=\sum_{n=-\infty}^{+\infty}a_n g(t-nT) \tag{3.33}$$

其中，$\{a_n\}$为数字随机序列，是要传输的数据序列；$g(t)$为某个确知的短时连续信号，T为每个数据占用的时隙宽度。$Y(t)=X(t-D)$是经随机滑动后的信号，$Y(t)$与$g(t)$的一个典型例子如图 3.15 所示。在实际应用中，我们常常需要研究数字传输信号的基本特性，尤其是其功率谱特性。

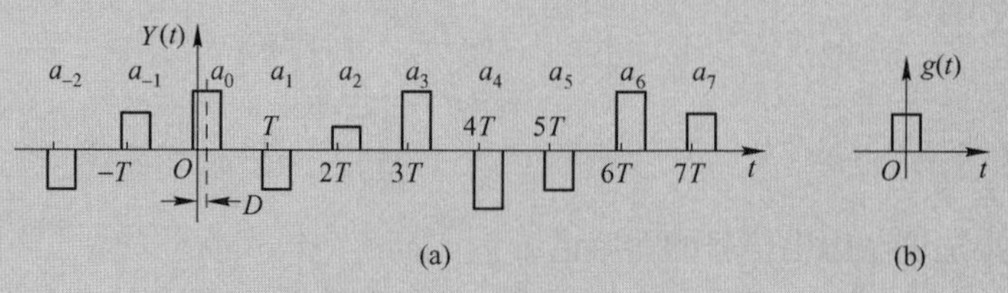

图 3.15　随机数字传输信号与传输脉冲

一种典型的随机二进制传输信号：考虑$\{a_n\}$为二进制无关序列，等概地取值+1与−1；$g(t)$为中心在原点、宽度为T、高度为1的方波脉冲。易知，$m_a=0$，$R_a[k]=\delta[k]$，$G(\mathrm{j}\omega)=\dfrac{2\sin(\omega T/2)}{\omega}$。于是，随机二进制传输信号的特性为：$E[Y(t)]=0$，且由随后的定理3.5可得

$$R_Y(\tau)=\frac{1}{T}r_g(\tau)=\frac{1}{T}g(\tau)*g(\tau)=\begin{cases}1-|\tau|/T, & |\tau|\leqslant T\\ 0 & |\tau|>T\end{cases} \tag{3.34}$$

$$S_Y(\omega)=\frac{1}{T}\cdot\frac{2\sin(\omega T/2)}{\omega}\cdot\frac{2\sin(\omega T/2)}{\omega}=\frac{4\sin^2(\omega T/2)}{\omega^2 T} \tag{3.35}$$

自相关函数与功率谱如图 3.16 所示。可见，信号的主要部分集中在主瓣上，可粗略认为其带宽$F=1/T$ Hz。F是二元数据时隙宽度的倒数，通常称为数据率。

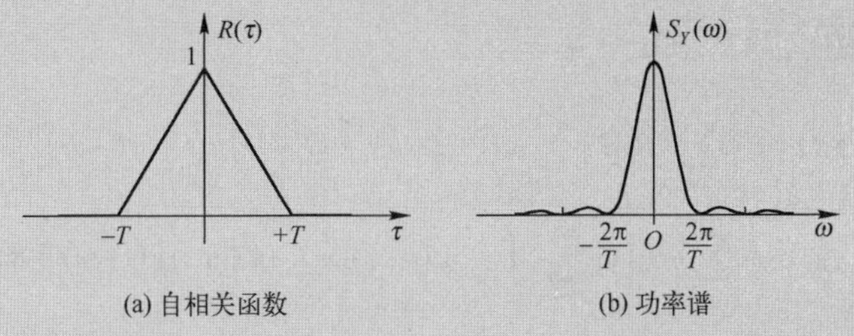

(a) 自相关函数　　(b) 功率谱

图 3.16　随机二元（二进制）传输信号的自相关函数与功率谱

数字电路中也常常遇到二进制传输信号。比如同步电路中，D 触发器的 Q 输出端上的信号在时钟控制下逐时隙（时钟周期）地送出。当触发器的输入信号无法预知时，我们常用随机二进制传输信号来描述 Q 端的输出信号，并借助图 3.16（b）分析信号的功率谱与带宽。功率谱中只考虑主瓣一般是不够的，还需要考虑几个明显非零的旁瓣。假设时钟频率为 $F_{\mathrm{clk}}=1/T$，为了保持信号波形基本完整，实际工程中通常需要至少 3～5 倍的 F_{clk} 的带宽。

定理3.5　假定$\{a_n\}$为平稳序列，均值为m_a，自相关函数为$R_a[k]$。记$g(t)$的傅里叶变换为$G(\mathrm{j}\omega)$，则$Y(t)$是平稳信号，并且

（1）均值函数
$$EY(t)=\frac{m_a}{T}G(\mathrm{j}0) \tag{3.36}$$

（2）自相关函数
$$R_Y(\tau)=\frac{1}{T}\sum_{k=-\infty}^{+\infty}R_a[k]r_g(\tau-kT) \tag{3.37}$$

（3）功率谱
$$S_Y(\omega)=\frac{1}{T}|G(\mathrm{j}\omega)|^2\sum_{k=-\infty}^{+\infty}R_a[k]\mathrm{e}^{-\mathrm{j}k\omega T} \tag{3.38}$$

其中
$$r_g(\tau)=\int_{-\infty}^{+\infty}g(t+\tau)g(t)\mathrm{d}t=g(\tau)*g(-\tau)$$

证明：（1）由于$X(t-D)$由随机序列$\{a_n\}$与随机变量D复合构成，直接计算其均值函数不容易。下面借助条件平均方法，先考虑

$$E[X(t-D)|D=x]=\sum_{n=-\infty}^{+\infty}E(a_n)g(t-nT-x)=m_a\sum_{n=-\infty}^{+\infty}g(t-nT-x)$$

于是 $$EY(t)=E\left[m_a\sum_{n=-\infty}^{+\infty}g(t-nT-D)\right]=\frac{m_a}{T}\sum_{n=-\infty}^{+\infty}\int_0^T g(t-nT-x)\mathrm{d}x$$

$$=\frac{m_a}{T}\int_{-\infty}^{+\infty}g(u)\mathrm{d}u=\frac{m_a}{T}G(\mathrm{j}0)$$

（2）仿上，借助条件平均方法计算自相关函数。先考虑

$$E\left[Y(t+\tau)Y(t)\middle|D=x\right]=E\left[\sum_{n=-\infty}^{+\infty}a_n g(t+\tau-nT-x)\sum_{m=-\infty}^{+\infty}a_m g(t-mT-x)\right]$$

$$=\sum_{n=-\infty}^{+\infty}\sum_{m=-\infty}^{+\infty}\left\{E[a_n a_m]g(t+\tau-nT-x)g(t-mT-x)\right\}$$

$$=\sum_{k=-\infty}^{+\infty}\left\{R_a[k]\sum_{m=-\infty}^{+\infty}g(t+\tau-mT-kT-x)g(t-mT-x)\right\}$$

其中令 $k=n-m$ ，并更换了求和变量。于是

$$R_Y(t+\tau,t)=E\left\{\sum_{k=-\infty}^{+\infty}\left\{R_a[k]\sum_{m=-\infty}^{+\infty}g(t+\tau-mT-kT-D)g(t-mT-D)\right\}\right\}$$

$$=\frac{1}{T}\sum_{k=-\infty}^{+\infty}\left\{R_a[k]\sum_{m=-\infty}^{+\infty}\left[\int_{-T/2}^{T/2}g(t+\tau-mT-kT-x)g(t-mT-x)\mathrm{d}x\right]\right\}$$

对于上式中的和式部分，令 $u=t-mT-x$ ，有

$$\sum_{m=-\infty}^{+\infty}\int_{-T/2-mT+t}^{T/2-mT+t}g(u+\tau-kT)g(u)\mathrm{d}u=\int_{-\infty}^{+\infty}g(u+\tau-kT)g(u)\mathrm{d}u$$

$$=r_g(\tau-kT)$$

于是 $$R_Y(t+\tau,t)=R_Y(\tau)=\frac{1}{T}\sum_{k=-\infty}^{+\infty}R_a[k]r_g(\tau-kT)$$

可见，$Y(t)$ 是平稳信号。

（3）下面计算功率谱。容易看出

$$R_Y(\tau)=\frac{1}{T}\left\{\sum_{k=-\infty}^{+\infty}R_a[k]\delta(\tau-kT)\right\}*r_g(\tau)$$

其中，卷积的前一项是冲激串形式，而 $r_g(\tau)\longleftrightarrow|G(\mathrm{j}\omega)|^2$ ，于是，根据傅里叶变换的基本性质易知

$$S_Y(\omega)=|G(\mathrm{j}\omega)|^2\cdot\frac{1}{T}\sum_{k=-\infty}^{+\infty}R_a[k]\mathrm{e}^{-\mathrm{j}k\omega T}$$

其实，从例 3.5 中我们看到半随机二进制传输信号 $X(t)$ 是严格循环平稳的，因此，经过随机抖动后，$Y(t)=X(t-D)$ 是严格平稳的。利用有关定理也可以计算出其自相关函数与功率谱。

例 3.16　（取值±1 的）随机电报信号的平稳性与功率谱。

随机电报信号（Random Telegraph Signal）$X(t)$ 是一种随机的两电平信号，定义如下：①在 t=0 的初始时刻，$X(0)$ 取值可为+1 或−1，概率分别为 1/2；②而后，在任何 $[0,t)$ 上，$X(t)$ 在 0 与 1 之间以“泊松特性”发生随机翻转，翻转与初值独立，翻转次数 $N(t)$ 服从泊松分布 $P(\lambda t)$。它的典型样本如图 3.17 所示。

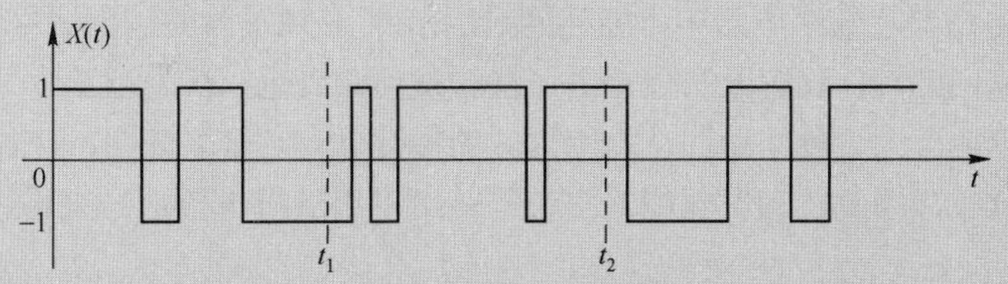

图 3.17　随机电报信号典型样本函数（$X(0)$ 为 1 的情形）

考虑在±1（伏特）的电平间进行随机选择的试验：初始时刻的电平是随机的，而后又发生随机翻转，每单位时间平均翻转 λ 次，位置不定，但具有泊松信号的特性。显然有

$$\begin{cases} X(t) = +X(0), & \text{若}N(t)\text{为偶数} \\ X(t) = -X(0), & \text{若}N(t)\text{为奇数} \end{cases} \tag{3.39}$$

有时，随机电报信号也可以表示为 $\left\{X(t)=A(-1)^{N(t)}, t\geqslant 0\right\}$，其中 $\{N(t), t\geqslant 0\}$ 是常数为 λ 的泊松计数信号，A 为等概的（+1，−1）二元随机变量。

解：利用式（3.39）与全概率公式可计算出

$$\begin{aligned} P[X(t)=1] &= P[X(t)=1 | X(0)=1]\cdot P[X(0)=1] + P[X(t)=1 | X(0)=-1]\cdot P[X(0)=-1] \\ &= P[N(t)\text{为偶数} \,|\, X(0)=1]\times\frac{1}{2} + P[N(t)\text{为奇数} \,|\, X(0)=-1]\times\frac{1}{2} \\ &= P[N(t)\text{为偶数}]\times\frac{1}{2} + P[N(t)\text{为奇数}]\times\frac{1}{2} \\ &= 1/2 \end{aligned}$$

$$P[X(t)=-1] = 1 - P[X(t)=1] = 1/2$$

可见，该信号在任何时刻的取值都是二元等概的。所以

$$m(t) = E[X(t)] = 1/2 - 1/2 = 0$$

计算其自相关函数时，不妨先考虑 $t_2 \geqslant t_1$，有

$$\begin{aligned} R(t_1,t_2) &= E\left[X(t_1)X(t_2)\right] = 1\times P\left[X(t_1)X(t_2)\text{同号}\right] + (-1)\times P\left[X(t_1)X(t_2)\text{反号}\right] \\ &= P\left[N(t_2-t_1)\text{为偶数}\right] - P\left[N(t_2-t_1)\text{为奇数}\right] \\ &= 2P\left[N(t_2-t_1)\text{为偶数}\right] - 1 \end{aligned}$$

式中，$N(t_2-t_1)$ 是在 t_1 至 t_2 期间发生的翻转次数。于是，令 $\tau = t_2 - t_1$，有

$$\begin{aligned} P\left[N(\tau)\text{为偶数}\right] &= \sum_{\substack{k=0 \\ k\text{为偶数}}}^{\infty} \frac{(\lambda\tau)^k \mathrm{e}^{-\lambda\tau}}{k!} = \frac{\mathrm{e}^{-\lambda\tau}}{2}\sum_{n=0}^{\infty}\left[\frac{(\lambda\tau)^n}{n!} + \frac{(-\lambda\tau)^n}{n!}\right] \\ &= \frac{\mathrm{e}^{-\lambda\tau}}{2}\left(\mathrm{e}^{\lambda\tau} + \mathrm{e}^{-\lambda\tau}\right) = \left(1 + \mathrm{e}^{-2\lambda\tau}\right)/2 \end{aligned}$$

因此

$$R(\tau) = 2\times\left(1+\mathrm{e}^{-2\lambda\tau}\right)/2 - 1 = \mathrm{e}^{-2\lambda\tau}$$

考虑到 t_2，t_1 的一般情况，利用对称性，最后有

$$R(\tau) = \mathrm{e}^{-2\lambda|\tau|} \tag{3.40}$$

可见，随机电报信号是广义平稳的。利用傅里叶变换对：$\mathrm{e}^{-a|t|} \leftrightarrow \dfrac{2a}{\omega^2 + a^2}$，得到功率谱为

$$S(\omega) = \frac{4\lambda}{\omega^2 + 4\lambda^2} \tag{3.41}$$

它说明该信号主要由低频成分构成。容易看出，其 3 dB 带宽为 $B = 2\pi\times 2\lambda$ Hz，因此，翻转的平均率 λ 越大，则信号的带宽也越宽。

随机电报信号在异步数字电路中可能遇到。比如，某 T 触发器的输出信号受触发电平控制，在高低电平之间来回翻转。我们无法预知下一次触发何时到来，认为触发边沿之间的间距是随机的，并常常简单地认为这种间距服从均值为 λ 的指数分布。可以证明，这时的翻转特性正是参数为 λ 的泊松分布，因此，触发器的输出信号就可以用随机电报信号来描述。

例 3.17　运算放大器的基本噪声参数。

运算放大器（运放）是电子电路中应用最为广泛的集成电路器件之一。这种器件会引入一定量的噪声，主要有两种噪声，分别是由半导体器件产生的 $1/f$ 型噪声和由电阻产生的宽带噪声。$1/f$ 型噪声随频率衰减，而宽带噪声即白噪声，它在所有频率上基本保持恒定。两者的概率特性都是高斯分布。

运算放大器（简称运放）的数据手册一般会给出几个基本参数来反映其噪声的情况。以典型的运放芯片 TLV9061 为例，它的基本噪声参数如表 3.1 所示。

表 3.1　运放芯片 TLV9061 的噪声参数

噪声参数	测量条件	数值	单位
E_n	V_S=5V，f=0.1～10Hz	4.77	（μV）
e_n	V_S=5V，f=10Hz	10	（nV/ $\sqrt{Hz}$ ）
	V_S=5V，f=1kHz	16	
i_n	f=1kHz	23	（fA/ $\sqrt{Hz}$ ）

各参数以噪声等效至运放输入端的数值来表示，它们分别是：

① 等效噪声电压的峰峰值 E_n：表中给出 0.1～10Hz 频段范围的数值，其典型波形如图 3.18(a)所示；

② 等效噪声电压的有效值 e_n：其平方值对应于噪声电压的功率谱密度，表中给出 1kHz 与 10kHz 两个频点的数值。

③ 等效噪声电流的有效值 i_n：其平方值对应于噪声电流的功率谱密度，表中给出 1kHz 频点的数值。一般而言，噪声电流远小于噪声电压，因此许多手册常常略去。

e_n 随频率的变化关系如图 3.18(b)所示，基于该曲线的平方，在要求的带宽内进行积分，即可得到运放的输入等效噪声功率。由于噪声是两种类型混合而成的，其中的 $1/f$ 型噪声随频率上升而衰减。由图可见，对于 TLV9061，到 10kHz 以后 e_n 的值基本恒定，即 $1/f$ 型噪声已衰减到可忽略不计，其后的噪声以白噪声为主要成分，10kHz 处 e_n 的数值可作为白噪声的功率谱密度值。

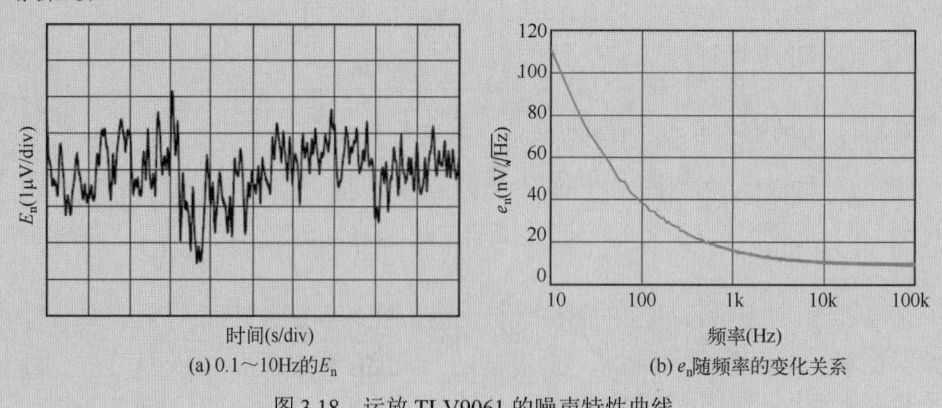

(a) 0.1～10Hz的E_n　(b) e_n随频率的变化关系

图 3.18　运放 TLV9061 的噪声特性曲线

习题

3.1　随机电压信号$U(t)$在各不同时刻上是统计独立的，而且，其一维密度函数是高斯的，均值为0，方差为2。试求：

（1）密度函数$f(u;t)$，$f(u_1,u_2;t_1,t_2)$，$f(u_1,u_2,\cdots,u_k;t_1,t_2,\cdots,t_k)$，$k$为任意整数；

（2）$U(t)$的平稳性。

3.2　若随机信号$X(t)$的二维密度函数有如下关系

$$f_X(x_1,x_2;t_1,t_2)=f_X(x_1,x_2;t_1+\Delta,t_2+\Delta)$$

式中，Δ为任意值。试证明：

（1）$X(t)$的一维密度函数$f_X(x_1;t_1)=f_X(x_1;t_1+\Delta)$；

（2）$X(t)$的均值函数$m_X(t)=m_X(t+\Delta)$；

（3）$X(t)$的自相关函数$E[X(t+\tau)X(t)]=R_X(\tau)$。

3.3　随机过程由下述三个样本函数组成，且等概率发生：

$$X(t,\xi_1)=1,\quad X(t,\xi_2)=\sin t,\quad X(t,\xi_3)=\cos t$$

（1）计算均值函数$m_X(t)$和自相关函数$R_X(t_1,t_2)$；（2）该随机过程$X(t)$是否平稳？

3.4　已知随机信号$X(t)$和$Y(t)$相互独立且各自平稳，证明随机信号$Z(t)=X(t)Y(t)$也是平稳的。

3.5　随机信号$X(t)=10\sin(\omega_0 t+\Theta)$，$\omega_0$为确定常数，$\Theta$为在$[-\pi,\pi]$上均匀分布的随机变量。若$X(t)$通过平方律器件，得到$Y(t)=X^2(t)$，试求：

（1）$Y(t)$的均值函数；　（2）$Y(t)$的自相关函数；　（3）$Y(t)$的广义平稳性。

3.6　给定随机过程$X(t)=A\cos(\omega_0 t)+B\sin(\omega_0 t)$，其中$\omega_0$是常数，$A$和$B$是两个任意的不相关随机变量，它们的均值为零，方差同为σ^2。证明$X(t)$是广义平稳而不是严格平稳的。

3.7　$Y(t)$是广义循环平稳的实随机信号，循环周期为100，均值$m(10)=20$，自相关函数$R(5,1)=10$。求：

（1）$E[5Y(110)]$，$E[10Y(310)+50]$；　（2）$E[Y(105)Y(101)]$，$E[30Y(205)Y(201)+200]$；

（3）$E[10Y(305)Y(301)+6Y(210)+80]$。

3.8　给定随机过程$X(t)=A\cos t-B\sin t$和$Y(t)=B\cos t+A\sin t$，其中随机变量A,B独立，均值都为0，方差都为5。

（1）证明$X(t)$和$Y(t)$各自平稳且联合平稳；（2）求两个过程的互相关函数。

3.9　两个统计独立的平稳随机过程$X(t)$和$Y(t)$，其均值都为0，自相关函数分别为

$$R_X(\tau)=\mathrm{e}^{-|\tau|},\quad R_Y(\tau)=\cos 2\pi\tau$$

（1）求$Z(t)=X(t)+Y(t)$的自相关函数；（2）求$W(t)=X(t)-Y(t)$的自相关函数；

（3）求互相关函数$R_{ZW}(\tau)$。

3.10　已知平稳高斯信号$X(t)$的均值为0，令$Y(t)=X^2(t)$。证明：$R_Y(\tau)=[R_X(0)]^2+2[R_X(\tau)]^2$。

3.11　设平稳高斯信号$X(t)$的均值为零，自相关函数为$R_X(\tau)=\sin(\pi\tau)/\pi\tau$，求$t_1=0$，$t_2=0.5$，$t_3=1$时的三维密度函数。

3.12　广义平稳随机过程$Y(t)$的自相关函数矩阵如下，试确定矩阵中带下画线的空白处元素的值。

$$\begin{bmatrix} 2 & 1.3 & 0.4 & \_\_ \\ \_\_ & 2 & 1.2 & 0.8 \\ 0.4 & 1.2 & \_\_ & 1.1 \\ 0.9 & \_\_ & \_\_ & 2 \end{bmatrix}$$

3.13　已知平稳随机信号 $X(t)$ 的自相关函数为

（1）$R_X(\tau)=6\exp\left(-|\tau|/2\right)$；　　（2）$R_X(\tau)=6\dfrac{\sin\pi\tau}{\pi\tau}$

对于任意给定的 t，求信号四个状态 $X(t)$, $X(t+1)$, $X(t+2)$, $X(t+3)$ 的协方差矩阵。

3.14　对于两个零均值广义平稳随机过程 $X(t)$ 和 $Y(t)$，已知 $\sigma_X^2=5$，$\sigma_Y^2=10$，问下述函数可否作为自相关函数？为什么？

（1）$R_X(\tau)=5u(\tau)\exp(-3\tau)$；　　（2）$R_X(\tau)=5\sin(5\tau)$；

（3）$R_Y(\tau)=9\left(1+2\tau^2\right)^{-1}$；　　（4）$R_Y(\tau)=-\cos(6\tau)\exp\left(-|\tau|\right)$；

（5）$R_X(\tau)=5\left[\dfrac{\sin 3\tau}{3\tau}\right]^2$；　　（6）$R_Y(\tau)=6+4\left[\dfrac{\sin 10\tau}{10\tau}\right]$；

（7）$R_X(\tau)=5\exp(-|\tau|)$；　　（8）$R_Y(\tau)=6+4\exp(-3\tau^2)$。

3.15　已知平稳随机过程 $X(t)$ 的自相关函数为 $R_X(\tau)=4\mathrm{e}^{-|\tau|}\cos\pi\tau+\cos 3\pi\tau$，求 $X(t)$ 的均方值函数和方差函数。

3.16　已知随机过程 $X(t)$ 和 $Y(t)$ 独立且各自平稳，自相关函数为 $R_X(\tau)=2\mathrm{e}^{-|\tau|}\cos\omega_0\tau$，$R_Y(\tau)=9+\exp(-3\tau^2)$。令随机过程 $Z(t)=AX(t)Y(t)$，其中 A 是均值为 2、方差为 9 的随机变量，且与 $X(t)$ 和 $Y(t)$ 相互独立。求 $Z(t)$ 的均值函数、方差函数和自相关函数。

3.17　设 $X(t)$ 与 $Y(t)$ 是联合平稳的，试证明：

（1）$|R_{XY}(\tau)|\leqslant\sqrt{R_X(0)R_Y(0)}$　　（2）$|R_{XY}(\tau)|\leqslant[R_X(0)+R_Y(0)]/2$

（提示：利用 $E[|X(t+\tau)-\alpha Y(t)|^2]\geqslant 0$）

3.18　已知平稳随机过程的自相关函数为：

（1）$R_X(\tau)=\sigma_X^2\mathrm{e}^{-a|\tau|}$　　（2）$R_X(\tau)=\sigma_X^2(1-a|\tau|)$，$|\tau|\leqslant 1/a$

试求它们的相关时间 τ_0。

3.19　平稳随机过程 $X(t)$ 的功率谱密度为：

（1）$S_X(\omega)=\dfrac{\omega^2}{\omega^4+3\omega^2+2}$　　（2）$S_X(\omega)=\begin{cases}8\delta(\omega)+20(1-|\omega|/10), & |\omega|\leqslant 10\\ 0, & |\omega|>10\end{cases}$

（3）$S_X(\omega)=p\cos^4\omega\tau_0$，$p$ 为常数

求它们的自相关函数和均方值函数。

3.20　已知平稳随机过程 $X(t)$ 的自相关函数为：

（1）$R(\tau)=\mathrm{e}^{-3|\tau|}$　　（2）$R(\tau)=5\mathrm{e}^{-\tau^2/8}$

（3）$R(\tau)=4\mathrm{e}^{-|\tau|}\cos\pi\tau+\cos 3\pi\tau$　　（4）$R(\tau)=\begin{cases}1-|\tau|, & \tau\leqslant 1\\ 0, & \tau>1\end{cases}$

求它们的功率谱密度。

3.21　下述函数哪些是实平稳随机信号功率谱的正确表达式？为什么？

（1）$\left(\dfrac{\sin\omega}{\omega}\right)^2$　　（2）$\dfrac{\omega^2}{\omega^6+3\omega^2+3}$　　（3）$\dfrac{\omega^2}{\omega^4-1}-\delta(\omega)$

（4）$\dfrac{\omega^4}{\mathrm{j}\omega^6+\omega^2+1}$　　（5）$\dfrac{|\omega|}{\omega^4+2\omega^2+1}$　　（6）$\mathrm{e}^{-(\omega-1)^2}$

3.22　在附录 A“傅里叶变换性质与常用变换对表”中，序号 13～34，哪些变换对可作为平稳随机过

程的一对自相关函数与功率谱？

3.23 $X(t)$ 是平稳随机过程，证明：$Y(t)=X(t+T)+X(t)$ 的功率谱为

$$S_Y(\omega)=2S_X(\omega)(1+\cos\omega T)$$

3.24 设 $X(t)$ 和 $Y(t)$ 是两个独立的平稳随机过程，均值函数分别为常量 m_X 和 m_Y，且 $X(t)$ 的功率谱为 $G_X(\omega)$，定义 $Z(t)=X(t)+Y(t)$，试计算 $S_{XY}(\omega)$, $S_{XZ}(\omega)$ 。

3.25 设两个随机过程 $X(t)$和 $Y(t)$联合平稳，其互相关函数为

$$R_{XY}(\tau)=\begin{cases}9\mathrm{e}^{-3\tau}, & \tau\geqslant 0\\ 0, & \tau<0\end{cases}$$

求互谱密度 $S_{XY}(\omega)$ 与 $S_{YX}(\omega)$ 。

3.26 设随机过程 $X(t)=\sum_{i=1}^{n}a_iX_i(t)$，式中 a_i 是一组实常数。而随机过程 $X_i(t)$ 为平稳的和彼此正交的。试证明：$S_X(\omega)=\sum_{i=1}^{n}a_i^2S_{X_i}(\omega)$ 。

3.27 设 $S_X(\omega)$ 是一个随机过程的功率谱密度，证明 $\mathrm{d}^2S_X(\omega)/\mathrm{d}\omega^2$ 不可能是功率谱密度。

3.28 设 $X(t)$ 和 $Y(t)$ 联合平稳。试证明：

$$\mathrm{Re}\{S_{XY}(\omega)\}=\mathrm{Re}\{S_{YX}(\omega)\}\,,\quad \mathrm{Im}\{S_{XY}(\omega)\}=-\mathrm{Im}\{S_{YX}(\omega)\}$$

3.29 设 $X(t)$与 $Y(t)$是广义平稳随机过程。试证明：

（1）如果它们正交，则 $S_{XY}(\omega)=0$；

（2）如果它们无关且均值都不为零，则 $S_{XY}(\omega)=2\pi m_Xm_Y\delta(\omega)$ 。

3.30 设 $U(t)$ 是网络产生的热噪声电压，它具有平稳高斯分布。假定 $RC=10^{-3}$ s，$C=3\times1.38\times10^{-9}$ F，$T=300$ K（电阻的热力学温度），并知热噪声电压的自相关函数为

$$R_U(\tau)=\frac{kT}{C}\mathrm{e}^{-\frac{|\tau|}{RC}}$$

式中，$k=1.38\times10^{-23}$ J/K，为玻耳兹曼常数。试求：

（1）热噪声电压的均值函数、方差函数；（2）在时刻 t_1 处，热噪声电压超过 10^{-6} V 的概率。

3.31 考虑取值1与0的（单极性）随机二进制传输信号，$Y(t)=\sum_{n=-\infty}^{+\infty}a_ng_T(t-nT-D)$。其中，$\{a_n\}$ 为二进制无关序列，等概地取值1与0；D在$[0,T)$上均匀分布，且与$\{a_n\}$独立；$g_T(t)$ 为中心在原点、宽度为T、高度为1的方波脉冲。求信号的功率谱。

3.32 考虑取值+1与−1的随机二进制传输信号，$Y(t)=\sum_{n=-\infty}^{+\infty}a_ng_T(t-nT-D)$。其中，$\{a_n\}$ 为二进制无关序列，取值1与0的概率分别是p与q（$p+q=1$）；D在$[0,T)$上均匀分布，且与$\{a_n\}$独立；$g_T(t)$ 为中心在原点、宽度为T、高度为1的方波脉冲。求信号的功率谱。

3.33 随机过程 $X(t)$ 的样本函数如图题 3.33 所示，它在 t_0+nT 时刻是宽度为 b 的矩形脉冲，脉冲幅度以等概率取 $\pm a$，t_0 是在 $[0,T)$ 上均匀分布的随机变量，而且 t_0 与所有脉冲都统计独立。求 $R_X(\tau)$ 及均方值函数 $E[X^2(t)]$。

3.34 假定周期为 T、高为 A 的锯齿波脉冲串具有随机相位，如图题 3.34 所示，它在 $t=0$ 时刻以后出现的第一个零值时刻是在 $[0,T)$ 内均匀分布的随机变量。试证明 $X(t)$ 的一维密度函数为

$$f(x;t)=\begin{cases}1/A, & x\in[0,A]\\ 0, & x\notin[0,A]\end{cases}$$

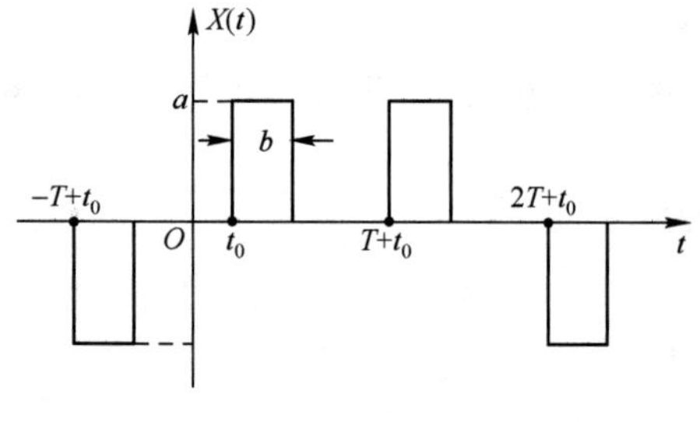

图　题3.33

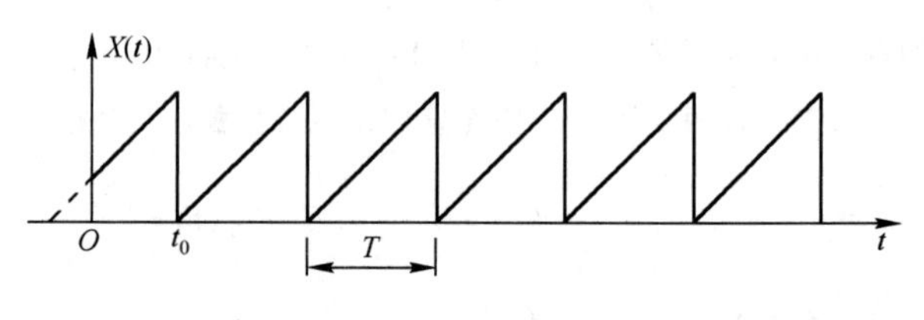

图　题3.34

第 4 章　各态历经性与实验方法

在随机信号的应用中，一个中心问题是由实际样本数据探测信号的统计特性。实施这一工作的理论基础是信号的各态历经性理论。因此，本章首先讨论这个问题。然后，本章将介绍随机信号的几种基础参数的测量方法及其原理。最后，本章简单地介绍随机模拟的思想，以及利用 MATLAB 进行实验的方法。

4.1　各态历经性

探测随机信号统计特性的基础工作是由试验数据计算它的各种统计参数。理论上讲，计算各类统计平均需要用到大量的样本函数，这意味着需要进行反复的试验，因而测试工作是很繁复的，有时甚至是无法完成的。现代概率论的奠基者之一，苏联数学家辛钦（Khinchin）提出并证明了：在一定的条件下，随机信号的任何一个样本函数的时间平均，从概率意义上等于它的统计平均。这种特性称为**各态历经性**（Ergodicity）（**埃尔哥德性**或**遍历性**）。很显然，具有各态历经性时，对随机信号统计特性的测量与试验只需要在其一个样本函数上进行就可以了。于是，问题得到极大的简化。

随机信号的各态历经性应该是就其某种参数而言的，指这种参数的“统计平均等于相应的时间平均”。按照参数的不同，各态历经性具有不同的分类，最常见的分类如表 4.1 所示。

表 4.1　各态历经性最常见的分类

名　　称	分 类 依 据	基 本 特 征
均值各态历经	信号均值函数	统计平均 = 样本时间平均
相关函数各态历经	相关函数	统计相关函数 = 样本时间相关函数
一维分布各态历经	一维概率分布	一维概率分布 = 一维分布时间平均

如果随机信号的所有参数都具有各态历经性，则称该信号是**严格（或狭义）各态历经**的。相应地，如果随机信号的均值函数和相关函数同时具有各态历经性，则称该信号是**广义各态历经**的或**广义遍历**的，简称为各态历经的或遍历的。这同随机信号广义平稳性的命名规则很相似。应用与研究中特别关注广义各态历经性，即均值和相关函数的各态历经性。下面分别详细地讨论它们。

4.1.1　均值各态历经性

给定随机信号 $X(t)$，为了由它的某一样本函数 $X(t,\xi)$ 测量均值函数 $E[X(t)]=m(t)$，我们构造如下的（局部）时间平均

$$A_T[X(t,\xi)]=\frac{1}{2T}\int_{-T}^{T}X(t,\xi)\mathrm{d}t \tag{4.1}$$

式中，$A_T[\ ]=\frac{1}{2T}\int_{-T}^{T}(\ )\mathrm{d}t$ 是局部时间平均算子。并期望 T 足够大时，上式趋于 $E[X(t)]$。当

$T \to \infty$ 时，上式变为全局**时间平均**（Time or Arithmetic Average）

$$A[X(t,\xi)] = \lim_{T\to\infty} A_T[X(t,\xi)] = \lim_{T\to\infty} \frac{1}{2T}\int_{-T}^{T} X(t,\xi)\mathrm{d}t \tag{4.2}$$

时间平均算子为
$$A[\ \ ] = \lim_{T\to\infty} A_T[\ \ ] = \lim_{T\to\infty} \frac{1}{2T}\int_{-T}^{T} (\ \ )\mathrm{d}t$$

可见，它就是 3.4 节中的算术平均算子。

均值各态历经性是指 $X(t)$ 满足：

$$P\{E[X(t)] = A[X(t,\xi)]\} = 1 \tag{4.3}$$

一般而言，$E[X(t)]$ 是确定量，但可能是 t 的函数；而 $A[X(t,\xi)]$ 与 t 无关，但却是随机变量（含有 ξ）。可见，具有均值各态历经性时，$E[X(t)]$ 必为常量 m，而 $A[X(t,\xi)]$ 又必须"退化"为确定量。因此，均值各态历经性等价于：

① $E[X(t)] = m$，即均值函数为常量，也称该信号均值平稳；

② $\mathrm{Var}\{A[X(t,\xi)]\} = 0$，即时间平均以概率为 1 只取一个固定值。

此时
$$E\{A[X(t,\xi)]\} = \lim_{T\to\infty} \frac{1}{2T}\int_{-T}^{T} E\left[X(t,\xi)\right]\mathrm{d}t = \lim_{T\to\infty} \frac{1}{2T}\int_{-T}^{T} m\mathrm{d}t = m \tag{4.4}$$

$$\mathrm{Var}\{A[X(t,\xi)]\} = E\left|A\left[X(t,\xi)\right] - m\right|^2 = 0 \tag{4.5}$$

上述均值各态历经性的条件说明：$X(t)$ 的时间平均以均方意义收敛于它的均值函数 m。

可以体会到，各态历经性的物理含义为：许多随机信号，只要观测的时间足够长，每个样本函数都仿佛经历过信号的各个状态，或者说仿佛"遍历"信号的全部状态。因此，从它的任一样本函数中可以计算出其均值。形象地讲，这种信号的任何一个样本函数都是它关于均值的一次"全息"表现。

可以证明下面的定理。

定理 4.1 若实信号 $X(t)$ 广义平稳，其协方差函数为 $C(\tau)$，则其均值具有各态历经性的判断条件如下。

① 充分条件为：
$$\lim_{\tau\to\infty} C(\tau) = 0，且\ C(0) < \infty \tag{4.6}$$

② 充分条件为：
$$\lim_{T\to\infty} \frac{1}{2T}\int_{-T}^{T} C(\tau)\mathrm{d}\tau = 0 \tag{4.7}$$

③ 充要条件为：
$$\lim_{T\to\infty} \frac{1}{2T}\int_{-2T}^{2T} \left(1 - \frac{|\tau|}{2T}\right) C(\tau)\mathrm{d}\tau = 0 \tag{4.8}$$

由于 $C(\tau)$ 是偶函数，上述定理中的积分限有时也只取 0 至 T 与 0 至 $2T$。我们知道在很多实际应用中，随着 τ 值的增大，随机变量 $X(t+\tau)$ 和 $X(t)$ 几乎不相关，即当 $\tau \to \infty$ 时，$C(\tau) \to 0$。因而，由判断条件①可知，许多实际随机信号都可以视为均值各态历经的。

对离散随机序列，时间平均由下式计算

$$A[X(n,\xi)] = \lim_{N\to\infty} \frac{1}{2N+1}\sum_{n=-N}^{N} X(n,\xi) \tag{4.9}$$

其均值各态历经性的判断条件与上面的相仿。例如，如果 $\lim_{m\to\infty} C(m) = 0$，则 $X(n)$ 是均值各态历经的。

例 4.1 随机信号 $X(t) = C$，其中 C 为某随机变量（C 的方差不为零），讨论其均值各态历经性。

解： $$E\left[X(t)\right]=E[C]=m_{\text{c}}=\text{常量}$$

自相关函数为 $$R(t+\tau,t)=E[C^2]=\sigma_{\text{c}}^2+m_{\text{c}}^2=\text{常量}$$

可见它是平稳的。但是

$$A\left[X(t)\right]=\lim_{T\to\infty}\frac{1}{2T}\int_{-T}^{T}C\mathrm{d}t=C$$

显然，$A\left[X(t)\right]$为一随机变量，虽然它的均值函数为m_{c}，但方差不为零，所以$X(t)$不是均值各态历经的。

由式（4.7）的充分条件也能立即看出该信号不是均值各态历经的。其实，$X(t)$的任何一个样本函数只是某条水平直线，它无法遍历信号的各种状态（除非C的方差为0）。

例 4.2 设随机信号$X(t)=A+n(t)$，其中A为常量，$n(t)$是白噪声，且$R_n(\tau)=q\delta(\tau)$。讨论其均值各态历经性。

解： 因为白噪声的均值函数为零，$C_X(\tau)=R_n(\tau)=q\delta(\tau)$，利用定理 4.1 的条件②容易判定$X(t)$是均值各态历经的。

4.1.2 相关各态历经性

为了使信号的自相关函数能够由时间平均计算，下面研究相关各态历经性。

相关各态历经性是指$X(t)$满足：

$$P\left\{E[X(t+\tau)X(t)]=A[X(t+\tau,\xi)X(t,\xi)]\right\}=1 \tag{4.10}$$

同理，$E[X(t+\tau)X(t)]$应该与t无关，形如$R(\tau)$，于是

$$E\left\{A[X(t+\tau,\xi)X(t,\xi)]\right\}=\lim_{T\to\infty}\frac{1}{2T}\int_{-T}^{T}R_X(t+\tau,t)\mathrm{d}t=R_X(\tau) \tag{4.11}$$

因此，各态历经性等价于：

① $R_X(t+\tau,t)=R_X(\tau)$，即该信号的自相关函数是平稳的；

② $\mathrm{Var}\left\{A[X(t+\tau,\xi)X(t,\xi)]\right\}=0$，即时间平均以概率为 1 取一个确定函数。

令$Z_\tau(t)=X(t+\tau)X(t)$，则$R_X(\tau)=E[Z_\tau(t)]$。利用均值各态历经性的有关定理可以判断信号是否满足相关函数各态历经性。容易得到下面的定理。

定理 4.2 若实信号$X(t)$广义平稳，自相关函数为$R_X(\tau)$，其相关各态历经性的充要条件为：

$$\lim_{T\to\infty}\frac{1}{T}\int_0^{2T}\left(1-\frac{u}{2T}\right)\left[R_{Z_\tau}(u)-R_X^2(\tau)\right]\mathrm{d}u=0 \tag{4.12}$$

式中，$Z_\tau(t)=X(t+\tau)X(t)$。

可以证明，若$X(t)$是零均值高斯信号，则它是各态历经性的充要条件为：

$$\int_0^{\infty}\left|R_X(\tau)\right|\mathrm{d}\tau<\infty \tag{4.13}$$

例 4.3 设$s(t)$是一个周期为T的函数，随机变量$\varPhi$在$[0,T)$上均匀分布，称$X(t)=s(t+\varPhi)$为随机周期函数。例如，$X(t)=a\cos(\omega_0 t+\varPhi)$。试分析$X(t)$的平稳性及各态历经性。

解：（1）平稳性分析。首先

$$E\left[X(t)\right]=\int_0^T s(t+\varphi)\frac{1}{T}\mathrm{d}\varphi=\frac{1}{T}\int_t^{t+T} s(\theta)\,\mathrm{d}\theta=\frac{1}{T}\int_0^T s(\theta)\,\mathrm{d}\theta=\text{常量}$$

其中，令$\theta=t+\varphi$，利用$s(t)$的周期为T，它在任一周期内的积分相等。进而

$$R_X(t+\tau,t)=\int_0^T s(t+\tau+\varphi)s(t+\varphi)\frac{1}{T}\mathrm{d}\varphi=\frac{1}{T}\int_t^{t+T} s(\theta+\tau)s(\theta)\mathrm{d}\theta=R_X(\tau)$$

同上，并利用$s(\theta)s(\theta+\tau)$是关于θ的周期为T的函数。所以，$X(t)$为广义平稳随机信号。

（2）各态历经性分析。首先，容易证明周期信号在整个时间轴上的时间平均等于其在一个周期内的时间平均。为了避开信号的周期T，我们在时间平均中不妨改用L作为时间平均中的时长变量符号。于是可得

$$\begin{aligned}A\left[X(t,\xi)\right]&=\lim_{L\to\infty}\frac{1}{2L}\int_{-L}^{L} s(t+\Phi)\,\mathrm{d}t=\frac{1}{T}\int_0^T s(t+\Phi)\,\mathrm{d}t\\&=\frac{1}{T}\int_{\Phi}^{\Phi+T} s(\theta)\,\mathrm{d}\theta=\frac{1}{T}\int_0^T s(\theta)\,\mathrm{d}\theta=E\left[X(t)\right]\end{aligned}$$

可见$X(t)$为均值各态历经的。又

$$\begin{aligned}A\left[X(t+\tau,\xi)X(t,\xi)\right]&=\lim_{L\to\infty}\frac{1}{2L}\int_{-L}^{L} s(t+\tau+\Phi)s(t+\Phi)\mathrm{d}t\\&=\frac{1}{T}\int_0^T s(t+\tau+\Phi)s(t+\Phi)\mathrm{d}t\\&=\frac{1}{T}\int_{\Phi}^{\Phi+T} s(\theta+\tau)s(\theta)\mathrm{d}\theta\\&=\frac{1}{T}\int_0^T s(\theta+\tau)s(\theta)\mathrm{d}\theta\\&=R_X(\tau)\end{aligned}$$

因此，$X(t)$也是相关函数各态历经的。所以，它是广义各态历经的。

许多典型的随机信号可以由上述各个判断条件说明它们是各态历经的，比如，随机正弦信号、随机二进制传输信号、随机电报信号、高斯白噪声等。但也有一些实际信号，要严格地从理论上证明它们是否各态历经并不容易。由于实际物理信号的各个样本函数都出自相同的随机因素，因此，有理由认为它们大都将经历信号的各个状态，符合各态历经性。所以，在分析实际随机信号时，通常可先假定它们具有各态历经性，再利用试验检验其合理性。

最后，我们注意到：因为具有各态历经性，随机信号的数字特征有着清楚的物理意义。在电路理论与信号分析等讨论中，我们在时间平均的含义上建立了信号的直流、交流与平均功率的概念。很容易发现，对于各态历经随机信号$X(t)$，有下述性质。

① 信号的均值函数等于它的直流分量幅度，即

$$m_X=\lim_{T\to\infty}\frac{1}{2T}\int_{-T}^{T} X(t)\mathrm{d}t=\text{直流分量幅度}$$

② 信号的方差函数等于它的交流平均功率，即

$$\sigma_X^2=\lim_{T\to\infty}\frac{1}{2T}\int_{-T}^{T}\left[X(t)-m_X\right]^2\mathrm{d}t=\text{交流平均功率}$$

③ 信号的均方值函数等于它的总平均功率，即

$$E\left[X^2(t)\right]=\lim_{T\to\infty}\frac{1}{2T}\int_{-T}^{T}X^2(t)\mathrm{d}t=\text{总平均功率}$$

4.2 参数的估计与测量方法

本节介绍估计的基本概念，以及几种统计参数的测量原理与方法，它们是各种工程试验分析与许多信号处理技术的基础。

4.2.1 估计的基本概念

从上一节我们知道，由信号 $X(t)$ 的一段样本函数可以近似地估测它的均值函数 m_X，即

$$m_X\approx\frac{1}{2T}\int_{-T}^{T}X(t,\xi)\,\mathrm{d}t$$

在理论上，这又常常称为**估计**（Estimate），它是根据测到的一些样本数据来求取某种统计参数所得的近似值。习惯上用“^”标示，例如 m_X 的估计记为 $\hat{m}_X$，即

$$m_X\approx\hat{m}_X=\frac{1}{2T}\int_{-T}^{T}X(t)\,\mathrm{d}t \tag{4.14}$$

这里省去 ξ。

显然估计具有随机性，它会因每次参测样本的不同而不同。因此，$\hat{m}_X$ 本质上是随机变量。好的估计结果应尽可能贴近理论真值 m_X，且波动尽量小。这便是：

① **无偏性**：应使 $E\left[\hat{m}_X\right]=m_X$。

② **波动性**：$\mathrm{Var}\left[\hat{m}_X\right]$ 越小越好。

一般而言，最佳估计应该是无偏的并具有最小的方差，即**最小方差无偏估计**（MVUE, Minimum Variance Unbiased Estimate）。如果随着参测样本量的无限增多（这里为 $T\to\infty$），$\mathrm{Var}\left[\hat{m}_X\right]\to 0$，则称该估计是**渐近一致估计**。

理论上讲，当信号具有各态历经性时，时间平均估计器就是无偏的与渐近一致的。只要样本量非常多，该估计器就可以提供非常好的性能。但实际应用中，样本量总是有限的，因而，估计值总是存在误差。

由于 $\hat{m}_X$ 是随机的，我们关心用它作为测量结果的准确度与可信度到底有多大？为此，我们做如下考虑：给定误差要求 ε 与（小于 1 的）正数 α，并称 $1-\alpha$ 为**置信水平**（Confidence Level），要求估计满足：

$$P\left[\left|\hat{m}_X-m_X\right|<\varepsilon\right]\geqslant 1-\alpha \tag{4.15}$$

其物理意义是，测量结果达到误差要求 ε 的可信概率不低于 $1-\alpha$。

总之，进行测量的问题就是要设计一个偏差小、方差小的估计，由一批原始数据去估测感兴趣的参数。我们期待它对于给定的精度要求能达到预定的置信水平。有时，估计器的设计可能还会因数据的多少而异。本节后面给出了几种主要参数的估计方法，它们是常用的与良好的，由于篇幅所限，这里只讨论最基本的方法及其原理。

4.2.2 模拟测量方法

1. 均值测量方法

我们已经知道由一段样本的局部平均可以近似得到信号的均值，这种方法可以看成让信

号的样本通过一个线性时不变系统$h(t)$，将其输出用做测量结果，即

$$Y(t)=\frac{1}{2T}\int_{t-2T}^{t}X(s)\,\mathrm{d}s=X(t)*h(t) \tag{4.16}$$

取$\hat{m}_X=Y(T)$。其中

$$h(t)=\begin{cases}\dfrac{1}{2T}, & t\in[0,2T]\\ 0, & 其他\end{cases}$$

如果信号是均值各态历经的，则该估计是无偏的与渐近一致的。但用其他形式的$h(t)$可能构造出更好的估计器。直觉告诉我们，可能用 LPF（低通滤波器）仿照求取直流分量的方法来测量均值。考虑直流增益为 1、带宽为 BHz 的理想 LPF，在第 5 章中我们将说明$X(t)$通过它以后，输出信号$Y(t)$的均值仍然为m_X，而方差为 $Y(t)$的交流功率。可见，该方法是无偏的，并且，只要带宽足够窄，它的方差可以相当小。

例 4.4　测量信号均值。

用 LPF 测量某平稳信号的均值函数，要求相对误差小于5%，置信水平达到90%，试说明确定带宽 B 的方法。

解：首先可粗选一个带宽为B_0（相当小）的 LPF 进行试测量，测得$Y(t)$的取值为m_0，交流功率为P_0。由此可估计采用带宽 B 时的方差，$\sigma_Y^2\approx P_0B/B_0$。按要求，估计器应满足

$$P\left[\left|\hat{m}_X-m_X\right|<m_0\times 5\%\right]\geqslant 90\%$$

因为不知道$\hat{m}_X$的分布特性，可利用切比雪夫不等式

$$P\left[\left|\hat{m}_X-m_X\right|<m_0\times 5\%\right]\geqslant 1-\frac{{\sigma_Y}^2}{(m_0\times 5\%)^2}\approx 1-\frac{P_0B}{B_0\times {m_0}^2\times(0.05)^2}\geqslant 90\%$$

由此可估计出 B 的取值。

由于带宽比较窄，$\hat{m}_X$通常接近正态分布，这时 B 的条件可以放宽一些，具体的要求可以利用标准正态分布表去估计。

2．相关函数的测量

利用 LPF 作为均值估计器，可构造如图 4.1 与图 4.2 所示的两种相关测量仪，其中 LPF 的带宽应该尽量小。

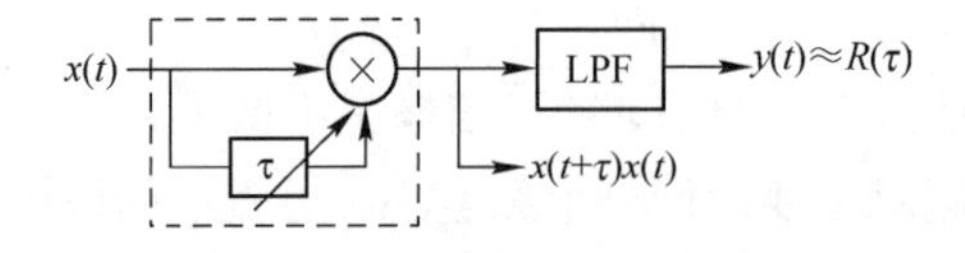

图 4.1　利用乘法器件的相关测量仪

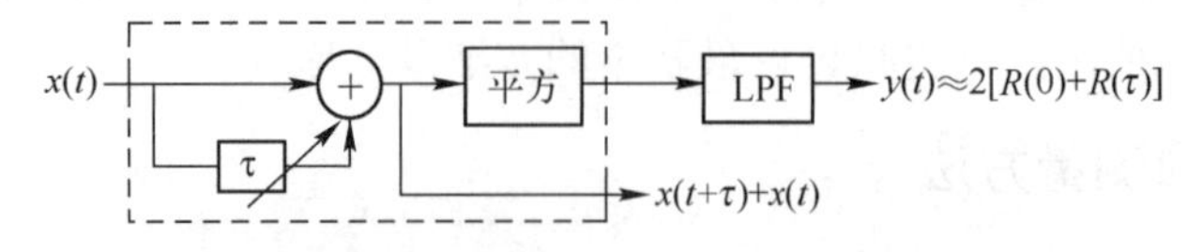

图 4.2　利用平方器件的相关测量仪

也可以利用非线性（平方）器件来实现乘法器，因为

$$E\left\{\left[x(t+\tau)+x(t)\right]^2\right\}=2\left[R(0)+R(\tau)\right] \tag{4.17}$$

最后，设法在输出中找出 $R(0)$ 并扣除它。

4.2.3 采样测量方法

随着数字电路、取样技术与 DSP 器件的发展，利用采样数据进行数字测量的方法既简便又准确，因而得到大量应用。

1. 均值测量方法

最常用的方法是取 N 个样本数据并简单地进行平均，即

$$\hat{m}_X=\frac{1}{N}\sum_{i=0}^{N-1}X_{\mathrm{d}}[i] \tag{4.18}$$

其中，样本信号的采样数据记为 $X_{\mathrm{d}}[i]=X(iT_{\mathrm{s}},\xi)$，$T_{\mathrm{s}}$ 为采样间隔。该估计也称为**样本均值**，它是无偏与渐近一致的。假定信号是平稳的，其方差为

$$\begin{aligned}\operatorname{Var}(\hat{m}_X)&=\frac{1}{N^2}E\left\{\left[\sum_{i=0}^{N-1}(X_{\mathrm{d}}[i]-m_X)\right]\left[\sum_{j=0}^{N-1}(X_{\mathrm{d}}[j]-m_X)\right]\right\}\\&=\frac{1}{N^2}\sum_{i=0}^{N-1}\sum_{j=0}^{N-1}C_{\mathrm{d}}[i-j]=\frac{\sigma_X^2}{N^2}\sum_{i=0}^{N-1}\sum_{j=0}^{N-1}\rho_{\mathrm{d}}[i-j]\end{aligned} \tag{4.19}$$

式中，$C_{\mathrm{d}}[i-j]=C_X((i-j)T_{\mathrm{s}})$，$\rho_{\mathrm{d}}[i-j]=\rho_X((i-j)T_{\mathrm{s}})$。如果采样数据之间彼此无关，则

$$\operatorname{Var}(\hat{m}_X)=\frac{\sigma_X^2}{N}\to 0,\qquad N\to\infty \tag{4.20}$$

2. 方差测量方法

如果信号的均值是已知的，则其方差估计设计为

$$\hat{\sigma}_X^2=\frac{1}{N}\sum_{i=0}^{N-1}(X_{\mathrm{d}}[i]-m_X)^2 \tag{4.21}$$

它是无偏的与渐近一致的。但如果信号的均值未知，需先由式（4.18）估计出均值后，再构造估计器

$$\hat{\sigma}_X^2=\frac{1}{N}\sum_{i=0}^{N-1}(X_{\mathrm{d}}[i]-\hat{m}_X)^2 \tag{4.22}$$

可以求得

$$E\left[\hat{\sigma}_X^2\right]=\frac{N-1}{N}\sigma_X^2\neq\sigma_X^2$$

因此，这时的估计器是有偏的，但随着 $N\to\infty$ 而渐近无偏。如果数据量不够多（N 较小），这时有偏的影响会较严重。应用中常常改用下面的无偏估计器

$$S^2=\frac{1}{N-1}\sum_{i=0}^{N-1}(X_{\mathrm{d}}[i]-\hat{m}_X)^2 \tag{4.23}$$

式中，S^2 称为**样本方差**（Sample Variance）。

3．相关函数测量方法

容易想到的估计式为

$$\hat{R}_X[m]=\begin{cases}\dfrac{1}{N}\sum_{i=0}^{N-1}X_{\mathrm{d}}[i+m]X_{\mathrm{d}}[i], & m=0,1,\cdots,M\\ \hat{R}_X[-m], & m=-1,\cdots,-M\\ 0, & 其他\end{cases} \quad (4.24)$$

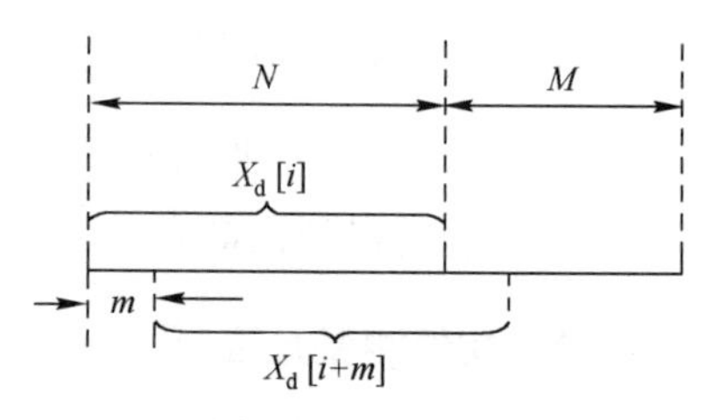

图 4.3　数据安排

当 $m<0$ 时，上式中利用了 $R_X[m]$ 的偶函数特性。为了求得 $|m|\leqslant M$ 的 $R_X[m]$，需要 $L=N+M$ 个数据，如图 4.3 所示。

通常为了充分利用已知的 L 个数据来求取更宽范围的 $R_X[m]$，可以改进估计式为

$$\hat{R}_X[m]=\frac{1}{L-m}\sum_{i=0}^{L-m-1}X_{\mathrm{d}}[i+m]X_{\mathrm{d}}[i],\ m=0,1,\cdots,L-1 \quad (4.25)$$

或者干脆简化为

$$\hat{R}_X[m]=\frac{1}{L}\sum_{i=0}^{L-m-1}X_{\mathrm{d}}[i+m]X_{\mathrm{d}}[i] \quad (4.26)$$

容易发现，这个估计器虽然是有偏的，但却是渐近无偏的。于是当数据量较大时，偏差不明显。由于具有其他一些特性，式（4.26）的估计器在实际应用中更常用。

4．密度函数的测量方法

由一批样本数据估计密度函数的方法十分直观：将取值区域划分为子区间，逐个统计各子区间上取值的相对频率。具体做法为：

① 求取值范围：$a=\min\{X_{\mathrm{d}}[i]\}$，$b=\max\{X_{\mathrm{d}}[i]\}$。

② 选定 k 值，将值域 $[a,b]$ 划分成 k 个子区间，依次编号为 $0,1,\cdots,k-1$，区间长 $\varDelta=(b-a)/k$。

③ 对于每个 $X_{\mathrm{d}}[i]$ 统计它属于哪个子区间，对该子区间计数。

④ 最后得出各子区间的计数值 $N_0,N_1,\cdots,N_{k-1}$，于是密度函数为

$$p_i\approx\frac{N_i}{N},\quad i=0,1,\cdots,k-1$$

这种结果也常被绘成方条状图形，称为**直方图**（Histogram），如图 4.4 所示。该方法也称为**直方图法**。

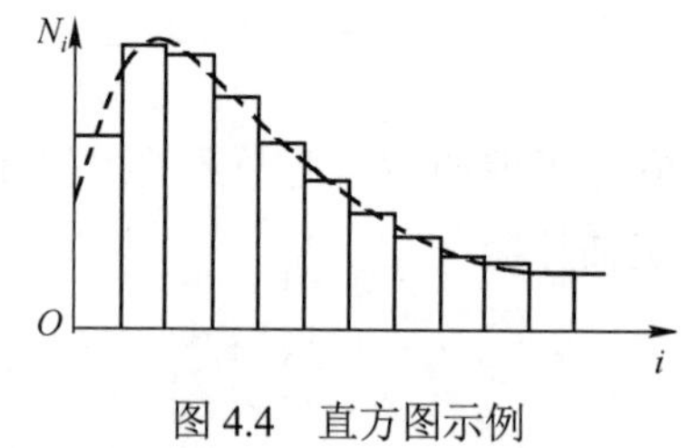

图 4.4　直方图示例

实际应用中，$X_{\mathrm{d}}[i]$ 的取值经常已经数字化，例如图像处理中，一幅 $M\times M$ 的8比特图像可视为 M^2 个取值 0～255 的样本数据，这时常取 $k=256$，$\varDelta=1$，用直方图法统计其密度函数。

例 4.5　图像直方图与直方图均衡。

图像是一种以位置(i,j)为参量的二维像素值信号，不妨记为 $p(i,j)$。由于各像素值具有随机性，因此它是一种二维随机信号。图像的一种基本统计特性是其像素值的密度函数，可以借助直方图法来获得。

考虑如图 4.5(a)所示的 8 比特灰度图像（原图像），运用直方图法可以计算出它的

直方图曲线如图 4.5(b)中细线所示。8 比特像素（灰度）值的范围为 0 ~ 255，对应于直方图的横轴范围；原图中每一种灰度值的像素数目对应于直方图的纵向值，比如，灰度取值 10 左右的像素点大概有 2500 个。直方图直观地反映出图像灰度值分布的特点，显然，图 4.5(a)的灰度值分布很不均匀，大部分区域黑暗，直方图也显示像素灰度大量集中在 0 ~ 30 区间。

(a) 原图像

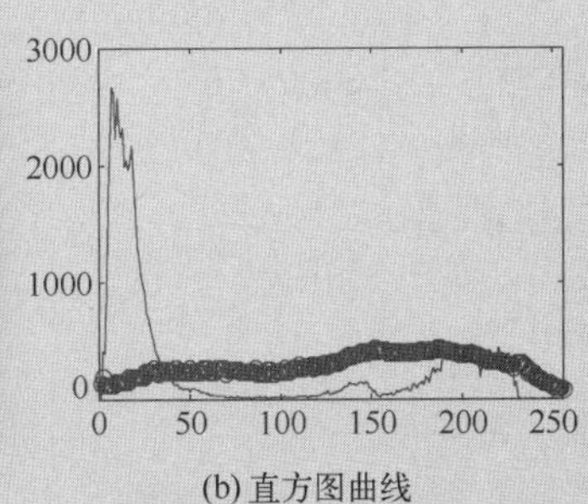

(b) 直方图曲线

(c) 均衡后的图像

图 4.5　图像直方图与直方图均衡效果

直方图均衡（Histogram Equalization）是指通过调整图像的直方图来改善其视觉效果的技术。图 4.5(c)是这一方法处理后的图像，相应的直方图见图 4.5(b)中的粗线，显然，处理后图像的直方图更为均匀，图像各层级的对比度更均衡，视觉效果有明显改进。直方图均衡的数学原理是：运用函数来改变随机变量的概率特性。经典的直方图均衡算法以均匀分布为目标，后面 4.4.2 节将具体说明如何设计函数来满足目标要求。

4.3　随机模拟方法

随机模拟方法又称为**统计试验方法**，是一种通过随机变量与信号的统计试验来研究与解决科学问题的方法。它通常大量地运用计算机进行仿真。随机模拟的基本方法也称为**蒙特卡罗**（Monte Carlo）**法**。蒙特卡罗法有时也是随机模拟的同义词。

本节介绍蒙特卡罗法的基本概念，并简单介绍一些使用 MATLAB 进行随机模拟与试验的方法。

4.3.1　蒙特卡罗法

蒙特卡罗（Monte Carlo）本身是摩纳哥的一个城市，以赌博闻名于世，蒙特卡罗法借用该名称来象征性地表明这种方法的特点。蒙特卡罗法是 Velleman 与 Von Neumann 等人在 20 世纪 40 年代为研制核武器而提出来的。这种方法的基本思想早已被数学家所发现与利用，最早的例子是有名的布丰投针试验，距今已有 200 余年。

例 4.6　布丰（Buffon）投针试验。将一根长为 l 的（细）针随机地掷于标有无数平行线的地面上，假定平行线间距为 $2l$，则针与平行线相交的概率为 $1/\pi$。试说明用试验验证该概率值的方法。

解：重复进行 n 次投针试验，统计针与任一根平行线相交的数目，记为 n_A，可以预测

$$\frac{n_A}{n} \to \frac{1}{\pi}, \quad 当 n \to \infty 时 \tag{4.27}$$

进行这项试验可以验证大数定律并计算该概率值。

布丰投针试验中，落在地面上的针的中心点O与角度Θ如图 4.6 所示，令O与最近一根平行线的距离为D，投掷的随机性使D与Θ分别服从均匀分布$U(-l,+l)$与$U(0,\pi)$，并彼此独立。定义事件A为{针与平行线相交}，并由图 4.6 可见，$B=(l/2)\sin\Theta$，则$A=\{O$点进入阴影区$\}=\{|D|\leqslant B\}$。显然

$$P(A|\Theta=\theta)=2\times\frac{B}{2l}\bigg|_{\Theta=\theta}=\frac{1}{2}\sin\theta$$

于是 $P(A)=E\left(\frac{1}{2}\sin\Theta\right)=\frac{1}{2}\int_0^{\pi}\sin\theta\frac{1}{\pi}\mathrm{d}\theta=\frac{1}{\pi}$

因此，针与平行线相交的概率为$1/\pi$。

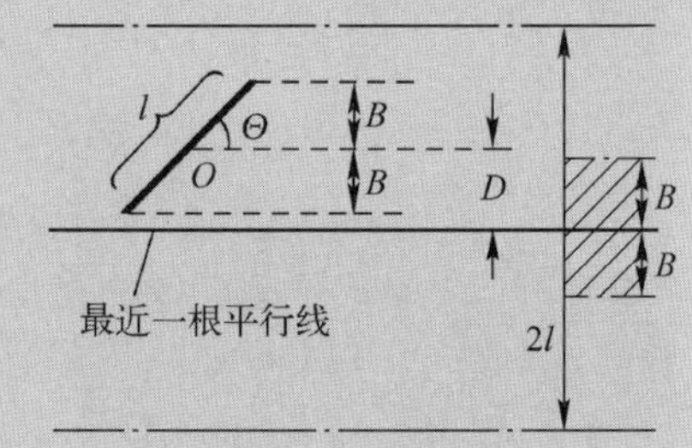

图 4.6　例 4.6 图

例 4.7　利用布丰投针试验求圆周率。

解： 按照上面的讨论，只要反复进行试验就可以预测

$$\frac{n}{n_A}\to\pi,\ 当\ n\to\infty\ 时$$

因此，进行大量试验后可近似求得$\pi\approx n/n_A$。

上面的讨论说明，人为构造一种随机模型，使它的统计试验的某些特征数（如频率、样本均值等）作为所要求的估计值，这就是蒙特卡罗法的基本思想。恰当地设计随机试验装置不仅可以验证科学结论，还可能进行数值计算。

应用随机模拟的方法时，建立物理的试验装置可能很困难，但利用计算机“虚拟”各种统计试验却十分容易，因此这种方法与计算机结合变得非常有用。模拟试验既可以为理论知识提供提示与方向，又是检验假设、理论和模型是否成立的一条途径（有时是唯一的途径）。它还是一些重要统计方法的基础。

用随机模拟研究与解决实际问题的典型步骤如下。

① 根据问题构建模拟系统；

② 仿真系统中各种分布的随机变量与信号；

③ 运行模拟系统，进行统计测量；

④ 分析数据，给出系统结果。

例 4.8　假定独立均匀分布随机信号通过冲激响应为$h(t)$的 LTI 系统，试说明如何用试验方法求取其输出的一维密度函数。

解： 利用计算机模拟产生独立均匀分布的随机数序列，用该序列仿真随机信号通过$h(t)$系统的情形，收集输出序列并测量其一维密度函数，只要仿真试验数据充分，所获得的结论就可以足够准确。

4.3.2　用 MATLAB 进行实验

利用 MATLAB 进行实验时，常常用到它的随机数产生功能、信号与系统模块、测量与分析工具、图形显示命令等。MATLAB 有三种基本的使用模式：① 命令行模式；② M-file 模式；③ Simulink 模式。下面举例说明利用 MATLAB 进行实验的一些基本方法。

1. 产生随机数进行数值计算

下面利用第 1 章介绍的 MATLAB 函数与命令，产生随机数，并依据 Buffon 试验，进行圆周率的数值计算。

实验 1 利用 Buffon 试验计算圆周率 π 。

解： 根据例 4.6 与例 4.7 的分析，该试验装置的数学本质为

$$P(A)=\frac{1}{\pi}=P[|D|<B]=P\left[|D|<\frac{l\sin\Theta}{2}\right]$$

其中，D 为 $U(-l,+l)$ 分布，Θ 为 $U(0,\pi)$ 分布，l 为任意常数。我们由此建立如下计算方法：

（1）产生随机数 D 与 Θ ；

（2）统计事件 $\{|D|<(l\sin\Theta)/2\}$ 的相对频率 NA/N ；

（3） $\pi\approx N/\mathrm{NA}$ 。

用 Help 找到有关命令，并建立如下 M-file“buffon.m”；没有语法错误后可在命令行执行，几次执行结果如下：

```
N=10000;
L=20;
D_array=unifrnd(–L, L,[1,N]);
theta_array =unifrnd(0,pi,[1,N]);
Dist_array =abs(D_array)–L/2*sin(theta_array);
NA=sum(Dist_array <0);
pi_estimate=N/NA;
disp(pi_estimate);
```

Command Window

```
>> buffon
    3.1075
>> buffon
    3.1656
>> buffon
    3.2248
>> buffon
    3.1807
```

从命令行模式看，MATLAB 是一个强大的计算器，它丰富的命令可以从 Help 中查找；从 M-file 模式看，MATLAB 是一个特定的计算机语言，它与普通语言（如 C 语言）相似，但它拥有大量现成和强大的数学函数。

2. 随机信号与统计测量

连续使用第 1 章介绍的“????rnd( )”产生的随机数是彼此独立的，因此，反复调用这类函数可以产生各种分布的独立信号。下面我们举例说明产生简单的随机信号并进行基本测量的方法。

实验 2 模拟独立二进制数据序列。产生一段（–1,+1）等概的独立二进制数据序列，长度为 128 点。（1）绘制该段信号的波形；（2）求自相关函数。

解： 实验中要用到的核心函数为： $\mathrm{xcorr}(x,y)$ ，它用于估计序列 x 与 y 的自相关函数，其结果除以序列长度 N 后等于 $R_{xy}[m]$, $m=-N+1,-N+2,\cdots,N-1$ 。本实验可以用 M-file 或命令行方式进行如下尝试。结果如图 4.7 所示。

```
N=128;                  %长度为 128
x=unidrnd(2,1,N);       %128 点二元数据序列，取值 1 与 2
y=(x*2)–3;              %变换为取值–1 与+1 的序列
```

```
stem(y);                    %绘制序列（针状图）
Ryy=xcorr(y)/N;             %计算自相关函数
m=[-N+1:N-1];               %校准离散时间坐标，以便绘图
plot(m,Ryy);                %绘制自相关函数
```

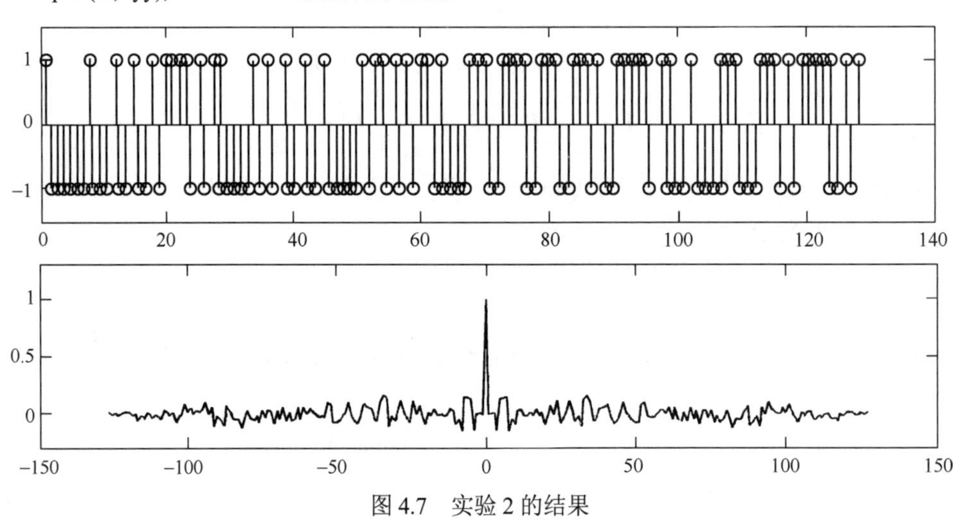

图 4.7　实验 2 的结果

实验 3　模拟连续独立信号。产生一段在[−1,+1]上均匀分布的独立随机信号，长度为 0.5 s。（1）绘制该段信号的波形；（2）求自相关函数；（3）计算其功率谱。

解： 计算机只能产生各种离散信号序列。在模拟连续信号时，本质上都是产生信号的采样序列。只要采样率足够高，模拟就可以非常准确。作为示例，假定我们关注的是 500 Hz 以内的信号，因此令 f_s=1000。

实验中我们用到新的核心函数 periodogram(x, window, N_{fft}, f_s)，它用于估计序列 x 的功率谱。估计中用到窗函数与 FFT 变换，window 给出窗函数（初略计算时，可以用“[ ]”表示矩形窗），N_{fft} 给出 FFT 长度，而 f_s 是采样率。

本实验可以用 M-file 或命令行方式进行如下尝试。结果如图 4.8 所示。

```
fs=1 000;                          %设定采样率为 1000 Hz
Ts=1/fs;
N=512;                             %长度为 512，相当于 0.512 s
x=unifrnd(-1,1,1,N);               %512 点均匀分布数据
t=[0:Ts:(N-1)*Ts];                 %校准时间坐标，以便绘图
plot(t,x);                         %绘制波形
r=xcorr(x)/N;                      %计算自相关函数
tao=[-(N-1)* Ts:Ts:(N-1)* Ts];     %校准时滞坐标，以便绘图
plot(tao,r);                       %绘制自相关函数
NFFT=512;                          %采用 512 点 FFT
periodogram(x,[],NFFT,fs);         %计算并绘制功率谱
```

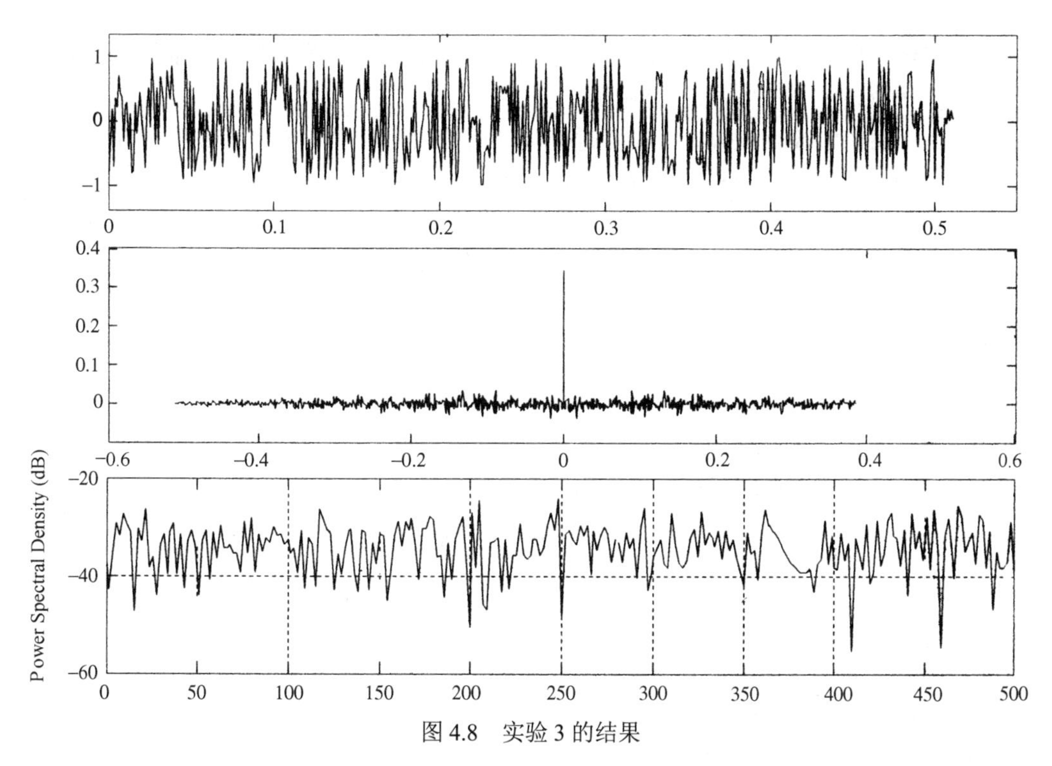

图 4.8　实验 3 的结果

其实，本实验需要模拟的独立信号本质上也是白噪声，其理论带宽为无穷大，因此无法用任何采样率的采样序列精确地模拟它。实际应用中的问题总是在一定的带宽以内进行讨论的，因此模拟独立信号时可以只考虑实际需要的带宽部分。本实验考虑的是 500 Hz 以内的信号部分，因此采样率选为 1000 Hz。设定更高的采样率，可以获得更宽频带的信号，但数据量与计算量也随之增加。

4.4　简单随机数的产生方法

进行实验时，一个重要的基础工作是产生各种分布的随机数。许多计算机软件包提供了现成的工具函数，如在第 1 章的最后介绍了 MATLAB 中相关的函数与命令。但在某些基础的软件与硬件系统的设计中，常常需要自己产生随机数。因此，本节介绍一些简单随机数的产生原理与方法。

4.4.1　均匀分布随机数的产生

均匀分布的随机数是最基本、最简单的随机数，它的产生是所有随机模拟算法的基础，只要有了它就可以通过某种方法构造出其他任意分布的随机数。

定义 4.1　如果一个实数列 $\{u_i\}$ 与均匀分布的独立随机变量序列 $\{U_i\}$ 的样本序列具有相同的统计特性，我们就称它是随机的，该实数列中的各个数称为**均匀分布随机数**，简称**随机数**（Random Number）。

这里指的是在 [0,1] 区域上的均匀分布，即 $U(0,1)$，其密度函数为

$$f(u)=\begin{cases}1, & u\in[0,1)\\ 0, & \text{其他}\end{cases} \tag{4.28}$$

因此，产生随机数就是要获得一列数列：$u_1, u_2, \cdots$，它们看起来像是独立、重复的$U(0,1)$分布随机变量的样本值。产生的方法有三种：

① 将已有的随机数存入数表，需要时直接使用，如美国兰德公司所做的百万随机数表；

② 利用物理方法制成随机数发生器，如利用晶体管等器件内在的随机噪声制成的集成电路芯片。

③ 利用数学方法产生随机数。这种随机数也称为伪随机数。这种方法容易与计算机结合，因而得到广泛应用，以下重点讨论它。

伪随机数是指按照一定的计算公式产生的一列数，主要借助于如下的递推公式

$$u_n = f(u_{n-1}, u_{n-2}, \cdots, u_{n-k})$$

该公式（或算法）也称为**随机数发生器**（RNG）。实际应用中有许多现成的随机数发生器供选择，通常采用简单的**线性同余法**，公式如下

$$y_0 = 1,\ y_n = ky_{n-1}\ \ (\mathrm{mod}\ N),\ u_n = y_n / N \tag{4.29}$$

下面给出了式（4.29）的三组常用参数：

① $N = 10^{10}, k = 7$，周期≈5×10^7；

② （IBM 随机数发生器）$N = 2^{31}, k = 2^{16}+3$，周期≈5×10^8；

③ （ran0）$N = 2^{31}-1,\ k = 7^5$，周期≈2×10^9。

伪随机数本质上不是随机的，而且存在周期性。但如果计算公式选择得当，所产生的数据看似随机的，并可以通过数理统计规定的随机数性能测试，因此可以在很多场合中作为随机数使用。

4.4.2 利用变换法产生其他随机数

由均匀分布的随机数可以构造出任意$F(x)$分布的随机数，最基本的方法是逆变换法，其原理如下：

给定分布函数$F(x)$（假定它是严格单调的），由它的反函数$F^{-1}(\ )$对均匀随机变量U进行变换，可得

$$X = F^{-1}(U) \tag{4.30}$$

则X的分布函数正好是$F(x)$。因为

$$\begin{aligned} F_X(x) &= P[X \leqslant x] = P\left[F^{-1}(U) \leqslant x\right] = P\left[U \leqslant F(x)\right] \\ &= \int_{-\infty}^{F(x)} f_U(u)\mathrm{d}u = \int_0^{F(x)} 1\cdot \mathrm{d}u = F(x) \end{aligned}$$

式中，$f_U(u)$是U的密度函数，见式（4.28）。

例 4.9 给出产生指数分布随机数的方法。

解：假定U为$[0,1)$区间上均匀分布的随机变量，由于参数为λ的指数分布的分布函数为$F(x)=1-\mathrm{e}^{-\lambda x}$，因此

$$X = F^{-1}(U) = -\frac{1}{\lambda}\ln(1-U) = -\frac{1}{\lambda}\ln U_1$$

式中，$U_1 = 1-U$，它也是在$[0,1)$区间上均匀分布的随机变量。因此，X的模拟方法为：

① 产生均匀分布随机数列$\{u_i\}$；

② 计算指数分布随机数列：$\{x_i = -\ln u_i/\lambda\}$。

例 4.10 产生概率为$(0.3,0.7)$的$(0,1)$二元随机数列$\{x_i\}$。

解：首先产生均匀分布随机数u_i，再按下式生成该二元随机数：

$$x_i = \begin{cases} 0, & u_i \leqslant 0.3 \\ 1, & \text{其他} \end{cases}$$

4.4.3 正态分布随机数的产生

正态分布随机数应用广泛，下面先介绍产生标准正态分布随机数的两种常用方法。

（1）累加近似法

① 产生 12 个相互独立的均匀分布随机数$u_1,u_2,\cdots,u_{12}$；

② 计算$x_i = \sum_{k=1}^{12} u_k - 6$。

x_i近似为$N(0,1)$分布的随机数。

容易发现，该方法的原理是独立同分布中心极限定理，这里随机数的个数取为 12，实验表明多数情况下这就足够了。

（2）变换法

① 产生两个相互独立的均匀分布随机数u_1,u_2；

② 计算：
$$x_1 = \sqrt{-2\ln u_1}\cos 2\pi u_2\text{ ，}\quad x_2 = \sqrt{-2\ln u_1}\sin 2\pi u_2 \tag{4.31}$$

它们是相互独立的$N(0,1)$随机数对。

当需要一段正态分布$N(\mu,\sigma^2)$的随机数y_i时，可对$N(0,1)$随机数进行变换：$y_i = \sigma x_i + \mu$。

习题

4.1 随机信号$Y_1(t)$与$Y_2(t)$的实测样本函数如图题 4.1 所示，试说明它们是否为均值各态历经的。

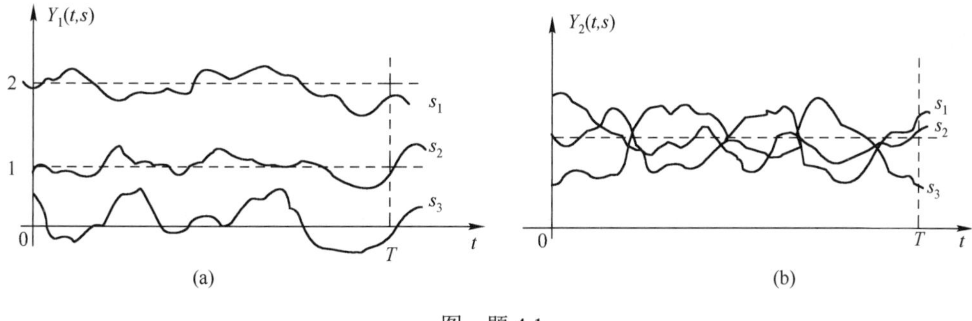

图　题 4.1

4.2 随机二元传输信号如例 3.15 所述，试分析它的均值各态历经性。

4.3 随机电报信号如例 3.16 所述，试分析它的均值各态历经性。

4.4 随机信号$X(t)$与$Y(t)$是联合广义各态历经的，试分析$Z(t) = aX(t) + bY(t)$的各态历经性，其中a与b是常数。

4.5 已知随机过程$X(t) = A\cos(\omega_0 t + \Phi)$，其中$\omega_0$为常数，随机相位$\Phi$服从$(0,2\pi)$上的均匀分布；$A$

可能为常数，也可能为随机变量，且当 A 为随机变量时，它和随机变量 Φ 相互独立。求：

（1）时间自相关函数及自相关函数；

（2）A 具备什么条件两种自相关函数才能相等？

4.6　随机过程 $X(t)=A\sin t+B\cos t$，式中，A 和 B 为零均值随机变量，且相互独立。求证 $X(t)$ 是均值各态历经的，而均方值无各态历经性。

4.7　利用低通滤波器作为均值估计器，设计信号 $X(t)$ 与 $Y(t)$ 的互相关模拟测量系统，简要说明其工作原理。

4.8　已知平稳随机过程的均值 m_X 与方差 σ_X^2 存在，$x_1,x_2,\cdots,x_N$ 是它的一组彼此无关的样本数据，试证明：

（1）$\hat{m}_X=\sum_{i=1}^{N}c_i x_i$ 是 m_X 的无偏估计，其中 $\sum_{i=1}^{N}c_i=1$；

（2）$\hat{\sigma}_X^2=\frac{1}{N}\sum_{i=1}^{N}(x_i-m_X)^2$ 是 σ_X^2 的无偏估计；

（3）$\hat{\sigma}_X^2=\frac{1}{N-1}\sum_{i=1}^{N}(x_i-\hat{m}_X)^2$ 是 σ_X^2 的无偏估计。

4.9　设计一种计算积分 $I=\int_0^1 x^n\mathrm{d}x$ 的蒙特卡罗算法，并编写 MATLAB 程序进行试验。

（提示：利用 $[0,1)$ 均匀分布随机数）。

4.10　编写 MATLAB 程序，产生 $[0,2)$ 均匀随机数的 1 000 个样本值。并且：

（1）计算该序列的均值、方差。观察它们与理论值误差的大小，改变序列长度重新计算。

（2）绘出该序列的直方图和密度函数。

4.11　编写 MATLAB 程序，产生一组均值为−1、方差为 4 的高斯随机数（1 000 个样本），绘出该序列的一个样本函数，并估计该序列的均值和方差。

4.12　编写 MATLAB 程序，检验上例所产生的高斯随机序列是否为白序列。

4.13　编写 MATLAB 程序，产生 N=1000 个随机数 $\{x_k,\ k=1,2,\cdots,N\}$，用下式

$$\hat{m}_X=\frac{1}{N}\sum_{n=1}^{N}x_n,\qquad \hat{\sigma}_X^2=\frac{1}{N-1}\sum_{n=1}^{N}(x_n-\hat{m}_X)^2$$

估计它们的均值和方差。实际应用中经常需要实时迭代计算，说明并尝试下述的递推算法：

$$m_X(0)=0,\qquad m_X(k)=m_X(k-1)+\frac{x_k-m_X(k-1)}{k}$$

$$\sigma_X^2(0)=0,\qquad \sigma_X^2(k)=\frac{k-2}{k-1}\sigma_X^2(k-1)+\frac{1}{k}[x_k-m_X(k-1)]^2$$

4.14　选取书中给定的一组参数并利用线性同余法产生均匀随机数 1000 个，测试其方差函数、自相关函数与直方图。

4.15　给出产生瑞利分布随机数的方法。

4.16　利用变换法产生 $N(1,4)$ 正态分布的随机数 1000 个，测试其方差函数、自相关函数与直方图。

4.17　利用逆变换法产生参数为 0.5 的指数分布随机数 1000 个，测试其方差函数、自相关函数与直方图。

第 5 章　随机信号通过线性系统

载有各种信息的信号本质上都是随机信号，信息的获取、变换、传输与处理要运用各种系统。信息与信号的处理过程其实就是它们通过相应系统的过程。在一般的信号与系统分析中，我们讨论的是确定信号，并建立了它们通过线性时不变系统的丰富理论结果。本章基于这样一些结果，讨论随机信号通过线性时不变系统的问题。

5.1　具有随机输入的线性时不变系统

系统是将输入信号 $x(t)$ 变换为输出信号 $y(t)$ 的一种映射规则。**线性时不变**（LTI，Linear Time-Invariant）系统可以用算子 $L[\ ]$ 表示为

$$y(t)=L\left[x(t)\right]$$

对于任何 $a_1,a_2,x_1(t),x_2(t)$ 与 τ，它满足：

① 线性性：　$L\left[a_1x_1(t)+a_2x_2(t)\right]=a_1L\left[x_1(t)\right]+a_2L\left[x_2(t)\right]$

② 时不变性：　$L\left[x(t-\tau)\right]=y(t-\tau)$

系统完全由算子 $L[\ ]$ 确定。

众所周知，LTI 系统的输出为

$$y(t)=x(t)*h(t)=\int_{-\infty}^{+\infty}x(t-u)h(u)\mathrm{d}u \tag{5.1}$$

其中，**冲激响应**（Impulse Response） $h(t)=L\left[\delta(t)\right]$。严格地讲，这里 $y(t)$ 指零状态响应，而由初始条件引起的响应（零输入响应）没有包括在内。如果考虑傅里叶变换，令

$$h(t)\leftrightarrow H(\mathrm{j}\omega)，\quad x(t)\leftrightarrow X(\mathrm{j}\omega)，\quad y(t)\leftrightarrow Y(\mathrm{j}\omega)$$

则

$$Y(\mathrm{j}\omega)=X(\mathrm{j}\omega)H(\mathrm{j}\omega) \tag{5.2}$$

下面分析具有随机输入的线性时不变系统。

5.1.1　系统的输出过程

当输入信号是随机过程时，系统对每个输入样本函数按规则进行映射，即

$$Y(t,\xi_i)=L\left[X(t,\xi_i)\right]$$

由于 ξ_i 在（$X(t)$ 对应的）整个样本空间取值，使得输出样本函数 $Y(t,\xi_i)$ 随 ξ_i 改变，因此，系统构造出另一个随机过程

$$Y(t,\xi_i)=L\left[X(t,\xi_i)\right]$$

称为 $X(t)$ 的**输出过程**，简记为 $Y(t)=L\left[X(t)\right]$。

确定性系统本身没有随机性，因此只对输入过程的 t 起作用。这时，对于相同的两次样本函数，如果 $X(t,\xi_1)=X(t,\xi_2)$，则其输出也是相同的，即 $Y(t,\xi_1)=Y(t,\xi_2)$。本书只讨论确定性系统。

对于稳定的 LTI 系统，如果输入信号的均方值 $E\left|X(t)\right|^2$ 存在，那么系统的输出过程可按

均方意义，由式（5.1）表示为

$$Y(t)=L\left[X(t)\right]=X(t)*h(t)=\int_{-\infty}^{+\infty}X(t-u)h(u)\mathrm{d}u \tag{5.3}$$

其实，当$X(t)$的均方值函数存在时，它所有的一、二阶矩都存在，这类信号是稳定的。工程应用中大量的信号都符合这样的要求。当稳定信号施加到稳定系统上时，其输出信号也一定是稳定的。在信号与系统课程的有关讨论中指出，稳定系统满足：

$$\int_{-\infty}^{+\infty}\left|h(u)\right|\mathrm{d}u<\infty$$

在以下的讨论中，除非特别指出，我们都考虑具有均方值的稳定输入信号与稳定的 LTI 系统。

虽然有了式（5.3）的形式，但要显式地求解出$Y(t)$与它的分布函数通常是很困难的。除一些特殊情况外，目前还没有一般方法可供利用。下面就几种特定情形来讨论求解$Y(t)$分布函数的问题。

① 如果$X(t)$是高斯信号，其积分结果是高斯的，于是，$Y(t)$也是高斯信号。这也可以解释为：由于式（5.3）近似为

$$Y(t)\approx\sum_{k}X(t-u_k)h(u_k)\Delta u_k$$

它是高斯随机变量的线性变换的扩展形式。因此，$Y(t)$也是高斯的。这时，只要计算出它的均值函数与相关函数，便可以完全确定$Y(t)$的概率特性。而且可以证明，$X(t)$与$Y(t)$是联合高斯的。

② 如果窄带的随机信号通过宽带的系统，当可以认为在信号$X(t)$的通带内$H(\mathrm{j}\omega)$几乎不变，即$Y(t)\approx kX(t)$，k为常数时，则$Y(t)$与$X(t)$具有相似的概率特性。

③ 如果是宽带的随机信号通过窄带的系统，则系统从信号$X(t)$中过滤出一窄带信号，当$X(t)$的带宽大于系统带宽约 7～10 倍时，工程实践中发现，可以近似认为$Y(t)$总是高斯的，即使$X(t)$是一般随机信号。

由于时不变性，若过程$X(t)$与$X(t+\tau)$的概率特性相同，则过程$Y(t)$与$Y(t+\tau)$的概率特性也相同。因此，如果$X(t)$是严格平稳的，则$Y(t)$也是严格平稳的。下面我们还将证明：如果$X(t)$是广义平稳的，则$Y(t)$也是广义平稳的；而且，$X(t)$与$Y(t)$是联合广义平稳的。

其实，分析输出过程的均值函数、相关函数与功率谱是容易的，而且它们也非常有用，因此，我们下面着重讨论它们。

5.1.2 输出过程的均值与相关函数

定理 5.1 对于任何稳定的线性系统有

$$E\left\{L\left[X(t)\right]\right\}=L\left\{E\left[X(t)\right]\right\} \tag{5.4}$$

证明：由于我们考虑的是稳定的 LTI 系统，求均值与求积分运算可以交换计算顺序，有

$$E\left[\int_{-\infty}^{+\infty}X(t-u)h(u)\mathrm{d}u\right]=\int_{-\infty}^{+\infty}E\left[X(t-u)\right]h(u)\mathrm{d}u=L\left\{E\left[X(t)\right]\right\}$$

如果$X(t)$是平稳随机过程，则其均值m_X为常数，自相关函数为$R_X(\tau)$，我们有下面的定理。

定理 5.2 若$X(t)$为平稳随机过程，$h(t)$为实 LTI 系统，$Y(t)=X(t)*h(t)$，则$X(t)$与$Y(t)$是联合广义平稳随机过程，并且有

① $$m_Y=m_XH(\mathrm{j}0) \tag{5.5}$$

② $$R_{YX}(\tau)=R_X(\tau)*h(\tau) \tag{5.6}$$

③ $$R_{XY}(\tau)=R_X(\tau)*h(-\tau) \tag{5.7}$$

④ $$R_Y(\tau)=R_X(\tau)*h(\tau)*h(-\tau) \tag{5.8}$$

其中，$H(\mathrm{j}0)=H(\mathrm{j}\omega)\big|_{\omega=0}=\int_{-\infty}^{+\infty}h(t)\mathrm{d}t$，是系统的直流增益。

证明：① 利用定理 5.1 有

$$E\left[Y(t)\right]=\int_{-\infty}^{+\infty}E\left[X(t-u)\right]h(u)\mathrm{d}u=\int_{-\infty}^{+\infty}m_X h(u)\mathrm{d}u=m_X H(\mathrm{j}0)$$

其中
$$H(\mathrm{j}0)=\int_{-\infty}^{+\infty}h(u)\mathrm{e}^{-\mathrm{j}\times 0\times u}\mathrm{d}u=\int_{-\infty}^{+\infty}h(u)\mathrm{d}u$$

② 由定义
$$\begin{aligned}E\left[Y(t_1)X(t_2)\right]&=E\left[\int_{-\infty}^{+\infty}X(t_1-u)X(t_2)h(u)\mathrm{d}u\right]\\&=\int_{-\infty}^{+\infty}R_X(t_1-u-t_2)h(u)\mathrm{d}u\\&=\int_{-\infty}^{+\infty}R_X[(t_1-t_2)-u]h(u)\mathrm{d}u\end{aligned}$$

令 $\tau=t_1-t_2$，于是可得

$$R_{YX}(\tau)=\int_{-\infty}^{+\infty}R_X(\tau-u)h(u)\mathrm{d}u=R_X(\tau)*h(\tau)$$

③ $$E\left[X(t_1)Y(t_2)\right]=\int_{-\infty}^{+\infty}R_X[t_1-(t_2-u)]h(u)\mathrm{d}u=\int_{-\infty}^{+\infty}R_X(t_1-t_2+u)h(u)\mathrm{d}u$$

令 $\tau=t_1-t_2$，$v=-u$，则

$$R_{XY}(t_1,t_2)=\int_{-\infty}^{+\infty}R_X(\tau-v)h(-v)\mathrm{d}v=R_X(\tau)*h(-\tau)$$

④ $$\begin{aligned}E\left[Y(t_1)Y(t_2)\right]&=\int_{-\infty}^{+\infty}\int_{-\infty}^{+\infty}E\left[X(t_1-u)X(t_2-v)\right]h(u)h(v)\mathrm{d}u\mathrm{d}v\\&=\int_{-\infty}^{+\infty}\int_{-\infty}^{+\infty}R_X(\tau+v-u)h(u)h(v)\mathrm{d}u\mathrm{d}v\\&=\int_{-\infty}^{+\infty}\left[R_X(\tau+v)*h(\tau+v)\right]h(v)\mathrm{d}v\\&=\left[R_X(\tau)*h(\tau)\right]*h(-\tau)\end{aligned}$$

输出信号的均值函数与相关函数的计算框图如图 5.1 所示。其他参数，如均方值函数、方差函数、自（互）协方差函数、自（互）相关系数与相关时间等都可由它们导出。

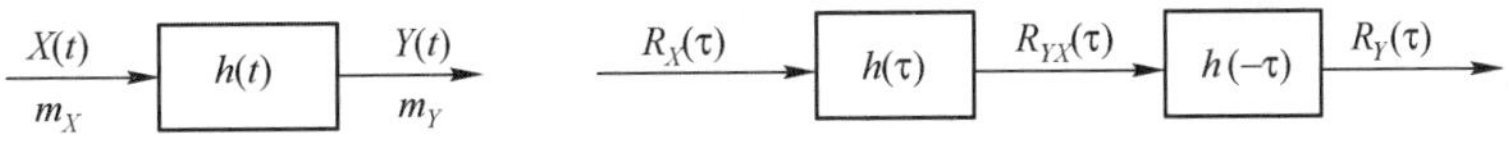

图 5.1　输出过程的均值与相关函数的计算框图

如果定义**系统（冲激响应）的相关函数**为

$$r_h(t)=h(t)*h(-t)=\int_{-\infty}^{+\infty}h(t+u)h(u)\mathrm{d}u \tag{5.9}$$

则 $R_Y(\tau)=R_X(\tau)*r_h(\tau)$。由于 $h^*(-t)\leftrightarrow H^*(\mathrm{j}\omega)$，显然 $r_h(\tau)\leftrightarrow\left|H(\mathrm{j}\omega)\right|^2$。有时称 $\left|H(\mathrm{j}\omega)\right|^2$ 为系统的**功率谱传输函数**，其意义可由下面推论中的式（5.12）看出。

推论　若 LTI 系统的频率响应为 $H(\mathrm{j}\omega)$，则其互功率谱与功率谱关系如下：

① $$S_{YX}(\omega)=S_X(\omega)H(\mathrm{j}\omega) \tag{5.10}$$

② $$S_{XY}(\omega)=S_X(\omega)H^*(\mathrm{j}\omega) \tag{5.11}$$

③ $$S_Y(\omega)=S_X(\omega)\left|H(\mathrm{j}\omega)\right|^2 \tag{5.12}$$

证明：由定理 5.2，直接根据功率谱与互功率谱的定义与傅里叶变换的卷积性质，并利用 $f^*(-t)\leftrightarrow F^*(\mathrm{j}\omega)$，可得出上面的结果。

例 5.1 某线性系统的冲激响应为 $h(t)=\mathrm{e}^{-bt}u(t),\ b>0$，输入 $X(t)$ 是零均值平稳高斯信号，其自相关函数为 $R_X(\tau)=\sigma_X^2\mathrm{e}^{-a|\tau|},\ a>0,\ a\neq b$。求：

（1）输出信号 $Y(t)$ 的功率谱与自相关函数；（2）$Y(t)$ 的一维密度函数；（3）$P[Y(t)\geqslant 0]$。

解：（1）输入是平稳信号，采用如下的频域分析方法

$$h(t)=\mathrm{e}^{-bt}u(t)\leftrightarrow\frac{1}{b+\mathrm{j}\omega},\quad R_X(\tau)=\sigma_X^2\mathrm{e}^{-a|\tau|}\leftrightarrow\frac{2a\sigma_X^2}{a^2+\omega^2}$$

由功率谱之间的关系有

$$S_Y(\omega)=S_X(\omega)\left|H(\mathrm{j}\omega)\right|^2=\frac{2a\sigma_X^2}{a^2+\omega^2}\frac{1}{b^2+\omega^2}$$
$$=\frac{2a\sigma_X^2}{b^2-a^2}\left(\frac{1}{a^2+\omega^2}-\frac{1}{b^2+\omega^2}\right)$$

因此
$$R_Y(\tau)=\frac{a\sigma_X^2}{b^2-a^2}\left(\frac{1}{a}\mathrm{e}^{-a|\tau|}-\frac{1}{b}\mathrm{e}^{-b|\tau|}\right)$$

（2）由于 $X(t)$ 是高斯信号，$Y(t)$ 也是高斯信号，并且

$$m_Y=m_XH(\mathrm{j}0)=0,\qquad \sigma_Y^2=R_Y(0)-m_Y^2=R_Y(0)=\frac{\sigma_X^2}{b(a+b)}$$

于是
$$f_Y(y,t)=\sqrt{\frac{b(a+b)}{2\pi\sigma_X^2}}\ \mathrm{e}^{-\frac{b(a+b)y^2}{2\sigma_X^2}}$$

（3）因为 $Y(t)$ 的均值函数为零，易见，$P[Y(t)\geqslant 0]=\int_0^\infty f_Y(y,t)\mathrm{d}y=0.5$。

例 5.2 设正弦随机过程为 $X(t)=a\cos(2\pi f_0t+\Phi)$，其中 a 为常量，Φ 在 $[0,2\pi]$ 上均匀分布。当 $X(t)$ 作用到如图 5.2 所示的 RC 电路上时，求稳态时输出信号的功率谱与自相关函数。

解：首先求系统的频率响应 $H(\mathrm{j}\omega)$。根据电路分析、信号与系统的知识，可得

$$H(\mathrm{j}\omega)=\frac{1/\mathrm{j}\omega C}{R+1/\mathrm{j}\omega C}=\frac{1}{1+\mathrm{j}\omega RC}$$
$$h(t)=\frac{1}{RC}\mathrm{e}^{-t/RC}u(t)$$

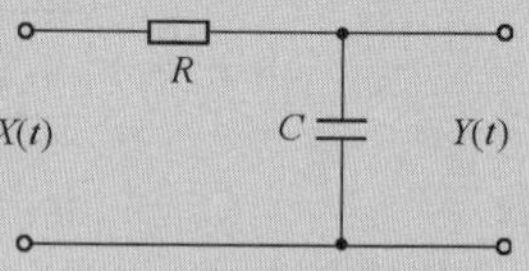

图 5.2 例 5.2 图

然后，求 $X(t)$ 的均值函数与自相关函数

$$m_X=E\left[X(t)\right]=0$$

$$R_X(t+\tau,t)=a^2E\left\{\cos\left[2\pi f_0(t+\tau)+\Phi\right]\cos\left[2\pi f_0t+\Phi\right]\right\}=\frac{a^2}{2}\cos 2\pi f_0\tau$$

可见，$X(t)$ 是广义平稳的。考虑系统稳态时的解，可利用推论得出

$$S_Y(\omega)=S_X(\omega)\left|H(\mathrm{j}\omega)\right|^2$$

$$=\frac{a^2\pi}{2}\left[\delta(\omega-2\pi f_0)+\delta(\omega+2\pi f_0)\right]\cdot\frac{1}{1+(\omega RC)^2}$$

$$=\frac{a^2\pi}{2(1+4\pi^2 f_0^{\ 2}R^2C^2)}\left[\delta(\omega-2\pi f_0)+\delta(\omega+2\pi f_0)\right]$$

于是

$$R_Y(\tau)=\frac{a^2}{2(1+4\pi^2 f_0^{\ 2}R^2C^2)}\cos(2\pi f_0\tau)$$

从功率谱角度看，输出仍然是单频随机过程，输出过程的功率集中在 f_0 处，只是强度有所变化。强度变化的比例为

$$\left|H(\mathrm{j}\omega_0)\right|^2=\frac{1}{1+4\pi^2 f_0^{\ 2}R^2C^2}$$

合乎功率传输函数的基本物理意义。

例 5.2 中的“稳态”提法提示我们按照平稳输入信号的情形进行考虑。这个问题的背景是：许多实际应用中输入从“中途”（例如，$t=0$ 时刻）施加，如果必须考虑这种影响，则

$$Y(t)=\left[X(t)u(t)\right]*h(t)=\int_{-\infty}^{t}X(t-u)h(u)\mathrm{d}u$$

即使 $X(t)$ 为平稳过程，系统受到的激励 $X(t)u(t)$ 也是非平稳的。容易看到，该信号的均方值为

$$E\left\{\left[X(t)u(t)\right]^2\right\}=\begin{cases}EX^2(t), & t\geqslant 0\\ 0, & t<0\end{cases}=EX^2(t)u(t)$$

它是 t 的函数。这时，系统输出的均值与自相关函数为

$$m_Y(t)=m_X\int_{-\infty}^{t}h(u)\mathrm{d}u$$

$$R_Y(t_1,t_2)=\int_{-\infty}^{t_2}\int_{-\infty}^{t_1}R_X(t_1-u_1,t_2-u_2)h(u_1)h(u_2)\mathrm{d}u_1\mathrm{d}u_2$$

可见，输出不再是平稳的。它会出现过渡过程，而后逐渐达到稳态。当只关心输入施加很久后的“稳态”情况时（仿佛输入从 $t=-\infty$ 时刻就一直施加着），可以直接按平稳输入的情形来处理。可以证明，这样计算的结果是正确的。

其实，“中途”施加的信号可以广义地看成非平稳信号。对于这种一般的输入信号，我们不加证明地给出下面的定理。

定理 5.3 对于 LTI 系统，$Y(t)=X(t)*h(t)$，有

① $$m_Y(t)=L\left[m_X(t)\right]=m_X(t)*h(t) \tag{5.13}$$

② $$R_{YX}(t_1,t_2)=R_X(t_1,t_2)*h(t_1) \tag{5.14}$$

③ $$R_{XY}(t_1,t_2)=R_X(t_1,t_2)*h(t_2) \tag{5.15}$$

④ $$R_Y(t_1,t_2)=R_X(t_1,t_2)*h(t_1)*h(t_2) \tag{5.16}$$

最后，我们来考察输入与输出信号的各态历经性。先考察输出信号的时间平均

$$
\begin{aligned}
A\left[Y(t)\right] &= \lim_{T\to\infty}\frac{1}{2T}\int_{-T}^{T}\left[\int_{-\infty}^{+\infty}X(t-u)h(u)\mathrm{d}u\right]\mathrm{d}t \\
&= \int_{-\infty}^{+\infty}\left[\lim_{T\to\infty}\frac{1}{2T}\int_{-T}^{T}X(t-u)\mathrm{d}t\right]h(u)\mathrm{d}u \\
&= \int_{-\infty}^{+\infty}A\left[X(t-u)\right]h(u)\mathrm{d}u
\end{aligned}
$$

如果 $X(t)$ 是均值各态历经的，则 $A\left[X(t-u)\right]=m_X(t)$，于是

$$
A\left[Y(t)\right]=\int_{-\infty}^{+\infty}m_X(t-u)h(u)\mathrm{d}u=m_Y(t)
$$

可见，$Y(t)$ 是均值各态历经的。同理可以证明输出信号的相关函数也是各态历经的。

所以，如果 $X(t)$ 是各态历经的，则 $Y(t)$ 也是各态历经的。这样，对 LTI 系统的输出信号进行各种实验分析就具有了充分的理论基础。

5.2 平稳白噪声与 LTI 系统

在第 3 章中，我们定义平稳白噪声 $N(t)$ 具有零均值且自相关函数与功率谱为

$$
R_N(\tau)=\frac{N_0}{2}\delta(\tau), \qquad S_N(\omega)=\frac{N_0}{2}
$$

这种信号在所有频率上的谱密度保持为常数。它的功率为无穷大，带宽为无限宽，是一种理想的信号。平稳白噪声常常简称白噪声，考察它作用于 LTI 系统的情形是很有价值的。一方面，借助这种简单与理想的信号便于研究一些基本问题；另一方面，在适当的条件下，白噪声及其变形又是实际应用中经常遇到的信号。

5.2.1 白噪声通过 LTI 系统

对于一个 LTI 系统 $h(t)$，白噪声通过它形成的输出噪声为 $Y(t)$，如图 5.3 所示。根据前面的定理，容易得出下面的一般性结论

$$
m_Y(t)=0
$$

$$
R_Y(\tau)=C_Y(\tau)=\frac{N_0}{2}h(\tau)*h(-\tau)=\frac{N_0 r_h(\tau)}{2}
$$

$$
S_Y(\omega)=\frac{N_0}{2}\left|H(\mathrm{j}\omega)\right|^2 \tag{5.17}
$$

$$
P_Y=R_Y(0)=\frac{N_0}{4\pi}\int_{-\infty}^{+\infty}\left|H(\mathrm{j}\omega)\right|^2\mathrm{d}\omega=\frac{N_0 r_h(0)}{2} \tag{5.18}
$$

$Y(t)$ 的均方值函数、方差函数、相关系数函数与相关时间等其他参数，可以从上面的结果导出。

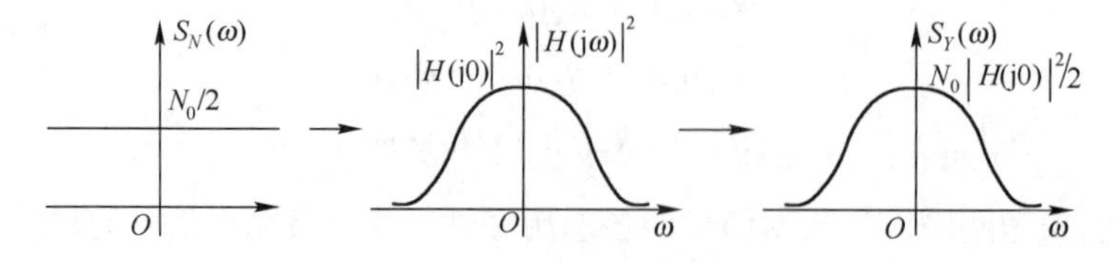

图 5.3 白噪声通过 LTI 系统

例 5.3 平稳高斯白噪声 $N(t)$ 一直施加在RC电路上，如图5.2所示。若 $R_N(\tau)=\sigma^2\delta(\tau)$，求：（1）输出过程 $Y(t)$ 的自相关函数与功率；（2）$Y(t)$ 的一维密度函数。

解：（1）首先系统的频率响应为

$$H(\mathrm{j}\omega)=\frac{1}{1+\mathrm{j}\omega RC}\leftrightarrow h(t)=\frac{1}{RC}\mathrm{e}^{-t/RC}u(t)$$

由于 $X(t)$ 是平稳的，利用功率谱之间的关系有

$$S_Y(\omega)=\sigma^2\left|H(\mathrm{j}\omega)\right|^2=\frac{\sigma^2}{1+(\omega RC)^2}=\frac{\sigma^2(1/RC)^2}{\omega^2+(1/RC)^2}$$

利用傅里叶变换公式：$\mathrm{e}^{-a|t|}\leftrightarrow 2a/(\omega^2+a^2)$，其中 $a>0$，可以求得

$$R_Y(\tau)=\frac{\sigma^2}{2RC}\mathrm{e}^{-|\tau|/RC}$$

信号功率为
$$P_Y=R_Y(0)=\frac{\sigma^2}{2RC}$$

无限带宽的理想白噪声具有无穷大的功率，它通过RC电路后只残留下低频部分，该部分的功率是有限的。

（2）由于 $X(t)$ 是高斯的，因此 $Y(t)$ 也是高斯的，并且

$$m_Y=m_XH(\mathrm{j}0)=0,\qquad \sigma_Y^2=R_Y(0)-m_Y^2=\frac{\sigma^2}{2RC}$$

于是可得
$$f_Y(y,t)=\sqrt{\frac{RC}{\pi\sigma^2}}\,\mathrm{e}^{-RCy^2/\sigma^2}$$

本例中输出是高斯信号，因此，求得其均值函数、方差函数与协方差函数后，可以写出它的任意维密度函数，从而完全确定输出信号。

从式（5.17）中我们看到，$Y(t)$ 的功率谱清楚地反映了系统的特性，因此，可以利用它来推测系统的频率响应。由白噪声通过未知系统的输出 $Y(t)$ 来求解 $H(\mathrm{j}\omega)$ 的问题称为系统辨识（System Identification）。通常由 $S_Y(\omega)$ 入手，依据式（5.17）解出 $H(\mathrm{j}\omega)$，但这种解具有多重性。例如

$$S_Y(\omega)=\frac{N_0}{2}\cdot\frac{1}{a^2+\omega^2}=\frac{N_0}{2}\cdot\frac{1}{a+\mathrm{j}\omega}\cdot\frac{1}{a-\mathrm{j}\omega},\quad a>0$$

由此，可以认为 $H(\mathrm{j}\omega)=\dfrac{1}{a+\mathrm{j}\omega}$ 或 $\dfrac{1}{a-\mathrm{j}\omega}$。相应地，$h(t)=\mathrm{e}^{-at}u(t)$ 或 $\mathrm{e}^{at}u(-t)$。如果限定系统是因果的，则可以认定系统为 $h(t)=\mathrm{e}^{-at}u(t)$。

下面的例题说明了另一种由互相关函数或互功率谱来求解未知系统的方法。

例 5.4 假设未知LTI系统的冲激响应为 $h(t)$。利用互相关测量单元构造如图5.4所示的测量系统，其中 $X(t)$ 为平稳白噪声，$R_X(\tau)=(N_0/2)\delta(\tau)$。试说明利用本系统测量 $h(t)$ 的方法。

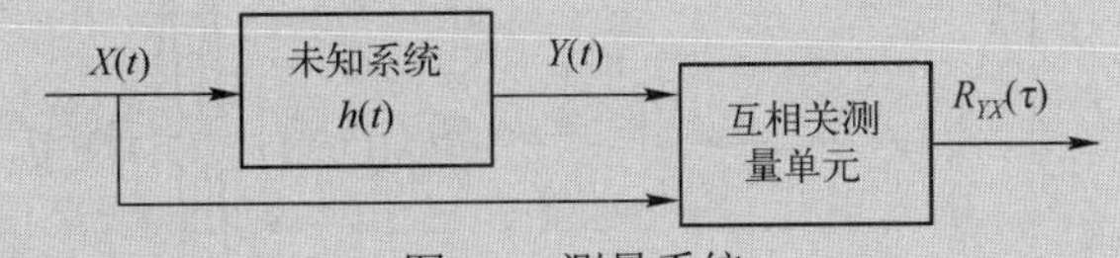

图5.4 测量系统

解：由定理5.2有
$$R_{YX}(\tau)=R_X(\tau)*h(\tau)=(N_0/2)h(\tau)$$

于是 $h(t)=\dfrac{2}{N_0}R_{YX}(t)$。

例 5.4 中的互相关测量单元可以仿照第 4 章中相关函数测量仪的方法构造，如图 4.1 与图 4.2 所示。采用互相关函数或互功率谱的方法更简便，且没有多重性的问题。这种方法已经成功地应用于一些实际工程中，如某些自动控制与测量系统。但在许多实际应用中，只有 $Y(t)$，则无法获得互相关函数，因而只能采用功率谱的方法。

其实，任何一般信号 $Y(t)$ 可以视为白噪声通过某个 LTI 系统 $H(\mathrm{j}\omega)$ 的产物，找出并分析该 $H(\mathrm{j}\omega)$ 的性质就能了解 $Y(t)$。因此，系统辨识有着很广泛的应用。

5.2.2 低通与带通白噪声

白噪声通过低通与带通系统是应用与理论分析中最常见的情形，下面对其进行讨论。

1. 低通白噪声

若 $h(t)$ 是单位增益的理想低通滤波器，带宽为 BHz（或 $W=2\pi B$ rad/s），则白噪声通过该滤波器的输出噪声 $Y(t)$，被称为带宽为 BHz 的**（理想）低通（或带限）白噪声**，如图 5.5（a）所示。容易得出

$$S_Y(\omega)=\begin{cases}N_0/2, & 0\leqslant|\omega|<W\\ 0, & |\omega|\geqslant W\end{cases} \tag{5.19}$$

$$R_Y(\tau)=C_Y(\tau)=\frac{N_0\sin(W\tau)}{2\pi\tau} \tag{5.20}$$

$$\rho_Y(\tau)=\frac{C_Y(\tau)}{C_Y(0)}=\frac{\sin(W\tau)}{W\tau} \tag{5.21}$$

$$\tau_{\mathrm{c}}=\int_0^{+\infty}\rho_Y(\tau)\mathrm{d}\tau=\int_0^{+\infty}\frac{\sin(W\tau)}{W\tau}\mathrm{d}\tau=\frac{\pi}{2W}=\frac{1}{4B} \tag{5.22}$$

这里使用矩形等效来计算 τ_{c}，并利用 $\int_0^{+\infty}\frac{\sin(ax)}{x}\mathrm{d}x=\frac{\pi}{2},\quad a>0$。又 $S_Y(\omega)$ 是矩形的，由此可以很方便地得到其功率为

$$P_Y=\frac{N_0}{2}\cdot 2W\cdot\frac{1}{2\pi}=\frac{N_0W}{2\pi}=N_0B$$

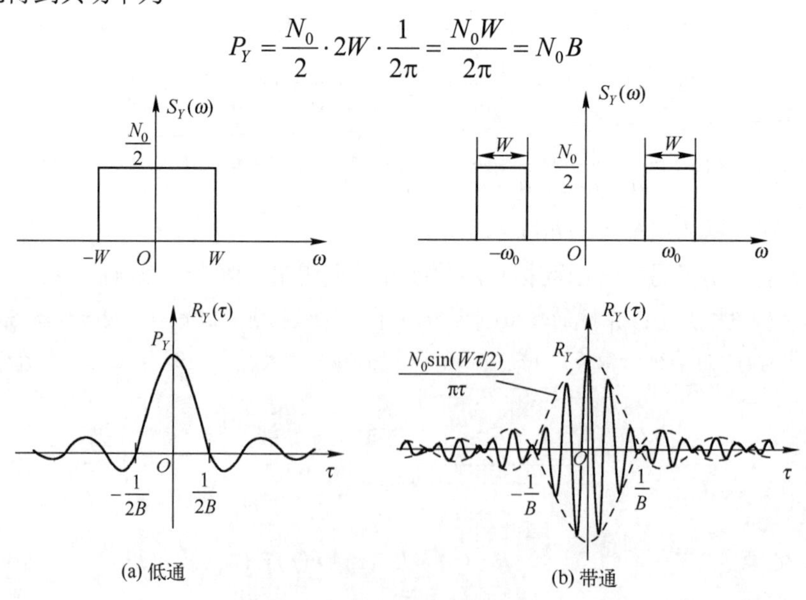

图 5.5 低通与带通白噪声

2. 带通白噪声

若$h(t)$是位于ω_0处的单位增益的理想带通滤波器，带宽为BHz（或$W = 2\pi B$ rad/s），则白噪声通过该滤波器的输出噪声$Y(t)$，被称为带宽为BHz的（理想）**带通白噪声**，如图5.5（b）所示。容易得出

$$S_Y(\omega) = \begin{cases} N_0/2, & \omega_0 - W/2 \leqslant |\omega| < \omega_0 + W/2 \\ 0, & \text{其他} \end{cases} \tag{5.23}$$

$$R_Y(\tau) = C_Y(\tau) = \frac{N_0 \sin(W\tau/2)}{\pi\tau} \cos\omega_0\tau \tag{5.24}$$

$$\rho_Y(\tau) = \frac{C_Y(\tau)}{C_Y(0)} = \frac{\sin(W\tau/2)}{W\tau/2} \cos\omega_0\tau \tag{5.25}$$

对于带通信号，$R_Y(\tau)$与$\rho_Y(\tau)$由快、慢变化两个部分组成。从物理意义的角度考虑，τ_c应该由其包络（慢变化）部分来计算，于是可得

$$\tau_c = \int_0^{+\infty} \frac{\sin(W\tau/2)}{W\tau/2} \mathrm{d}\tau = \frac{\pi}{W} = \frac{1}{2B} \tag{5.26}$$

同样很容易得到其功率为

$$P_Y = \left(\frac{N_0}{2} \cdot W \cdot \frac{1}{2\pi}\right) \times 2 = \frac{N_0 W}{2\pi} = N_0 B$$

低通与带通白噪声都是理想信号，由于带宽有限，它们的功率是有限的。而且从其$C_Y(\tau)$可见，不同时刻的$Y(t_1)$与$Y(t_2)$不再是始终无关的，只有在特定的τ（间距）上，$C_Y(\tau)=0$。从趋势来看，相距较近时相关性很强，相距较远时相关性较弱，间距的“远近”可以粗略地用τ_c来划分。由式（5.22）与式（5.26）可见，τ_c与带宽B成反比，带宽越窄，关联的时间越宽，信号变化得越缓慢，这几点的物理意义与联系是明显的。其实，对于白噪声以外的一般随机信号，这种趋势仍然成立。本质上，这是信号时域与频域参量之间的一种固有的反向对应关系。例如，在例5.3中容易看到，$S_Y(\omega)$与$R_Y(\tau)$的宽度是彼此呈反向变化关系的。

例5.5 假设零均值高斯信号$X_a(t)$的功率谱如图5.5(a)所示，其中带宽为$W = 2\pi B$，高为$N_0/2$。若按每秒$2B$个样点采样后得到序列$X[n] = \{X_a[n/(2B)],\ n = 0,1,2,\cdots\}$。求序列的自相关函数与$N$维密度函数。

解：显然，$X_a(t)$是理想低通白噪声，其自相关函数同式（5.20），即$R_a(\tau) = \dfrac{N_0 \sin(W\tau)}{2\pi\tau}$。因此对采样后的序列有

$$m_X[n] = E\left\{X_a\left(\frac{n}{2B}\right)\right\} = 0$$

$$R_X[m] = E\left\{X_a\left(\frac{n+m}{2B}\right)X_a\left(\frac{n}{2B}\right)\right\} = R_a\left(\frac{m}{2B}\right) = \frac{N_0 B \sin(\pi m)}{\pi m} = N_0 B\delta[m]$$

可见，$X[n]$是平稳白噪声序列，并且是高斯的，因而也是独立序列。它的均值为零，方差为$N_0 B$，因此，其N维密度函数为

$$f(x_1, x_2, \cdots, x_n; n_1, n_2, \cdots, n_n) = \prod_{i=1}^{n} f(x_i) = \frac{1}{(2\pi N_0 B)^{n/2}} \exp\left(-\frac{1}{2N_0 B}\sum_{i=1}^{n} x_i^2\right)$$

注意到本例题中的采样率正好取为 $2B$，使得序列样点之间彼此无关。如果采样率偏离 $2B$，则序列将不是无关序列，问题会变得较复杂。

5.2.3 系统的等效噪声带宽

对于一般的系统 $h(t)$，常常需要简便快速地计算白噪声通过它之后的输出噪声功率 P_Y。为此，我们定义系统的**等效噪声带宽**（Equivalent Noise Bandwidth）为 B_N Hz（或 $W_N = 2\pi B_N$ rad/s），使得

$$P_Y = N_0 B_N G_0 = \frac{N_0 W_N}{2\pi} G_0 \tag{5.27}$$

式中，$G_0 = |H(\mathrm{j}\omega_0)|^2$ 为系统的**中心功率增益**。对于低通系统，$\omega_0 = 0$，G_0 为直流功率增益；对于带通系统，ω_0 为其中心频率，G_0 为该频率处的功率增益。

白噪声通过系统后的功率 P_Y，原本应按式(5.18)计算，但给出 B_N 或 W_N 之后，按式(5.27)就可以简单地求得。其实 B_N 是按下式事先计算好的：

$$B_N = \frac{P_Y}{N_0 G_0} = \frac{1}{2\pi |H(\mathrm{j}\omega_0)|^2} \int_0^{+\infty} |H(\mathrm{j}\omega)|^2 \mathrm{d}\omega = \frac{r_h(0)}{2|H(\mathrm{j}\omega_0)|^2} \tag{5.28}$$

注意到系统功率传递函数 $|H(\mathrm{j}\omega)|^2$ 曲线（右半部分）下的面积为 $S = \int_0^{+\infty} |H(\mathrm{j}\omega)|^2 \mathrm{d}\omega$，容易看出，$W_N = 2\pi B_N$ 正好是图 5.6 所示曲线的矩形等效宽度。很显然，B_N 是系统自身的一种带宽参数，它关注白噪声对该系统的“穿过”能力，也能反映系统对信号的一种频率选择性。

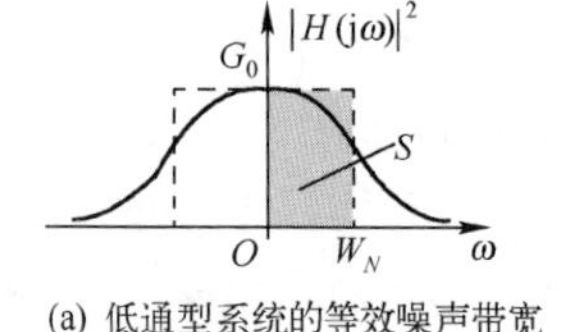

(a) 低通型系统的等效噪声带宽

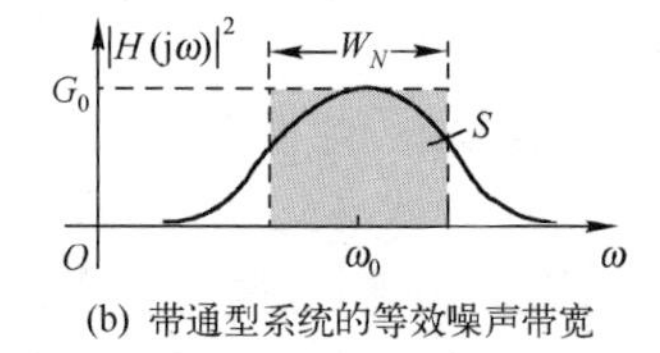

(b) 带通型系统的等效噪声带宽

图 5.6 等效噪声带宽

例 5.6 试求图 5.2 中 RC 积分电路的等效噪声带宽。

解： 由例 5.3 的 $H(\mathrm{j}\omega)$结果容易求得

$$|H(\mathrm{j}\omega)|^2 = \frac{1}{1+(\omega RC)^2} \leftrightarrow r_h(t) = \frac{1}{2RC} \mathrm{e}^{-|t|/RC}$$

而 $\omega_0 = 0$，$|H(\mathrm{j}0)|^2 = 1$，于是

$$B_N = \frac{r_h(0)}{2|H(\mathrm{j}0)|^2} = \frac{1}{4RC}$$

注意该电路的3 dB 带宽可由 $H(\mathrm{j}\omega)$ 求得，$B_{3\mathrm{dB}} = 1/(2\pi RC)$，而等效噪声带宽 $B_N = 1.57 B_{3\mathrm{dB}} > B_{3\mathrm{dB}}$。

调谐回路是实际应用中最常见的带通系统之一，多个（4～5 个以上）调谐回路级联时，系统的频率响应接近于高斯曲线。许多接收机中都存在多级调谐回路，分析它们的频率响应时就经常用高斯曲线来近似。设具有高斯型频率响应的 LTI 系统如下：

$$H(\mathrm{j}\omega) = \begin{cases} k\mathrm{e}^{-\frac{(\omega-\omega_0)^2}{2\beta^2}}, & \omega > 0 \\ k\mathrm{e}^{-\frac{(\omega+\omega_0)^2}{2\beta^2}}, & \omega < 0 \end{cases} \tag{5.29}$$

式中，$\omega_0 \gg 0$，是中心频率；$\beta > 0$，是影响带宽的参数。可证明它的等效噪声带宽为

$$B_N = \frac{\beta}{2\sqrt{\pi}} \approx 1.06 B_{3\mathrm{dB}} \tag{5.30}$$

等效噪声带宽与 3 dB 带宽都用于衡量系统的频率选择性，但它们考虑的角度有所不同。3 dB 带宽是 $|H(\mathrm{j}\omega)|^2$ 下降到 0.5 处对应的带宽，而等效噪声带宽是 $|H(\mathrm{j}\omega)|^2$ 的矩形等效宽度。当计算白噪声输入下系统的输出噪声功率时，利用等效噪声带宽特别方便。当系统确定后，两种带宽之间虽然不一定相等，但有着固定的关系。例如，单调谐回路 $B_N \approx 1.57 B_{3\mathrm{dB}}$，双调谐回路 $B_N \approx 1.22 B_{3\mathrm{dB}}$，5 级调谐回路 $B_N \approx 1.11 B_{3\mathrm{dB}}$，多级调谐回路趋于高斯型回路，$B_N \approx 1.06 B_{3\mathrm{dB}}$，而理想矩形频率响应系统的 $B_N = B_{3\mathrm{dB}}$。

5.3 信号功率谱与带宽

在许多随机信号的分析中，信号的功率谱与互功率谱比相应的自相关函数与互相关函数更有用，因为它们的物理意义非常明确。本节将进一步地对此予以说明，并介绍随机信号的带宽。

5.3.1 功率谱的物理意义

第 3 章介绍随机信号功率谱的物理意义时，曾指出：信号 $X(t)$ 在任何频点 ω_0 的 $\Delta\omega$ 邻域内的平均功率正比于 $S_X(\omega_0)\Delta\omega$，因此，在 ω_0 处信号的功率谱密度正是 $S_X(\omega_0)$。这一点还可以进行如下解释：构造理想窄带系统

$$H(\mathrm{j}\omega) = \begin{cases} 1, & \omega \in (\omega_0 - \Delta\omega/2, \omega_0 + \Delta\omega/2) \\ 0, & \text{其他} \end{cases}$$

在输入为 $X(t)$ 时，该系统的输出 $Y(t)$ 的功率谱为

$$S_Y(\omega) = \begin{cases} S_X(\omega), & \omega \in (\omega_0 - \Delta\omega/2, \omega_0 + \Delta\omega/2) \\ 0, & \text{其他} \end{cases}$$

假定 $\Delta\omega$ 足够小，则输出功率为

$$EY^2(t) = \frac{1}{2\pi}\int_{\omega_0 - \Delta\omega/2}^{\omega_0 + \Delta\omega/2} S_X(\omega)\,\mathrm{d}\omega \approx \frac{S_X(\omega_0)\Delta\omega}{2\pi} \geqslant 0$$

可见，$S_X(\omega_0)$ 反映的是 $X(t)$ 在 ω_0 局部的功率强度；由于 $EY^2(t)$ 总是不小于零的，因此，$S_X(\omega_0)$ 对任何 ω_0 都是非负的。对于 $S_X(\omega) = 0$ 的频率处，$E|Y(t)|^2 = 0$，这意味着 $X(t)$ 在均方意义下没有该频率分量。所以，$S_X(\omega)$ 指明了 $X(t)$ 有效的频率范围与各频率上功率分布的状态信息。正是依据这种物理意义，后面我们定义了信号的带宽。

第 3 章还指出：互功率谱 $S_{XY}(\omega)$ 反映了两个信号的关联性沿 ω 轴的密度状况，如果 $S_{XY}(\omega) = 0$，表明它们的相应频率分量是正交的。下面的例子进一步说明了信号频率分量的一些特性。

例 5.7 平稳信号不同频带成分间的正交特征。假定联合平稳过程 $X(t)$ 与 $Y(t)$ 分别经过 LTI 系统的输出过程为 $U(t)$ 和 $V(t)$，如图 5.7（a）所示。讨论 $U(t)$ 和 $V(t)$ 之间的相关性和正交性。

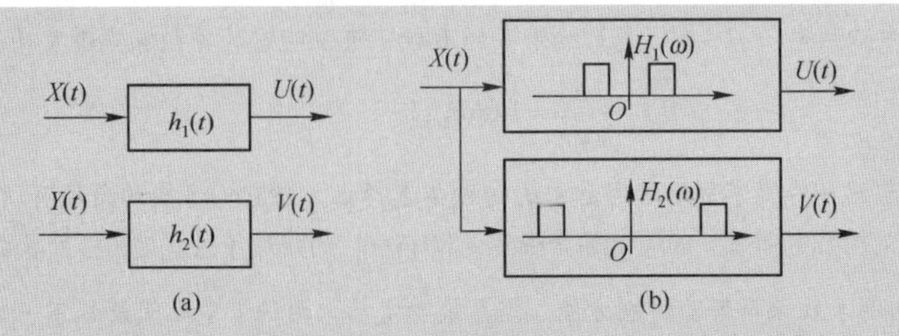

图 5.7　例 5.7 图

解： 由于
$$U(t_1)=L_1[X(t_1)],\quad V(t_2)=L_2[Y(t_2)]$$
于是，仿照定理 5.2 容易证明
$$R_{UV}(t_1,t_2)=L_1L_2[R_{XY}(t_1,t_2)]=R_{XY}(t_1,t_2)*h_1(t_1)*h_2(t_2)$$
进而对于平稳输入情形，仿照定理 5.2 的证明，有
$$R_{UV}(\tau)=R_{XY}(\tau)*h_1(\tau)*h_2(-\tau)$$
$$S_{UV}(\omega)=S_{XY}(\omega)H_1(\mathrm{j}\omega)H_2^*(\mathrm{j}\omega) \tag{5.31}$$
根据这一结果讨论如下：

（1）若 $X(t)$ 与 $Y(t)$ 正交，$R_{XY}(\tau)=0$，则 $R_{UV}(\tau)=0$，即 $U(t)$ 和 $V(t)$ 正交。

（2）若 $X(t)$ 与 $Y(t)$ 无关，$R_{XY}(\tau)=m_Xm_Y$，则
$$R_{UV}(\tau)=m_Xm_YH_1(\mathrm{j}0)H_2(\mathrm{j}0)=[m_XH_1(\mathrm{j}0)][m_YH_2(\mathrm{j}0)]=m_Um_V$$
即 $U(t)$ 和 $V(t)$ 无关。

（3）若 $H_1(\mathrm{j}\omega)$ 与 $H_2(\mathrm{j}\omega)$ 的非零频带不重叠，即 $H_1(\mathrm{j}\omega)H_2(\mathrm{j}\omega)=0$，则 $S_{UV}(\omega)=0$，即 $U(t)$ 和 $V(t)$ 正交。又 $H_1(\mathrm{j}0)$ 与 $H_2(\mathrm{j}0)$ 中至少有一个为零，使 m_U 与 m_V 中至少有一个为零，因此，$U(t)$ 和 $V(t)$ 也无关。

（4）即使 $X(t)$ 与 $Y(t)$ 为同一信号，若 $H_1(\mathrm{j}\omega)$ 与 $H_2(\mathrm{j}\omega)$ 为不同频带的带通滤波器，$U(t)$ 和 $V(t)$ 也正交且无关，如图 5.7(b)所示。

本例的结果表明：① 正交或无关的平稳信号分别经过 LTI 系统后仍是正交或无关的；② 平稳信号的不同频带内的分量总是彼此正交且无关的。

5.3.2　随机信号的带宽

信号频带宽度用于描述它所占据的有效频率范围。对于随机信号，我们由其功率谱的非零情况来计算，它的度量方法可以有多种，相应地，带宽则有多种含义的定义。例如，绝对带宽、3 dB 带宽、零点-零点带宽、90% 能量带宽，以及下面讨论的矩形等效带宽和均方根带宽等。矩形等效带宽和均方根带宽是理论分析中两种重要的带宽度量，应用十分广泛。

规定带宽时要看信号是低通型或带通型的，要分别围绕不同的中心频点来计算。

1.（矩形）等效带宽

平稳信号 $X(t)$ 的（矩形）等效带宽（Equivalent Bandwidth）定义为
$$B_{\mathrm{eq}}=\frac{1}{2\pi}\int_0^{\infty}\frac{S(\omega)}{S(\omega_0)}\mathrm{d}\omega=\frac{R(0)}{2S(\omega_0)} \tag{5.32}$$

显然，它是按类似于等效噪声带宽的矩形等效原理来定义的（参见前面的图 5.6）。对于低通信号，$\omega_0 = 0$；对于带通信号，ω_0 通常取在 $S(\omega)$ 的最大值处，或按后面的式（5.34）定义。

2．均方根带宽

平稳信号 $X(t)$ 的**均方根带宽**（Rms Bandwidth）定义为

$$B_{\text{rms}} = \frac{1}{2\pi}\left[\frac{\int_0^\infty (\omega-\omega_0)^2 S(\omega)\mathrm{d}\omega}{\int_0^\infty S(\omega)\mathrm{d}\omega}\right]^{1/2} \tag{5.33}$$

它是信号归一化谱密度的标准差。对于低通信号，$\omega_0 = 0$；对于带通信号，ω_0 等于 $S(\omega)$ 的重心，即

$$\omega_0 = \frac{\int_0^\infty \omega S(\omega)\mathrm{d}\omega}{\int_0^\infty S(\omega)\mathrm{d}\omega} \tag{5.34}$$

B_{rms} 在通信系统与信号分析的比较中经常用到，因为在很多时候，它的数学表示更易于理论分析。

例 5.8　假定随机二元传输信号的取值概率 $p = q = 0.5$，求信号的矩形等效带宽。

解： 由例 3.15 的结果

$$R(\tau) = \begin{cases} 1-\dfrac{|\tau|}{T}, & |\tau| \leqslant T \\ 0, & |\tau| > T \end{cases}; \qquad S(\omega) = \frac{4\sin^2(\omega T/2)}{\omega^2 T} = \frac{T\sin^2(\omega T/2)}{(\omega T/2)^2}$$

易见信号是低频型的，中心频率为零。这时，$S_Y(0) = T$。于是可得

$$B_{\text{eq}} = \frac{1}{2\pi S(0)}\int_0^\infty S(\omega)\mathrm{d}\omega = \frac{R(0)}{2S(0)} = \frac{1}{2T} = F/2$$

其中，$F = 1/T$，是二元数据宽度的倒数，称为数据率。

实际应用中更多地使用例 3.15 中介绍的主瓣带宽 F 作为其有效带宽，而不采用 $B_{\text{eq}} = F/2$。因为如果只保留信号的 0～$F/2$ 部分的频率成分，则此信号波形会有较大的失真。

5.4　噪声中的信号处理

随机信号分析中的一个基本问题是，在有噪声的情况下处理信号，研究最大化有用信号与最小化噪声影响的技术，以及在噪声背景中检测出微弱信号的技术。本节介绍其中的几种方法，包括平滑、滤波与匹配滤波。

5.4.1　平滑

应用中一种典型情况是：有用信号 $s(t)$ 是确定的，它会受到加性白噪声 $N(t)$ 的污染，形成

$$X(t) = s(t) + N(t) \tag{5.35}$$

当接收到 $X(t)$ 后，希望从中尽量恢复出 $s(t)$。为此，我们设计 LTI 系统 $h(t)$，使 $X(t)$ 经过它处理后的输出 $Y(t)$ 接近 $s(t)$。这一处理过程称为**平滑**（Smoothing），如图 5.8 所示。

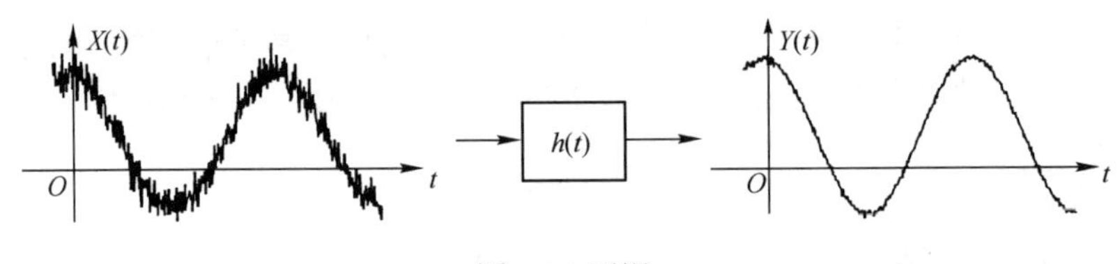

图 5.8　平滑

由于 $E[X(t)] = s(t) + E[N(t)] = s(t)$ 是时变的，因此 $X(t)$ 是非平稳的，它通过系统后的输出为

$$Y(t) = X(t) * h(t) = y_s(t) + Y_N(t) \tag{5.36}$$

式中，$y_s(t) = s(t) * h(t)$ 是确定的，$Y_N(t) = N(t) * h(t)$ 是随机的。

$Y(t)$ 与 $s(t)$ 的误差为　$$Y_e(t) = Y(t) - s(t) = [y_s(t) - s(t)] + Y_N(t) \tag{5.37}$$

由于 $E[Y_N(t)] = 0$，因此　$$b = E[Y_e(t)] = y_s(t) - s(t) \tag{5.38}$$

$$\sigma^2 = \mathrm{Var}[Y_e(t)] = E[Y_N{}^2(t)] = \frac{N_0}{4\pi}\int_{-\infty}^{+\infty} |H(\mathrm{j}\omega)|^2 \,\mathrm{d}\omega \tag{5.39}$$

式中，b 为偏差，σ^2 为方差。方差是白噪声通过系统的输出噪声功率，由式（5.18）得出。

设计系统 $h(t)$ 就是要使 b 和 σ^2 都尽量小，使得系统对信号的影响小而对噪声的抑制强。准确求取 $h(t)$ 的最佳形状与参数是较困难的，但我们可以从频域进行一般分析。

常见信号 $s(t)$ 的频谱与噪声 $N(t)$ 的功率谱密度如图 5.9 所示。容易看出 $h(t)$ 的一个合理选择是对应于信号带宽的低通滤波器，在信号尽量完整通过的情况下，最大限度地滤除噪声。假定信号的带宽为 $B = W/(2\pi)$ Hz，则 $h(t)$ 以 BHz 为截止频率，于是 $b = 0,\ \sigma^2 = N_0 B$。如果信号是带通的，那么当然应选择带通滤波器，并使其通带对准信号的通带。

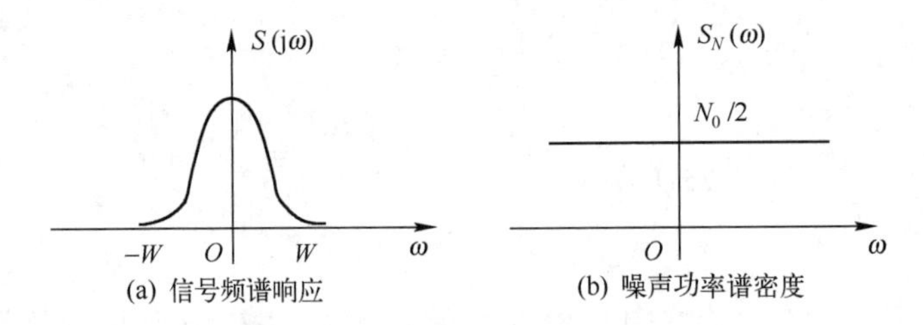

图 5.9　信号频谱与噪声功率谱

实际应用中一种简单的方法是采用滑动平均器（积分器），使

$$Y(t) = \frac{1}{2T}\int_{t-T}^{t+T} X(t)\mathrm{d}t \tag{5.40}$$

其冲激响应与频率响应如图 5.10 所示。

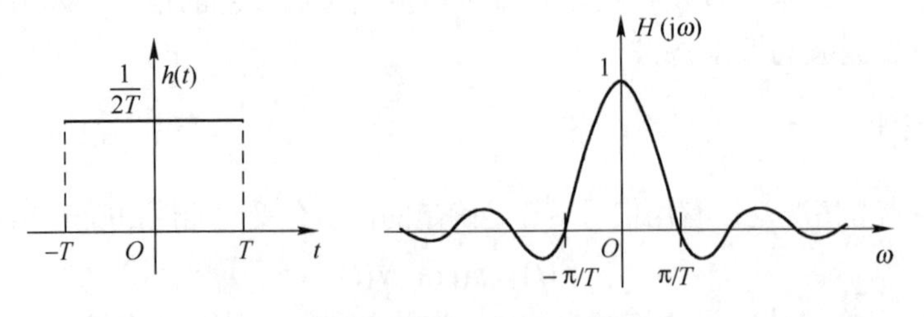

图 5.10　积分器的冲激响应与频率响应

显然，T 值很小时，$y_s(t)$ 相对于 $s(t)$ 的畸变较小，但输出中的噪声很多，要根据信号频谱的具体情况合适地选择 T，在使信号充分通过的前提下应该尽量使 T 值取得大一些。

下面的例子采用非常简单的 RC 低通电路抑制噪声，提高输出信噪比。

例 5.9　基于 RC 电路的噪声平滑。 假定随机信号 $X(t)$ 由（确知）正弦信号 $s(t)$ 与白噪声 $N(t)$ 组成，即

$$X(t) = s(t) + N(t) = a\cos(\omega_0 t + \theta) + N(t)$$

其中，a, ω_0, θ 为确定量，$N(t)$ 的功率谱为 $N_0/2$。讨论其通过图 5.2 所示的 RC 低通电路前、后的信噪比。

解： 输入时，信号功率为 $a^2/2$，而噪声功率为

$$P_N = \frac{1}{2\pi}\int_{-\infty}^{+\infty}\frac{N_0}{2}\mathrm{d}\omega = \infty$$

因此信噪比为

$$(S/N)_{\text{in}} = 0$$

对于图 5.2 的电路，由例 5.2 的结果可知，系统传输函数为 $H(\mathrm{j}\omega) = 1/(1+\mathrm{j}\omega RC)$，正弦信号通过后的幅度为 $a|H(\mathrm{j}\omega_0)|$，由于输出为正弦信号，于是可得其功率为

$$P_s = \frac{a^2}{2}|H(\mathrm{j}\omega_0)|^2 = \frac{a^2}{2[1+(\omega_0 RC)^2]}$$

又由例 5.3 知，$P_N = \sigma_N^2/(2RC) = N_0/(4RC)$，因此，输出信噪比为

$$\left(\frac{S}{N}\right)_{\text{out}} = \frac{P_s}{P_N} = \frac{2a^2 RC}{N_0[1+(\omega_0 RC)^2]}$$

对于给定的输入 $X(t)$，可以调整电路的 R 与 C 使输出信噪比达到最大。借助求极值的方法容易发现，上式在 $RC = 1/\omega_0$ 时达到最大值，即 $\omega_0 = 1/RC = \omega_{3\text{dB}}$。这时，RC 电路的 3 dB 频点处对准正弦输入信号，虽然信号本身被衰减了一倍，但这时电路对白噪声的总体衰减相对地达到了最大。

5.4.2*　维纳滤波器

前面平滑应用讨论了一种典型的问题，与此稍有不同的另一种典型问题是：先假设噪声是一般的（非白色的），而有用信号是随机的平稳信号 $S(t)$，其自相关函数与功率谱分别是 $R_S(\tau)$ 与 $S_S(\omega)$，我们希望设计 LTI 滤波器使得其输出 $Y(t) = [S(t)+N(t)] * h(t)$ 在均方意义上尽量接近 $S(t)$，即 $E|Y(t)-S(t)|^2$ 达到最小。

下面不加证明地给出结论：最佳滤波器的解为

$$H(\mathrm{j}\omega) = \frac{S_{SX}(\omega)}{S_X(\omega)} \tag{5.41}$$

它被称为**维纳滤波器**（Wienner Filter）。上式中 $S_{SX}(\omega)$ 是 $S(t)$ 与 $X(t)$=$S(t)+N(t)$ 的互功率谱，$S_X(\omega)$ 是 $X(t)$ 的功率谱。

很多情况下，$S(t)$ 与 $N(t)$ 是彼此独立的，于是 $S_{SX}(\omega) = S_S(\omega)$ 与 $S_X(\omega) = S_S(\omega) + S_N(\omega)$，上式可以简化为

$$H(\mathrm{j}\omega) = \frac{S_S(\omega)}{S_S(\omega)+S_N(\omega)} \tag{5.42}$$

可见，只有信号（无噪声）的地方 $H(\mathrm{j}\omega)$ 取值为 1，噪声大的地方 $H(\mathrm{j}\omega)$ 取值要小。特别地，如果噪声与信号的频带不重叠，则 $H(\mathrm{j}\omega)$ 就是低通或带通滤波器，它在信号带内为 1，带外为 0。

如果 $N(t)$ 是白噪声，则

$$H(\mathrm{j}\omega)=\frac{S_S(\omega)}{S_S(\omega)+\dfrac{N_0}{2}}=\frac{1}{1+\dfrac{N_0}{2S_S(\omega)}} \tag{5.43}$$

可见，它是对准信号频带的滤波器，在通带内 $H(\mathrm{j}\omega)$ 随信号按上式波动，以达到最佳效果。

例 5.10　基于维纳滤波的图像去模糊。

图像是一种二维信号。图像模糊是一种常见的畸变，比如，拍摄运动目标时，所得图像经常是模糊的。图像模糊的过程可以用下面的二维线性移不变系统来建模。

$$g(x,y)=f(x,y)*h(x,y)+n(x,y)$$

其中，$f(x,y)$ 是原本清晰的图像，$h(x,y)$ 是模糊畸变对应的二维冲激响应，$n(x,y)$ 是畸变过程中可能引入的噪声，而 $g(x,y)$ 是实际得到的模糊图像。去模糊处理的基本原理是实施逆滤波，记模糊图像的频谱为 $G(u,v)$，模糊畸变的二维频率响应为 $H(u,v)$，那么，逆滤波的频域过程为 $G(u,v)/H(u,v)$。

逆滤波虽然可以还原清晰图像，但噪声会被显著加剧。为此，需要结合维纳滤波来获得良好结果。注意到逆滤波后，信号与噪声部分的功率谱分别是 $S_\mathrm{f}(u,v)$ 与 $S_\mathrm{n}(u,v)/|H(u,v)|^2$，根据式（5.42），可以按如下处理来恢复图像。

$$\begin{aligned}\hat{F}(u,v)&=\left[\frac{S_\mathrm{f}(u,v)}{S_\mathrm{f}(u,v)+\gamma S_\mathrm{n}(u,v)/|H(u,v)|^2}\right]\frac{G(u,v)}{H(u,v)}\\&=\left[\frac{1}{H(u,v)}\cdot\frac{|H(u,v)|^2}{|H(u,v)|^2+\gamma[S_\mathrm{n}(u,v)/S_\mathrm{f}(u,v)]}\right]G(u,v)\end{aligned}$$

式中，$\hat{F}(u,v)$ 是去模糊与维纳滤波后得到的图像频谱，γ 是维纳滤波器的控制参数。易见，$\gamma=0$ 时，上式退化为单纯的逆滤波；$\gamma=1$ 时，上式为标准的维纳滤波加逆滤波；其他情况时称为参数维纳滤波加逆滤波。

实际情况中，模糊畸变与噪声特性需要预先估计，但原始图像的信号功率谱是未知的，使得 $S_\mathrm{n}(u,v)$ 与 $S_\mathrm{f}(u,v)$ 的比值难以计算。实用的做法是将上式简化为下式，通过对参数 K 的迭代调节来获得最佳的复原图像，容易看出，K 大致为信噪比。

$$\hat{F}(u,v)=\left[\frac{1}{H(u,v)}\cdot\frac{|H(u,v)|^2}{|H(u,v)|^2+K}\right]G(u,v) \tag{5.44}$$

图 5.11 是运用维纳滤波器去模糊的示例。其中，图(a)的模糊图像经过处理后得到图(b)，其还原结果是较好的。而单纯采用逆滤波得到的图像如图(c)所示，其中噪声相当严重。实际应用中，模糊畸变的估计必须尽量准确，信噪比 K 的选择也要仔细，图(c)与(d)说明了这点。当前，随着人工智能技术的快速发展，图像去模糊也大量采用基于 AI 的算法，并获得良好的效果。

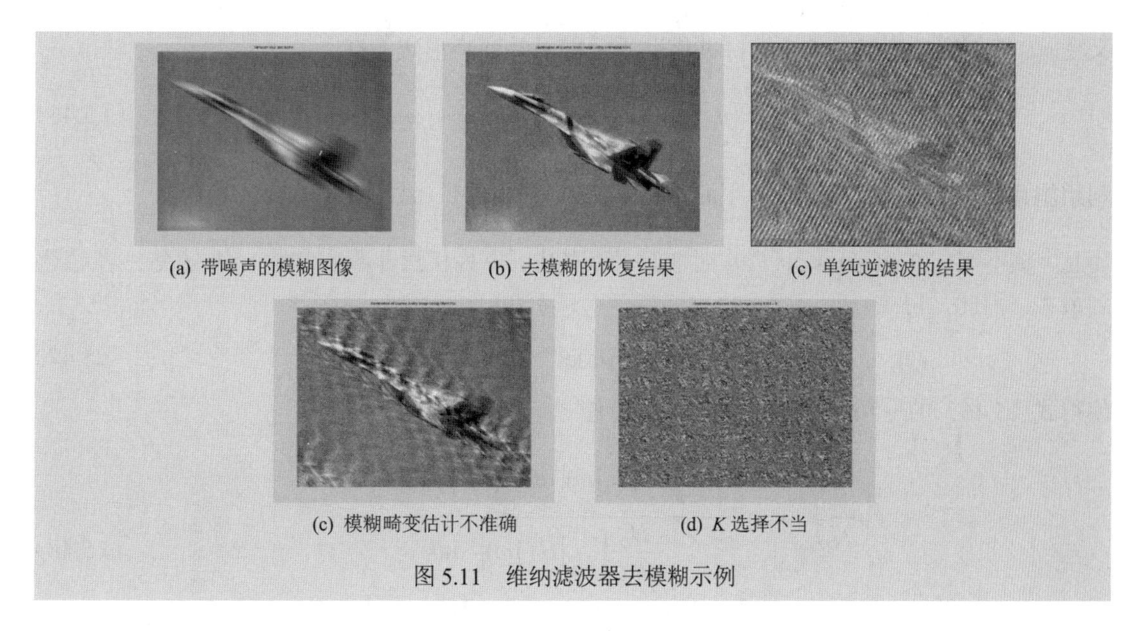

(a) 带噪声的模糊图像　(b) 去模糊的恢复结果　(c) 单纯逆滤波的结果

(c) 模糊畸变估计不准确　(d) K 选择不当

图 5.11　维纳滤波器去模糊示例

5.4.3*　匹配滤波器

匹配滤波器是一种用于检测噪声中某个确定信号是否存在的最佳滤波方法，它是通信、雷达等应用中的重要技术。

有关的典型问题是：有一个已知的有限时长的确定信号 $s(t)$，我们希望从接收信号 $X(t)$ 中检测它是否出现。这里 $X(t)=x(t)+N(t)$，其中 $N(t)$ 是白噪声，$x(t)$是未知信号。当 $s(t)$出现时，$X(t)=s(t)+N(t)$。

我们希望设计 LTI 滤波器 $h(t)$，使

$$Y(t)=X(t)*h(t)=s(t)*h(t)+N(t)*h(t)$$

以便于进行检测。一般并不在乎 $Y(t)$ 中的信号部分是否发生畸变，而只关心在某 t_0 时刻是否可由抽样值 $Y(t_0)$ 有效地判定 $s(t)$ 的存在。为此可将目标设定为：使 $Y(t_0)$ 中的信号与噪声之比最大化，这样在 $Y(t_0)$ 大于某个合适的门限时，就有把握认为 $Y(t)$ 中包含有 $s(t)$。这一处理过程如图 5.12 所示，可见，在 $t=t_0$ 时刻，信号可最大限度地越过背景噪声。

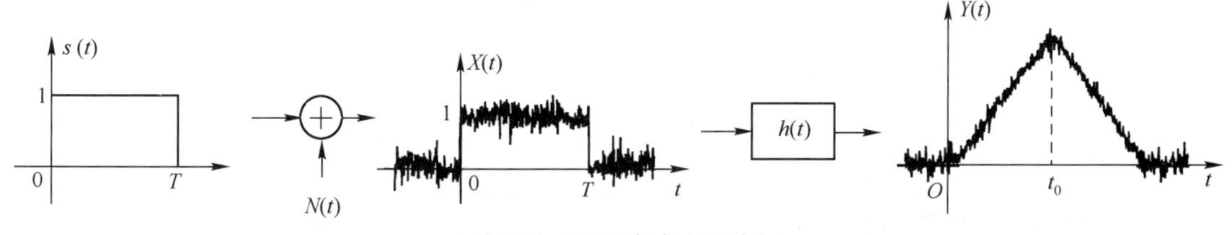

图 5.12　匹配滤波处理过程

由于 $y_s(t)=s(t)*h(t)$ 是确定量，而 $Y_N(t)=N(t)*h(t)$ 是随机的，衡量 $Y(t_0)$ 的信噪比时，可采用

$$\left(\frac{S}{N}\right)_{\text{out}}=\frac{{y_s}^2(t_0)}{E\left[{Y_N}^2(t_0)\right]} \tag{5.45}$$

由式（5.18）有

$$E\left[{Y_N}^2(t_0)\right]=E\left[{Y_N}^2(t)\right]=\frac{N_0}{4\pi}\int_{-\infty}^{+\infty}\left|H(\mathrm{j}\omega)\right|^2\mathrm{d}\omega$$

又令 $s(t)$ 的傅里叶变换为 $S(\mathrm{j}\omega)$，并借助于反傅里叶变换形式，有

$$y_s^2(t_0)=\left[\frac{1}{2\pi}\int_{-\infty}^{+\infty}S(\mathrm{j}\omega)H(\mathrm{j}\omega)\mathrm{e}^{\mathrm{j}\omega t_0}\mathrm{d}\omega\right]^2 \tag{5.46}$$

利用施瓦兹不等式

$$\left|\int u(\omega)v(\omega)\mathrm{d}\omega\right|^2\leqslant\int|u(\omega)|^2\,\mathrm{d}\omega\int|v(\omega)|^2\,\mathrm{d}\omega$$

而且，该不等式在 $u(\omega)=cv^*(\omega)$ 时取等号（其中，c 为任意非零实常数），即不等式左端达到最大。因此，可令

$$H(\mathrm{j}\omega)=c\left[S(\mathrm{j}\omega)\mathrm{e}^{\mathrm{j}\omega t_0}\right]^*=cS^*(\mathrm{j}\omega)\mathrm{e}^{-\mathrm{j}\omega t_0} \tag{5.47}$$

使得式（5.46）的 $y_s^2(t_0)$ 取得最大值，从而使

$$\begin{aligned}\left(\frac{S}{N}\right)_{\text{out}}&=\frac{\left(\frac{1}{2\pi}\right)^2\int_{-\infty}^{+\infty}|S(\mathrm{j}\omega)|^2\,\mathrm{d}\omega\int_{-\infty}^{+\infty}|H(\mathrm{j}\omega)|^2\,\mathrm{d}\omega}{\frac{N_0}{4\pi}\int_{-\infty}^{+\infty}|H(\mathrm{j}\omega)|^2\,\mathrm{d}\omega}\\&=\frac{2}{N_0}\cdot\frac{1}{2\pi}\int_{-\infty}^{+\infty}|S(\mathrm{j}\omega)|^2\,\mathrm{d}\omega=\frac{2E_s}{N_0}\end{aligned} \tag{5.48}$$

式中，E_s 为信号能量，并且

$$E_s=\int_{-\infty}^{+\infty}s^2(t)\mathrm{d}t=\frac{1}{2\pi}\int_{-\infty}^{+\infty}|S(\mathrm{j}\omega)|^2\,\mathrm{d}\omega \tag{5.49}$$

可见，式（5.47）给出了这种期望下的最佳滤波器，容易看出它的冲激响应为

$$h(t)=cs(t_0-t) \tag{5.50}$$

它实际上是信号（见图 5.13(a)）的反转平移形式，如图 5.13(b)所示。如果 $s(t)$ 的持续时间为 $0\sim T$，则通常取 $t_0=T$，这样 $h(t)$ 的持续时间也为 $0\sim T$，它是物理可实现的。注意到这种滤波器是根据信号而定的，也因信号而异，所以我们说它与信号匹配，称为**匹配滤波器**（Match Filter）。由图 5.13(c)可知，匹配滤波器能将信号能量累积起来，使 $t=t_0$ 时输出 $Y(t)$中的信号成分达到最强。

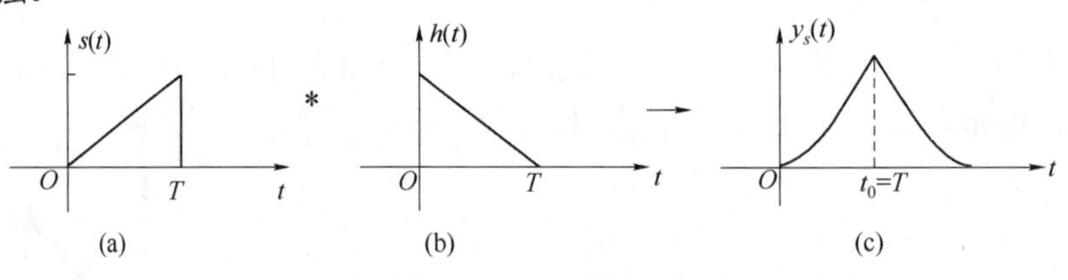

图 5.13　匹配滤波器

例 5.11　设两个确定信号 $s_1(t)$ 与 $s_2(t)$ 如图 5.14 所示。求：

（1）它们对应的匹配滤波器；

（2）它们与功率谱为 $N_0/2$ 的加性白噪声一起经过滤波后，抽样值的信噪比 $(S/N)_{\text{out}}$。

解：（1）取 $t_0=T$，c 为任意非零实常数（不妨取为 1），则相应的匹配滤波器如图 5.15 所示。

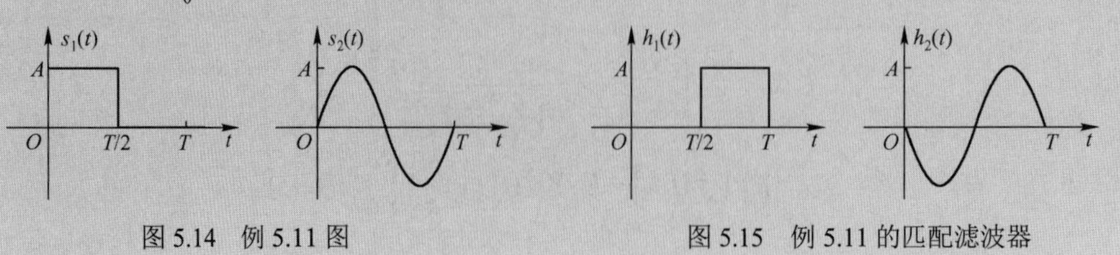

图 5.14　例 5.11 图　　　　图 5.15　例 5.11 的匹配滤波器

（2）由式（5.47），$(S/N)_{\text{out1}}=2E_s/N_0$，可知

$$E_{s1}=\int_{-\infty}^{+\infty}s_1^{\ 2}(t)\mathrm{d}t=A^2T/2\,,\qquad E_{s2}=\int_{-\infty}^{+\infty}s_2^{\ 2}(t)\mathrm{d}t=A^2T/2$$

于是

$$(S/N)_{\text{out1}}=(S/N)_{\text{out2}}=A^2T/N_0$$

由例 5.11 注意到：匹配滤波后信号抽样值的信噪比与信号的形状无关，而只与信号的能量 E_s 有关。能量大的信号可以获得高的信噪比，显然，在信号持续时间 T 与幅度 A 相同的条件下，占满时间 T 的方脉冲具有最大的能量，相应抽样值的信噪比达到最大。

例 5.12　基于匹配滤波器的信号检测。

考虑在白噪声背景中检测图 5.14 中的信号 $s_1(t)$，该信号可能有可能无，随机出现。记接收信号为 $X(t)=s(t)+N(t)$，其中，$N(t)$ 是功率谱为 $N_0/2$ 的白噪声，$s(t)$ 为 $s_1(t)$ 或 0。试设计判定 $s_1(t)$ 是否出现的方案（记输出为 I_1，$I_1=1$ 指示 $s_1(t)$ 出现；$I_1=0$ 指示 $s_1(t)$ 未出现）。

解： 设计信号检测系统方案如图 5.16(a)所示。其中，令 $h_1(t)=s_1(T-t)$，为 $s_1(t)$ 的匹配滤波器。抽样时刻定为 T，抽样值为 $Z=Y(T)$。这时 Z 的信噪比达到最大，系统能够有效判断。设定门限值 u，当 $Z>u$ 时，则认为 $s_1(t)$ 出现，否则 $s_1(t)$ 未出现。

为了合理地设定门限值 u，下面考察抽样值 Z 的大小。仿照匹配滤波器的推导过程，记 $y_s(t)=s(t)*h(t)$ 与 $Y_N(t)=N(t)*h(t)$，则 $Z=y_s(T)+Y_N(T)$，它是随机变量。易知

$$E[Z]=y_s(T)+E\big[Y_N(T)\big]=y_s(T)$$

$$\sigma_Z^2=\mathrm{Var}\big[Y_N(T)\big]=\frac{N_0}{4\pi}\int_{-\infty}^{+\infty}\left|H_1(\mathrm{j}\omega)\right|^2\mathrm{d}\omega$$

$$=\frac{N_0}{4\pi}\int_{-\infty}^{+\infty}\left|S_1(\mathrm{j}\omega)\right|^2\mathrm{d}\omega=\frac{N_0}{2}E_{s1}$$

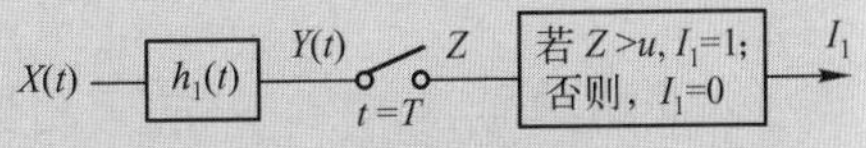

其中，由式（5.46）可得，$s_1(t)$ 的匹配滤波器的频率响应为 $H_1(\mathrm{j}\omega)=S_1^*(\mathrm{j}\omega)\mathrm{e}^{-\mathrm{j}\omega T}$；而 E_{s1} 为 $s_1(t)$ 的能量。

(a) 信号检测方案

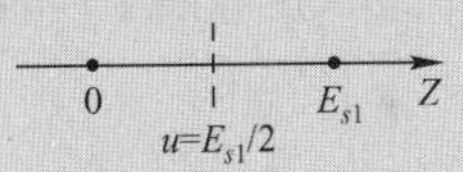

(b) 判决门限

图 5.16　例 5.12 图

当 $s_1(t)$ 未出现时，$y_s(T)=0$；当 $s_1(t)$ 出现时，仿式（5.46），借助反傅里叶变换有

$$y_s(T)=\frac{1}{2\pi}\int_{-\infty}^{+\infty}S_1(\mathrm{j}\omega)H_1(\mathrm{j}\omega)\mathrm{e}^{\mathrm{j}\omega T}\mathrm{d}\omega$$

$$=\frac{1}{2\pi}\int_{-\infty}^{+\infty}S_1(\mathrm{j}\omega)\Big[S_1^*(\mathrm{j}\omega)\mathrm{e}^{-\mathrm{j}\omega T}\Big]\mathrm{e}^{\mathrm{j}\omega T}\mathrm{d}\omega$$

$$=E_{s1}$$

由此可见，随机变量 Z 的特性是：①当 $s_1(t)$ 未出现时，Z 在 0 值附近；②当 $s_1(t)$ 出现时，Z 在 E_{s1} 值附近，如图 5.16(b)所示。因此，门限设定为 $u=E_{s1}/2$。

匹配滤波检测方案是信号检测的一种重要技术。例如，现代数字通信系统中，最佳接收机常常采用这种检测技术。简单地讲，数字通信的基本任务是要传送一组比特串，它通过前面介绍的随机二进制传输信号来进行。本质上，通信系统在每个 T 时间上传送 1 比特。一种简单的方法是通过发送或不发送某信号 $g(t)$ 来表示传输比特 1 或 0。接收端经常采用本例的检测方案来识别 $g(t)$ 是否存在，从而得到比特 1 或 0，完成传输任务。其实，这种检测方案

不仅可行，而且是最佳的。

5.5* 平稳序列通过离散 LTI 系统

本节讨论平稳随机序列与离散 LTI 系统的问题。

5.5.1 平稳序列的功率谱与互功率谱

对于随机序列$\{X(n,\xi), n=1,2,3,\cdots\}$，其功率与功率谱密度的概念与连续型类似。

考虑平稳序列$X(n)$与$Y(n)$，其自相关函数与互相关函数为离散形式：$R_X(m)$与$R_{XY}(m)$，$m=n_1-n_2$；在突出其时间离散特点时，有时也记为$R_X[m]$与$R_{XY}[m]$形式。同样可以证明，平稳序列的自相关函数与它的功率谱密度是一对离散傅里叶变换。

① 序列的**功率谱（密度）与自相关函数的 z 变换**分别定义为

$$S_X(\mathrm{e}^{\mathrm{j}\omega})=\sum_{m=-\infty}^{+\infty}R_X[m]\mathrm{e}^{-\mathrm{j}\omega m} \tag{5.51}$$

与

$$S_X(z)=\sum_{m=-\infty}^{+\infty}R_X[m]z^{-m} \tag{5.52}$$

并有

$$R_X[m]=\frac{1}{2\pi}\int_{\langle 2\pi\rangle}S_X(\mathrm{e}^{\mathrm{j}\omega})\mathrm{e}^{\mathrm{j}\omega m}\mathrm{d}\omega$$

式中，$\langle 2\pi\rangle$ 表示在任何一个 2π间隔内的积分。

② 平均功率

$$P_X=E\left[X(t)^2\right]=R_X[0]=\frac{1}{2\pi}\int_{\langle 2\pi\rangle}S_X(\mathrm{e}^{\mathrm{j}\omega})\mathrm{d}\omega \tag{5.53}$$

③ 定义联合平稳序列的**互功率谱（密度）与互相关函数的 z 变换**分别为

$$S_{XY}(\mathrm{e}^{\mathrm{j}\omega})=\sum_{m=-\infty}^{+\infty}R_{XY}[m]\mathrm{e}^{-\mathrm{j}\omega m} \tag{5.54}$$

与

$$S_{XY}(z)=\sum_{m=-\infty}^{+\infty}R_{XY}[m]z^{-m} \tag{5.55}$$

根据离散信号的知识，功率谱与互功率谱都是ω的周期函数，周期为2π。容易证明，它们仍然符合功率谱与互功率谱的物理意义，并具有下面的基本性质。

① 平稳序列的功率谱总是正的实偶函数；

② 互功率谱具有对称性：$S_{XY}^*(\mathrm{e}^{\mathrm{j}\omega})=S_{YX}(\mathrm{e}^{\mathrm{j}\omega})$。

例 5.13 计算伯努利序列的自相关函数与功率谱。

解：根据 2.2 节的讨论，伯努利序列的自相关函数为

$$R[m]=pq\delta[m]+p^2$$

其功率谱为

$$S(\mathrm{e}^{\mathrm{j}\omega})=pq+2\pi p^2\sum_{k=-\infty}^{+\infty}\delta(\omega-2\pi k)$$

可见，功率谱按2π呈周期性变化。另外，均值成分会造成零频及$2k\pi$处有无穷大的功率谱密度。

5.5.2 具有随机输入的离散 LTI 系统

与连续信号的情况相仿，当随机序列 $X[n]$ 输入到离散 LTI 系统 $h[n]$ 中时，其输出 $Y[n]$ 是随机序列，并且

$$Y[n]=X[n]*h[n]=\sum_{m=-\infty}^{+\infty}X[n-m]h[m] \tag{5.56}$$

对于离散系统，其系统函数为 $h[n]$ 的 z 变换，即

$$H(z)=\sum_{n=-\infty}^{+\infty}h[n]z^{-n} \tag{5.57}$$

输出随机序列的分析方法与前面的连续系统相类似，下面直接给出相应的结论：

- 均值函数与相关函数

$$m_Y=m_X H(1)$$

$$R_{YX}[m]=R_X[m]*h[m],\quad R_{XY}[m]=R_X[m]*h[-m],\quad R_Y[m]=R_X[m]*h[m]*h[-m]$$

可见输出序列 $Y[n]$ 是平稳的，并与 $X[n]$ 联合平稳。

- z 变换与功率谱的关系为

$$S_{YX}(z)=S_X(z)H(z),\quad S_{XY}(z)=S_X(z)H^*(1/z),\quad S_Y(z)=S_X(z)H(z)H^*(1/z)$$

将其中的 z 替换为 $\mathrm{e}^{\mathrm{j}\omega}$，便是功率谱、互功率谱之间的关系。

研究白噪声序列通过离散 LTI 系统的输出序列是很有用的，如图 5.17 所示。例如，系统辨识的目的主要用来研究未知系统的 $H(\mathrm{e}^{\mathrm{j}\omega})$ 或 $H(z)$，如果获得了该系统在白噪声驱动下的输出序列，就可以由自相关函数或功率谱去推测 $H(\mathrm{e}^{\mathrm{j}\omega})$ 或 $H(z)$。又如，在分析未知信号时，可以假定它是某个系统模型在白噪声激励下的输出，使得研究信号的问题转化为研究系统模型及其参数的问题。这样一来，问题常常可以简化。

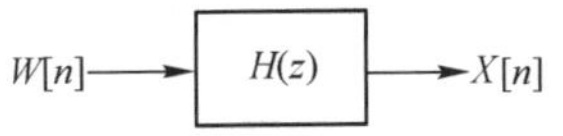

$W[n]\longrightarrow$ $H(z)$ $\longrightarrow X[n]$

图 5.17　白噪声通过离散 LTI 系统

例 5.14　设信号 $X[n]$ 满足

$$X[n]-aX[n-1]=bW[n],\quad 0<a<1$$

其中，输入信号 $W[n]$ 的均值为零，自相关函数 $R_W[m]=\delta[m]$。求 $X[n]$ 的均值函数、自相关函数与功率谱。

解： 可以将 $X[n]$ 看成 $W[n]$ 通过某个 LTI 系统的输出，由于 $m_W[n]=0$，于是 $m_X[n]=0$，又因该 LTI 系统为

$$H(z)=\frac{b}{1-az^{-1}},\quad a<|z|$$

所以

$$S_X(z)=1\times\frac{b}{1-az^{-1}}\cdot\frac{b}{1-az},\quad a<|z|<\frac{1}{a}$$

$$=\frac{-b^2a^{-1}z^{-1}}{(1-az^{-1})(1-a^{-1}z^{-1})}=\frac{b^2}{1-a^2}\left(\frac{1}{1-az^{-1}}-\frac{1}{1-a^{-1}z^{-1}}\right)$$

由于

$$a^m u[m]\longleftrightarrow\frac{1}{1-az^{-1}},\quad |z|>a$$

$$a^{-m}u[-m-1]\longleftrightarrow\frac{-1}{1-a^{-1}z^{-1}},\quad |z|<\frac{1}{a}$$

所以 $$R[m]=\frac{b^2}{1-a^2}a^{|m|}$$

$X[n]$的功率谱为 $$S_X\left(\mathrm{e}^{\mathrm{j}\omega}\right)=\frac{b}{1-a\mathrm{e}^{-\mathrm{j}\omega}}\frac{b}{1-a\mathrm{e}^{\mathrm{j}\omega}}=\frac{b^2}{1-2a\cos\omega+a^2}$$

5.5.3 连续带限信号与采样定理

平稳连续信号 $X_{\mathrm{c}}(t)$ 称为**带限的**（Bandlimited），如果其功率谱满足：$S_{\mathrm{c}}(\omega)=0,\ |\omega|\geqslant W$ 。带限信号是“缓慢”变化的，其采样定理与确定信号的极为相似，如下述。

定理 5.4 若 $X_{\mathrm{c}}(t)$ 是带宽为 $W\,(\mathrm{rad/s})$ 的带限平稳信号，则在均方意义下，有

$$X_{\mathrm{c}}(t)=\sum_{k=-\infty}^{+\infty}X_{\mathrm{c}}(kT_{\mathrm{s}})\frac{\sin\left[W_{\mathrm{s}}(t-kT_{\mathrm{s}})/2\right]}{W_{\mathrm{s}}(t-kT_{\mathrm{s}})/2},\qquad W_{\mathrm{s}}=\frac{2\pi}{T_{\mathrm{s}}}\geqslant 2W \tag{5.58}$$

记连续信号为 $X_{\mathrm{c}}(t)$，其采样序列为 $X_{\mathrm{d}}[n]=X_{\mathrm{c}}(nT_{\mathrm{s}})$，$T_{\mathrm{s}}$ 是采样间隔。显然，它们的均值函数与自相关函数间有下面的关系

$$m_{\mathrm{d}}[n]=m_{\mathrm{c}}(nT_{\mathrm{s}}),\quad R_{\mathrm{d}}[n_1,n_2]=R_{\mathrm{c}}(n_1T_{\mathrm{s}},n_2T_{\mathrm{s}}) \tag{5.59}$$

对于平稳信号，还有 $$R_{\mathrm{d}}[m]=R_{\mathrm{c}}(mT_{\mathrm{s}}) \tag{5.60}$$

$$S_{\mathrm{d}}\left[\mathrm{e}^{\mathrm{j}\omega}\right]=\sum_{m=-\infty}^{+\infty}R_{\mathrm{c}}(mT_{\mathrm{s}})\mathrm{e}^{-\mathrm{j}m\omega}=\frac{1}{T_s}\sum_{k=-\infty}^{+\infty}S_{\mathrm{c}}\left(\frac{\omega-2\pi k}{T_{\mathrm{s}}}\right) \tag{5.61}$$

采样前、后功率谱间的关系与确定信号的类似（其推导方法可参见信号与系统方面的书籍）。

可见，随机信号的采样定理与确定信号的相似。$X_{\mathrm{d}}[n]$ 的功率谱是原 $X_{\mathrm{c}}(t)$ 的功率谱经反复移动叠加的结果，移位量正是采样角频率 $W_{\mathrm{s}}=2\pi/T_{\mathrm{s}}$，如式(5.61)与图 5.18 所示。式中还对角频率进行了归一化转换，使模拟角频率 W_{s} 对应于数字角频率 2π 。可以看出：如果 $X_{\mathrm{c}}(t)$ 频带限制在 $|\omega|<W_{\mathrm{s}}/2$ 以内，则 $X_{\mathrm{d}}[n]$ 中不会发生频谱混叠现象，因而，可以用带宽为 $W_{\mathrm{s}}/2$ 的低通滤波器还原出 $X_{\mathrm{c}}(t)$。

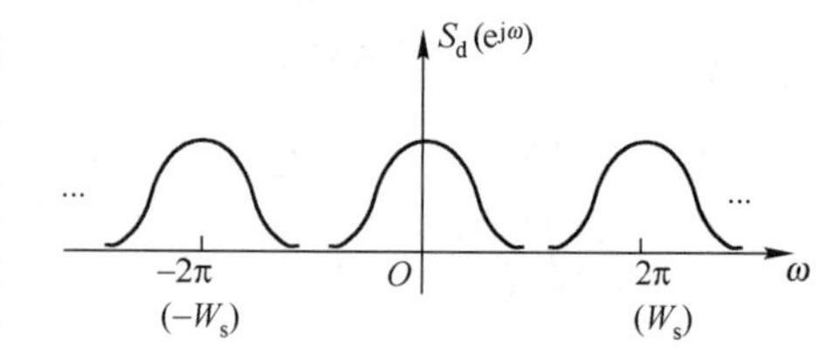

图 5.18 采样序列的功率谱

5.6* MATLAB 模拟举例

本节通过举例简要说明如何使用 MATLAB 来模拟产生典型的离散与连续随机信号，示范随机信号通过系统的基本模拟方法。下面的举例主要包括：

（1）模拟产生特定自相关函数的离散随机序列，考察其特性；

（2）模拟产生特定自相关函数的连续随机信号，考察其特性；

（3）模拟研究高斯白噪声环境下信号通过系统的问题，实现低通滤波器；

（4）模拟研究高斯白噪声环境下，信号的匹配滤波问题，考察匹配滤波器前后信号的 SNR 的特性；

参照这些举例，读者可以扩充研究更为深入的随机信号与系统的模拟问题。

例 5.15 编写 MATLAB 程序，模拟产生一个零均值离散随机序列 $X[n]$，要求自相关函数满足 $R_X[m]=0.95^{|m|}$，测试所产生的随机序列的自相关函数。

解： 根据例 5.14 可知，白噪声 $W[n]$ 通过差分方程 $X[n]-aX[n-1]=bW[n]$，$0<a<1$，可产生自相关函数为 $R[m]=\dfrac{b^2}{1-a^2}a^{|m|}$ 的随机序列，于是有下面的模拟方法。

一般而言，若需要模拟 $R_X[m]=\sigma^2\alpha^{|m|}$（$0<\alpha<1$）的随机序列，可令 $a=\alpha$，$b=\pm\sigma\sqrt{1-a^2}$。按下列步骤可产生该序列的样值 $\{x_n,\ n=0,1,2,\cdots\}$：

（1）产生零均值单位方差的某分布独立随机数序列 $\{w_n,\ n=0,1,2,\cdots\}$；

（2）计算：$\begin{cases}x_0=\sigma w_0\\ x_n=ax_{n-1}+bw_n,\ n=1,2,\cdots\end{cases}$

通常，$\{w_n\}$ 可以采用均匀分布随机数。当然，如果要求的随机序列为高斯的，在步骤（1）中产生独立的 $N(0,1)$ 随机数序列即可。

针对本例，$\sigma=1$，可取 $a=0.95$，$b=0.3122$，基于均匀分布随机数 $\{w_n\}$ 来模拟。具体的 M-file 文件如下：

```
N=10000;                           % 长度为 10000
sigma=1;                           % 参数
a=0.95;
b=sigma*sqrt(1-a*a);

w=sqrt(3) *unifrnd(-1,1,[1,N]);    % 单位方差的均匀分布随机数
var(w)                             % 检验方差=1?

x=zeros(1,N);
x(1)=sigma*w(1);                   % 产生第 1 点
for i=2:N
     x(i)=a*x(i-1)+b*w(i);         % 差分方程与迭代
end
% plot(x);                         % 可绘制随机序列

Rxx=xcorr(x)/N;                    % 实测自相关函数
m=[-N+1:N-1];                      % 校准离散时间坐标，以便绘图
Rxx0=a.^abs(m);                    % 计算理论自相关函数
plot(m,Rxx0,'b.',m,Rxx,'r');       % 绘制与比较自相关函数
```

相应绘图结果如图 5.19 所示，其中“细实线”为实测值，“点线”为理论值，两者基本吻合。为了方便观测，图中通过菜单功能（Edit-Axes Properties...）控制，只显示了 m 取值±300 的部分）。

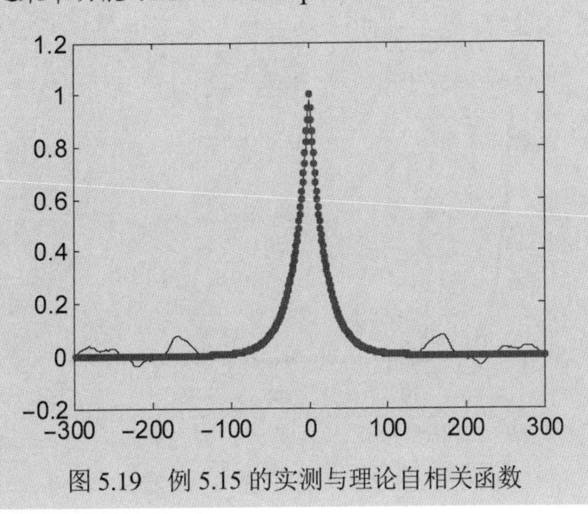

图 5.19　例 5.15 的实测与理论自相关函数

例 5.16 编写 MATLAB 程序，产生协方差函数为 $C(\tau)=9\mathrm{e}^{-10|\tau|}$ 的零均值平稳高斯过程，产生一条样本函数曲线。测量所产生样本的时间自相关函数，将结果与理论值比较。

解：对于时间连续信号，计算机模拟只能产生其取样序列。记采样间隔为 T_s，它需要根据具体应用中的带宽要求来选取。令 $X[n]=X(nT_s)$，$n=1,2,\cdots$，相应的协方差为 $C[n]=C(mT_s)$。若 $C[n]$ 为指数序列，可参照上例，模拟产生 $X[n]$。

一般而言，考虑零均值平稳高斯过程，$R(\tau)=C(\tau)=\sigma^2\mathrm{e}^{-\beta|\tau|}$，则 $C[n]=\sigma^2\mathrm{e}^{-\beta T_s|m|}=\dfrac{b^2}{1-a^2}a^{|m|}$。可令 $a=\mathrm{e}^{-\beta T_s}$，$b=\pm\sigma\sqrt{1-\mathrm{e}^{-2\beta T_s}}$。按下列步骤可产生该序列的样值 $\{x_n,\ n=0,1,2,\cdots\}$：

（1）产生标准正态分布随机数序列 $\{w_n,\ n=0,1,2,\cdots\}$；

（2）计算：$\begin{cases}x_0=\sigma w_0\\ x_n=ax_{n-1}+bw_n,\quad n=1,2,\cdots\end{cases}$

针对本例，由于没有详细的应用背景信息，不妨取 $T_s=0.001$。令 $\sigma=3$，$a=\mathrm{e}^{-0.01}$，$b=3\sqrt{1-\mathrm{e}^{-0.02}}$，基于标准正态分布随机数序列 $\{w_n\}$ 来模拟。具体的 M-file 文件如下：

```
N=10000;                                    % 长度为 10000
Ts=0.001;                                   % 采样间隔
sigma=3;                                    % 参数
beta=10;
a=exp(-beta*Ts);
b=sigma*sqrt(1-a*a);

w=normrnd(0,1,[1,N]);                       % 标准正态分布随机数

x=zeros(1,N);
x(1)=sigma*w(1);                            % 产生第 1 点
for i=2:N
    x(i)=a*x(i-1)+b*w(i);                   % 差分方程与迭代
end
% plot(x);                                  % 可绘制随机序列

Rxx=xcorr(x)/N;                             % 实测自相关函数
m=[-N+1:N-1];                               % 校准离散时间坐标，以便绘图
Rxx0=(sigma^2) *exp(-beta*abs(m*Ts));       % 计算理论自相关函数
plot(m*Ts,Rxx0,'b.',m*Ts,Rxx,'r');          % 绘制与比较自相关函数
```

相应绘图结果如图 5.20 所示，其中“细实线”为实测值，“点线”（因点过于密集，图

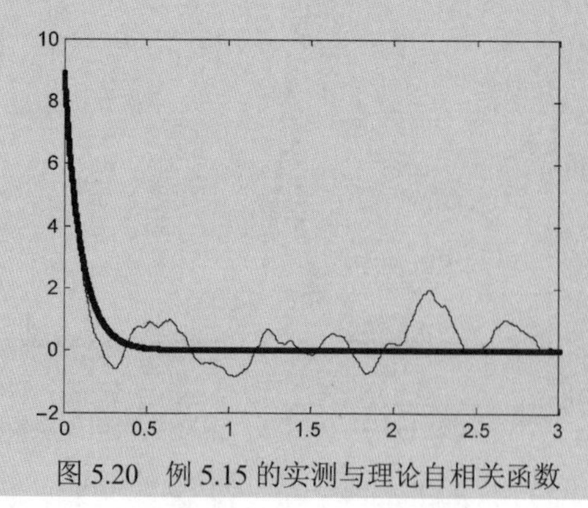

图 5.20　例 5.15 的实测与理论自相关函数

中显示为粗线形状）为理论值，两者基本吻合。为了方便观测，图中通过菜单功能（Edit→Axes Properties...）控制，只显示了 m 取值 0～3s 的局部）。

例 5.17 编写 MATLAB 程序，讨论在 $N_0 = 1\times10^{-5}$ 的加性高斯白噪声环境中，幅度为 0.1、频率为 10Hz 的正弦信号通过 50Hz 低通滤波器的情况（考虑采样间隔为 $T_s = 1\text{ms}$），绘出输出信号波形与功率谱。

解： 由于 $T_s = 1\text{ms}$，仿真带宽 B=500Hz，于是，噪声功率为 $N_0 B$。仿真传输系统（低通滤波器）时可以采用数字滤波器，数字滤波器的系数 $\{a_k\}$ 与 $\{b_k\}$ 可利用 MATLAB 的库函数 yulewalk()按最小均方误差意义进行拟合，而后用 filter()函数完成滤波处理，它们的功能与准确用法可借助 help 命令查阅。具体的 M-file 文件如下，相应绘图结果如图 5.21 所示。

```
N=5000;                                 % 长度
Ts=0.001;                               % 采样间隔（1ms）
B=0.5*1/Ts;                             % 最高信号频率
t=0:Ts:(N-1) *Ts;                       % 仿真时段包含 N 个取样点（0～5s）
f=0:1:B;                                % 仿真频率范围

A=0.1;                                  % 信号幅度
f0=10;                                  % 信号频率
s=A*cos(2*pi*f0*t);                     % cos 信号
N0=0.00001;                             % 噪声谱密度
sigmaN=sqrt(N0*B);                      % 噪声功率=N0*B
w=normrnd(0,sigmaN,[1,N]);              % 高斯白噪声

M=[ones(1,50),zeros(1,B+1-50)];         % 50Hz 低通滤波器系统的|H(jf)|
%plot(f,M);                             % 可以观察低通滤波器的频率响应
F=2*f*Ts;                               % 归一化频率值
[b,a]=yulewalk(21,F,M);                 % 生成滤波器（考虑 21 阶）

x=s+w;                                  % 信号+噪声
y=filter(b,a,x);                        % 信号通过系统
subplot(121); plot(t,y);                % （左边）绘制输出信号
subplot(122); periodogram(y,[],N,1/Ts); % （右边）绘制功率谱
```

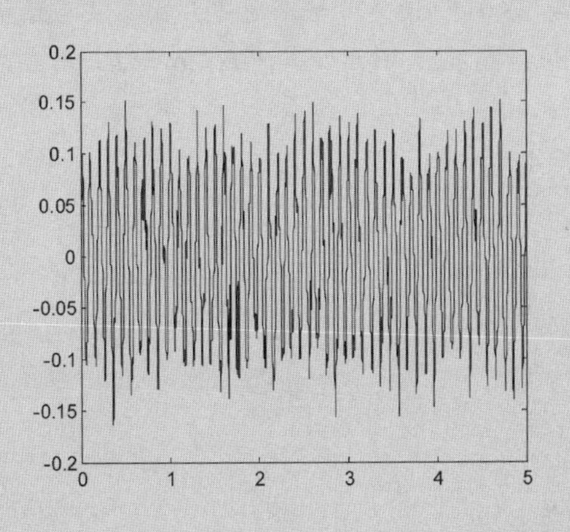

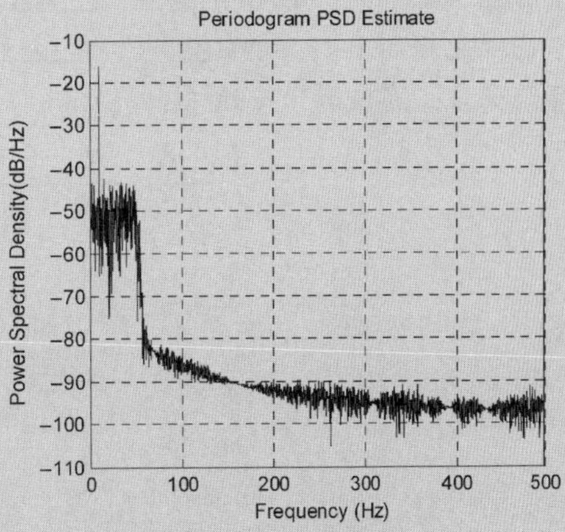

图 5.21 例 5.17 输出信号波形及功率谱

例 5.18 编写 MATLAB 程序，讨论在 $N_0 = 5\times10^{-5}$ 的加性高斯白噪声环境中，利用匹

配滤波器检测幅度为 2、宽度为 1ms 的方波信号的情况（考虑采样间隔为 $T_s = 0.1\text{ms}$），测量匹配滤波器输入信号中心处与输出信号最佳采样处的 SNR，绘出输出信号波形。

解： 记方波信号为 $s(t)$，$T = 1\text{ms}$。不妨令匹配滤波器为 $h_{\text{mf}}(t) = ks(t-T)$，其中，$k$ 使 $h_{\text{mf}}(t)$ 幅度为 1，输出信号的最佳采样在 $t = T$ 处。由于 $T_s = 0.1\text{ms}$，仿真带宽 B=5kHz，于是，噪声功率为 N_0B。具体的 M-file 文件如下：

```
N=100;                                  % 长度
Ts=0.0001;                              % 采样间隔（0.1ms）
B=0.5*1/Ts;                             % 最高信号频率
t=0:Ts:(N−1) *Ts;                       % 仿真时段为 N 个样点（0～10ms）

T=0.001;                                % 信号时宽（1ms）
A=2;                                    % 信号幅度
s=[A*ones(1,T/Ts),zeros(1,N− (T/Ts))];  %宽度为 T 的方波信号（后面补零至 N 长）

N0=0.00005;                             % 噪声谱密度
sigmaN=sqrt(N0*B);                      % 噪声功率=N0*B
w=normrnd(0,sigmaN,[1,N]);              % 高斯白噪声
var(w)                                  % 可检验噪声方差

hmf=[ones(1,T/Ts)];                     % 幅度为 1 的匹配滤波器
ys=Ts*filter(hmf,1,s);                  % 信号通过滤波器
yn=Ts*filter(hmf,1,w);                  % 噪声通过滤波器
SNR0=10*log10((s(T/Ts/2)^2)/var(w));    % 输入信号 T/2 处的 SNR
SNR=10*log10((ys(T/Ts)^2)/var(yn));     % 匹配滤波后 T 处的 SNR
[SNR0,SNR,SNR-SNR0]

plot(t,ys+yn);                          % 绘制输出信号
```

运行结果如下：

```
ans =
    11.7223    23.0152    11.2929
```

匹配滤波前后的 SNR 分别是 11.7223dB 与 23.0152dB。可见，通过匹配滤波与正确采样后，信噪比提高了 11.2929dB。相应绘图结果如图 5.22 所示，其中前 2ms 为三角波，采样位置正好在三角波的顶点处。

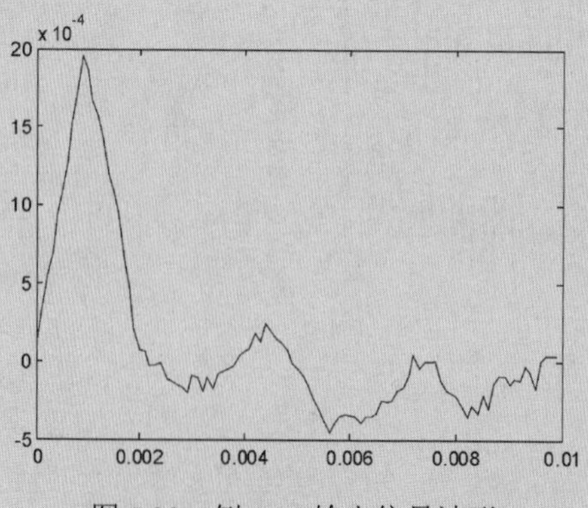

图 5.22　例 5.18 输出信号波形

习题

5.1　求图题 5.1 中三个电路的传输函数（不考虑输出负载）。

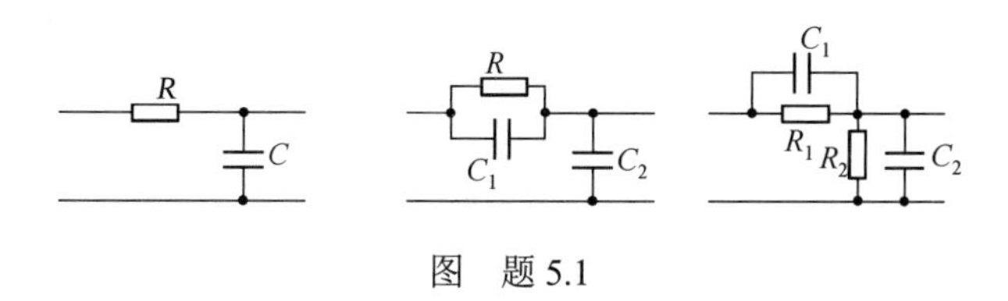

图　题 5.1

5.2　若平稳随机信号 $X(t)$ 的自相关函数 $R_X(\tau)=A^2+B\mathrm{e}^{-|\tau|}$，其中，$A$ 和 B 都是正的常数。又设某系统的冲激响应为 $h(t)=u(t)t\mathrm{e}^{-wt}$, $w>0$ 。当输入为 $X(t)$ 时，求该系统输出信号的均值。

5.3　随机二元传输信号 $X(t)$ 的自相关函数为

$$R_X(\tau)=\begin{cases}1-|\tau|/T, & |\tau|\leqslant T\\ 0, & |\tau|>T\end{cases}$$

将它加到图 5.2 所示的 RC 电路上。求差信号 $E(t)=Y(t)-X(t)$ 的功率谱密度。

5.4　若输入信号 $X(t)=X_0+\cos(\omega_0 t+\varPhi)$ 作用于图 5.2 所示的 RC 电路上，其中 X_0 为[0,1]上均匀分布的随机变量，$\varPhi$ 为[0,2π]上均匀分布的随机变量，并且 X_0 与 $\varPhi$ 彼此独立。求输出信号 $Y(t)$的功率谱与自相关函数。

5.5　图题 5.5 所示的线性系统中，输入 $X(t)$ 是均值为零、功率谱密度为 $S_X(\omega)=N_0/2$ 的高斯白噪声。试求输出随机过程 $Y(t)$ 的自相关函数和功率谱密度。

5.6　设某积分电路的输入与输出之间满足关系：$Y(t)=\int_{t-T}^{t}X(\tau)\,\mathrm{d}\tau$，式中，$T$ 为积分时间。并设输入、输出都是平稳过程。求证输出功率谱密度为

$$S_Y(\omega)=\frac{4S_X(\omega)}{\omega^2}\sin^2\left(\frac{\omega T}{2}\right)$$

（提示：$Y(t)=X(t)*h(t)$，而 $h(t)=u(t)-u(t-T)$，是矩形方波）

5.7　假设某线性系统如图题 5.7 所示，试用频域分析方法求：

（1）系统的传输函数 $H(\omega)$；　（2）当输入是谱密度为 $N_0/2$ 的白噪声时，输出 $Z(t)$ 的均方值。

（提示：利用积分 $\int_0^{\infty}\frac{\sin^2(ax)}{x^2}\mathrm{d}x=|a|\frac{\pi}{2}$）

5.8　若平稳随机信号 $X(t)$ 输入到图题 5.8 所示的两个线性时不变系统上，求证两输出信号的互功率谱为

$$S_{UV}(\omega)=H_1(\omega)H_2^*(\omega)S_X(\omega)$$

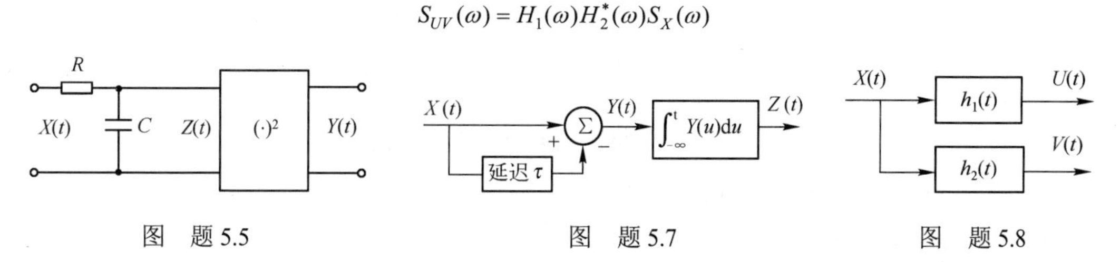

图　题 5.5　　　图　题 5.7　　　图　题 5.8

5.9　联合平稳过程 $X(t)$ 与 $Y(t)$ 在 $[\omega_1,\omega_2]$ 区域上是相关的，若它们分别经过 LTI 系统 $H_1(\mathrm{j}\omega)$ 与 $H_2(\mathrm{j}\omega)$ 后在 $[\omega_1,\omega_2]$ 区域上达到正交，问 $H_1(\mathrm{j}\omega)$ 与 $H_2(\mathrm{j}\omega)$ 有什么特点？

5.10　若线性时不变系统的输入信号 $X(t)$ 是均值为零的平稳高斯随机信号，且自相关函数为 $R_X(\tau)=\delta(\tau)$，输出信号为 $Y(t)$。试问系统 $h(t)$ 要具备什么条件，才能使随机变量 $X(t_1)$ 与 $Y(t_1)$ 互相独立。

5.11　若功率谱为 5 W/Hz 的平稳白噪声作用到冲激响应为 $h(t)=\mathrm{e}^{-at}u(t)$ 的系统上，$a>0$，求系统输出的均方值函数与功率谱密度。

5.12　若将传输函数为 $H(\omega)=1/\left(1+\mathrm{j}\omega L/R\right)$ 的两个网络进行级联，输入是功率谱为 $N_0/2$ 的平稳白噪声。求级联网络的输出功率。

5.13　功率谱为 $N_0/2$ 的白噪声作用到 $|H(0)|=2$ 的低通网络上，网络的等效噪声带宽为 2MHz。若噪声输出平均功率是 0.1 W，求 N_0 的值。

5.14　某二阶巴特沃思滤波器的功率谱传输函数为 $|H(\omega)|^2=\dfrac{1}{1+(\omega/\omega_\mathrm{c})^4}$，式中，$\omega_\mathrm{c}$ 是实值正常数。求滤波器的等效噪声带宽。

5.15　某电子系统中，中频放大器的频率响应具有高斯曲线形状，表示为

$$H(\omega)=K_0\exp[-(\omega-\omega_0)^2/2\beta^2]+K_0\exp[-(\omega_0-\omega)^2/2\beta^2]$$

式中，K_0,β 为正常数，ω_0 为中心角频率，$\omega_0\gg\beta$。当输入信号是功率谱密度为 $S_X(\omega)=N_0/2$ 的平稳随机信号时，试求：（1）输出功率谱密度；（2）输出自相关函数；（3）输出平均功率。

5.16　已知平稳随机信号的自相关函数为

（1）$R_X(\tau)=\sigma_X^2(1-\alpha|\tau|),\ \tau\leqslant 1/\alpha$　　（2）$R_X(\tau)=\sigma_X^2\mathrm{e}^{-\alpha|\tau|}$

求它们的矩形等效带宽。

5.17　已知零均值平稳随机信号 $X(t)$ 的自相关函数为 $R_X(\tau)$，相应的功率谱密度为 $S_X(\omega)$，且 $S_X(\omega)\leqslant S_X(0)$。若通过线性滤波器 $H(\omega)$ 后的输出为 $Y(t)$。试证明：

（1）$\tau_X B_X=\tau_Y B_Y$；（2）$\dfrac{\tau_Y}{\tau_X}=\dfrac{\sigma_X^2}{\sigma_Y^2}|H(\mathrm{j}0)|^2$

式中，τ_X 和 τ_Y、B_X 和 B_Y、σ_X^2 和 σ_Y^2 分别为输入信号和输出信号的相关时间、等效噪声带宽和方差。

5.18　若线性系统的输入 $X(t)$ 是功率谱密度为 $S_X(\omega)=\dfrac{\omega^2+3}{\omega^2+8}$ 的平稳随机过程，现要求系统的输出 $Y(t)$ 为白噪声。求相应稳定系统的功率谱传输函数。

5.19　试构造一个稳定的线性系统，使该系统在 $N_0=2$ 的白噪声输入时，输出信号的功率谱密度为

$$S_X(\omega)=\frac{\omega^2+4}{\omega^4+10\omega^2+9}$$

5.20　若 $Y(t)=X'(t)$，式中 $X(t)$ 是平稳信号。试证明：

（1）$R_{X'X}(\tau)=R'_X(\tau)$；（2）$R_{XX'}(\tau)=-R'_X(\tau)$；（3）$R_{X'}(\tau)=-R''_X(\tau)$

（提示：求导运算可视为一个 LTI 系统，其 $H(\mathrm{j}\omega)=\mathrm{j}\omega$）

5.21　已知平稳过程 $X(t)$ 的自相关函数 $R_X(\tau)=2\mathrm{e}^{-\tau^2/2}$。求：

（1）导数 $Y(t)=X'(t)$ 的自相关函数和方差；（2）$X(t)$ 和 $Y(t)$ 的方差比。

5.22　已知随机过程 $X(t)=V\cos(3t)$，其中 V 是均值和方差皆为 1 的随机变量。令随机过程

$$Y(t)=\frac{1}{t}\int_0^t X(u)\mathrm{d}u$$

求 $Y(t)$ 的均值、自相关函数、协方差函数和方差。

5.23　对于图题 5.23 所示的几种确定信号：

（1）绘出相应的匹配滤波器的冲激响应，并给出 t_0 时刻；

（2）如果背景噪声是功率谱为 $N_0/2$ 的白噪声，求 t_0 时刻匹配滤波器的输出信噪比。

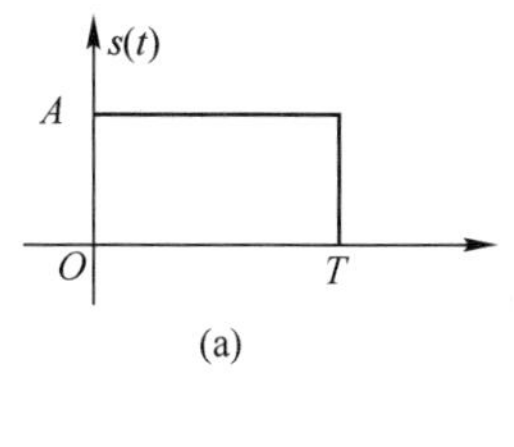

(a)

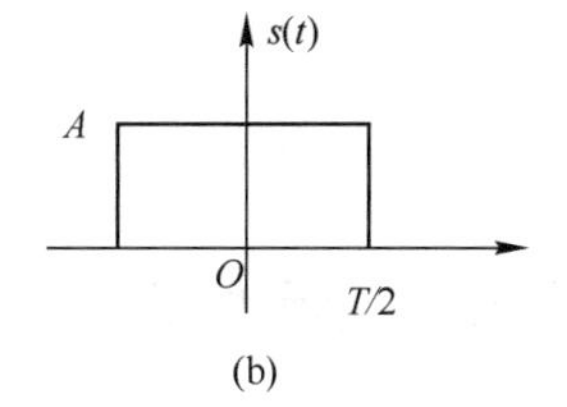

(b)

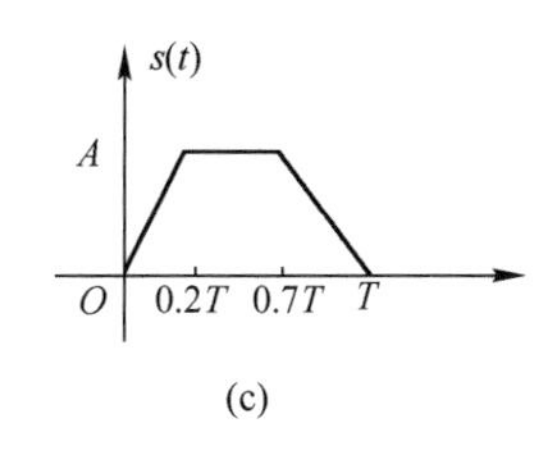

(c)

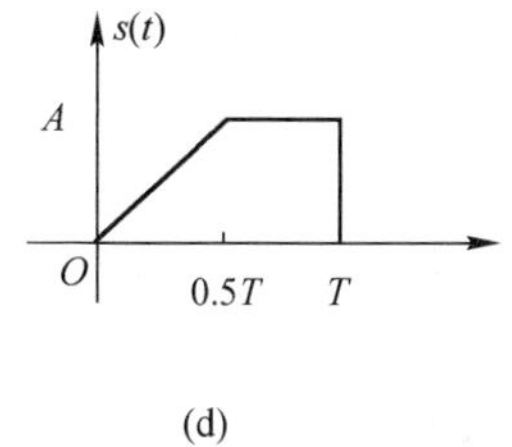

(d)

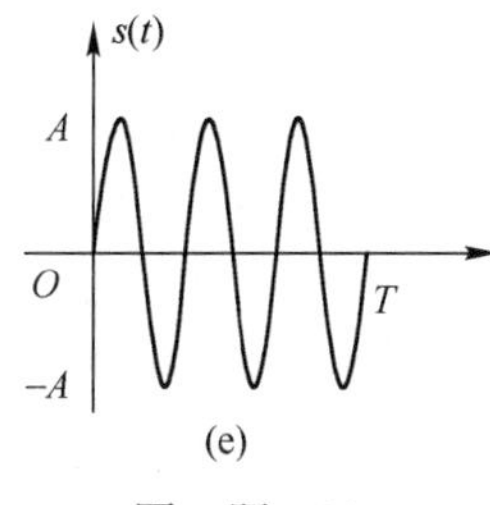

(e)

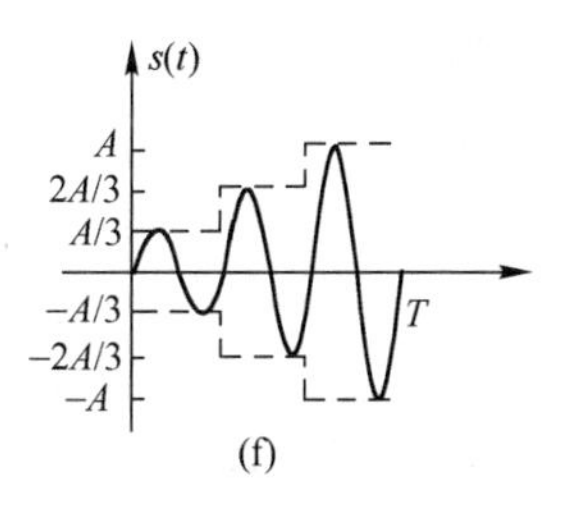

(f)

图　题 5.23

5.24　假定信号 $s(t)$ 如图题 5.24 所示。

（1）绘出相应的匹配滤波器的冲激响应；

（2） $s(t)$ 通过匹配滤波器后，绘出输出信号的波形；

（3）输出信号波形的峰值是多少？在何处？

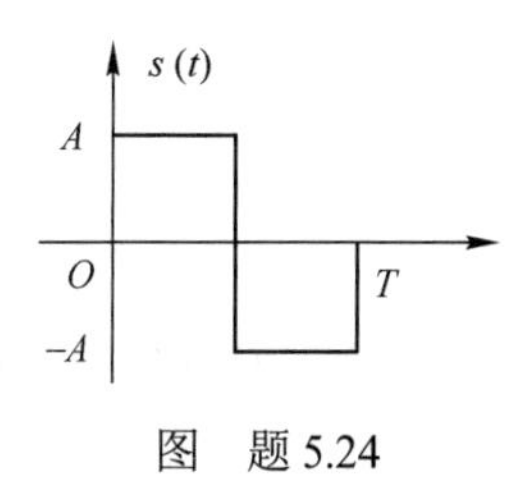

图　题 5.24

5.25　在讨论图 5.12 的过程中，信号 $X(t)=s(t)+N(t)$ ，式中 $N(t)$ 是功率谱密度为 $N_0/2$ 的平稳高斯白噪声， $h(t)$ 是 $s(t)$ 的匹配滤波器。试求：

（1） $Y(t)$ 的一维密度函数 $f_Y(y,t)$ ；（2）概率 $P[Y(t_0)\geqslant 0]$ 。

5.26　对于例 5.12 所述的问题，假定接收信号为 $X(t)=s(t)+N(t)$ ，背景噪声 $N(t)$ 是功率谱密度为 $N_0/2$ 的平稳高斯白噪声， $s(t)$ 为 $s_1(t)$ 或 $s_0(t)=-s_1(t)$。采用图题 5.26 的方案检测（图中 $h_1(t)$ 与 $h_0(t)$ 分别是 $s_1(t)$ 与 $s_0(t)$ 的匹配滤波器，幅度为 1），试求在 $s(t)=s_1(t)$ 的条件下：

图　题 5.26

（1）图中 $Y_1(T)$ 的一维密度函数 $f_1(y,t)$ ；（2）图中 $Y_0(T)$ 的一维密度函数 $f_0(y,t)$ ；

（3）随机变量 $Z=Y_1(T)-Y_0(T)$ 的一维密度函数 $f_Z(z,t)$ ；（4）概率 $P[Z\geqslant 0]$ ，并解释该概率的物理含义。

5.27　随机序列 $X[n]$ 的自相关函数为 $R_X(m)=a^{|m|},|a|<1$ ，试求其功率谱密度。

5.28　设输入信号 $X(n)$ 是均值为零、方差为 σ_X^2 的白噪声，经过冲激响应为 $h(n)$ 的线性时不变离散系统的输出为 $Y(n)$ ，试证：（1） $E[X(n)Y(n)]=h(0)\sigma_X^2$ ；（2） $\sigma_Y^2=\sigma_X^2\sum\limits_{n=0}^{+\infty}h^2(n)$ 。

5.29　要求用白序列 X_n 激励某线性系统 $H(z)$ ，产生功率谱密度为 $S_Y(\omega)=\dfrac{\sigma_X^2}{1.64+1.6\cos\omega}$ 的离散随机序列 Y_n 。试设计此成形滤波器 $H(z)$ ，并写出其差分方程。

5.30　编写 MATLAB 程序，模拟产生一个高斯随机序列 X_n ，要求自相关函数满足 $R_X(m)=\dfrac{1}{1-0.64}0.8^{|m|}$ ，绘出所产生的随机序列的样本波形。

5.31　编写 MATLAB 程序，产生协方差函数为 $C(\tau)=4\mathrm{e}^{-2|\tau|}$ 的零均值平稳高斯过程，并产生若干样本函数。估计所产生样本的时间自相关函数和功率谱密度，将结果与理论值比较。

5.32　用 MATLAB 的 Simulink 模拟白噪声通过 RC 电路的过程，改变电路时间常数，观察输出波形的变化。

第 6 章　带通随机信号

带通随机信号是一类功率谱集中在某个非零频率处的随机信号，它们是通信、雷达和无线电技术等领域里的一种基本信号形式。一种重要的带通信号是窄带高斯信号，其典型例子是应用中经常遇到的窄带高斯噪声；另一种是混合有窄带高斯噪声的高频正弦信号。

本章首先介绍希尔伯特变换与复随机信号的分析方法，它们在研究带通信号时非常有用；然后介绍带通信号的基本特性，有关分量、信号间的重要关系，以及调制与解调的原理；本章最后讨论了窄带高斯信号与混合有窄带高斯噪声的高频正弦信号，推导了这两种信号的几种基本概率分布。

为了书写简洁，在本章的讨论中我们也使用了小写字母表示随机信号，请注意识别。

6.1　希尔伯特变换与解析信号

希尔伯特变换是信号分析中的一个重要工具，利用它可以定义复值形式的解析信号。希尔伯特变换与解析信号在分析实带通信号时非常有用。

6.1.1　基本概念

定义 6.1　信号 $x(t)$ 的**希尔伯特**（Hilbert）**变换**为

$$\hat{x}(t)=\mathscr{H}[x(t)]=x(t)*\frac{1}{\pi t} \tag{6.1}$$

记为 $\hat{x}(t)$ 或 $\mathscr{H}[x(t)]$。

显然，$\hat{x}(t)$ 是 $x(t)$ 通过 LTI 系统 $h(t)=1/(\pi t)$ 的输出，该系统的频率响应为

$$H(\mathrm{j}\omega)=-\mathrm{j}\,\mathrm{sgn}(\omega)=\begin{cases}-\mathrm{j}, & \omega>0\\ \mathrm{j}, & \omega<0\end{cases} \tag{6.2}$$

定义 6.2　由实信号 $x(t)$ 与它的希尔伯特变换 $\hat{x}(t)$ 构造的复信号为

$$z(t)=x(t)+\mathrm{j}\hat{x}(t) \tag{6.3}$$

$z(t)$ 称为 $x(t)$ 的**解析信号**（Analytic Signal）或**信号预包络**（Pre-envelope）。

可以看出

$$z(t)=\left[\delta(t)+\mathrm{j}\left(\frac{1}{\pi t}\right)\right]*x(t)$$

而

$$\delta(t)+\mathrm{j}\left(\frac{1}{\pi t}\right)\longleftrightarrow 1+\mathrm{j}[-\mathrm{j}\,\mathrm{sgn}(\omega)]=2u(\omega) \tag{6.4}$$

式中，$u(\omega)$ 是频域的单位阶跃函数。因此

① 如果 $x(t)$ 是确定信号，则解析信号是确定的，并且其频谱为

$$Z(\mathrm{j}\omega)=2X(\mathrm{j}\omega)u(\omega) \tag{6.5}$$

② 如果 $x(t)$ 是平稳随机信号，则解析信号是随机的，其功率谱为

$$S_z(\omega)=S_x(\omega)\left|2u(\omega)\right|^2=4S_x(\omega)u(\omega) \tag{6.6}$$

如图 6.1 所示。

反过来，可由解析信号求出原信号如下

$$x(t)=\mathrm{Re}[z(t)]=\frac{z(t)+z^*(t)}{2} \tag{6.7}$$

实信号的频谱响应总是共轭对称的，由图 6.1 可知，解析信号本质上是原信号的正频率部分，它是实信号的一种“简洁”形式，采用这种形式将使得实带通信号的理论分析变得相当简练。

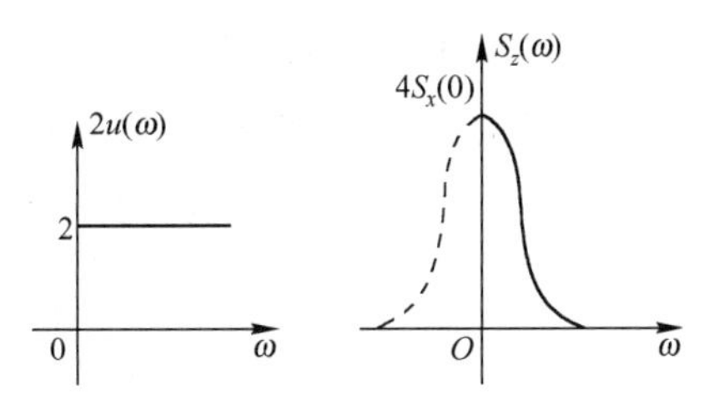

图 6.1　解析信号及其频谱

6.1.2*　希尔伯特变换的性质

由式（6.2）可知，希尔伯特变换的频率响应如图 6.2(b)所示，它的幅频特性为全 1。图 6.2(a)至(c)给出了其频域的作用。

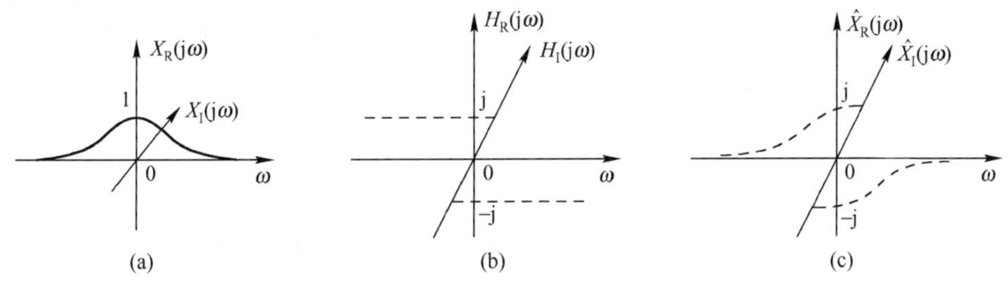

图 6.2　希尔伯特变换（虚部用虚线表示）

希尔伯特变换的实质是对信号的正、负频率部分分别实施相移 $-\pi/2$ 与 $+\pi/2$，这一处理形成了许多有趣的性质，其中几条基本性质如下：

① 希尔伯特逆变换为

$$\mathscr{H}^{-1}[\ ]=-\mathscr{H}[\ ] \tag{6.8}$$

因为 $H(\mathrm{j}\omega)H(\mathrm{j}\omega)=\mathrm{j}^2\,\mathrm{sgn}^2(\omega)=-1$，于是，$\mathscr{H}[\mathscr{H}[x(t)]]=-x(t)$。

② 希尔伯特滤波器是−90° 相移的全通滤波器。由图 6.2 可以看出，对于 $\omega_0>0$，有

$$\begin{aligned}\mathscr{H}[\mathrm{e}^{\mathrm{j}\omega_0 t}]&=-\mathrm{j}\mathrm{e}^{\mathrm{j}\omega_0 t}=\mathrm{e}^{\mathrm{j}(\omega_0 t-\pi/2)}\\ \mathscr{H}[\mathrm{e}^{-\mathrm{j}\omega_0 t}]&=\mathrm{j}\mathrm{e}^{-\mathrm{j}\omega_0 t}=\mathrm{e}^{-\mathrm{j}(\omega_0 t-\pi/2)}\end{aligned} \tag{6.9}$$

于是可得

$$\begin{aligned}\mathscr{H}[\cos\omega_0 t]&=\mathscr{H}\left[\frac{\mathrm{e}^{\mathrm{j}\omega_0 t}+\mathrm{e}^{-\mathrm{j}\omega_0 t}}{2}\right]=\cos(\omega_0 t-\pi/2)=\sin\omega_0 t\\ \mathscr{H}[\sin\omega_0 t]&=\mathscr{H}\left[\frac{\mathrm{e}^{\mathrm{j}\omega_0 t}-\mathrm{e}^{-\mathrm{j}\omega_0 t}}{2\mathrm{j}}\right]=\sin(\omega_0 t-\pi/2)=-\cos\omega_0 t\end{aligned} \tag{6.10}$$

稍作推广，若 $f(t)$ 是低频带限的平稳信号（功率谱的最高非零频率限制在 ω_0 以下），则

$$\begin{aligned}\mathscr{H}[f(t)\cos\omega_0 t]&=f(t)\sin\omega_0 t\\ \mathscr{H}[f(t)\sin\omega_0 t]&=-f(t)\cos\omega_0 t\end{aligned} \tag{6.11}$$

其实，还可以证明

$$\mathscr{H}\,[\text{奇函数}]=\text{偶函数},\quad \mathscr{H}\,[\text{偶函数}]=\text{奇函数} \tag{6.12}$$

③ 对于平稳随机信号 $X(t)$，它的希尔伯特变换也是平稳的，并且

$$R_{\hat{X}}(\tau)=R_X(\tau),\quad R_{\hat{X}X}(\tau)=\hat{R}_X(\tau),\quad R_{X\hat{X}}(\tau)=-\hat{R}_X(\tau) \tag{6.13}$$

式中，$\hat{R}_X(\tau)=\mathscr{H}[R_X(\tau)]$。

④ 希尔伯特变换是正交变换。当输入是平稳信号时，可以证明（参见例 6.1）

$$R_{\hat{X}}(0)=R_X(0),\quad R_{\hat{X}X}(0)=E\left[\hat{X}(t)X(t)\right]=0$$

这表明，$X(t)$ 与 $\hat{X}(t)$ 功率相等且彼此正交。

其实，即使对于确定信号 $s(t)$，也可以证明如下形式的正交关系：

$$\int_{-\infty}^{+\infty}s(t)\hat{s}(t)\mathrm{d}t=0$$

例 6.1 假定 $X(t)$ 是平稳随机信号，试证明：它的希尔伯特变换满足上面的性质③与④。

解： 由于希尔伯特变换本质上等价于一个 LTI 系统，其冲激响应为 $h(t)=1/(\pi t)$，利用第 5 章的结论容易得到

$$R_{\hat{X}}(\tau)=R_X(\tau)*\left(\frac{1}{\pi\tau}\right)*\left(-\frac{1}{\pi\tau}\right)=\mathscr{H}[R_X(\tau)]*\left(-\frac{1}{\pi\tau}\right)=\mathscr{H}^{-1}\left[\mathscr{H}[R_X(\tau)]\right]=R_X(\tau)$$

$$R_{\hat{X}X}(\tau)=R_X(\tau)*\left(\frac{1}{\pi\tau}\right)=\mathscr{H}[R_X(\tau)]=\hat{R}_X(\tau)$$

$$R_{X\hat{X}}(\tau)=R_X(\tau)*\left(-\frac{1}{\pi\tau}\right)=-\mathscr{H}[R_X(\tau)]=-\hat{R}_X(\tau)$$

这便是上面的性质③，于是 $R_{\hat{X}}(0)=R_X(0)$，即希尔伯特变换前、后信号的功率相等。又因为 $R_X(\tau)$ 是偶函数，由式（6.12）可知，$R_{\hat{X}X}(\tau)=\hat{R}_X(\tau)$ 是奇函数，于是可得

$$R_{\hat{X}X}(0)=E\left[\hat{X}(t)X(t)\right]=\hat{R}_X(0)=0$$

所以，在同一时刻上 $X(t)$ 与 $\hat{X}(t)$ 彼此正交。性质④得证。

6.2 复（值）随机信号

前面所讨论的随机变量与随机信号几乎都是实（值）的，而解析信号是一个复值信号。在以后的随机信号的分析中，还会大量地涉及复值的随机变量与信号。本节以连续复信号为例说明有关概念，它们同样适用于离散复信号的情形。

6.2.1 复信号及其基本矩函数

以两个实随机变量 X 与 Y 作为实部与虚部便得到了**复（值）随机变量**，简称为**复变量**：$Z=X+\mathrm{j}Y$，它的特性由 X 与 Y 的联合统计特性 $F_{XY}(x,y)$ 所规定。

同样，以两个实信号 $X(t)$ 与 $Y(t)$ 作为实部与虚部便得到了**复（值）随机信号**，简称为**复信号**：$\{Z(t)=X(t)+\mathrm{j}Y(t),\ t\in T\}$，它的特性由 $X(t)$ 与 $Y(t)$ 的联合统计特性所规定。

复变量与复信号的基本矩的定义相仿。我们以复信号为例具体说明如下。

复信号的均值函数与自相关函数定义为

$$m_Z(t)=E[Z(t)]=E[X(t)]+\mathrm{j}E[Y(t)]=m_X(t)+\mathrm{j}m_Y(t) \tag{6.14}$$

$$R_Z(t_1,t_2)=E\left[Z(t_1)Z^*(t_2)\right]$$
$$=R_X(t_1,t_2)+R_Y(t_1,t_2)+\mathrm{j}R_{YX}(t_1,t_2)-\mathrm{j}R_{XY}(t_1,t_2) \tag{6.15}$$

式中，$(\ )^*$ 表示复数共轭运算。

两个复信号 $Z_1(t)=X_1(t)+\mathrm{j}Y_1(t)$ 与 $Z_2(t)=X_2(t)+\mathrm{j}Y_2(t)$ 的互相关函数定义为

$$R_{Z_1Z_2}(t_1,t_2)=E\left[Z_1(t_1)Z_2^*(t_2)\right]$$
$$=R_{X_1X_2}(t_1,t_2)+R_{Y_1Y_2}(t_1,t_2)+\mathrm{j}R_{Y_1X_2}(t_1,t_2)-\mathrm{j}R_{X_1Y_2}(t_1,t_2) \tag{6.16}$$

容易看出，复变量或复信号的矩最终由两个实变量或实信号的相应统计量给出。共轭运算在复信号二阶矩的定义中是非常必要的。在引进共轭运算后，复信号的定义与性质同实信号的定义与性质在形式上几乎是完全一致的。当虚部为零时，复信号的各种定义与性质将会退化为实信号的相应结果，它们是实信号有关定义的延伸。

复信号的其他数字特征可以仿照上述方法获得，例如：

- 均方差函数 $E|Z(t)|^2=R_Z(t,t)=E|X(t)|^2+E|Y(t)|^2$
- 协方差函数 $C_Z(t_1,t_2)=\mathrm{Cov}[Z(t_1),Z(t_2)]$
$$=E\left\{[Z(t_1)-m_Z(t_1)][Z(t_2)-m_Z(t_2)]^*\right\}$$
$$=R_Z(t_1,t_2)-m_Z(t_1)m_Z^*(t_2)$$
- 相关系数函数 $$\rho_Z(t_1,t_2)=\frac{C_Z(t_1,t_2)}{\sigma_Z(t_1)\sigma_Z(t_2)}$$
- 互相关系数函数 $$\rho_{Z_1Z_2}(t_1,t_2)=\frac{C_{Z_1Z_2}(t_1,t_2)}{\sigma_{Z_1}(t_1)\sigma_{Z_2}(t_2)}$$

并且，容易证明下面的性质：

性质 1 复（或实）信号 $\{X(t),t\in T\}$ 的自相关函数与协方差函数等满足：

① 共轭对称性：$R(t_1,t_2)=R^*(t_2,t_1)$，$C(t_1,t_2)=C^*(t_2,t_1)$。

② 均方值为非负实数：$E|X(t)|^2=R(t,t)\geqslant 0$。

③ 方差为非负实数：$\sigma^2(t)=R(t,t)-|m(t)|^2\geqslant 0$。

④ $|\rho(t_1,t_2)|\leqslant 1$，$\rho(t,t)=1$。

性质 2 两个复（或实）信号 $\{X(t),t\in T\}$ 与 $\{Y(t),t\in T\}$ 的联合矩满足：

① 对称性：$R_{XY}(t_1,t_2)=R_{YX}^*(t_2,t_1)$。

② $C_{XY}(t_1,t_2)=R_{XY}(t_1,t_2)-m_X(t_1)m_Y^*(t_2)$。

③ $|\rho_{XY}(t_1,t_2)|\leqslant 1$。

6.2.2 平稳性与功率谱

复信号的平稳性的概念、定义及物理意义同实信号的相似。例如，复信号 $\{X(t),t\in T\}$ 的广义平稳性是指它满足：

$$\begin{cases}E[X(t)]=m=\text{复常数}\\ R(t_1,t_2)=R(\tau), \qquad \tau=t_1-t_2\end{cases} \tag{6.17}$$

需要注意的是，这里定义 $\tau=t_1-t_2$，即 $R(\tau)=E[X(t+\tau)X^*(t)]$。也有的书中定义 $\tau=t_2-t_1$

与 $R(\tau)=E[X(t)X^*(t+\tau)]$。对于实信号而言，这没有差别，但对于复信号就有所不同了，阅读时应该留意。

容易看出，如果复信号的实部与虚部联合广义平稳，则复信号是广义平稳的；但反之，则不一定。

当信号平稳时，相关函数与协方差函数的部分性质可以简化如下。

性质 1 若 $\{X(t),t\in T\}$ 是复（或实）平稳信号，则

$$R(-\tau)=R^*(\tau)，\ C(\tau)=R(\tau)-|m|^2，\ \sigma^2=R(0)-|m|^2$$

性质 2 若 $\{X(t),t\in T\}$ 与 $\{Y(t),t\in T\}$ 是复（或实）联合平稳信号，则

$$R_{XY}(-\tau)=R_{YX}^*(\tau)，\ C_{XY}(\tau)=R_{XY}(\tau)-m_X m_Y^*$$

复信号的功率谱与互功率谱的概念、定义及其物理含义，也同实信号的相似，并服从维纳-辛钦定理，即 $R(\tau)\leftrightarrow S(\omega)$。它的功率谱总是正的实函数，但不一定是偶函数；互功率谱通常是复函数，仍具有共轭对称性：$S_{XY}^*(\omega)=S_{YX}(\omega)$。

6.2.3* 复信号通过线性系统

复信号通过线性系统的分析方法与结论同第 5 章讨论的几乎一样。我们直接给出下面的定理与推论，请注意定理中新增的两个共轭运算。

定理 6.1 若 $X(t)$ 为复（或实）平稳信号，$h(t)$ 为复（或实）LTI 系统，$Y(t)=X(t)*h(t)$，则 $X(t)$ 与 $Y(t)$ 是联合广义平稳信号，并且有

① $$m_Y=m_X H(\mathrm{j}0) \tag{6.18}$$

② $$R_{YX}(\tau)=R_X(\tau)*h(\tau) \tag{6.19}$$

③ $$R_{XY}(\tau)=R_X(\tau)*h^*(-\tau) \tag{6.20}$$

④ $$R_Y(\tau)=R_X(\tau)*h(\tau)*h^*(-\tau) \tag{6.21}$$

式中，$H(\mathrm{j}0)=H(\mathrm{j}\omega)\big|_{\omega=0}=\int_{-\infty}^{+\infty}h(t)\mathrm{d}t$，是系统的直流增益。

推论 若 LTI 系统的频率响应为 $H(\mathrm{j}\omega)$，则功率谱与互功率谱关系如下：

① $$S_{YX}(\omega)=S_X(\omega)H(\mathrm{j}\omega) \tag{6.22}$$

② $$S_{XY}(\omega)=S_X(\omega)H^*(\mathrm{j}\omega) \tag{6.23}$$

③ $$S_Y(\omega)=S_X(\omega)|H(\mathrm{j}\omega)|^2 \tag{6.24}$$

例 6.2 假定复指数信号 $X(t)=A\mathrm{e}^{\mathrm{j}(\omega_0 t+\Theta)}$，其中 A 与 Θ 为实随机变量，且彼此独立。假定 A 的均方值为 a^2，Θ 在 $[-\pi,\pi)$ 上均匀分布。讨论：

（1）它的广义平稳性与功率谱；

（2）它通过冲激响应为 $h(t)=\mathrm{e}^{-bt}u(t)$ 的系统后（其中 $b>0$），输出 $Y(t)$ 的自相关函数。

解：（1）
$$X(t)=R(t)+\mathrm{j}I(t)=A\cos(\omega_0 t+\Theta)+\mathrm{j}A\sin(\omega_0 t+\Theta)$$

因此
$$E[X(t)]=E[A]\{E[\cos(\omega_0 t+\Theta)]+\mathrm{j}E[\sin(\omega_0 t+\Theta)]\}=0+\mathrm{j}0=0$$

$$R_X(t_1,t_2)=E\left[A^2\mathrm{e}^{\mathrm{j}(\omega_0 t_1+\Theta)}\mathrm{e}^{-\mathrm{j}(\omega_0 t_2+\Theta)}\right]=E\left[A^2\right]\mathrm{e}^{\mathrm{j}\omega_0(t_1-t_2)}$$
$$=a^2\left[\cos\omega_0(t_1-t_2)+\mathrm{j}\sin\omega_0(t_1-t_2)\right]$$

即 $R_X(\tau)=a^2\mathrm{e}^{\mathrm{j}\omega_0\tau}$，可见该信号是广义平稳的。于是其功率谱为

$$S_X(\omega)=2\pi a^2\delta(\omega-\omega_0)$$

（2）易知，系统的频率响应 $H(\mathrm{j}\omega)=\dfrac{1}{b+\mathrm{j}\omega}$，所以

$$S_Y(\omega)=S_X(\omega)\left|H(\mathrm{j}\omega)\right|^2=\frac{2\pi a^2}{b^2+\omega_0^2}\delta(\omega-\omega_0)$$

输出信号的自相关函数为 $$R_Y(\tau)=\frac{a^2}{b^2+\omega_0^2}\mathrm{e}^{\mathrm{j}\omega_0\tau}$$

6.3 带通信号与调制

带通信号的特征是它的功率谱集中于某个非零频率附近，这种信号大量地出现在各类电子系统中。本节介绍带通信号及其有关的各种分量信号，讨论这些信号的基本性质与相互间的重要关系，并说明与它们密切关联的调制与解调的原理。

6.3.1 带通信号及其复包络信号

所谓**带通信号**（Bandpass Signal）是指它的功率谱 $S_x(\omega)$ 仅在某个有限的区间 (ω_1,ω_2) 上为非零，其中，$\omega_2>\omega_1>0$，而在该区间以外，信号的功率谱为零。由于实信号的功率谱是偶函数，因此，带通信号的典型功率谱如图 6.3(a)所示。带通信号的频域区间还经常表示为：中心频率 ω_0 与带宽 $\Delta\omega=\omega_2-\omega_1$，这时，$\omega_1=\omega_0-\Delta\omega/2$，$\omega_2=\omega_0+\Delta\omega/2$。

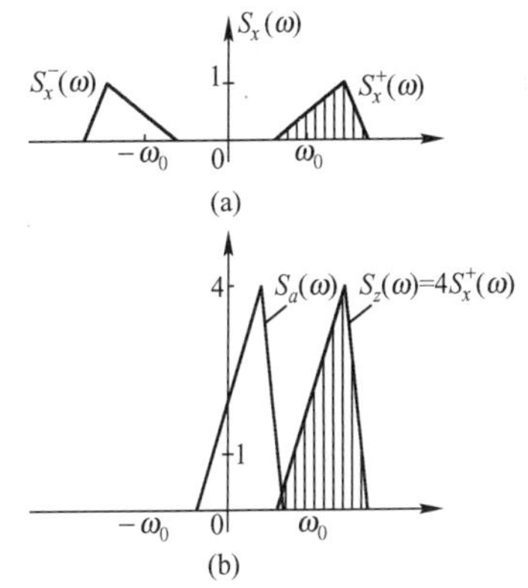

图 6.3　带通信号及其有关信号的典型功率谱

用于处理带通信号的系统，其频率响应的非零区间应该对准信号的非零区域，而在此区域外频率响应可以为零。可见，这类系统也是带通的，称为**带通系统**。讨论多个带通信号与系统时，总是考虑它们具有相同的频率区间，即有着相同或相近的中心频率与带宽。因为这样才有合适的物理意义。

考虑随机实带通信号 $x(t)$，假定它是平稳的，功率谱 $S(\omega)$ 见图 6.3(a)，记其解析信号为 $z(t)$，功率谱 $S_z(\omega)$ 见图 6.3(b)（阴影部分）。将 $S_z(\omega)$ 平移到 0Hz 处得到的功率谱记为 $S_a(\omega)$，相应的信号记为 $a(t)$。由图可知，$S_a(\omega)$ 不一定偶对称，因此，$a(t)$ 可能是复信号。

定义 6.3　带通信号 $x(t)$ 的**复包络**（Complex envelope）为

$$a(t)=z(t)\mathrm{e}^{-\mathrm{j}\omega_0 t}=\left[x(t)+\mathrm{j}\hat{x}(t)\right]\mathrm{e}^{-\mathrm{j}\omega_0 t} \tag{6.25}$$

它可能为复信号，不妨记为

$$a(t)=i(t)+\mathrm{j}q(t)=r(t)\mathrm{e}^{\mathrm{j}\theta(t)} \tag{6.26}$$

其中，$i(t)$ 与 $q(t)$ 称为**同相**（In-phase）与**正交**（Quadrature）信号；$r(t)$ 与 $\theta(t)$ 称为**包络**（Envelop）与**相位**（Phase）信号。

这几个信号之间的关系是：

$$\begin{cases} i(t) = r(t)\cos\theta(t) \\ q(t) = r(t)\sin\theta(t) \end{cases} \quad 与 \quad \begin{cases} r(t) = \sqrt{i^2(t) + q^2(t)} \\ \theta(t) = \arctan\dfrac{q(t)}{i(t)} \end{cases} \tag{6.27}$$

显然，$z(t) = a(t)\mathrm{e}^{\mathrm{j}\omega_0 t}$，即

$$x(t) + \mathrm{j}\hat{x}(t) = \left[i(t) + \mathrm{j}q(t)\right]\mathrm{e}^{\mathrm{j}\omega_0 t} = r(t)\mathrm{e}^{\mathrm{j}[\omega_0 t + \theta(t)]} \tag{6.28}$$

利用 $\mathrm{e}^{\mathrm{j}x} = \cos x + \mathrm{j}\sin x$，将上式展开可得

$$x(t) = i(t)\cos\omega_0 t - q(t)\sin\omega_0 t \tag{6.29}$$

与

$$x(t) = r(t)\cos[\omega_0 t + \theta(t)] \tag{6.30}$$

其中，式（6.29）通常也称为信号 $x(t)$ 的**莱斯表示**（或**正交表示**）。这两个式子反映出"同相"、"正交"、"包络"与"相位"的名称的含义。

从图 6.3 易知，复包络 $a(t)$是带限（低频）的，相应地，$i(t)$、$q(t)$、$r(t)$ 与 $\theta(t)$ 都是低频带限信号。实际带通信号的中心频率 ω_0 往往远大于其带宽，因此，带通信号典型的波形如图 6.4 所示。由式（6.30）可以解释这一点：带通信号的波形主体上是正弦波，其包络按 $r(t)$ 缓慢波动，相位按 $\theta(t)$ 缓慢"抖动"。

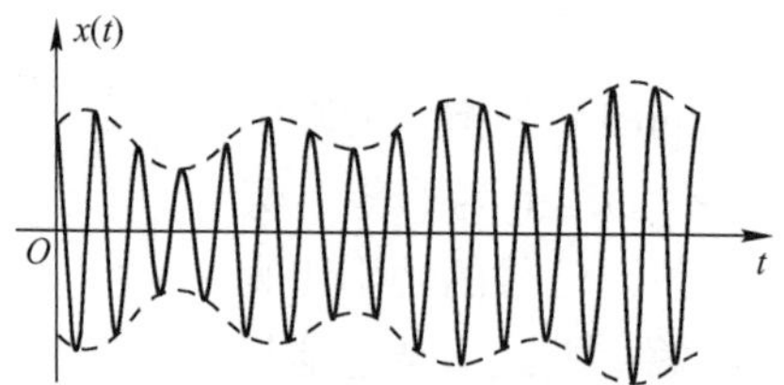

图 6.4　带通信号典型的波形

我们再结合图 6.3 考察 $x(t)$、$z(t)$ 与 $a(t)$ 的功率谱的关系。从中注意到：实带通信号 $x(t)$ 的功率谱是对称的，因此，其解析信号只需要半边谱就能表示原 $x(t)$ 的全部谱特征。解析信号突出地反映了这样一个事实：带通信号本质上由两个要素组成，低频形式的复包络 $a(t)$（即 $i(t)$ 与 $q(t)$）与载波位置 ω_0。$a(t)$ 有时也称为 $x(t)$ 的低通等效信号。在研究带通信号时，分析其复包络通常更为方便。

性质 1　复信号 $a(t)$ 与 $z(t)$ 之间满足

$$R_z(\tau) = R_a(\tau)\mathrm{e}^{\mathrm{j}\omega_0\tau},\ S_z(\omega) = S_a(\omega - \omega_0) \tag{6.31}$$

证明：由定义　$R_z(\tau) = E\left[a(t+\tau)\mathrm{e}^{\mathrm{j}\omega_0(t+\tau)}a^*(t)\mathrm{e}^{-\mathrm{j}\omega_0 t}\right]$

$$= E\left[a(t+\tau)a^*(t)\right]\mathrm{e}^{\mathrm{j}\omega_0\tau} = R_a(\tau)\mathrm{e}^{\mathrm{j}\omega_0\tau}$$

再由傅里叶变换可得　　$S_z(\omega) = S_a(\omega - \omega_0)$

我们再来讨论带通信号的广义平稳条件。

定理 6.2　带通信号 $x(t)$ 广义平稳的充要条件是 $i(t)$ 与 $q(t)$ 满足

$$R_i(\tau) = R_q(\tau),\quad R_{iq}(\tau) = -R_{qi}(\tau)$$

证明：

$$E[x(t)] = E[i(t)]\cos\omega_0 t - E[q(t)]\sin\omega_0 t = 0$$

$$E[x(t+\tau)x(t)] = R_i(\tau)\cos\omega_0(t+\tau)\cos\omega_0 t + R_q(\tau)\sin\omega_0(t+\tau)\sin\omega_0 t - R_{iq}(\tau)\cos\omega_0(t+\tau)\sin\omega_0 t - R_{qi}(\tau)\sin\omega_0(t+\tau)\cos\omega_0 t$$

利用三角函数积化和差公式，并整理后有

$$R_x(t+\tau,t)=\frac{1}{2}\{[R_i(\tau)+R_q(\tau)]\cos\omega_0\tau+[R_i(\tau)-R_q(\tau)]\cos\omega_0(2t+\tau)+[R_{iq}(\tau)-R_{qi}(\tau)]\sin\omega_0\tau-[R_{iq}(\tau)+R_{qi}(\tau)]\sin\omega_0(2t+\tau)\}$$

可见 $x(t)$ 广义平稳的充要条件是上式的第二、四两项恒为零，这要求

$$R_i(\tau)=R_q(\tau)，\ R_{iq}(\tau)=-R_{qi}(\tau)$$

使得

$$\begin{aligned}R_x(t+\tau,t)&=\frac{1}{2}\left\{[R_i(\tau)+R_q(\tau)]\cos\omega_0\tau+[R_{iq}(\tau)-R_{qi}(\tau)]\sin\omega_0\tau\right\}\\&=R_i(\tau)\cos\omega_0\tau-R_{qi}(\tau)\sin\omega_0\tau\end{aligned}$$

定理得证。

结合相关函数的基本性质有，$R_{iq}(-\tau)=R_{qi}(\tau)=-R_{iq}(\tau)$，可见互相关函数是奇函数，于是 $R_{iq}(0)=E[i(t)q(t)]=0$，即 $i(t)$ 与 $q(t)$ 在同一时刻正交。

定理 6.2 说明，为了保证 $x(t)$ 是广义平稳的，两路分量必须功率相同，自相关函数一样；且在同一个时刻彼此正交。在实际工程中，或许这些要求不能完全满足，但容易说明带通信号 $x(t)$ 是循环平稳的，它通过随机抖动，而后可以变为平稳信号。

例 6.3 已知带通信号 $x_1(t)$ 与 $x_2(t)$ 的中心频率同为 ω_0，它们的复包络分别是 $a_1(t)=i_1(t)+jq_1(t)$ 与 $a_2(t)=i_2(t)+jq_2(t)$。求 $x(t)=x_1(t)+x_2(t)$ 的复包络 $a(t)$。

解： 写出 $x_1(t)$ 与 $x_2(t)$ 的莱斯表示，有

$$\begin{aligned}x_1(t)&=i_1(t)\cos\omega_0t-q_1(t)\sin\omega_0t\\x_2(t)&=i_2(t)\cos\omega_0t-q_2(t)\sin\omega_0t\end{aligned}$$

于是

$$x(t)=x_1(t)+x_2(t)=[i_1(t)+i_2(t)]\cos\omega_0t-[q_1(t)+q_2(t)]\sin\omega_0t$$

记 $x(t)$ 的同相与正交分量为 $i(t)$ 与 $q(t)$，则

$$i(t)=i_1(t)+i_2(t)，\quad q(t)=q_1(t)+q_2(t)$$

即，$a(t)=a_1(t)+a_2(t)$。

6.3.2 调制与解调

在频带通信等应用中，形成 $x(t)$ 称为**调制**（Modulation），而还原出 $i(t)$ 与 $q(t)$ 称为**解调**（Demodulation）。实际应用中，利用调制技术将带限的信息信号变换为方便传输的带通信号。这时，$i(t)$ 和 $q(t)$ 是两路信息信号，ω_0 称为**载波频率**（Carrier frequency），而 $x(t)$ 称为（正交）**已调信号**。

莱斯表示式（6.29）给出的正是调制方法，其方框图如图 6.5(a)所示。下面说明解调的方法，实际上

$$x(t)=\mathrm{Re}[z(t)]=\frac{1}{2}[z(t)+z^*(t)] \tag{6.32}$$

又 $z(t)=a(t)\mathrm{e}^{\mathrm{j}\omega_0t}$，于是可得

$$2x(t)\mathrm{e}^{-\mathrm{j}\omega_0t}=z(t)\mathrm{e}^{-\mathrm{j}\omega_0t}+z^*(t)\mathrm{e}^{-\mathrm{j}\omega_0t}=a(t)+a^*(t)\mathrm{e}^{-\mathrm{j}2\omega_0t}$$

即

$$x(t)\times2\left[\cos\omega_0t-\mathrm{j}\sin\omega_0t\right]=i(t)+\mathrm{j}q(t)+a^*(t)\mathrm{e}^{-\mathrm{j}2\omega_0t}$$

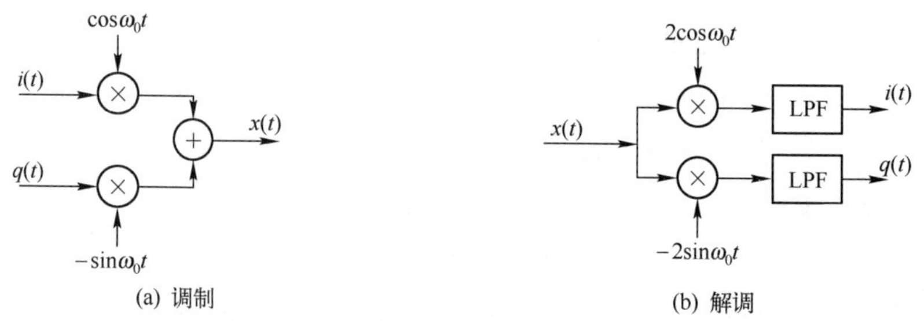

图 6.5 调制/解调方框图（图中，LPF 的截止频率为 ω_0）

由于 $a(t)$ 是低频带限的，其最高频率 $\omega_{\mathrm{m}} < \omega_0$，因此，二次频项 $a^*(t)\mathrm{e}^{-\mathrm{j}2\omega_0 t}$ 与 $a(t)$ 的非零频率区间不重叠，可用低通滤波器（LPF）完整地取出 $a(t)$。滤波器的截止频率为 ω_0（或 ω_m），保证 $i(t)$ 与 $q(t)$ 顺利通过。所以

$$i(t)+\mathrm{j}q(t)=\mathrm{LPF}\{x(t)\times 2\cos\omega_0 t\}-\mathrm{jLPF}\{x(t)\times 2\sin\omega_0 t\}$$

即

$$i(t)=\mathrm{LPF}\{x(t)\times 2\cos\omega_0 t\},\quad q(t)=\mathrm{LPF}\{-x(t)\times 2\sin\omega_0 t\} \tag{6.33}$$

其方框图如图 6.5(b)所示。

可以证明，几种信号的相关函数之间具有与调制/解调方框图完全相似的关系，如图 6.6 所示，图中滤波器的截止频率同样为 ω_0。其实，图 6.6 中也间接地给出了几种信号的功率谱之间的关系。例如，由图中可看到

$$R_x(\tau)=R_i(\tau)\cos\omega_0\tau-R_{qi}(\tau)\sin\omega_0\tau \tag{6.34}$$

$$R_i(\tau)=\mathrm{LPF}\{2R_x(\tau)\cos\omega_0\tau\},\quad R_{qi}(\tau)=\mathrm{LPF}\{-2R_x(\tau)\sin\omega_0\tau\} \tag{6.35}$$

注意到

$$2\cos\omega_0\tau\leftrightarrow 2\pi[\delta(\omega-\omega_0)+\delta(\omega+\omega_0)]$$

$$2\sin\omega_0\tau\leftrightarrow -\mathrm{j}2\pi[\delta(\omega-\omega_0)-\delta(\omega+\omega_0)]$$

因此

$$S_i(\omega)=\begin{cases}S_x(\omega+\omega_0)+S_x(\omega-\omega_0), & |\omega|\leqslant\omega_0\\ 0, & \text{其他}\end{cases} \tag{6.36}$$

$$S_{qi}(\omega)=\begin{cases}\mathrm{j}[S_x(\omega-\omega_0)-S_x(\omega+\omega_0)], & |\omega|\leqslant\omega_0\\ 0, & \text{其他}\end{cases} \tag{6.37}$$

由式（6.37），如果 $x(t)$ 的功率谱关于 ω_0 偶对称，则 $S_{qi}(\omega)=0$，于是 $i(t)$ 与 $q(t)$ 在所有时刻都正交。

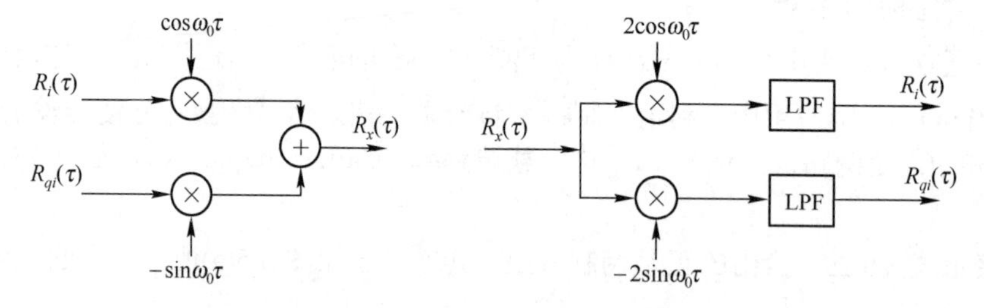

图 6.6 几种信号的相关函数之间的关系（图中，LPF 的截止频率为 ω_0）

6.3.3 基本结论小结

上面给出了带通信号及其有关分量信号之间的各种重要关系，为了方便应用，小结如下。

① 功率（或方差）之间的关系

$$\sigma_x^2=\sigma_i^2=\sigma_q^2,\qquad \sigma_z^2=\sigma_a^2=2\sigma_x^2$$

分量信号与实带通信号的功率相同，复包络信号与解析信号的功率相同。

② 复包络信号 $a(t)$ 与解析信号 $z(t)$ 的自相关函数之间的关系

$$R_z(\tau)=R_a(\tau)\mathrm{e}^{\mathrm{j}\omega_0\tau},\quad S_z(\omega)=S_a(\omega-\omega_0)$$

③ 两个分量信号的相关函数之间的关系

$$R_i(\tau)=R_q(\tau),\quad R_{iq}(\tau)=-R_{qi}(\tau)$$

分量信号的这种特性保证 $x(t)$ 是平稳的。

④ 分量与带通信号的相关函数的关系

$$R_x(\tau)=R_i(\tau)\cos\omega_0\tau-R_{qi}(\tau)\sin\omega_0\tau$$

$$R_i(\tau)=\mathrm{LPF}\{2R_x(\tau)\cos\omega_0\tau\},\qquad R_{qi}(\tau)=\mathrm{LPF}\{-2R_x(\tau)\sin\omega_0\tau\}$$

LPF 的截止频率为 ω_0。

⑤ 有关信号的功率谱、互功率谱的关系

$$S_i(\omega)=S_q(\omega)=\begin{cases}S_x(\omega+\omega_0)+S_x(\omega-\omega_0), & |\omega|\leqslant\omega_0\\ 0, & \text{其他}\end{cases}$$

$$S_{qi}(\omega)=-S_{iq}(\omega)=\begin{cases}\mathrm{j}[S_x(\omega-\omega_0)-S_x(\omega+\omega_0)], & |\omega|\leqslant\omega_0\\ 0, & \text{其他}\end{cases}$$

功率谱之间的关系如图 6.7 所示。从频域上看，调制就是频谱搬移，解调是调制的逆过程。在复信号形式上（见图 6.3），频谱的搬移显得很简明；而在实信号形式上（见图 6.7），$S_i(\omega)$ 与 $S_q(\omega)$ 要分裂为两个对称部分并分别向正、负频率方向搬移。

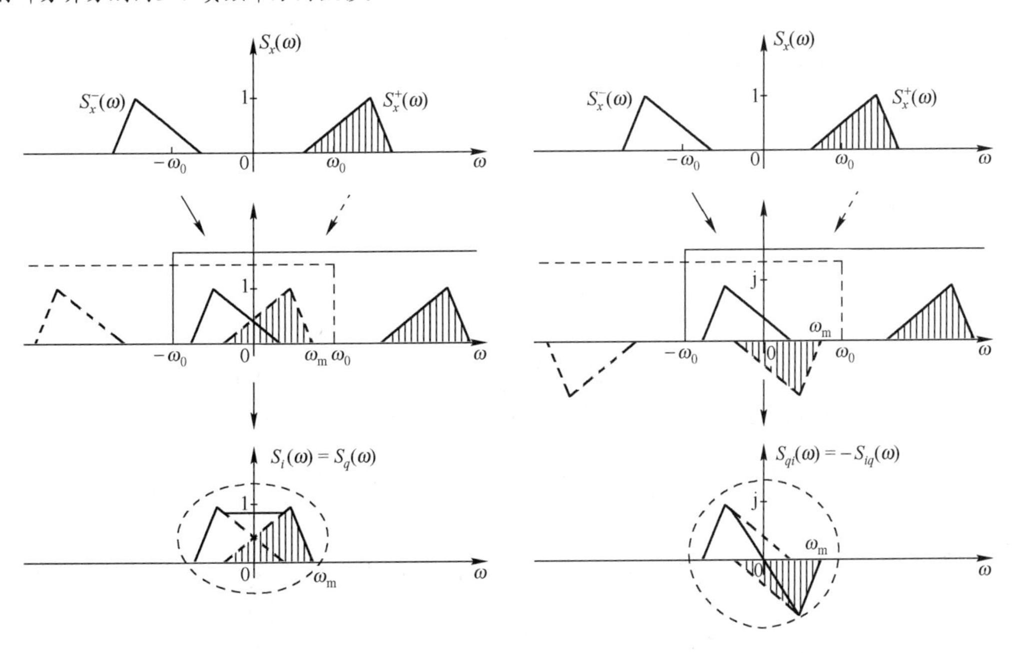

图 6.7 功率谱之间的关系

定理 6.3 若零均值带通高斯白噪声 $n(t)$的带宽为 $B=W/(2\pi)$ Hz，如图 6.8(a)所示，（双边）功率谱值为 $N_0/2$，则其同相与正交分量 $n_i(t)$ 与 $n_q(t)$ 均是带宽为 $B/2$ Hz，（双边）功率谱值为 N_0 的带限高斯白噪声，且两分量独立，如图 6.8(b)所示。

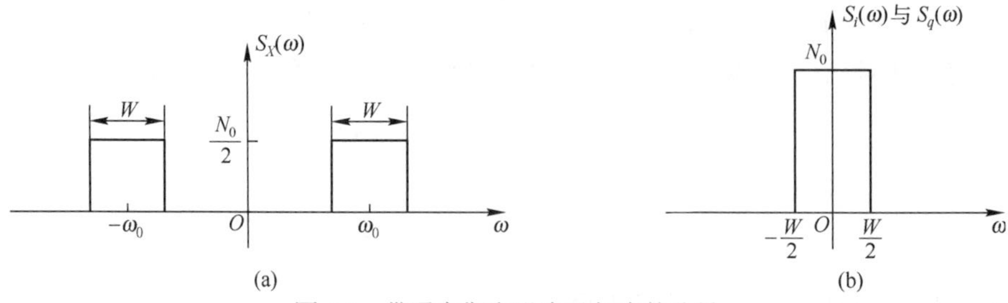

图 6.8　带通高斯白噪声及相应的分量

证明： 利用功率谱、互功率谱的关系易知（见图 6.8(b)）

$$S_i(\omega)=S_q(\omega)=\begin{cases}N_0, & |\omega|\leqslant W/2\\ 0, & \text{其他}\end{cases}，\quad S_{iq}(\omega)=-S_{qi}(\omega)=0$$

进而得到

$$R_i(\tau)=R_q(\tau)=\frac{N_0\sin W\tau/2}{\pi\tau}，\quad R_{iq}(\tau)=R_{qi}(\tau)=0$$

可见，$n_i(t)$ 与 $n_q(t)$ 都是带宽为 $B/2$ Hz、功率谱为 N_0 的带限高斯白噪声，而且 $n_i(t)$ 与 $n_q(t)$ 正交；由于是高斯的，也彼此独立。

注意，它们的（双边）功率谱为 N_0，是原带通信号的两倍，这样才能保持功率（或方差）相同。

例 6.4　零均值平稳带通信号 $v(t)$ 的功率谱密度如图 6.9(a)所示，假定它的中心频率为 $f_c=98$ Hz，两个低频分量记为 $x(t)$ 与 $y(t)$。

（1）用 $x(t)$ 与 $y(t)$ 表示 $v(t)$；（2）写出 $x(t)$ 与 $y(t)$ 的自相关函数与互相关函数。

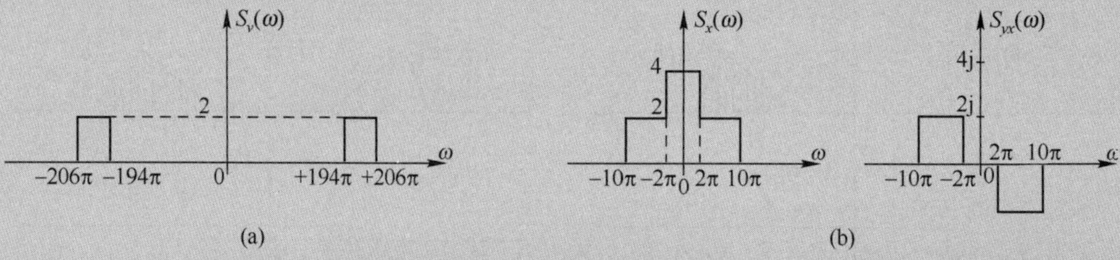

图 6.9　例 6.4 图

解：（1）由 $\omega_c=196\pi$，可得

$$v(t)=x(t)\cos\omega_c t-y(t)\sin\omega_c t=x(t)\cos(196\pi t)-y(t)\sin(196\pi t)$$

（2）由带通信号各种功率谱之间的关系有

$$S_x(\omega)=S_y(\omega)=\begin{cases}S_v(\omega+\omega_c)+S_v(\omega-\omega_c), & |\omega|\leqslant\omega_c\\ 0, & \text{其他}\end{cases}$$

$$S_{yx}(\omega)=-S_{xy}(\omega)=\begin{cases}\mathrm{j}[S_v(\omega-\omega_c)-S_v(\omega+\omega_c)], & |\omega|\leqslant\omega_c\\ 0, & \text{其他}\end{cases}$$

$S_x(\omega)$ 和 $S_{yx}(\omega)$ 如图 6.9(b)所示。利用

$$\frac{\sin Wt}{\pi t}\longleftrightarrow S_{\text{LPF}}(\omega)=\begin{cases}1, & |\omega|<W\\ 0, & \text{其他}\end{cases}$$

得到

$$R_x(\tau)=R_y(\tau)=2\frac{\sin 10\pi\tau}{\pi\tau}+2\frac{\sin 2\pi\tau}{\pi\tau}=4\frac{\sin 6\pi\tau\cos 4\pi\tau}{\pi\tau}$$

$$R_{xy}(\tau)=-R_{yx}(\tau)=-2\mathrm{j}\frac{\sin 4\pi\tau}{\pi\tau}(\mathrm{e}^{-\mathrm{j}6\pi\tau}-\mathrm{e}^{\mathrm{j}6\pi\tau})=-4\frac{\sin 6\pi\tau\sin 4\pi\tau}{\pi\tau}$$

对于上述问题（2）还可以如下求解：由图 6.9(a)可得带通信号的自相关函数为

$$R_v(\tau)=4\frac{\sin 6\pi\tau}{\pi\tau}\cos 200\pi\tau$$

令 LPF 的截止频率为 196π，有

$$R_x(\tau)=\mathrm{LPF}\{2R_v(\tau)\cos\omega_0\tau\}=\mathrm{LPF}\left\{2\times 4\frac{\sin 6\pi\tau}{\pi\tau}\cos 200\pi\tau\times\cos 196\pi\tau\right\}$$

$$=\mathrm{LPF}\left\{4\frac{\sin 6\pi\tau}{\pi\tau}[\cos 4\pi\tau+\cos 396\pi\tau]\right\}=4\frac{\sin 6\pi\tau}{\pi\tau}\cos 4\pi\tau$$

同理可解出 $R_{yx}(\tau)$。

例 6.5　乘法解调器输出噪声的特性。考虑两个带宽为 B_s 的随机（消息）信号 $m_i(t)$ 与 $m_q(t)$ 经过图 6.5 的调制与解调过程进行传输，传输信道中加入双边功率谱值为 $N_0/2$ 的高斯白噪声 $n_0(t)$。接收端采用带宽为 $2B_n$ 的带通滤波器（BPF）抑制噪声，使解调器输入为 $x(t)+n(t)$，其中 $n(t)$ 为带通高斯白噪声。试分析解调器输出中的噪声特性及其功率。

解：首先，由图 6.5 可知，调制后的传输信号为

$$x(t)=\mathrm{Re}\{[m_i(t)+\mathrm{j}m_q(t)]\mathrm{e}^{-\mathrm{j}\omega_0 t}\}$$

其频带范围为 $[\omega_0-B_s,\omega_0+B_s]$，带宽为 $2B_s$。记带通高斯白噪声 $n(t)$ 的同相与正交分量为 $n_i(t)$ 与 $n_q(t)$，由定理 6.3 可知，它们都是带宽为 B_n、双边功率谱密度值为 N_0 的带限高斯白噪声。令 $B_v=\min(B_n,B_{LPF})$，B_{LPF} 为解调中 LPF 的带宽，由解调过程容易知道，解调器上、下两个支路的输出信号分别为

$$r_i(t)=m_i(t)+v_i(t),\quad r_q(t)=m_q(t)+v_q(t)$$

其中，$v_i(t)$ 与 $v_q(t)$ 都是带宽为 B_v、双边功率谱密度值为 N_0 的带限高斯白噪声。

为了保证信号能够完整通过 BPF 与 LPF，要求：$B_s\leqslant B_v$。容易发现，上、下两个支路的输出噪声功率均为 N_0B_v。显然，为了减小输出噪声，可以使 B_v 取最小值 B_s。

6.4　窄带高斯信号

如果带通信号的带宽与中心频率相比非常小，即 $|\omega_2-\omega_1|\ll\omega_0$（或 $\omega_m\ll\omega_0$），则称它为**窄带信号**（Narrowband Process）或**准单频信号**。实际应用中大量的带通信号都是窄带的，而且还常常具有高斯特性，即它们是窄带高斯信号。这使得我们既能够利用上节得到的各种结论，还能够分析它们的概率分布。

本节介绍这类窄带高斯信号，并着重讨论它的几种重要的概率分布。

6.4.1　基本概率分布

窄带高斯信号 $x(t)$ 的典型波形与功率谱如图 6.10 所示。它的数学表达式为

$$x(t)=i(t)\cos\omega_0 t-q(t)\sin\omega_0 t=r(t)\cos[\omega_0 t+\theta(t)] \tag{6.38}$$

式中，$i(t),q(t)$ 为同相和正交分量；$r(t),\theta(t)$ 为包络和相位，它们是缓慢变化的。

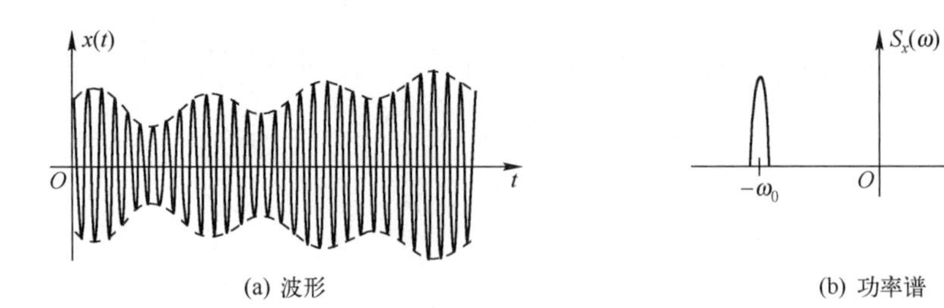

图 6.10　窄带高斯信号的典型波形与功率谱

在无线电技术、通信与雷达等应用中，许多射频信号和噪声是窄带高斯信号。处理这些信号与噪声时，正交解调、相位检测、包络检波、平方律检波是广泛采用的技术，相关的设计与分析中需要用到它们的各种基本概率分布。

假定窄带高斯信号 $x(t)$ 是广义平稳的，它的均值为零，方差为 σ_x^2。由于 $\hat{x}(t)$ 是它通过希尔伯特滤波器的输出，因此，$\hat{x}(t)$ 也是高斯的并与 $x(t)$ 是联合高斯的。根据式（6.28）中 $x(t)$、$\hat{x}(t)$ 与 $i(t)$、$q(t)$的关联，可以推出

$$\begin{bmatrix} i(t) \\ q(t) \end{bmatrix} = \begin{bmatrix} \cos\omega_0 t & \sin\omega_0 t \\ -\sin\omega_0 t & \cos\omega_0 t \end{bmatrix} \begin{bmatrix} x(t) \\ \hat{x}(t) \end{bmatrix}$$

可见，$i(t)$ 与 $q(t)$ 是 $x(t)$ 与 $\hat{x}(t)$ 的线性变换，因此也是联合高斯的。从上节已经知道，$i(t)$ 与 $q(t)$ 是正交的、零均值的，并与 $x(t)$ 具有相同的方差，即 $\sigma_i^2 = \sigma_q^2 = \sigma_x^2$。于是可得如下性质。

性质 1　如果平稳窄带高斯信号 $x(t)$ 的均值为零，方差为 σ_x^2，则它的同相分量 $i(t)$ 和正交分量 $q(t)$ 在同一时刻彼此独立，并具有相同的高斯分布：$N(0,\sigma_x^2)$，即

$$f_i(i;t) = \frac{1}{\sqrt{2\pi}\sigma_x} \mathrm{e}^{-\frac{i^2}{2\sigma_x^2}}, \qquad f_q(q;t) = \frac{1}{\sqrt{2\pi}\sigma_x} \mathrm{e}^{-\frac{q^2}{2\sigma_x^2}} \tag{6.39}$$

而且有

$$f_{iq}(i,q;t,t) = f_i(i;t) f_q(q;t) = \frac{1}{2\pi\sigma_x^2} \mathrm{e}^{-\frac{i^2+q^2}{2\sigma_x^2}} \tag{6.40}$$

例 6.6　零均值窄带高斯白噪声 $n(t)$的带宽为 $B = W/(2\pi)$ Hz，例如，图 6.8 中（双边）功率谱为 $N_0/2$，假定中心频率 ω_0 位于频带中心。试写出它的一维密度函数，以及同相与正交分量的联合密度函数。

解：零均值窄带高斯白噪声 $n(t)$ 的正交表达式为

$$n(t) = i_n(t)\cos\omega_0 t - q_n(t)\sin\omega_0 t$$

基于功率谱来计算功率，得到 $P_n = N_0 B = R_n(0) = \sigma_n^2$。由上述性质可得，$n(t)$ 的一维密度函数为

$$f_n(n;t) = \frac{1}{\sqrt{2\pi N_0 B}} \exp\left(-\frac{n^2}{2N_0 B}\right) = \frac{1}{\sqrt{N_0 W}} \exp\left(-\frac{\pi n^2}{N_0 W}\right)$$

由定理 6.3，$i_n(t)$ 与 $q_n(t)$ 彼此独立，所以

$$f_{i_n q_n}(i,q;t_1,t_2) = f_{i_n}(i,t_1) f_{q_n}(q,t_2) = \frac{1}{N_0 W} \mathrm{e}^{-\frac{\pi(i^2+q^2)}{N_0 W}}$$

应该注意，由于 t_1, t_2 不一定相同，该结果不能简单地依据式（6.40）获得。

例 6.7 零均值平稳带通信号 $v(t)$ 见例 6.4，试求同相与正交分量的联合密度函数 $f_{xy}(x,y;t,t)$ 与 $f_{xy}(x,y;t,t+1)$。

解： 首先根据例 6.4 的结果，$\sigma_x^2 = R_x(0) = 24$，由上述性质得

$$f_{xy}(x,y;t,t) = \frac{1}{48\pi}\mathrm{e}^{-\frac{x^2+y^2}{48}}$$

而对于 $f_{xy}(x,y;t,t+1)$，由于两个时刻不同，因此不能直接套用性质的结论。由例 6.4 的结果得

$$R_{xy}(1) = -4\frac{\sin 6\pi \sin 4\pi}{\pi} = 0$$

因此，这两个时刻上同相与正交分量仍然独立，于是

$$f_{xy}(x,y;t,t+1) = f_{xy}(x,y;t,t) = \frac{1}{48\pi}\mathrm{e}^{-\frac{x^2+y^2}{48}}$$

6.4.2 包络与相位的概率分布

下面考察窄带高斯信号 $x(t)$的包络与相位的分布。注意到$i(t)+\mathrm{j}q(t) = r(t)\mathrm{e}^{\mathrm{j}\theta(t)}$ 的形式，由于$i(t)$与$q(t)$独立且都服从$N(0,\sigma_x^2)$，求$r(t)$与$\theta(t)$的分布正是例 1.15 中所讨论的复随机变量 $Z = X + \mathrm{j}Y = R\mathrm{e}^{\mathrm{j}\Theta}$的问题。只需在例 1.15 的结论中加入对参数 t 的考虑，得到下面的性质。

性质 2 如果平稳窄带高斯信号$x(t)$的均值为零、方差为σ_x^2，则它的包络$r(t)$和相位$\theta(t)$（在同一时刻上）彼此独立，并分别服从瑞利与均匀分布

$$f_r(r,t) = \begin{cases} \dfrac{r}{\sigma_x^2}\mathrm{e}^{-\frac{r^2}{2\sigma_x^2}}, & r \geqslant 0 \\ 0, & r<0 \end{cases}; \qquad f_\theta(\theta,t) = \begin{cases} \dfrac{1}{2\pi}, & \theta \in [0,2\pi) \\ 0, & \theta \notin [0,2\pi) \end{cases} \tag{6.41}$$

应用中也常常采用如图 6.11 所示的平方律检波电路。
$w(t)$的概率特性由下面的性质给出。

性质 3 如果平稳窄带高斯信号$x(t)$的均值为零，方差为σ_x^2，则它的包络平方$w(t) = kr^2(t)$，服从参数为$1/(2k\sigma_x^2)$的指数分布，即

$$f_w(w;t) = \frac{1}{2k\sigma_x^2}\mathrm{e}^{-\frac{w}{2k\sigma_x^2}}u(w) \tag{6.42}$$

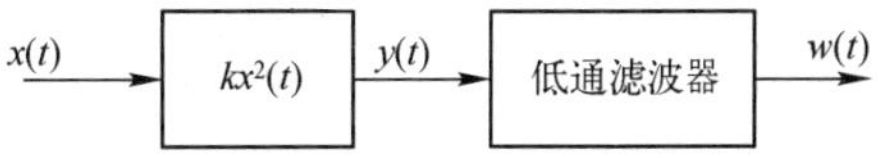

$x(t)$ → $kx^2(t)$ → $y(t)$ → 低通滤波器 → $w(t)$

图 6.11 平方律检波电路

证明： 由图 6.11 可得

$$\begin{aligned} y(t) &= k\{r(t)\cos[\omega_0 t + \theta(t)]\}^2 \\ &= \frac{k}{2}r^2(t)\{1+\cos[2\omega_0 t + 2\theta(t)]\} \end{aligned}$$

为了简便，不妨考虑低通滤波器的增益为 2，使得$w(t) = kr^2(t)$。再利用 1.3 节中讨论的随机变量函数的密度函数计算公式有

$$f_w(w;t) = \begin{cases} f_r[\sqrt{w/k}]/2\sqrt{wk}, & w \geqslant 0 \\ 0, & w<0 \end{cases} = \begin{cases} \dfrac{1}{2k\sigma_x^2}\mathrm{e}^{-\frac{w}{2k\sigma_x^2}}, & w \geqslant 0 \\ 0, & w<0 \end{cases}$$

因此，它服从参数为$1/(2k\sigma_x^2)$的指数分布。

有的应用中还需进一步对包络平方信号$w(t)$进行多点独立采样与累加，得到累加量

$$z=\sum_{i=1}^{n}w(t_i)=k\sum_{i=1}^{n}r^2(t_i)=k\sum_{i=1}^{n}\left[i^2(t_i)+q^2(t_i)\right]$$

而后在 z 的基础上进行检测与处理。由于 $i(t_i)$ 与 $q(t_i)$ 彼此独立并具有相同的分布，因此 z 实际上是 $2n$ 个独立的零均值、同分布的高斯随机变量的平方和，它服从（如 1.6 节所述的）中心 χ^2 分布。应用中需要进一步讨论时，可以基于该分布展开。

我们知道，广义平稳的高斯信号也是严格平稳的，因此，上述概率分布都与 t 无关。

6.5　窄带高斯噪声中的高频信号

应用中经常遇到的窄带信号是高频正弦信号与窄带高斯噪声的合成信号，为了分析这种信号，首先需要了解它的几种基本概率分布。

6.5.1　合成信号及其基本分布

实际广泛使用的高频正弦信号为

$$s(t)=A\cos[\omega_0 t+\Phi(t)] \tag{6.43}$$

式中，载波频率 ω_0 是确定量；相位 $\Phi(t)$ 可能是确定量，也可能是无法预知的随机漂移；振幅 A 是常量或带限随机信号。因而 $s(t)$ 是窄带随机信号。下面只考虑 A 为确定常量的情形。

接收 $s(t)$ 时总是会同时收到噪声 $n(t)$，实际接收机的前端设置有窄带滤波器，它与信号对准。于是，接收到的信号可以表示成

$$v(t)=s(t)+n(t) \tag{6.44}$$

它是高频信号与窄带噪声的合成信号。其中

$$n(t)=i_n(t)\cos\omega_0 t-q_n(t)\sin\omega_0 t \tag{6.45}$$

$n(t)$ 是滤波器输出中的噪声部分，由于外来噪声带宽远大于滤波器的带宽，因此，$n(t)$ 常常是均值为零的平稳窄带高斯噪声，不妨设其方差为 σ_n^2。进一步地，有

$$\begin{aligned}v(t)&=A\cos[\omega_0 t+\Phi(t)]+i_n(t)\cos\omega_0 t-q_n(t)\sin\omega_0 t\\&=[A\cos\Phi(t)+i_n(t)]\cos\omega_0 t-[A\sin\Phi(t)+q_n(t)]\sin\omega_0 t\\&=i_v(t)\cos\omega_0 t-q_v(t)\sin\omega_0 t\end{aligned} \tag{6.46}$$

式中
$$i_v(t)=A\cos\Phi(t)+i_n(t),\qquad q_v(t)=A\sin\Phi(t)+q_n(t)$$

它们是合成信号 $v(t)$ 的同相与正交分量。

下面讨论与合成信号 $v(t)$ 有关的几个概率分布。该问题的分析思路是：只考虑给定 $\Phi(t)=\varphi$ 的条件下的各种概率分布，应用需要时再对相位 $\Phi(t)$ 进行统计平均。显然

$$E[i_v(t)|\varphi]=A\cos\varphi\,,\qquad \sigma_{i_v|\varphi}^2=\sigma_{i_n}^2=\sigma_n^2$$

$$E[q_v(t)|\varphi]=A\sin\varphi\,,\qquad \sigma_{q_v|\varphi}^2=\sigma_{q_n}^2=\sigma_n^2$$

$$E\left\{\left[i_v(t)-E\left(i_v(t)\right)\right]\left[q_v(t)-E\left(q_v(t)\right)\right]\middle|\varphi\right\}=C_{i_nq_n}(0)=0$$

因此，合成信号 $v(t)$ 的同相与正交分量具有下面的基本性质。

性质　合成信号 $v(t)$ 的同相分量 $i_v(t)$ 与正交分量 $q_v(t)$（在同一时刻上）是彼此独立的，并具有不同均值、相同方差的高斯分布，即

$$f_{i_v}(i;t|\varphi)=\frac{1}{\sqrt{2\pi}\sigma_n}\mathrm{e}^{-\frac{(i-A\cos\varphi)^2}{2\sigma_n^2}},\qquad f_{q_v}(q;t|\varphi)=\frac{1}{\sqrt{2\pi}\sigma_n}\mathrm{e}^{-\frac{(q-A\sin\varphi)^2}{2\sigma_n^2}} \tag{6.47}$$

与

$$f_{i_v q_v}(i,q;t,t|\varphi)=f_{i_v}(i;t|\varphi)f_{q_v}(q;t|\varphi)=\frac{1}{2\pi\sigma_n^2}\mathrm{e}^{-\frac{(i-A\cos\varphi)^2+(q-A\sin\varphi)^2}{2\sigma_n^2}} \tag{6.48}$$

6.5.2* 合成信号的包络与相位分布

合成信号的包络与相位为

$$r_v(t)=\sqrt{i_v^2(t)+q_v^2(t)},\qquad \theta_v(t)=\arctan\frac{q_v(t)}{i_v(t)} \tag{6.49}$$

考察包络 $r_v(t)$ 与相位 $\theta_v(t)$ 的分布时，我们注意到这正是例 1.15 的复随机变量 $Z=X+\mathrm{j}Y=R\mathrm{e}^{\mathrm{j}\Theta}$ 在 X 与 Y 的均值不为零时所讨论的问题。直接利用那里的联合分布结论，可以得到下面的联合分布函数

$$f_{r_v\theta_v}(r,\theta;\ t,t|\varphi)=\frac{r}{2\pi\sigma_n^2}\exp\left\{-\frac{r^2+A^2}{2\sigma_n^2}+\frac{rA\cos(\theta-\varphi)}{\sigma_n^2}\right\} \tag{6.50}$$

1．合成信号包络的分布

为了获得包络的分布，可由式（6.50）求解边缘密度函数，其结果与例 1.15 后半部分所讨论的相同，因此可直接得出：$v(t)$ 的包络 $r_v(t)$ 服从莱斯分布，即

$$f_{r_v}(r,t|\varphi)=\frac{r}{\sigma_n^2}\exp\left(-\frac{r^2+A^2}{2\sigma_n^2}\right)\mathrm{I}_0\left(\frac{rA}{\sigma_n^2}\right),\quad r\geqslant 0 \tag{6.51}$$

式中，修正的零阶贝塞尔函数中含有相位 φ，即

$$\mathrm{I}_0(x)=\frac{1}{2\pi}\int_0^{2\pi}\mathrm{e}^{x\cos(\theta-\varphi)}\mathrm{d}\theta \tag{6.52}$$

为简洁起见，引入归一化包络和归一化信号幅度

$$r_0(t)=r_v(t)/\sigma_n,\quad \alpha=A/\sigma_n \tag{6.53}$$

此时

$$f_{r_0}(r_0,t|\varphi)=\sigma_n f_{r_v}(r_0\sigma_n,t|\varphi)=r_0\exp\left(-\frac{r_0^2+\alpha^2}{2}\right)\mathrm{I}_0(\alpha r_0) \tag{6.54}$$

如图 6.12(a)所示。归一化信号幅度 $\alpha=A/\sigma_n$ 反映的是信噪比，下面依据它分两种情况来讨论。

（1）低信噪比时，$\alpha\ll 1$

由于 $x\ll 1$ 时，$\mathrm{I}_0(x)\approx 1+x^2/4$，因此

$$f_{r_0}(r_0,t|\varphi)\approx r_0\exp\left(-\frac{r_0^2+\alpha^2}{2}\right)\left(1+\frac{\alpha^2 r_0^2}{4}\right)$$

它随信噪比减小而趋于瑞利分布。当信噪比为零（$\alpha=0$）时，它完全变为瑞利分布。

（2）高信噪比时，$\alpha\gg 1$

由于 $x\gg 1$ 时，$\mathrm{I}_0(x)\approx \mathrm{e}^x/\sqrt{2\pi x}$，因此

$$f_{r_0}(r_0,t|\varphi)\approx\frac{r_0}{\sqrt{2\pi\alpha r_0}}\exp\left[-\frac{r_0^2+\alpha^2}{2}+\alpha r_0\right]=\sqrt{\frac{r_0}{2\pi\alpha}}\exp\left[-\frac{(r_0-\alpha)^2}{2}\right]$$

它在 $r_0=\alpha$ 处出现峰值，此时 $r_v=A$。在信噪比很高时（几乎没有噪声），$r_v\approx A$（即 $r_0\approx\alpha$），

归一化信号幅度接近标准高斯分布，例如，图 6.12(a)中 $\alpha=6$ 的情形。

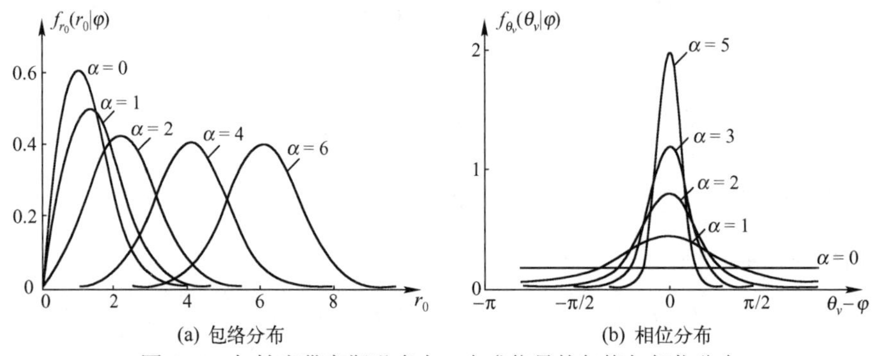

图 6.12　加性窄带高斯噪声中，合成信号的包络与相位分布

2．合成信号相位的分布

为了获得相位的分布，可由式（6.50）求解边缘密度函数

$$
\begin{aligned}
f_{\theta_v}(\theta_v;t\,|\,\varphi) &= \int_0^{+\infty} f_{r_v\theta_v}(r_v,\theta_v;t,t\,|\,\varphi)\mathrm{d}r_v \\
&= \int_0^{+\infty} \frac{r_v}{2\pi\sigma_n^2}\exp\left\{-\frac{r_v^2+A^2}{2\sigma_n^2}+\frac{r_v A\cos(\theta_v-\varphi)}{\sigma_n^2}\right\}\mathrm{d}r_v \\
&= \frac{1}{2\pi}\exp\left[-\frac{A^2\sin^2(\theta_v-\varphi)}{2\sigma_n^2}\right]\int_0^{+\infty}\frac{r_v}{\sigma_n^2}\exp\left\{-\frac{\left[r_v-A\cos(\theta_v-\varphi)\right]^2}{2\sigma_n^2}\right\}\mathrm{d}r_v
\end{aligned}
$$

化简并采用式（6.53）的归一化信号幅度，最后得出合成信号 $v(t)$ 的相位 $\theta_v(t)$ 的密度函数为

$$
\begin{aligned}
f_{\theta_v}(\theta;t|\varphi) &= \frac{1}{2\pi}\mathrm{e}^{-\frac{\alpha^2}{2}}+\frac{\alpha\cos(\theta-\varphi)}{\sqrt{2\pi}}\mathrm{e}^{-\frac{\alpha^2\sin^2(\theta-\varphi)}{2}}\Phi\left[\frac{\alpha\cos(\theta-\varphi)}{\sigma_n}\right] \\
&= \frac{1}{2\pi}\mathrm{e}^{-\frac{\alpha^2}{2}}+\frac{\alpha\cos(\theta-\varphi)}{\sqrt{2\pi}}\mathrm{e}^{-\frac{\alpha^2\sin^2(\theta-\varphi)}{2}}\left\{1-\mathrm{Q}\left[\frac{\alpha\cos(\theta-\varphi)}{\sigma_n}\right]\right\}
\end{aligned}
\tag{6.55}
$$

如图 6.12(b)所示。其中，$\Phi(x)$ 是标准正态分布函数，而 Q 函数定义为

$$
\mathrm{Q}(x)=\int_x^{\infty}\frac{1}{\sqrt{2\pi}}\mathrm{e}^{-u^2/2}\mathrm{d}u=1-\Phi(x) \tag{6.56}
$$

它是通信等应用领域的工程师们常常喜欢使用的一种函数。

以下同样分两种情况来讨论。

（1）无信号时，$\alpha=0$，相位分布退化为均匀分布。

（2）高信噪比时，$\alpha\gg1$，有 $\Phi\left[\alpha\cos(\theta-\varphi)/\sigma_n\right]\approx1$，相位分布近似为

$$
f_{\theta_v}(\theta;t|\varphi)\approx\frac{\alpha\cos(\theta-\varphi)}{\sqrt{2\pi}}\mathrm{e}^{-\frac{\alpha^2\sin^2(\theta-\varphi)}{2}}
$$

很显然，当信噪比很高时（几乎没有噪声），相位基本上完全集中在信号相位 φ 附近，$f_\theta(\theta;t|\varphi)$ 近似为 δ 函数。

例 6.8　无线电信号的包络接收方法。 为了检测无线电信号 $s(t)=A\cos\omega_0 t$ 是否存在，可以构造如图 6.13(a)所示的接收机。接收信号 $v(t)=A\cos[\omega_0 t+\Phi(t)]+n(t)$。其中，$n(t)$ 是接收到的加性零均值高斯噪声，假定方差为 σ_n^2；$\Phi(t)$ 表明信号的相位无法预知。利用上

面的密度函数说明，如何从 $r_v(t)$ 来判断信号 $s(t)$ 是否存在。

解：如果 $s(t)$ 存在，则 $r_v(t)$ 服从莱斯分布，即

$$f_{r_v}(r,t|s(t),\varphi)=\frac{r}{\sigma_n^2}\exp\left(-\frac{r^2+A^2}{2\sigma_n^2}\right)\mathrm{I}_0\left(\frac{rA}{\sigma_n^2}\right)$$

如果 $s(t)$ 不存在，则 $r_v(t)$ 服从瑞利分布，即

$$f_{r_v}(r,t)=\frac{r}{\sigma_n^2}\exp\left(-\frac{r^2}{2\sigma_n^2}\right)$$

将两条曲线绘于同一图中，如图 6.13(b)所示，我们注意到瑞利分布曲线的峰顶靠近原点，而莱斯分布曲线的峰顶相对远离原点，它们的交点位于 $r=V_T$ 处。虽然无法绝对准确地判断信号是否存在，但是：

（1）如果 $r_v(t)>V_T$，则"$s(t)$ 存在"的可能性大于"$s(t)$ 不存在"的可能性；

（2）如果 $r_v(t)<V_T$，则"$s(t)$ 存在"的可能性小于"$s(t)$ 不存在"的可能性。

于是，由两个分布的曲线求出 V_T 就可以构造出判决装置。

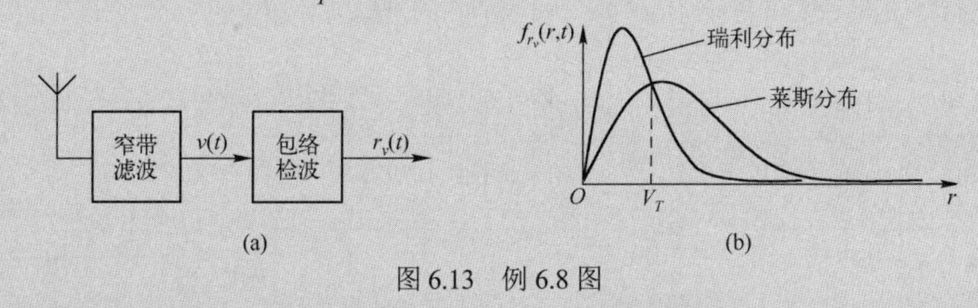

图 6.13　例 6.8 图

工程应用中，应该使信号强度 A 适当大，使莱斯曲线尽量靠左，与瑞利曲线充分分离，以提高判断的可靠性。

6.6*　MATLAB 模拟举例

本节通过举例说明如何使用 MATLAB 模拟产生典型的带通随机信号，示范处理带通随机信号的简单模拟实验方法。下面的举例主要包括：

（1）模拟产生确定带通信号，考察带通信号、解析信号与复包络信号的幅度谱；

（2）模拟产生特定功率谱的带通随机信号，考察其时域波形与功率谱图；

（3）模拟产生低通与带通高斯白噪声，考察窄带信号与带通噪声的功率谱；讨论包络检波处理的特性。

参照这些举例，读者可扩充研究更为深入的带通信号与系统的模拟问题。

例 6.9　编写 MATLAB 程序，模拟产生带通信号 $s(t)=3\cos[500\pi t+10\pi\,\mathrm{sinc}(2t)]$，绘制带通信号、解析信号与复包络信号的幅度谱。

解：对于时间连续信号，计算机模拟只能产生其采样序列。由于 $s(t)$ 是中心频率为 250Hz 的带通信号，可令采样频率 $f_s=1\text{kHz}$。MATLAB 库函数中，hilbert()用于产生解析信号，而复包络信号可以由解析信号进行频移得到。计算信号的频谱可用 fft()，再用 fftshift() 将信号的零频率移动到频谱中心，以便显示更直观，这几个库函数的功能与准确用法可借助 help 命令查阅。具体的 M-file 文件如下，相应绘图结果如图 6.14 所示。

```
N=1024;                                      % 长度 (取 2 的整数幂)
fs=1000;                                     % 采样频率
Ts=1/fs;
B=0.5*fs;                                    % 最高信号频率
t=0:Ts:(N-1) *Ts;                            % 仿真时段为 N 个样点
df=fs/N                                      % 最小可分辨频率;
f=-B:df:B-df;                                % N 点频率范围

A=3;                                         % 信号幅度
f0=250;                                      % 信号频率
s=A*cos(2*pi*f0*t+10*pi*sinc(2*t));          % 带通信号
M=fft(s,N);                                  % s 信号频谱
Subplot(131); plot(f,fftshift(abs(M)));      % 绘图(a)时使零频率居图中央;

z=hilbert(s);                                % s 信号的解析信号
M=fft(z,N);                                  % 解析信号的频谱
Subplot(132); plot(f,fftshift(abs(M)));      % 绘图(b)时使零频率居图中央;

a=z. *exp(-j*2*pi*f0*t);                     % s 信号的复包络信号
M=fft(a,N);                                  % 复包络信号的频谱
Subplot(133); plot(f,fftshift(abs(M)));      % 绘图(c)时使零频率居图中央;
```

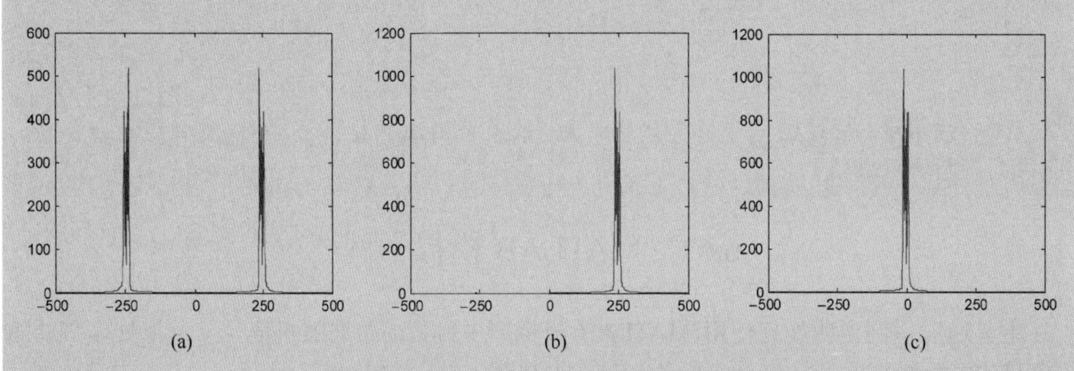

图 6.14　例 6.9 带通信号、解析信号与复包络信号的幅度谱

例 6.10　编写 MATLAB 程序，模拟产生功率谱为

$$S(\omega)=\frac{90}{(\omega+\omega_0)^2+100}+\frac{90}{(\omega-\omega_0)^2+100}$$

的高斯带通随机信号，其中 $\omega_0=2\pi\times 50$，绘制高斯带通信号的时域波形及功率谱。

解：由傅里叶变换的性质可知，一般而言

$$\sigma^2\mathrm{e}^{-\beta|\tau|}\cos\omega_0\tau\longleftrightarrow\frac{\sigma^2\beta}{(\omega+\omega_0)^2+\beta^2}+\frac{\sigma^2\beta}{(\omega-\omega_0)^2+\beta^2}$$

因此，这类带通信号的自相关函数为 $R(\tau)=\sigma^2\mathrm{e}^{-\beta|\tau|}\cos\omega_0\tau$。由带通信号理论可知，只要先产生两个自相关函数同为 $R_0(\tau)=\sigma^2\mathrm{e}^{-\beta|\tau|}$ 的独立平稳过程 $i(t)$ 与 $q(t)$，然后由

$$x(t)=i(t)\cos\omega_0 t-q(t)\sin\omega_0 t$$

就可得出满足功率谱要求的带通信号。而 $i(t)$ 与 $q(t)$ 的产生可以借助第 5 章例 5.16 的方法。

针对本例，由于中心频率 $f_0=50\,\text{Hz}$，不妨取 $f_s=1\text{kHz}$。令 $\sigma=3$，$\beta=10$，$a=\text{e}^{-0.01}$，$b=3\sqrt{1-\text{e}^{-0.02}}$，基于标准正态分布随机数序列 $\{w_n\}$ 来模拟便可得到高斯带通随机信号。具体的 M-file 文件如下，相应的绘图结果见图 6.15。

```
fs=1000;                                        % 采样频率
Ts=1/fs;
B=0.5*fs;                                       % 最高信号频率
df=fs/NFFT                                      % 最小可分辨频率;
f=-B:df:B–df;                                   % N 点频率范围

sigma=3;                                        % 参数
beta=10;
a=exp(–beta*Ts);
b=sigma*sqrt(1–a*a);
f0=50;

N=10000;                                        % 迭代算法需要较长的时间才能达到稳定
wi=normrnd(0,1,[1,N]);                          % 标准正态分布随机数
wq=normrnd(0,1,[1,N]);                          % 标准正态分布随机数

xi=zeros(1,N);
xq=zeros(1,N);
xi(1)=sigma*wi(1);                              % 产生第 1 点
xq(1)=sigma*wq(1);                              % 产生第 1 点
for i=2:N
    xi(i)=a*xi(i–1)+b*wi(i);                    % 差分方程与迭代
    xq(i)=a*xq(i–1)+b*wq(i);                    % 差分方程与迭代
end

t=0:Ts:(N–1) *Ts;                               % 仿真时段为 N 个样点
x0=xi. *cos(2*pi*f0*t) – xq. *sin(2*pi*f0*t);   % 合成高斯带通信号

x=x0(N-1000+1:N)                                % 取稳定段（最后 1000 点）
t=t(N-1000+1:N);
subplot(121); plot(t,x);                        % 绘制随机序列
subplot(122); periodogram(x,[],1000,fs);        % 绘制功率谱
```

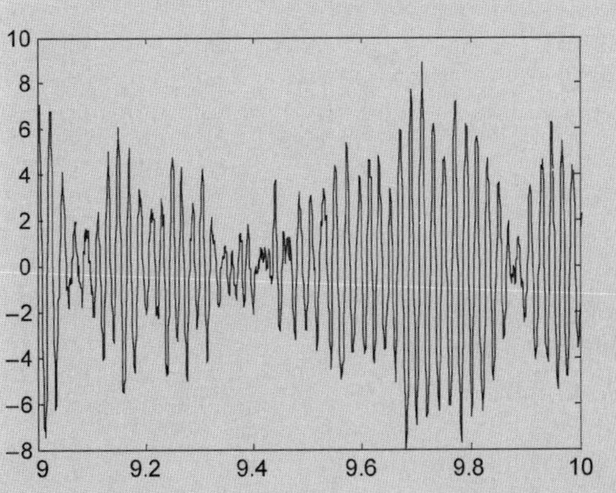

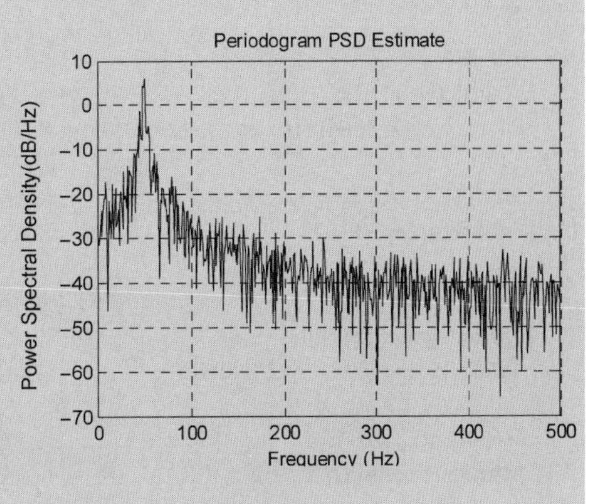

图 6.15　例 6.10 带通信号时域波形与功率谱

例 6.11 编写 MATLAB 程序，模拟在带通高斯白噪声环境中利用包络检波检测窄带信号的情况。带通高斯白噪声带宽为 100Hz、中心频率为 250Hz、单边功率谱密度为 $N_0 = 1\times10^{-5}$。窄带信号为 250Hz 的正弦波，幅度为 0.5。绘制信号叠加噪声的功率谱，并计算：（1）信号通过包络检波前的 SNR；（2）噪声单独通过包络检波后的均值与方差；（3）信号叠加噪声通过包络检波后的均值与方差。

解：首先需要产生带通高斯白噪声，仿照上一例题的方法，只要先产生两个独立的低通高斯白噪声 $n_{\mathrm{i}}(t)$ 与 $n_{\mathrm{q}}(t)$，再由

$$n(t) = n_i(t)\cos\omega_0 t - n_q(t)\sin\omega_0 t$$

就可得出要求的带通高斯白噪声。而 $n_i(t)$ 与 $n_q(t)$ 的产生可以由高斯白噪声通过合适带宽的低通滤波器来实现，其中，低通滤波器可借助 MATLAB 的库函数 yulewalk()来生成，具体实现在例题 5.17 中有示范。

对于包络检波单元可以利用绝对值运算后接低通滤波器来模拟，本处的低通滤波器可以直接重用前面为生成 $n_i(t)$ 与 $n_q(t)$ 所设计的低通滤波器。具体的 M-file 文件如下：

```
N=10000;                                    % 长度
fs=1000;                                    % 采样频率
Ts=1/fs;
B=0.5*fs;                                   % 最高信号频率
f=0:B;                                      % 频率范围

N0=0.00001;                                 % 噪声谱密度
sigmaN=sqrt(N0*B);                          % 噪声功率=N0*B
wi=normrnd(0,sigmaN,[1,N]);                 % 标准正态分布随机数
wq=normrnd(0,sigmaN,[1,N]);                 % 标准正态分布随机数
Bn=50;
M=[ones(1,Bn),zeros(1,B+1-Bn)];             % 50Hz 低通滤波器系统的|H(jf)|
F=2*f*Ts;                                   % 归一化频率值
[b,a]=yulewalk(21,F,M);                     % 生成滤波器（考虑 21 阶）
% plot(f,M)
ni=filter(b,a,wi);                          % 生成 50Hz 低通高斯白噪声
nq=filter(b,a,wq);                          % 生成 50Hz 低通高斯白噪声

f0=250;                                     % 中心频率
t=0:Ts:(N–1) *Ts;                           % 仿真时段
n=ni. *cos(2**pi*f0*t) – nq.*sin(2*pi*f0*t); % 生成 100Hz 带通高斯白噪声

A=0.5;                                      % 信号幅度
s=A*cos(2*pi*f0*t);                         % 余弦信号

x=s+n;                                      % 信号+噪声
periodogram(x,[],N,fs);                     % 绘制带通信号与噪声的功率谱
SNR=10*log10(0.5*A^2/(N0*Bn));              % 考察带通信号的信噪比

yn=filter(b,a,abs(n));                      % 噪声单独通过包络检波
y=filter(b,a,abs(x));                       % 信号与噪声通过包络检波

[SNR,mean(y),var(y), mean(yn),var(yn)]      % 显示信噪比、两种均值与方差结果
```

窄带信号与带通高斯白噪声的功率谱如图 6.16 所示。从图中可见，带通高斯白噪声的带宽为 100Hz，功率谱约为−53dB；单频信号的中心频率在 250Hz 处，高于带通高斯白噪声的谱值。运行结果如下：

```
ans =
    23.9794    0.2596    0.0002    0.0187    0.0001
```

结论是：①SNR=23.9794dB；②带通高斯白噪声单独通过包络检波后，检测单元输出的均值与方差分别是 0.0187 与 0.0001；③含有单频信号时通过包络检波后，检测单元输出的均值与方差分别是 0.2596 与 0.0002。可见，从输出的取值是位于 0.0187 还是 0.2596 附近，可很有把握地判断输入中是否含有单频信号。其检测原理正是例题 6.8 所讨论的。

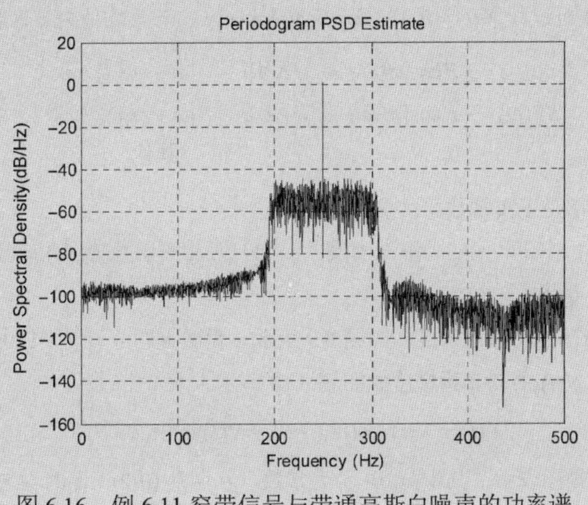

图 6.16　例 6.11 窄带信号与带通高斯白噪声的功率谱

习题

6.1　复随机过程 $Z(t)=\mathrm{e}^{\mathrm{j}(\omega_0 t+\Phi)}$，式中 ω_0 为常数，Φ 是在 $(0,2\pi)$ 上均匀分布的随机变量。求：

（1）$E[Z(t+\tau)Z^*(t)]$ 和 $E[Z(t+\tau)Z(t)]$；（2）信号的功率谱。

6.2　已知复过程 $X(t)=\sum\limits_i A_i\mathrm{e}^{\mathrm{j}\omega_i t}$，其中 A_i 为复随机变量，且彼此正交。求 $X(t)$ 的自相关函数并讨论其平稳性。

6.3　$x(t)$ 为实函数，试证：

（1）若 $x(t)$ 为 t 的奇函数，则它的希尔伯特变换为 t 的偶函数。

（2）若 $x(t)$ 为 t 的偶函数，则它的希尔伯特变换为 t 的奇函数。

6.4　已知 $a(t)$ 的频谱为实函数 $A(\omega)$，假定 $|\omega|>\Delta\omega$ 时，$A(\omega)=0$，且满足 $\omega_0\gg\Delta\omega$，试比较：

（1）$a(t)\cos\omega_0 t$ 和 $(1/2)a(t)\exp(\mathrm{j}\omega_0 t)$ 的傅里叶变换；

（2）$a(t)\sin\omega_0 t$ 和 $(-\mathrm{j}/2)a(t)\exp(\mathrm{j}\omega_0 t)$ 的傅里叶变换；

（3）$a(t)\cos\omega_0 t$ 和 $a(t)\sin\omega_0 t$ 的傅里叶变换。

6.5　信号 $s(t)=\cos[\omega_0 t+m(t)]$ 称为调角信号，其中 $m(t)$ 满足：$\left|\dfrac{\mathrm{d}m(t)}{\mathrm{d}t}\right|\ll\omega_0$，使 $s(t)$ 为窄带信号。求 $s(t)$ 的复包络和解析信号。

6.6　设零均值窄带平稳噪声 $N(t)$ 具有对称功率谱密度，且 $R_N(\tau)=a(\tau)\cos\omega_0\tau$，$N(t)$的希尔伯特变换与解析信号为 $\hat{N}(t)$ 与 $z(t)$。求自相关函数 $R_{\hat{N}}(\tau)$、$R_z(\tau)$ 和方差 $\sigma_{\hat{N}}^2$、σ_z^2。

6.7　零均值窄带平稳高斯随机信号 $X(t)$的功率谱密度如图题 6.7 所示。

（1）试写出此随机信号的一维密度函数；

（2）写出 $X(t)$的两个正交分量的联合密度函数。

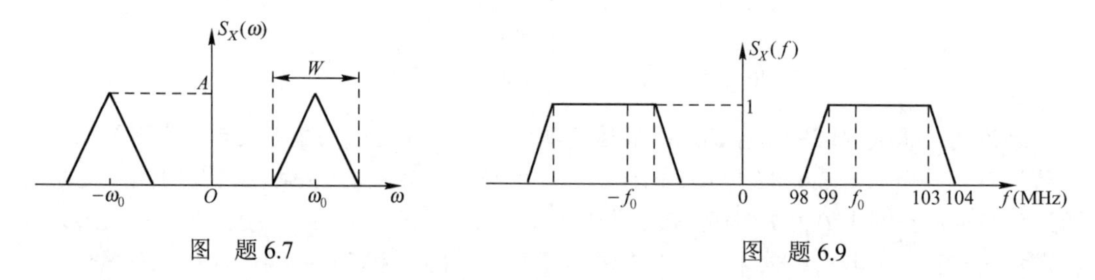

图　题 6.7　　　　图　题 6.9

6.8　对于窄带平稳随机过程 $X(t)=i(t)\cos\omega_0 t-q(t)\sin\omega_0 t$，若其均值为零，功率谱密度为

$$S_X(\omega)=\begin{cases}P\cos[\pi(\omega-\omega_0)/\Delta\omega], & |\omega-\omega_0|\leqslant\Delta\omega/2\\ P\cos[\pi(\omega+\omega_0)/\Delta\omega], & |\omega+\omega_0|\leqslant\Delta\omega/2\\ 0, & 其他\end{cases}$$

式中，P、$\Delta\omega$及$\omega_0\gg\Delta\omega$ 都是正实常数。试求：

（1）$X(t)$的平均功率；　（2）$i(t)$的功率谱密度；　（3）互相关函数 $R_{iq}(\tau)$ 或互谱密度 $S_{iq}(\omega)$；

（4）$i(t)$与 $q(t)$是否正交或不相关？

6.9　在上题中，若 $X(t)$的功率谱密度如图题 6.9 所示，重做上题（设 f_0 =100 MHz）。

6.10　已知平稳噪声 $N(t)$ 的功率谱密度如图题 6.10 所示。求窄带过程

$$X(t)=N(t)\cos(\omega_0 t+\theta)-N(t)\sin(\omega_0 t+\theta)$$

的功率谱密度 $S_X(\omega)$，并画图表示。其中 $\omega_0\gg\omega_1$ 为常数，θ 服从 $(0,2\pi)$ 上的均匀分布，且与 $N(t)$ 独立。

6.11　已知零均值窄带平稳噪声 $X(t)=A(t)\cos\omega_0 t-B(t)\sin\omega_0 t$ 的功率谱密度如图题 6.11 所示。画出下列情况下随机过程 $A(t)$, $B(t)$ 各自的功率谱密度。

（1）$\omega_0=\omega_1$　　（2）$\omega_0=\omega_2$　　（3）$\omega_0=(\omega_1+\omega_2)/2$

判断上述各种情况下，过程 $A(t)$, $B(t)$ 是否互不相关。

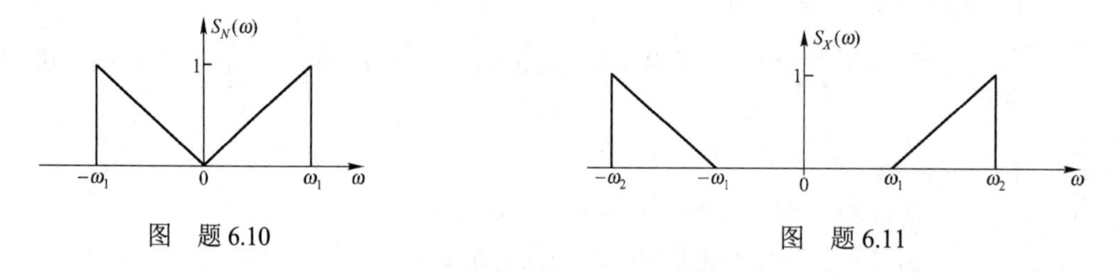

图　题 6.10　　　　图　题 6.11

6.12　若 $N(t)$是均值为零，方差为 σ^2 的窄带平稳高斯随机信号，它可以表示为

$$N(t)=X(t)\cos(\omega_0 t)-Y(t)\sin(\omega_0 t)$$

求证：t 时刻 $N(t)$的包络随机变量 $V_t=\sqrt{X^2(t)+Y^2(t)}$ 的均值和方差分别为

$$m_{V_t}=\sqrt{\frac{\pi}{2}}\sigma,\quad \sigma_{V_t}^2=\left(2-\frac{\pi}{2}\right)\sigma^2$$

6.13　试证明：（1）图 6.5（a）的调制系统是线性系统；（2）图 6.5（b）的解调系统是线性系统。

6.14　同步检波器如图题 6.14 所示，输入 $X(t)$ 为窄带平稳噪声，它的自相关函数为

$$R_X(\tau)=\sigma_X^2 e^{-\beta|\tau|}\cos\omega_0\tau,\quad \beta\ll\omega_0$$

若另一输入 $Y(t)=A\sin(\omega_0 t+\theta)$，其中 A 为常数，θ 服从 $(0,2\pi)$ 上的均匀分布，且与 $X(t)$ 独立。求检波器输出 $Z(t)$ 的平均功率。

6.15　如图题 6.15 所示，系统 1 为窄带 LTI 系统，其中心频率为 ω_0，功率谱传输函数关于 ω_0 偶对称；系统 2 的传输函数为 $-\mathrm{j}\,\mathrm{sgn}(\omega)$；系统 3 为理想微分系统。假定输入 $N(t)$是功率谱密度为 $N_0/2$ 的白噪声，$A(t)$ 的自相关函数的包络为 $\mathrm{e}^{-\tau^2}$。试求稳态状态下：

（1）$A(t)$和 $Z(t)$各自的自相关函数；（2）$B(t)$的自相关函数、均值、方差；（3）$B(t)$的一维分布近似于什么分布？为什么？

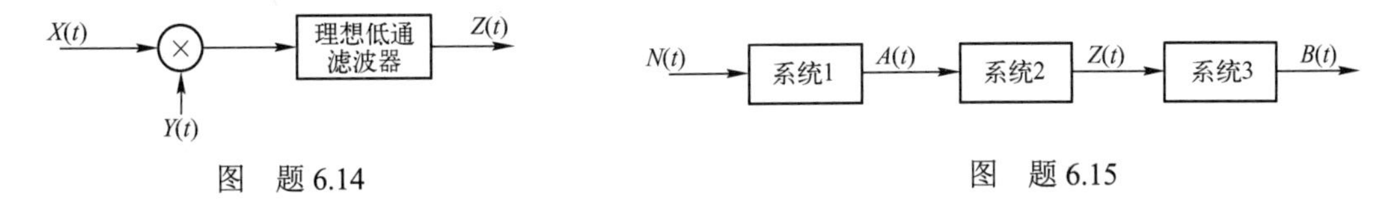

图　题 6.14　　　　图　题 6.15

6.16　编写 MATLAB 程序，模拟产生功率谱为

$$S(\omega)=\frac{16}{(\omega+\omega_0)^2+64}+\frac{16}{(\omega-\omega_0)^2+64}$$

的高斯带通随机信号，其中 $\omega_0=400\pi$，绘制其自相关函数与功率谱。

6.17　编写 MATLAB 程序，模拟在高斯白噪声环境中解调器的输出。假定高斯白噪声的单边功率谱密度为 $N_0=1\times10^{-5}$。窄带信号为 200Hz 的正弦波，幅度为 0.5，解调器的低通滤波器带宽为 20Hz。绘制该窄带信号叠加高斯白噪声的功率谱、解调器输出的同相与正交分量。

第 7 章　马尔可夫链与泊松过程

在研究通信信号的多级传输、原子蜕变、分子的布朗运动、谣言传播、顾客服务、经济增长、交通路口与计算机网络的流量等诸多问题时，需要用到几种重要的随机过程，它们是马尔可夫过程、独立增量过程和泊松过程。本章介绍这几种过程的基本概念与主要特性。

7.1　马尔可夫链

马尔可夫过程在任何时刻的结果仅依赖于前一时刻的结果，而与再以前的结果无关。俄国数学家马尔可夫（Markov）于 1906 年首先提出并研究了这种模型，他及其后来的许多著名学者建立了这套重要的数学理论。离散参数与离散取值的马尔可夫过程通常称为马尔可夫链，它是这种过程中最基本的构成部分和经典的研究内容。本节介绍马尔可夫链的基本概念，为了研究方便，我们考虑离散参数集为非负整数$\mathscr{N}_0=\{0,1,2,\cdots\}$，取值状态空间为有限或无限可数集$E=\{\cdots,0,1,2,\cdots\}$。

7.1.1　基本定义

定义 7.1　随机序列$\{X_n,\ n=0,1,2,\cdots\}$的状态空间 E 为可数集，如果对任意$n\in\mathscr{N}_0, i_0, i_1,\cdots,i_n,i_{n+1}\in E$，有

$$P(X_{n+1}=i_{n+1}|X_0=i_0,\ X_1=i_1,\cdots,X_n=i_n)=P(X_{n+1}=i_{n+1}|X_n=i_n) \tag{7.1}$$

则称该序列是**马尔可夫链**（Markov Chain）。

式（7.1）刻画了马尔可夫链的特性，称为**马尔可夫性**（简称马氏性），也称为**无后效性**。为描述简洁，$X(n)$常用X_n表示，本书中两个符号是等同的。

研究马尔可夫链需要关注序列随 n 推进的过程中前、后时刻随机变量的条件概率，称为转移概率，定义如下。

定义 7.2　任取$i,j\in E$，则条件概率

$$p_{ij}(n,n+1)=P(X_{n+1}=j|X_n=i) \tag{7.2}$$

称为（n 时刻的）**一步转移概率**（One Step Transition Probability）。

如果在任意时刻 n，$p_{ij}(n,n+1)$都相同，则记为

$$p_{ij}=p_{ij}(n,n+1) \tag{7.3}$$

称这时的马尔可夫链为**齐次马尔可夫链**（Homogeneous Markov Chain）。

性质　转移概率满足：

①
$$p_{ij}\geqslant 0,\ i,j\in E \tag{7.4}$$

②
$$\sum_{j\in E}p_{ij}=1 \tag{7.5}$$

为了直观地理解马尔可夫性，设想一质点在某直线的整数格点上随机运动的情形：$\{X_n=i\}$表示在 n 时刻质点位于 i 位置这一随机事件，如果把时刻 n 看成“现在”，时刻

$0,1,2,\cdots,n-1$表示“过去”，时刻$n+1$表示将来，那么式（7.1）表明：此时位于i的质点将来会出现在哪里与它过去曾经在哪些位置停留过没有关系。简言之，“将来完全由现在决定，与过去无关”。转移概率$p_{ij}(n,n+1)$表示质点在时刻n从位置i向j转移的可能性，而齐次特性表明在所有时刻质点的转移特性是相同的。

例 7.1 设$\{Z_n, n=1,2,3,\cdots\}$是独立随机序列，随机序列$\{X_n, n=0,1,2,\cdots\}$中，相邻两个随机变量满足递归方程：

$$X_{n+1}=g(X_n)+Z_{n+1} \tag{7.6}$$

式中，$X_0=0$，$g()$是某确定函数。试证明随机序列X_n是马尔可夫链。

证明： 任取正整数n与$x_1,x_2,\cdots,x_n,x_{n+1}\in E$，有

$$P\left(X_{n+1}=x_{n+1}\middle|X_1=x_1,X_2=x_2,\cdots,X_n=x_n\right)=P\left(g(X_n)+Z_{n+1}=x_{n+1}\middle|X_1=x_1,X_2=x_2,\cdots,X_n=x_n\right)$$

由于$Z_1,Z_2,\cdots,Z_{n+1}$彼此独立，于是，$X_1=g(0)+Z_1$与Z_{n+1}独立，$X_2=g(g(0)+Z_1)+Z_2$与Z_{n+1}独立，…，$X_n=g(X_{n-1})+Z_n$与Z_{n+1}独立。因此，上式的条件部分可简化如下

$$\begin{aligned}&P\left(X_{n+1}=x_{n+1}\middle|X_1=x_1,X_2=x_2,\cdots,X_n=x_n\right)\\&=P\left(g(X_n)+Z_{n+1}=x_{n+1}\middle|X_n=x_n\right)\\&=P\left(X_{n+1}=x_{n+1}\middle|X_n=x_n\right)\end{aligned}$$

所以，X_n是马尔可夫链。

例 7.2 二进制传输信道级联模型。 设基本的二进制数字传输信道如图 7.1(a)所示。如果将多个这样的信道级联成复合的二进制数字传输信道，如图 7.1(b)所示，其中各节基本信道相同且彼此独立。试证明图 7.1(b)中的$\{X_n, n=0,1,2,\cdots\}$是齐次马尔可夫链，并求出（一步）转移概率。

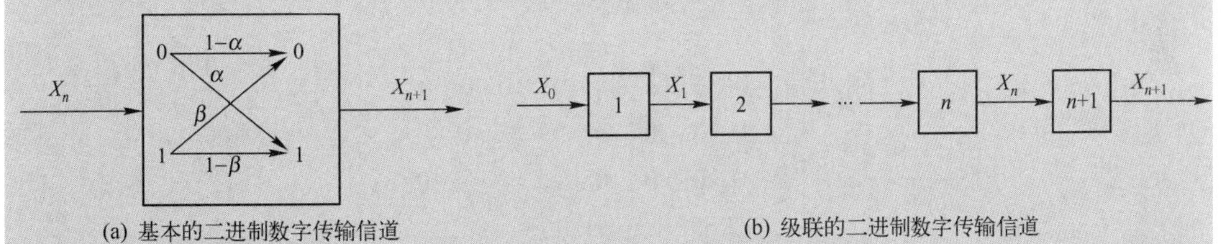

图 7.1 例 7.2 的图

证明： 级联的二进制数字传输信道中，前一节的输出即为后一节的输入。每节基本信道是彼此独立的，因此，在给定任意第n节的输出X_n的条件下，第$n+1$节的输出X_{n+1}不再依赖于第n节以前所有（$1,2,\cdots,n-1$）节的输出结果，即

$$P\left(X_{n+1}=x_{n+1}\middle|X_0=x_0,X_1=x_1,\cdots,X_n=x_n\right)=P\left(X_{n+1}=x_{n+1}\middle|X_n=x_n\right)$$

所以$\{X_n, n=0,1,2,\cdots\}$是齐次马尔可夫链。

因为每节的转移概率是相同的，于是，一步转移概率为

$$p_{00}=P(X_{n+1}=0|X_n=0)=1-\alpha,\quad p_{01}=P(X_{n+1}=1|X_n=0)=\alpha$$
$$p_{10}=P(X_{n+1}=0|X_n=1)=\beta,\quad p_{11}=P(X_{n+1}=1|X_n=1)=1-\beta$$

显然，将它们组成矩阵形式更为简洁：

$$\boldsymbol{P}=\begin{bmatrix}p_{00} & p_{01}\\ p_{10} & p_{11}\end{bmatrix}=\begin{bmatrix}1-\alpha & \alpha\\ \beta & 1-\beta\end{bmatrix}$$

例 7.2 提示我们，将全部 p_{ij} 写成矩阵形式更为简洁。于是，可定义 n 时刻的转移概率矩阵为

$$\boldsymbol{P}(n,n+1)=\begin{bmatrix}p_{00} & p_{01} & p_{02} & \cdots\\ p_{10} & p_{11} & p_{12} & \cdots\\ p_{20} & p_{21} & p_{22} & \cdots\\ \vdots & \vdots & \vdots & \ddots\end{bmatrix}=\left(p_{ij}(n,n+1)\right)_{i,j\in E} \tag{7.7}$$

对于齐次马尔可夫链，显然 $\boldsymbol{P}(n,n+1)$ 与 n 无关，于是可令

$$\boldsymbol{P}=\boldsymbol{P}(n,n+1)=(p_{ij})_{i,j\in E} \tag{7.8}$$

状态转移图是另外一种简洁直观的表示方式。例 7.2 的状态转移图如图 7.2 所示。图中用带编号的圆圈表示状态，带箭头与数值的弧线表示可能的转移及其概率。

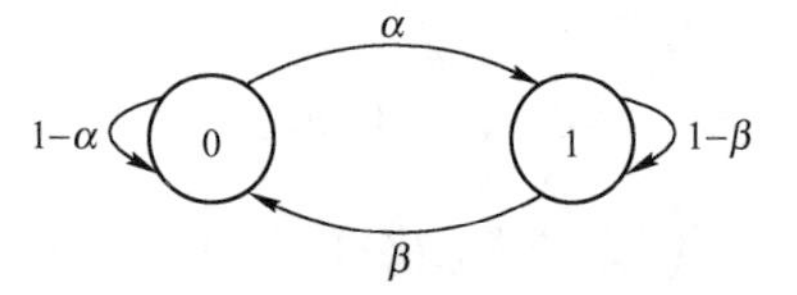

图 7.2　例 7.2 的状态转移图

例 7.3　在直线上有一质点做随机游动，质点在不同时刻 k 的随机运动 $Z(k),\ k=1,2,\cdots$ 是统计独立的，取值为 $\{+1,\ 0,\ -1\}$，相应的取值概率为 $(p,\ r,\ q)$，$p+r+q=1$。质点初始时刻位于原点，n 时刻的绝对位置为 $X(n)=\sum_{k=1}^{n}Z(k)$，$X(0)=0$。试证明 $X(n)$ 是齐次马尔可夫链。

证明：

$$X(n)=\sum_{k=1}^{n}Z(k)=\sum_{k=1}^{n-1}Z(k)+Z(n)=X(n-1)+Z(n)$$

该式是例 7.1 中当函数 $g(x)=x$ 时的一个特例。因此 $X(n)$ 是马尔可夫链。易见，它的（一步）转移概率矩阵为

$$\boldsymbol{P}=\begin{pmatrix}\cdots & \cdots & \cdots & \cdots & \cdots & \cdots & \cdots & \cdots & \cdots & \cdots\\ \cdots & 0 & q & r & p & 0 & 0 & 0 & 0 & \cdots\\ \cdots & 0 & 0 & q & r & p & 0 & 0 & 0 & \cdots\\ \cdots & 0 & 0 & 0 & q & r & p & 0 & 0 & \cdots\\ \cdots & 0 & 0 & 0 & 0 & q & r & p & 0 & \cdots\\ \cdots & \cdots & \cdots & \cdots & \cdots & \cdots & \cdots & \cdots & \cdots & \cdots\end{pmatrix}$$

状态转移图如图 7.3 所示。由于 $Z(n)$ 在不同 n 上同分布，因此 $\boldsymbol{P}$ 不随时刻变化，于是该链是齐次的。

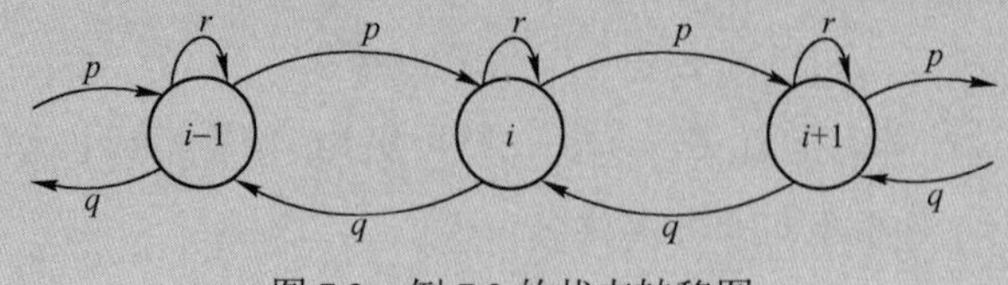

图 7.3　例 7.3 的状态转移图

7.1.2　转移概率与切普曼-科尔莫戈罗夫方程

对 n 时刻的一步转移概率与一步转移概率矩阵做简单的扩展，可定义 m 时刻到 n 时刻

（$m \leqslant n$）的转移概率为

$$p_{ij}(m,n)=P\left(X(n)=j \mid X(m)=i\right) \tag{7.9}$$

转移概率矩阵为

$$\boldsymbol{P}(m,n)=\left(p_{ij}(m,n)\right)_{i,j\in E} \tag{7.10}$$

显然，该矩阵所有元素非负，并且任取第 i 行满足 $\sum_{j\in E} p_{ij}(m,n)=1$。对于 $m=n$，规定

$$p_{ij}(n,n)=\delta(i-j)=\begin{cases}1, & i=j\\0, & i\neq j\end{cases}$$

定义 7.3 若 X_n 是马尔可夫链，称行向量

$$\boldsymbol{\pi}(n)=(\pi_1(n),\pi_2(n),\cdots) \tag{7.11}$$

为 n 时刻的**概率分布向量**。其中，$\pi_i(n)=P(X_n=i),\ i\in E$，是 n 时刻 X_n 取 i 的概率。当 $n=0$ 时，称 $\boldsymbol{\pi}(0)$ 为**初始分布**。

对于 $n\geqslant m>0$，n 时刻的概率分布可由全概率公式求出

$$P(X_n=i)=\sum_{j\in E} P\left(X_n=i \mid X_m=j\right)P(X_m=j) \tag{7.12}$$

即 $\pi_i(n)=\sum_{j\in E}\pi_j(m)p_{ji}(m,n)$，写成向量形式为

$$\boldsymbol{\pi}(n)=\boldsymbol{\pi}(m)\boldsymbol{P}(m,n) \tag{7.13}$$

定理 7.1（切普曼-科尔莫戈罗夫方程） 马尔可夫链的转移概率矩阵的元素满足

$$p_{ij}(m,n)=\sum_{k\in E} p_{ik}(m,r)p_{kj}(r,n) \tag{7.14}$$

式中，$n>r>m$。

证明： 当 $P(X_m=i)\neq 0$ 时

$$p_{ij}(m,n)=\frac{P(X_m=i,X_n=j)}{P(X_m=i)}=\frac{\sum_{k\in E}P(X_m=i,X_r=k,X_n=j)}{P(X_m=i)}$$

利用链式法则及马尔可夫性可得

$$\begin{aligned}&P(X_m=i,X_r=k,X_n=j)\\&=P(X_n=j \mid X_r=k,X_m=i)P(X_r=k \mid X_m=i)P(X_m=i)\\&=P(X_n=j \mid X_r=k)P(X_r=k \mid X_m=i)P(X_m=i)\end{aligned}$$

所以 $p_{ij}(m,n)=\sum_{k\in E}P(X_n=j \mid X_r=k)P(X_r=k \mid X_m=i)$

证毕。

切普曼-科尔莫戈罗夫（Chapman-Kolmogorov）方程，简称 *C-K* 方程，其直观意义如图 7.4 所示。易见其矩阵形式为

$$\boldsymbol{P}(m,n)=\boldsymbol{P}(m,r)\boldsymbol{P}(r,n) \tag{7.15}$$

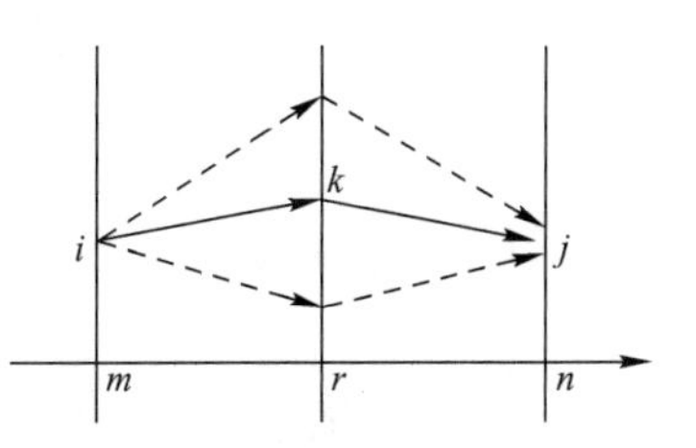

图 7.4 *C-K* 方程的直观意义

如果马尔可夫链是齐次的，且一步转移概率矩阵为 $\boldsymbol{P}$，则

$$\boldsymbol{P}(m,n)=\boldsymbol{P}(m,m+1)\boldsymbol{P}(m+1,m+2)\cdots\boldsymbol{P}(n-1,n)=\boldsymbol{P}^{n-m}$$

可见，$\boldsymbol{P}(m,n)$ 与绝对时刻无关，而只与两时刻之差有关，这时称转移概率是平稳的，并将它们简记为

$$p_{ij}^{(k)}=p_{ij}(m,m+k),\quad \boldsymbol{P}^{(k)}=\boldsymbol{P}(m,m+k)$$

分别称为 k 步转移概率和 k 步转移概率矩阵。这时，C-K 方程表示为

$$p_{ij}^{(m+n)}=\sum_{k\in E}p_{ik}^{(m)}p_{kj}^{(n)} \tag{7.16}$$

定理 7.2　齐次马尔可夫链满足

$$\boldsymbol{\pi}(n+1)=\boldsymbol{\pi}(n)\boldsymbol{P}=\boldsymbol{\pi}(0)\boldsymbol{P}^{n+1} \tag{7.17}$$

$$\boldsymbol{P}^{(m+n)}=\boldsymbol{P}^{(m)}\boldsymbol{P}^{(n)}=\boldsymbol{P}^{m+n} \tag{7.18}$$

例 7.4　取值为（0,1），概率 $P[X(n)=0]=q$，$P[X(n)=1]=p$ 的伯努利随机序列 $\{X(n),n=0,1,2,\cdots\}$，经过累加器后得到随机过程 $Y(n)$。

（1）证明 $Y(n)$ 是齐次马尔可夫链;

（2）给出 $Y(n)$ 的转移概率矩阵与状态图;

（3）求 n 步转移概率 $p_{ij}(k,k+n)$。

解：（1）因为 $X(n)$ 为独立平稳随机序列，令 $Y(-1)=0$，有

$$Y(n)=\sum_{i=1}^{n}X(i)=Y(n-1)+X(n)\quad(n=0,1,2,\cdots)$$

满足例 7.1 的条件，因此 $Y(n)$ 是马尔可夫链。易见

$$p_{ij}(n,n+1)=P\big(Y(n+1)=j\big|Y(n)=i\big)=P\big(X(n+1)=j-i\big)$$

$$=\begin{cases}q, & j-i=0\\ p, & j-i=1\\ 0, & 其他\end{cases}$$

转移概率与 n 无关，因此该马尔可夫链是齐次的。

（2）$Y(n)$ 的一步状态转移概率矩阵为

$$\boldsymbol{P}=\begin{bmatrix}q & p & 0 & 0 & 0 & \cdots\\ 0 & q & p & 0 & 0 & \cdots\\ 0 & 0 & q & p & 0 & \cdots\\ 0 & 0 & 0 & q & p & \cdots\\ \vdots & \vdots & \vdots & \vdots & \vdots & \ddots\end{bmatrix}$$

其状态转移图如图 7.5 所示。

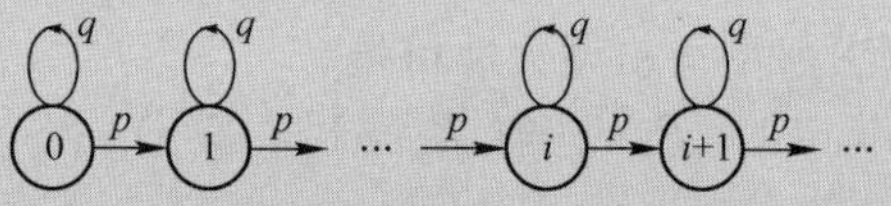

图 7.5　例 7.4 的状态转移图

（3）n 步转移概率为

$$\begin{aligned}p_{ij}(k,k+n)&=P[Y(k+n)=j\big|Y(k)=i]\\&=P\left[Y(k)+\sum_{m=1}^{n}X(k+m)=j\Big|Y(k)=i\right]\\&=P\left[\sum_{m=1}^{n}X(k+m)=j-i\Big|Y(k)=i\right]\\&=P\left[\sum_{m=1}^{n}X(m)=j-i\right]\\&=\begin{cases}C_n^{j-i}p^{j-i}q^{n-(j-i)}, & 0\leqslant(j-i)\leqslant n\\ 0, & 其他\end{cases}\end{aligned}$$

其中利用了二项分布的概率。

例 7.5 一粒子在两个反射壁之间做一维随机游动，随机游动的位置记为 X_n，它是齐次马尔可夫过程，状态空间 $E=\{0, 1, 2\}$，一步状态转移矩阵为

$$\boldsymbol{P}=\begin{bmatrix}0 & 1 & 0\\0.5 & 0 & 0.5\\0 & 1 & 0\end{bmatrix}$$

（1）绘出状态图；

（2）求该链在时刻 n 处于状态 0 的条件下，时刻 $n+3$ 处于各个状态的概率；

（3）求该链在时刻 n 处于状态 0 的条件下，时刻 $n+4$ 处于各个状态的概率。

解： 由转移矩阵易知其状态图如图 7.6 所示。由于在 0 与 2 状态上，该链以概率 1 转移（弹回）到前一状态，因此这两个状态被形象地称为**反射壁**（Reflecting Barrier）。

根据齐次马尔可夫链的性质，可得

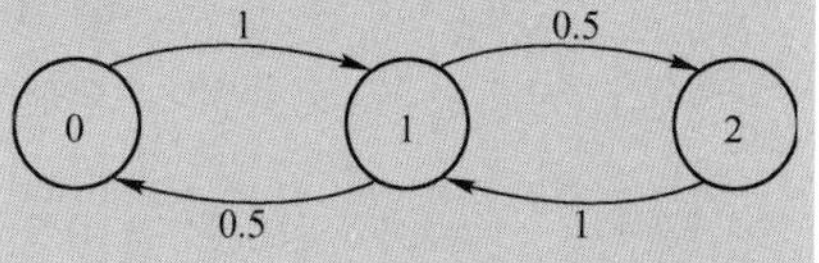

$$\boldsymbol{P}^{(3)}=\boldsymbol{P}^3=\begin{bmatrix}0 & 1 & 0\\0.5 & 0 & 0.5\\0 & 1 & 0\end{bmatrix}^3=\begin{bmatrix}0 & 1 & 0\\0.5 & 0 & 0.5\\0 & 1 & 0\end{bmatrix}$$

图 7.6 例 7.5 的状态转移图

时刻 n 处于状态 0 的条件下，时刻 $n+3$ 处于各个状态的概率为

$$p_{00}(n,n+3)=0,\ p_{01}(n,n+3)=1,\ p_{02}(n,n+3)=0$$

$$\boldsymbol{P}^{(4)}=\boldsymbol{P}^4=\begin{bmatrix}0 & 1 & 0\\0.5 & 0 & 0.5\\0 & 1 & 0\end{bmatrix}^4=\begin{bmatrix}0.5 & 0 & 0.5\\0 & 1 & 0\\0.5 & 0 & 0.5\end{bmatrix}$$

时刻 n 处于状态 0 的条件下，时刻 $n+4$ 处于各个状态的概率为

$$p_{00}(n,n+4)=0.5,\ p_{01}(n,n+4)=0,\ p_{02}(n,n+4)=0.5$$

例 7.6 某个具有双吸收壁的质点随机运动的状态图如图 7.7 所示，试给出它的一步转移概率矩阵。

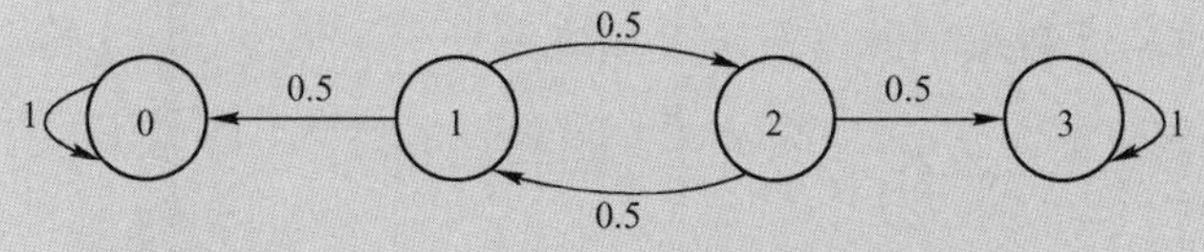

图 7.7 例 7.6 的状态转移图

解： 由状态图易见，由于进入状态 0 或 3 后，该链永远停留在那里，形象地称这两个状态为**吸收壁**（Absorbing Barrier）或**吸收态**（Absorbing State）。

$$\boldsymbol{P}=\begin{bmatrix}1 & 0 & 0 & 0\\0.5 & 0 & 0.5 & 0\\0 & 0.5 & 0 & 0.5\\0 & 0 & 0 & 1\end{bmatrix}$$

7.1.3 平稳分布与极限分布

定义 7.4 对于一步转移概率矩阵为 $\boldsymbol{P}$ 的马尔可夫链 X_n，如果存在一种分布 $\boldsymbol{\pi}=[\pi(1)\quad \pi(2)\quad \cdots]$，使得

$$\boldsymbol{\pi P}=\boldsymbol{\pi} \tag{7.19}$$

则称 $\boldsymbol{\pi}$ 为 X_n 的一个**平稳分布**。

显然，一旦 X_n 进入某个平稳分布后，它就一直处于该分布上，不再改变。如果 X_n 在 $n\to\infty$ 时收敛于某个分布，则称该分布为 X_n 的**极限分布或最终分布**。

下面的例子讨论了马尔可夫链的分布与极限分布的问题。

例 7.7 齐次马尔可夫链 $\{X_n,\ n=0,1,\cdots\}$ 的状态 $i\in E=\{0,1\}$，假定它的一步转移概率矩阵为 $\boldsymbol{P}=\begin{bmatrix}0 & 1\\ 1 & 0\end{bmatrix}$，初始分布为 $\boldsymbol{\pi}(0)=[0.5\quad 0.5]$。试求：

（1）$n=3$ 时刻的状态概率向量；（2）给出该链的一个可能序列；

（3）当 $n\to\infty$ 时 $p_{ij}^{(n)}$ 是否存在？

解：（1）$n=3$ 时刻的状态概率向量为

$$\boldsymbol{\pi}(3)=\boldsymbol{\pi}(0)\boldsymbol{P}^3=[0.5\quad 0.5]\begin{bmatrix}0 & 1\\ 1 & 0\end{bmatrix}^3=[0.5\quad 0.5]\begin{bmatrix}0 & 1\\ 1 & 0\end{bmatrix}=[0.5\quad 0.5]$$

（2）X_n 的可能样本序列为 010101…或 101010…。

（3）易见，当 n 为偶数时：$\boldsymbol{P}^{(n)}=\boldsymbol{P}^n=\begin{bmatrix}1 & 0\\ 0 & 1\end{bmatrix}$；当 n 为奇数时：$\boldsymbol{P}^{(n)}=\boldsymbol{P}^n=\begin{bmatrix}0 & 1\\ 1 & 0\end{bmatrix}$。所以，$\lim\limits_{n\to\infty}p_{ij}^{(n)}$ 不存在。

例 7.8 二进制传输信道级联分析。由于存在噪声干扰，取值为（0,1）的对称二进制数字传输系统的输入、输出条件概率为：$p_{00}=p_{11}=p$，$p_{01}=p_{10}=q$，$p+q=1$，其中 $p_{ij}=P(X_{\rm O}=j|X_{\rm I}=i)$，$X_{\rm I}$ 和 $X_{\rm O}$ 分别是输入、输出随机变量。将该类型传输系统进行 n 级级联，并设输入到该级联系统的信源数据概率向量为 $\boldsymbol{\pi}(0)=[r\quad 1-r]$。求：

（1）该级联系统的转移概率。（2）信源经过该级联系统后，输出符号的取值概率。

（3）当 n 趋于无穷大时，上述两问的结果又如何？

解：n 级级联的二进制数字传输系统可描述为一个取值为（0,1）的马尔可夫链，易见，该链的一步状态转移概率矩阵 $\boldsymbol{P}=\begin{bmatrix}p & q\\ q & p\end{bmatrix}$。

（1）n 级级联后系统的转移概率矩阵 $\boldsymbol{P}^{(n)}=\boldsymbol{P}^n=\begin{bmatrix}p & q\\ q & p\end{bmatrix}^n$。对 $\boldsymbol{P}$ 进行特征分解，可得特征值 $\lambda_1=p+q=1$；$\lambda_2=p-q$；特征列向量 $\boldsymbol{v}_1=[1\quad 1]^{\rm T}$，$\boldsymbol{v}_2=[-1\quad 1]^{\rm T}$；构成的特征矩阵 $\boldsymbol{V}=\begin{bmatrix}1 & -1\\ 1 & 1\end{bmatrix}$，$\boldsymbol{V}^{-1}=\begin{bmatrix}0.5 & 0.5\\ -0.5 & 0.5\end{bmatrix}$。故有

$$\boldsymbol{P}^{(n)}=\left[\boldsymbol{V}\begin{bmatrix}\lambda_1 & 0\\ 0 & \lambda_2\end{bmatrix}\boldsymbol{V}^{-1}\right]^n=\boldsymbol{V}\begin{bmatrix}\lambda_1 & 0\\ 0 & \lambda_2\end{bmatrix}^n\boldsymbol{V}^{-1}=\begin{bmatrix}\dfrac{1}{2}+\dfrac{(p-q)^n}{2} & \dfrac{1}{2}-\dfrac{(p-q)^n}{2}\\ \dfrac{1}{2}-\dfrac{(p-q)^n}{2} & \dfrac{1}{2}+\dfrac{(p-q)^n}{2}\end{bmatrix}$$

（2）信源经过该级联系统后，输出符号的取值概率向量为

$$\boldsymbol{\pi}(n)=\boldsymbol{\pi}(0)\boldsymbol{P}^n=[r\quad 1-r]\begin{bmatrix}\frac{1}{2}+\frac{(p-q)^n}{2} & \frac{1}{2}-\frac{(p-q)^n}{2}\\ \frac{1}{2}-\frac{(p-q)^n}{2} & \frac{1}{2}+\frac{(p-q)^n}{2}\end{bmatrix}$$

$$=\left[\frac{1}{2}-\frac{(-2r+1)(p-q)^n}{2}\quad \frac{1}{2}+\frac{(-2r+1)(p-q)^n}{2}\right]$$

（3）令 n 趋于无穷大，则

当 $|p-q|\neq 1$ 时，$\boldsymbol{P}^{(\infty)}=\lim\limits_{n\to\infty}\boldsymbol{P}^{(n)}=\begin{bmatrix}0.5 & 0.5\\ 0.5 & 0.5\end{bmatrix}$，并且 $\boldsymbol{\pi}(\infty)=[0.5\quad 0.5]$。

当 $|p-q|=1$ 时，一种情况是 $\boldsymbol{P}=\begin{bmatrix}1 & 0\\ 0 & 1\end{bmatrix}$，因此 $\boldsymbol{P}^{(\infty)}=\begin{bmatrix}1 & 0\\ 0 & 1\end{bmatrix}$，而 $\boldsymbol{\pi}(\infty)=\boldsymbol{\pi}(0)$；另外一种情况是 $\boldsymbol{P}=\begin{bmatrix}0 & 1\\ 1 & 0\end{bmatrix}$，由例 7.7 可见，$\boldsymbol{P}^{(\infty)}$ 与 $\boldsymbol{\pi}(\infty)$ 都不存在。

本例说明了一个有趣的结果：不论原始信息的分布如何，经过很多次有错（$0<q<1$）传播后，即使错误概率 q 很小，其分布也总是趋于均匀分布，信息趋于未知。

平时见到的“排队传话”游戏中，队首人员所讲的话，传到队尾后常常变得“啼笑皆非”正是这个道理的生动说明。

7.2* 马尔可夫链的状态分类

为了进一步了解马尔可夫链的特性，我们观察它的各个状态之间是否可达，需要多长时间可以到达，以及是否能频繁到达等问题，并由此出发研究各状态的特性，区分它们的类别。

7.2.1 可达、互通、首达与首达概率

定义 7.5 如果齐次马尔可夫链 $\{X_n, n=0,1,2,\cdots\}$，对任意给定的两个状态 $i,j\in E$，存在整数 $N_1>0$，使 $p_{ij}^{(N_1)}>0$，则称状态 i **可达**状态 j，简记为 $i\to j$；若同时还存在整数 $N_2>0$，使 $p_{ji}^{(N_2)}>0$ 也成立，则称状态 i 和状态 j 是**互通**的，简记为 $i\leftrightarrow j$。

当 $i\to j$ 时，从状态 i 出发到达状态 j 的具体步数可能有多种，如 $n_1<n_2<n_3<\cdots$，其中 n_2,n_3 是第二次或第三次到达的步数。自然地，其中首次到达步数 n_1 具有特殊的意义。

定义 7.6 对于两个状态 $i,j\in E$，从状态 i 出发，经过转移后首次到达状态 j 所经历的步数

$$T_{ij}=\left\{n: X_n=j, X_k\neq j, 0<k<n \middle| X_0=i, n=1,2,3,\cdots\right\} \tag{7.20}$$

称为从状态 i 出发后首次到达状态 j 的时间，简称为**首达时间**。

从状态 i 出发，因具体轨道的不同，首次到达状态 j 的步数可以有许多种，甚至可能永远不能到达 j，这时标记为 $T_{ij}=+\infty$，故它的取值空间为 $N_T=\{1,2,3,\cdots,+\infty\}$。

例 7.9 设齐次马尔可夫链 $\{X_n,\ n=0,1,2,\cdots\}$，其状态空间为 $E=\{0,1,2\}$，一步状态转移概率矩阵为

$$\boldsymbol{P}=\begin{bmatrix}0 & 0.3 & 0.7\\ 0 & 0 & 1\\ 0 & 0.6 & 0.4\end{bmatrix}$$

试分析该马尔可夫链三个状态之间的可达、互通，以及首次到达时间的取值空间。

解： 其状态转移图如图 7.8 所示。

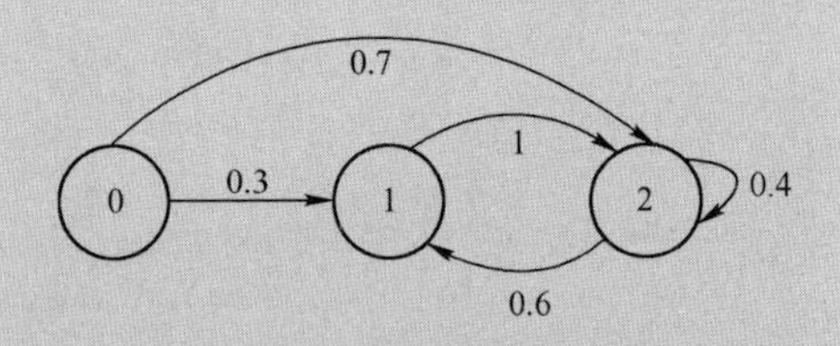

图 7.8　例 7.9 的状态转移图

（1）可达、互通。

① $p_{01}^{(1)}=0.3>0$，$p_{02}^{(1)}=0.7>0$，故状态 0 可达状态 1 和 2。

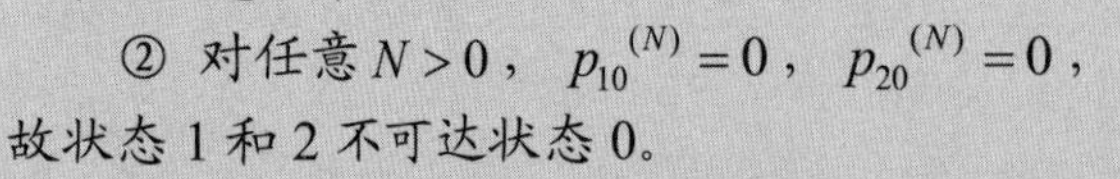

② 对任意 $N>0$，$p_{10}^{(N)}=0$，$p_{20}^{(N)}=0$，故状态 1 和 2 不可达状态 0。

③ $p_{12}^{(1)}=1>0$，$p_{21}^{(1)}=0.6>0$，故状态 1 和 2 互通。

（2）求首次到达时间的取值空间。根据状态图可见：T_{01} 取值空间为 $\{1,2,3,4,\cdots\}$；T_{02} 取值空间为 $\{1,2\}$；T_{21} 取值空间为 $\{1,2,3,4,\cdots\}$；T_{12} 取值空间为 $\{1\}$；T_{10},T_{20} 取值空间为 $\{+\infty\}$。

定义 7.7　对于任意 $i,j\in E$ 与 $n\in N_T=\{1,2,3,\cdots\}$，称

$$f_{ij}^{(n)}=P(T_{ij}=n|X_0=i) \tag{7.21}$$

为从状态 i 出发，经过 n 步状态转移后首次到达状态 j 的概率，简称为 ***n* 步首达概率**。

定义 7.8　对于任意 $i,j\in E$，称

$$f_{ij}=\sum_{n=1}^{+\infty}f_{ij}^{(n)}=\sum_{n=1}^{+\infty}P(T_{ij}=n|X_0=i)=P\left\{T_{ij}<+\infty\right\} \tag{7.22}$$

为从状态 i 出发，到达状态 j 的**最终到达概率**。

应注意：上面的求和式中上标趋于但不包括 $+\infty$，因此有

$$f_{ij}^{(+\infty)}=P\left\{T_{ij}=+\infty\right\}=1-f_{ij} \tag{7.23}$$

显然，$0\leqslant f_{ij}^{(n)}\leqslant f_{ij}\leqslant 1$。特别是当 $j=i$ 时，有：

① $f_{ii}^{(n)}$ 表示从状态 i 出发经过 n 步首次返回 i 的概率，简称为 ***n* 步首返概率**；

② f_{ii} 表示从状态 i 出发迟早返回 i 的概率，简称为**最终返回概率**。

7.2.2　常返、非常返、周期与遍历

我们常常想知道某个状态是否可能经常出现？是周期性出现还是随时出现？与此相关的讨论如下。

定义 7.9　对状态 $i\in E$，若 $f_{ii}=1$，则称状态 i 是**常返**的（Recurrent or Persistent）；若 $f_{ii}<1$，则称状态 i 是**非常返**的或**滑过**的（Transient）。

定义 7.10　对于常返状态 $i\in E$，称 $\mu_i=E[T_{ii}]$ 为从状态 i 出发的**平均返回步数**。

定义 7.11　对常返状态 $i\in E$，若 $\mu_i<+\infty$，则称状态 i 是**正常返状态**（Positive Recurrent State）；若 $\mu_i=+\infty$，则称状态 i 是**零常返状态**（Null Recurrent State）。

由定义知，$f_{ii}=1$ 表示系统从状态 i 出发，最终注定要返回，如果平均返回步数 μ_i 是有限的，则状态 i 是正常返的；否则，它是零常返的。另外，若 i 是非常返态，因 $f_{ii}^{(+\infty)}>0$，有 $\mu_i=+\infty$。

定义 7.12　如果集合 $\left\{n:\ p_{ii}^{(n)}>0,\ n>0\right\}$ 非空，并且其最大公约数为 $d_i>1$，则称状态 i 为**周期态**，周期为 d_i（在不混淆的情况下简记为 d）；否则称 i 为**非周期状态**。

根据该定义，如果状态 i 的周期为 $d>1$，则当且仅当 $n=kd,\ k=1,2,\cdots$ 时，$p_{ii}^{(n)}>0$，这表明返回状态 i 的步数是以 d 为周期的。

定义 7.13　非周期的正常返状态称为**遍历态**（Ergodic State）。如果一个马尔可夫链的所有状态都是遍历态，则称该马尔可夫链是**遍历马尔可夫链**。

例 7.10 设齐次马尔可夫链的状态转移概率矩阵为

$$P=\begin{bmatrix}0 & 0.5 & 0.5 & 0\\ 0 & 0 & 0.5 & 0.5\\ 0 & 0.5 & 0 & 0.5\\ 0 & 0.5 & 0.5 & 0\end{bmatrix}$$

判断该马尔可夫链所有状态的遍历性。

解： 该马尔可夫链有四个状态，分别设为状态 0,1,2,3，其状态转移图如图 7.9 所示。

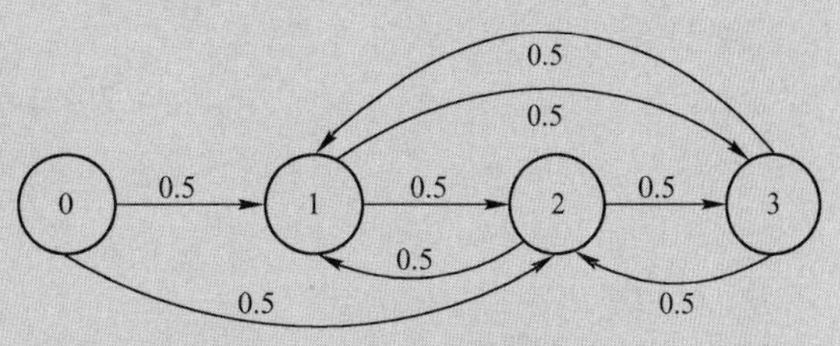

图 7.9　例 7.10 的状态转移图

对状态 0：
$$f_{00}^{(n)}=0\text{，}\ n=1,2,3,\cdots\text{；}\ f_{00}=\sum_{n=1}^{\infty}f_{00}^{(n)}=0<1$$

所以状态 0 是非常返态。

对状态 1：
$$f_{11}^{(1)}=0\text{，}\ f_{11}^{(n)}=0.5^{n-1}\text{，}\ n\geqslant 2$$

$$f_{11}=\sum_{n=1}^{\infty}f_{11}^{(n)}=\sum_{n=2}^{\infty}0.5^{n-1}=1\text{，}\ \mu_1=\sum_{n=1}^{\infty}nf_{11}^{(n)}=\sum_{n=2}^{\infty}n\times 0.5^{n-1}=2<\infty\text{，}\ d_1=1$$

所以状态 1 是非周期的正常返态。故状态 1 是遍历态。

对状态 2 和状态 3，同理可得它们也是遍历态。

因此，该马尔可夫链不是遍历链，但有三个遍历状态。

令随机序列
$$Y_n=\begin{cases}1, & X_n=j\\ 0, & X_n\neq j\end{cases}$$

它指示出 X_n 是否停留在 j 状态，则

$$E\left[\sum_{n=1}^{\infty}Y_n\middle|X_0=j\right]=\sum_{n=1}^{\infty}p_{jj}^{(n)}\tag{7.24}$$

是从状态 j 出发，返回 j 的平均次数。可以证明，常返状态平均返回次数为无穷多次，非常返状态平均返回次数为有限多次。

根据上述定义与定理，马尔可夫链的状态分类如图 7.10 所示。

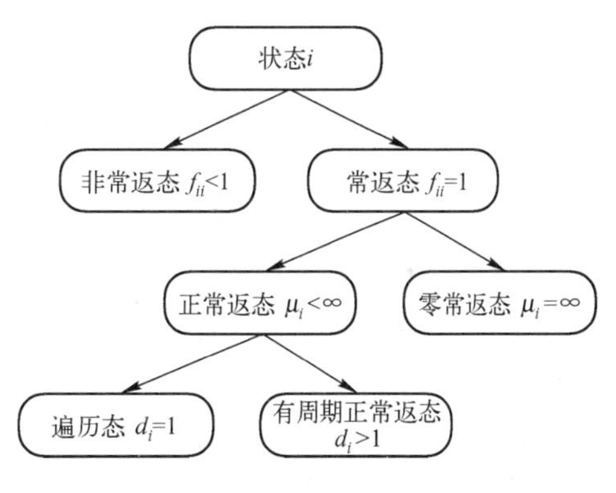

图 7.10　状态分类

例 7.11 设马尔可夫链有六个状态 $E=\{0,1,2,3,4,5\}$，其状态转移矩阵为

$$P=\begin{bmatrix}1 & 0 & 0 & 0 & 0 & 0\\ 0 & 0 & 0.5 & 0 & 0.5 & 0\\ 0 & 0 & 0.5 & 0.5 & 0 & 0\\ 0 & 0 & 0.5 & 0.5 & 0 & 0\\ 0 & 0 & 0 & 0 & 0.5 & 0.5\\ 0 & 0 & 0 & 0 & 0.5 & 0.5\end{bmatrix}$$

试将上述状态进行分类。

解： 该马尔可夫链的状态转移图如图 7.11 所示。

状态 0：$f_{00}^{(1)}=1$，$f_{00}^{(n)}=0$，$n\geqslant 2$，于是 $f_{00}=1$，为常返态；$d_0=1$，为遍历态。

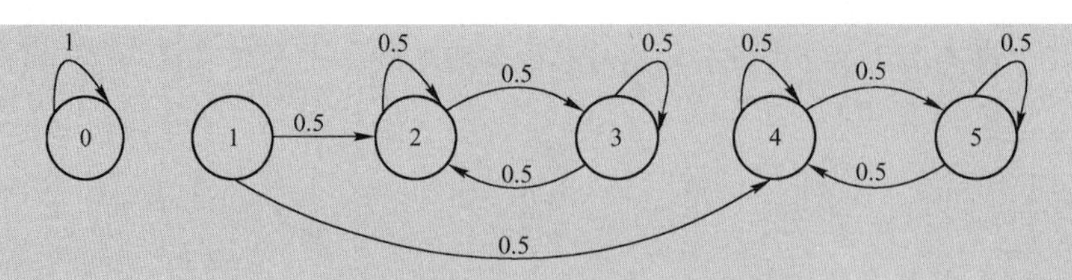

图 7.11　例 7.11 的状态转移图

状态 1：$f_{11}^{(n)}=0$，$n\geqslant 1$，为非常返态。

状态 2：$f_{22}^{(1)}=0.5$，$f_{22}^{(n)}=0.5^n, n>1$，于是 $f_{22}=\sum_{n=1}^{\infty} f_{22}^{(n)}=1$，为常返态；$d_2=1$，为遍历态。

同理可得，状态 3,4,5 也是遍历态。

因此，所有状态可以分为常返状态集 $C=\{0,2,3,4,5\}$ 和非常返状态集 $W=\{1\}$。

7.3　独立增量过程

如果连续参量随机过程 $\{X(t),\ t\in T\}$ 具有无后效性，即任取 n 与 $t_0\leqslant t_1\leqslant t_2\cdots\leqslant t_n\leqslant t_{n+1}\in T$，$x_0,x_1,\cdots,x_n,x_{n+1}\in E$，条件概率满足

$$P\left[X(t_{n+1})=x_{n+1}\middle|X(t_0)=x_0,X(t_1)=x_1,\cdots X(t_n)=x_n\right]=P\left[X(t_{n+1})=x_{n+1}\middle|X(t_n)=x_n\right] \quad (7.25)$$

则称 $X(t)$ 是**连续参数马尔可夫过程**。

如果 $X(t)$ 的取值状态空间是离散的，有限（或无限）可列的，这种随机过程也称为**连续参数马尔可夫链**。

独立增量过程是一种重要的马尔可夫过程，其参数和状态可以是连续的，也可以是离散的。下面讨论独立增量过程及其基本特征。

定义 7.14　对于随机过程 $\{X(t),\ t\geqslant 0\}$，任取正整数 $n\geqslant 2$，$0=t_0<t_1<t_2<\cdots<t_n$，并记增量 $\Delta X_i=X(t_i)-X(t_{i-1})$，$i=1,2,\cdots,n$。若 $\Delta X_1,\Delta X_2,\cdots,\Delta X_n$ 彼此独立，则称该过程为**独立增量过程**（Independent Increment Process）。

所谓“独立增量”是指非重叠时段的增量是彼此独立的。针对此特点，一般总是按顺序安排时刻点：$0=t_0<t_1<t_2<\cdots<t_n$，并令初值为零，即 $X(t_0)=X(0)=0$，使得

$$X(t_n)=X(t_{n-1})+\Delta X_n=X(0)+\sum_{i=1}^{n}\Delta X_i=\sum_{i=1}^{n}\Delta X_i \quad (7.26)$$

考察如下的条件概率

$$\begin{aligned}&P\left[X(t_{n+1})=x_{n+1}\middle|X(t_0)=x_0,X(t_1)=x_1,\cdots,X(t_n)=x_n\right]\\&=P\left[X(t_n)+\Delta X_{n+1}=x_{n+1}\middle|X(t_0)=x_0,X(t_1)=x_1,\cdots,X(t_n)=x_n\right]\end{aligned}$$

由于 $\Delta X_1,\Delta X_2,\cdots,\Delta X_n,\Delta X_{n+1}$ 彼此独立，ΔX_{n+1} 与所有 $X(t_i), i\leqslant n$ 都独立，因此

$$\begin{aligned}&P\left[X(t_{n+1})=x_{n+1}\middle|X(t_0)=x_0,X(t_1)=x_1,\cdots,X(t_n)=x_n\right]\\&=P\left[x_n+\Delta X_{n+1}=x_{n+1}\middle|X(t_n)=x_n\right]\\&=P\left[X(t_{n+1})=x_{n+1}\middle|X(t_n)=x_n\right]\end{aligned}$$

可见，独立增量过程是马尔可夫过程。

增量ΔX_i的形式也可以表示为

$$\Delta X_{t_i,\tau_i} = X(t_i+\tau_i) - X(t_i), \qquad t_i,\tau_i \geqslant 0 \tag{7.27}$$

这样可以突出增量的起始时刻与时间长度。如果增量的概率特性对所有（起始）时刻保持恒定，而只与时间长度τ有关，则称这种增量为**平稳增量**。

定义 7.15 若独立增量过程$\{X(t), t\geqslant 0\}$的增量是平稳的：任取$t,\tau\geqslant 0$与$u>0$，$\Delta X_{t,\tau}$与$\Delta X_{t+u,\tau}$恒有相同的概率分布，则称该过程为**平稳独立增量过程**。

增量的平稳性使得$\Delta X_{t,\tau}$与$\Delta X_{0,\tau}=X(\tau)$有着相同的概率分布，因此

$$\phi_{\Delta X_{t,\tau}}(v) = \phi_X(v,\tau) \tag{7.28}$$

由于$X(t)$可以表示为独立随机变量之和，因此，分析它的概率特性时，采用特征函数的方法比直接采用密度函数的方法更为方便。利用式（7.26）与式（7.28）容易得到下面的性质。

性质 1 平稳独立增量过程$\{X(t), t\geqslant 0\}$的一维特征函数为

$$\phi_X\left(v;t_n\right) = \prod_{i=1}^{n}\phi_X\left(v,t_i-t_{i-1}\right) \tag{7.29}$$

需要时，可由此推导出它的一维密度函数。但通常我们最关心的是独立增量过程的基本矩，它们由下面的性质给出。

性质 2 平稳独立增量过程$\{X(t), t\geqslant 0\}$满足

① 均值与方差是t的线性函数，即

$$E[X(t)] = mt, \qquad \mathrm{Var}[X(t)] = \sigma^2 t \tag{7.30}$$

其中，m与σ^2为正常数，分别称为**均值变化率**与**方差变化率**。

② 协方差函数 $$C(s,t) = \sigma^2\min(s,t) \tag{7.31}$$

③ 自相关函数 $$R(s,t) = \sigma^2\min(s,t) + m^2 st \tag{7.32}$$

④ 相关系数函数 $$\rho(s,t) = \sqrt{\frac{\min(s,t)}{\max(s,t)}} \tag{7.33}$$

证明：

① 这里只证明方差的线性函数关系（均值与它相似）。任取$t,s\geqslant 0$，有

$$\mathrm{Var}\left[X(t+s)\right] = \mathrm{Var}\left\{\left[X(t+s)-X(s)\right]+\left[X(s)-X(0)\right]\right\}$$

$X(t)$已被表示为两段不重叠增量，因此相互独立。于是可得

$$\begin{aligned}\mathrm{Var}\left[X(t+s)\right] &= \mathrm{Var}\left[X(t+s)-X(s)\right]+\mathrm{Var}\left[X(s)-X(0)\right]\\ &= \mathrm{Var}\left[X(t)-X(0)\right]+\mathrm{Var}\left[X(s)-X(0)\right]\\ &= \mathrm{Var}\left[X(t)\right]+\mathrm{Var}\left[X(s)\right]\end{aligned}$$

如果函数$g(x)$对任意t与s恒有：$g(t+s)=g(t)+g(s)$，由数学知识可证明$g(x)$必是x的线性函数，并通过原点。于是令方差的变化率为σ^2，有

$$\sigma^2 = \mathrm{Var}\left[X(t)\right]/t = \mathrm{Var}\left[X(1)\right]$$

则$\mathrm{Var}\left[X(t)\right]=\sigma^2 t$。

② 任取$t,s\geqslant 0$，有

$$C(s,t) = E\left\{\left[X(t)-m(t)\right]\left[X(s)-m(s)\right]\right\} = E\left[X(t)X(s)\right]-m(t)m(s)$$

先考虑$t\geqslant s$，同样将$X(t)$表示为两段不重叠增量，并利用独立性，有

$$
\begin{aligned}
C(s,t) &= E\{[X(t)-X(s)+X(s)-X(0)]X(s)\}-m(t)m(s) \\
&= E[X(t)-X(s)]E[X(s)]+E[X^2(s)]-m(t)m(s) \\
&= m(t-s)ms+[\sigma^2 s+m^2s^2]-m^2st \\
&= \sigma^2 s
\end{aligned}
$$

综合考虑$t<s$的情况，得到$C(s,t)=\sigma^2\min(s,t)$。

自相关函数及相关系数请读者自己证明。

应该注意，平稳独立增量过程本身是非平稳过程，只是其增量具有平稳性，并且彼此独立。

例 7.12 累积噪声过程$Y(t)$具有零初值与平稳独立增量，其均值时间变化率为m_1，方差时间变化率为σ_1^2。试求：t_1,t_2时刻噪声$Y(t)$增量的均值和方差（$t_1\leqslant t_2$）。

解：$Y(t)$是平稳独立增量过程，它的增量为$Y(t_2)-Y(t_1)$。利用平稳性，该增量与$Y(t_2-t_1)$具有同样的概率特性，因此

$$E[Y(t_2)-Y(t_1)]=E[Y(t_2-t_1)]=m_1(t_2-t_1)$$

$$\text{Var}[Y(t_2)-Y(t_1)]=\text{Var}[Y(t_2-t_1)]={\sigma_1}^2(t_2-t_1)$$

例 7.13 设$X(n)$是 0-1 分布的伯努利序列，其取值为 0,1 的概率分别为q, p。令$Y(0)=0$，$Y(n)=\sum_{i=1}^{n}X(i)$，$n>0$，则称$\{Y(n),n=0,1,2,\cdots\}$为**二项（计数）过程**（Binomial Counting Process）。证明该过程是平稳独立增量过程，并讨论其基本特性。

解：由于$X(n)$是彼此独立的，因此，$Y(n)$的任意非重叠增量是独立的。又因$X(n)$是同分布的，使得增量的分布与它的起始时刻无关。于是，$\{Y(n), n=0,1,2,\cdots\}$是平稳独立增量过程。其典型样本序列与增量如图 7.12 所示。

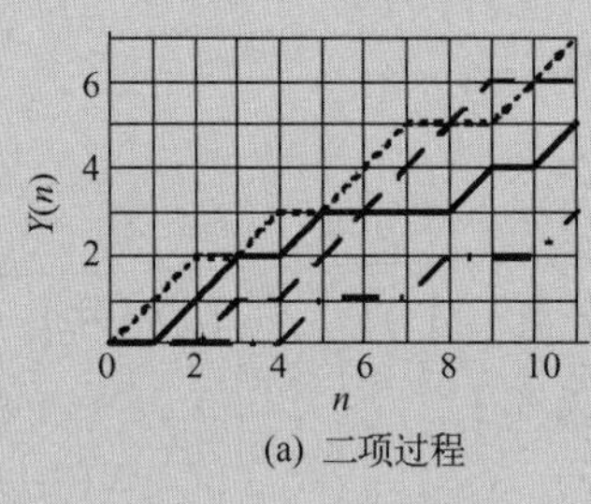

(a) 二项过程

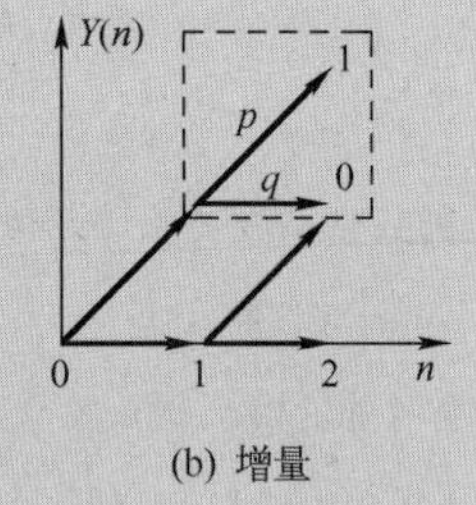

(b) 增量

图 7.12 例 7.13 的图

计算特征函数
$$\phi_Y(v;n)=\prod_{i=1}^{n}\phi_X(v)=\left(q+pe^{jv}\right)^n,\quad n\geqslant 1$$

将其展开有
$$\phi_Y(v;n)=q^n+C_n^1pq^{n-1}e^{jv}+C_n^2p^2q^{n-2}e^{j2v}+\cdots+p^ne^{jnv}$$

由特征函数定义可知，其各种可能的概率取值为：$q^n,C_n^1q^{n-1}p,C_n^2q^{n-2}p^2,\cdots,p^n$。即$P[Y(n)=k]=C_n^kp^kq^{n-k}$，$0\leqslant k\leqslant n$，它们正好为二项式系数。

注意到$Y(1)=X(1)$，均值与方差的变化率为

$$m=E[X(1)]=p\text{，}\qquad \sigma^2=\text{Var}[X(1)]=pq$$

于是，$\{Y(n), n=0,1,2,\cdots\}$ 的均值、方差与协方差函数为

$$E[Y(n)]=np\text{，}\quad \mathrm{Var}[Y(n)]=npq\text{，}\quad C_Y(m,n)=pq\min(m,n)$$

容易看出，如果 $\{X(n), n=1,2,\cdots\}$ 是独立随机序列，则其累加过程

$$\left\{Y(0)=0,\ Y(n)=\sum_{k=1}^{n}X(k),\ n=1,2,\cdots\right\}$$

是独立增量序列。特别地，若 $X(n), n=1,2,\cdots$ 是相互独立且同分布的随机变量，则其累加过程 $\{Y(n), n=0,1,2,\cdots\}$ 是平稳独立增量过程。

7.4 泊 松 过 程

泊松过程是一个计数过程，用以统计某随机事件反复发生的次数。它是一种典型的独立增量过程，它具有连续参数 t 与离散状态取值，因而也是连续参数马尔可夫链。在通信、交通、日常零售业务等各个领域的研究中，泊松过程是各类问题建模时最常用的一种输入模型。

7.4.1 定义与背景

泊松过程的基本概念与背景已在 2.2.4 节中介绍过了。其规范的数学定义如下。

定义 7.16 如果随机过程 $\{N(t), t\geqslant 0\}$ 具有以下特性：

① $N(t)$ 是一个初值为 0 的计数过程，即 $N(0)=0$；

② 具有平稳独立增量，即任取 $0<t_1<t_2<\cdots<t_n$，$N(t_1)$，$N(t_2)-N(t_1),\cdots$，$N(t_n)-N(t_{n-1})$ 相互独立；以及 $\forall s,t\geqslant 0, n\geqslant 0$，有

$$P[N(s+t)-N(s)=n]=P[N(t)=n]$$

③ 其密度函数是泊松的

$$P[N(t)=k]=\frac{(\lambda t)^k\mathrm{e}^{-\lambda t}}{k!} \tag{7.34}$$

则称 $\{N(t), t\geqslant 0\}$ 是参数为 λ 的（齐次）**泊松过程**（Poisson Process）。

可以证明，定义中的第③条可以等价地表述为：当 Δt 很小时，有

$$P[N(t+\Delta t)-N(t)=1]=\lambda\,\Delta t+o(\Delta t) \tag{7.35}$$

和

$$P[N(t+\Delta t)-N(t)\geqslant 1]=o(\Delta t) \tag{7.36}$$

这种表述形式可以很好地说明泊松过程的内在特性。

为了更好地理解定义，我们分析一下式（7.35）与式（7.36）的含义：当 Δt 很小时

$$P[\text{在 } t\sim t+\Delta t \text{ 上新增 1 次}]\approx\lambda\Delta t\text{，}P[\text{在 } t\sim t+\Delta t \text{ 新增多于 1 次}]\approx 0$$

或用极限形式表述为

$$\frac{\mathrm{d}}{\mathrm{d}t}P[\text{在 } t \text{ 时刻新增 1 次}]=\lim_{\Delta t\to 0}\frac{\lambda\Delta t+o(\Delta t)}{\Delta t}=\lambda$$

$$\frac{\mathrm{d}}{\mathrm{d}t}P[\text{在 } t \text{ 时刻新增多于 1 次}]=\lim_{\Delta t\to 0}\frac{o(\Delta t)}{\Delta t}=0$$

可见，被计数的物理事件在任意时刻都是“单独”发生的，且发生（1 次）的“概率强度”为常数 λ。该参数称为**强度参数**。

许多物理现象经抽象后都具有这样的特点，因而泊松过程是它们的数学模型。考虑一台网络服务器在[0,t]内接收到的访问次数，记为 $N(t)$，它显然是一个初值为 0 的计数过程。不妨认为从四面八方随机而来的访问是彼此独立的，而统计特性是稳定不变的，因此，计数的增量是独立的与平稳的。我们还假定访问将依次到来而非同时发生，空闲的时间越长，新的访问出现的概率越大。或者用数学语言表述为：在很短的时间 Δt 内，发生一次访问的概率正比于 Δt 的长度，发生多次访问的概率是 Δt 的高阶无穷小。

顾客服务、电话转接、粒子产生、交通流量等物理现象也有类似特征。泊松过程有时也称为泊松流，可以刻画“顾客流”、“粒子流”、“车辆流”、“信号流”等现象的概率特性。

由于 $N(t)$ 服从参数为 λt 的泊松分布，因而由泊松分布的有关结论可得到下面的性质。

性质 1　泊松过程 $\{N(t), t \geqslant 0\}$ 满足：

$$E\left[N(t)\right]=\lambda t, \qquad \operatorname{Var}\left[N(t)\right]=\lambda t \tag{7.37}$$

又由于 $N(t)$ 是平稳独立增量过程，而 $E\left[N(1)\right]=\lambda$，$\operatorname{Var}\left[N(1)\right]=\lambda$，所以还有下面的性质。

性质 2　泊松过程 $\{N(t), t \geqslant 0\}$，满足：

①
$$R_N\left(t_1,t_2\right)=\lambda\min\left(t_1,t_2\right)+\lambda^2 t_1 t_2 \tag{7.38}$$

②
$$C_N\left(t_1,t_2\right)=\lambda\min\left(t_1,t_2\right) \tag{7.39}$$

③
$$\rho_N\left(t_1,t_2\right)=\sqrt{\frac{\min\left(t_1,t_2\right)}{\max\left(t_1,t_2\right)}} \tag{7.40}$$

例 7.14　求参数为 λ 的齐次泊松过程 $N(t)$ 的二维概率分布律 $P\left[N\left(t_1\right)=k_1, N\left(t_2\right)=k_2\right]$，$t_2>t_1\geqslant 0$，$k_2\geqslant k_1\geqslant 0$。

解：齐次泊松过程是零初值平稳独立增量随机过程，有

$$\begin{aligned}
P\left[N\left(t_1\right)=k_1, N\left(t_2\right)=k_2\right] &= P[N(t_1)=k_1, N(t_2)-N(t_1)=k_2-k_1] \\
&= P\left[N\left(t_1\right)=k_1\right]P\left[N\left(t_2\right)-N\left(t_1\right)=k_2-k_1\right] \\
&= P\left[N\left(t_1\right)=k_1\right]P\left[N\left(t_2-t_1\right)=k_2-k_1\right] \\
&= \frac{(\lambda t_1)^{k_1}\mathrm{e}^{-\lambda t_1}}{k_1!}\cdot\frac{[\lambda(t_2-t_1)]^{(k_2-k_1)}\mathrm{e}^{-\lambda(t_2-t_1)}}{(k_2-k_1)!} \\
&= \frac{\lambda^{k_2}t_1^{k_1}\left(t_2-t_1\right)^{k_2-k_1}}{k_1!\left(k_2-k_1\right)!}\mathrm{e}^{-\lambda t_2}
\end{aligned}$$

7.4.2　泊松事件到达时间与时间间隔

泊松过程统计某个随机事件反复发生的次数。我们通常称被统计的事件为泊松事件，例如顾客到达、服务器收到申请等。与泊松计数关联的还有事件的发生（或称到达）时刻与相邻发生时刻之间的时间间隔。

设泊松过程中第一次事件到达的时间为 S_1，如图 7.13 所示，第 $n-1$ 次事件到达和第 n 次事件到达之间的的时间间隔为 T_n。假定从零时刻开始观测，并计算在观测区内的事件发生数，则称观测区间中出现第 n 个事件的发生时刻 S_n 为第 n 个事件的**到达时间**（Arrival Time），也称为第 n 个事件的等待时间。显然，**时间间隔**（Interarrival Time）为 $T_n=S_n-S_{n-1}$，并且

$$S_n = \sum_{i=1}^{n} T_i = T_1 + T_2 + \cdots + T_n \tag{7.41}$$

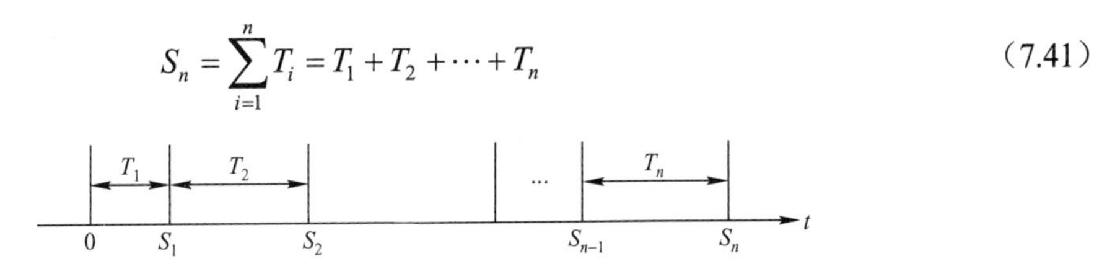

图 7.13　到达时间与到达间隔时间示意图

由于到达时间是随机的，T_n 也是随机的。由此得到两个随机序列：

① 事件发生时刻随机序列：　　　　$\{S_i,\ i=1,2,3,\cdots\}$。

② 事件发生的间隔时间随机序列：　$\{T_i,\ i=1,2,3,\cdots\}$。

这两个序列彼此关联，并相互唯一确定。下面先分析间隔时间 T_n 的特性。

性质 3　泊松事件的间隔时间 T_n 彼此独立，具有相同的指数分布，其密度函数为

$$f_{T_n}(t) = \lambda e^{-\lambda t}, \quad t \geqslant 0 \tag{7.42}$$

证明： 由定义　　　$F_{T_n}(t) = P(T_n \leqslant t) = 1 - P(T_n > t)$

事件 $\{T_n > t\}$ 表示从第 n-1 次泊松事件发生后，t 时间内还没有出现新的泊松事件（第 n 次），即在这段时间内泊松计数没有改变。由增量的平稳性可知，这等价于事件 $\{N(t)=0\}$，于是

$$F_{T_n}(t) = 1 - P[N(t)=0] = 1 - e^{-\lambda t}, \quad t \geqslant 0$$

显然它与 n 无关，因此 T_n 是同分布的，并且是指数分布的，即

$$f_{T_n}(t) = \frac{d}{dt} F_{T_n}(t) = \begin{cases} \lambda e^{-\lambda t}, & t \geqslant 0 \\ 0, & t < 0 \end{cases}$$

至于 T_n 之间的独立性，证明从略。

性质 4　第 n 个泊松事件的到达时间为

$$S_n = \sum_{i=1}^{n} T_i = T_1 + T_2 + \cdots + T_n$$

它服从 $\Gamma(n,\lambda)$ 分布，即密度函数为

$$f_{S_n}(t) = \frac{\lambda^n}{(n-1)!} t^{n-1} e^{-\lambda t}, \quad t \geqslant 0 \tag{7.43}$$

也称为**爱尔朗**（Erlang）**分布**。

证明： 由定义　　$F_{S_n}(t) = P[S_n \leqslant t] = P\{\text{至时刻 } t \text{ 至少发生 } n \text{ 次泊松事件}\}$

$$= P\{N(t) \geqslant n\} = \sum_{k=n}^{\infty} \frac{(\lambda t)^k e^{-\lambda t}}{k!}$$

进而

$$f_{S_n}(t) = \frac{d}{dt} F_{S_n}(t) = \sum_{k=n}^{\infty} \lambda \frac{(\lambda t)^{k-1} e^{-\lambda t}}{(k-1)!} - \sum_{k=n}^{\infty} \lambda \frac{(\lambda t)^k e^{-\lambda t}}{k!}$$

$$= \frac{\lambda(\lambda t)^{n-1} e^{-\lambda t}}{(n-1)!} + \sum_{k=n+1}^{\infty} \lambda \frac{(\lambda t)^{k-1} e^{-\lambda t}}{(k-1)!} - \sum_{k=n}^{\infty} \lambda \frac{(\lambda t)^k e^{-\lambda t}}{k!}$$

$$= \frac{\lambda^n}{(n-1)!} t^{n-1} e^{-\lambda t}, \quad t \geqslant 0$$

式中，后两个和式正好抵消，这个分布正是 $\Gamma(n,\lambda)$ 分布。

另一种方法是利用特征函数来证明，由于 T_n 的特征函数为

$$\phi_{T_n}(v)=\int_{-\infty}^{+\infty}\lambda e^{-\lambda t}e^{jtv}dt=\frac{\lambda}{\lambda-jv}$$

因此有

$$\phi_{S_n}(v)=\phi_{T_1}(v)\phi_{T_2}(v)\cdots\phi_{T_n}(v)=\frac{\lambda^n}{(\lambda-jv)^n} \tag{7.44}$$

求式（7.44）的傅里叶反变换，也可得到 S_n 的密度函数的表达式。

7.4.3* 泊松冲激序列

定义 7.17 若泊松事件发生时刻为 S_i, $i=1,2,\cdots$, 称

$$Z(t)=\sum_{i=1}^{N(t)}\delta(t-S_i) \tag{7.45}$$

为**泊松冲激序列**（Poisson Impulse Train）。

泊松冲激序列如图 7.14 所示，其每个冲激指示着各次事件的发生时刻。它本质上是 $\{S_i\}$ 的一种有效的表示形式，也可以用泊松过程 $N(t)$ 的导数来描述：

$$Z(t)=\frac{d}{dt}N(t) \tag{7.46}$$

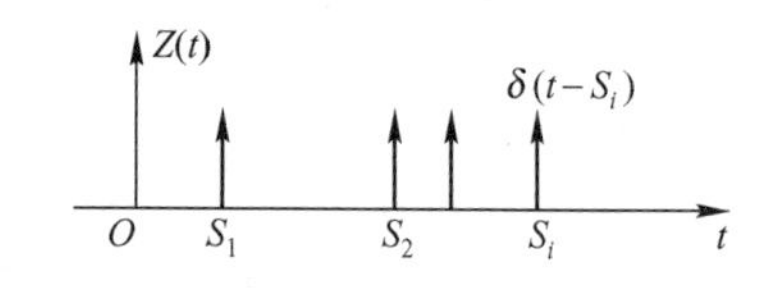

图 7.14 泊松冲激序列

可见，$Z(t)$ 是泊松事件在时刻 t 发生次数的**瞬时变化率**，或**增长率**。

泊松冲激序列的基本矩特性如下。

① 均值

$$E[Z(t)]=\frac{d}{dt}E[N(t)]=\lambda \tag{7.47}$$

② 自相关函数

$$\begin{aligned}R_Z(t_1,t_2)&=E\left[\frac{d}{dt_1}N(t_1)\frac{d}{dt_1}N(t_2)\right]=\frac{\partial^2}{\partial t_1\partial t_2}R_N(t_1,t_2)\\&=\lambda\delta(t_1-t_2)+\lambda^2\end{aligned} \tag{7.48}$$

可见，泊松冲激序列也是广义平稳的。

例 7.15 雷电、电火花等突发放电对电子设备造成的干扰近似为一串泊松事件，可描述为泊松冲激序列。假定某工程中这种干扰的平均功率为 6 个单位，而每个泊松冲激的平均能量为 3 个单位。试求单位时间内出现 3 次泊松冲激的概率。

解： 由题意，首先可得单位时间内泊松事件的平均次数 $\lambda=6/3=2$。于是，在一个单位时间内出现 3 次泊松冲激的概率为

$$P[N(1)=3]=\frac{\lambda^k e^{-\lambda}}{k!}=\frac{2^3e^{-2}}{3!}=0.18$$

7.4.4* 散弹噪声

定义 7.18 令 S_i 为第 i 个泊松计数事件发生的随机时刻，并记该事件引起的响应为 $h(t-S_i)$，则所有响应的总和称为**过滤泊松过程**（Filtered Poisson Process），记为

$$X(t)=\sum_{i=1}^{N(t)}h(t-S_i) \tag{7.49}$$

在电子二极管中，发射的电子由阴极到达板（阳）极，就是一种泊松计数事件。电子到达阳极时引起阳极电流脉冲，其波形记为$h(t-S_i)$。电子的这种运动形成的电流是随机起伏的、离散的，每个脉冲像一个个的散弹，称为**散弹噪声**（Shot Noise），其数学模型正是过滤泊松过程。

散弹噪声可以用泊松冲激序列$Z(t)$通过冲激响应为$h(t)$的线性时不变系统的输出来模拟，如图 7.15 所示，即

$$X(t)=\sum_{i=1}^{N(t)}\delta(t-S_i)*h(t)=Z(t)*h(t) \tag{7.50}$$

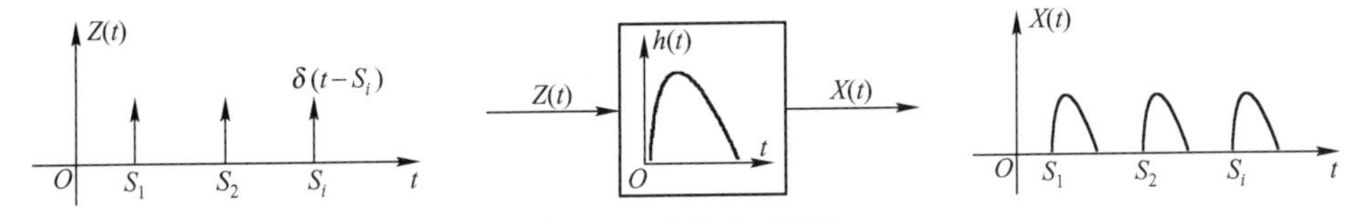

图 7.15　散弹噪声模拟

过滤泊松过程（或散弹噪声）也是广义平稳的，它的基本特性如下。

① 均值

$$EX(t)=E\left[Z(t)*h(t)\right]=\lambda\int_{-\infty}^{+\infty}h(u)\mathrm{d}u \tag{7.51}$$

② 自相关函数与功率谱

$$\begin{aligned}R_X(\tau)&=R_Z(\tau)*h(\tau)*h(-\tau)\\&=\lambda\int_{-\infty}^{+\infty}h(u)\,h(u-\tau)\mathrm{d}u+\lambda^2\left[\int_{-\infty}^{+\infty}h(u)\,\mathrm{d}u\right]^2\end{aligned} \tag{7.52}$$

$$\begin{aligned}S_X(\omega)&=S_Z(\omega)\left|H(\mathrm{j}\omega)\right|^2=[\lambda+2\pi\lambda^2\delta(\omega)]\left|H(\mathrm{j}\omega)\right|^2\\&=\lambda\left|H(\mathrm{j}\omega)\right|^2+2\pi\lambda^2\left|H(\mathrm{j}0)\right|^2\delta(\omega)\end{aligned} \tag{7.53}$$

③ 方差与均方值

$$\mathrm{Var}\left[X(t)\right]=R_X(0)-\left[EX(t)\right]^2=\lambda\int_{-\infty}^{+\infty}h^2(u)\mathrm{d}u \tag{7.54}$$

$$R_X(0)=\lambda\int_{-\infty}^{+\infty}h^2(u)\mathrm{d}u+\lambda^2\left[\int_{-\infty}^{+\infty}h(u)\mathrm{d}u\right]^2 \tag{7.55}$$

它们分别对应散弹噪声信号的交流功率与总功率。

通常，$h(t)$持续时间很短，带宽很宽。因此，散弹噪声的带宽很宽，工程上可视为白噪声。

例 7.16　电子二极管中，若单个电子到达阳极时产生的电流脉冲为

$$i_0(t)=I_0\left[u(t)-u(t-b)\right]$$

其中，$u(t)$为单位阶跃信号，I_0, b为常数。电子发射到达阳极的事件服从泊松计数分布，电子平均发射率$\lambda=10^3$电子/秒。试求：

（1）散弹噪声$X(t)$的表达式；　（2）$E[X(t)]$和$EX^2(t)$。

解：（1）若发射电子到达阳极的随机时刻为S_i，则散弹噪声电流为

$$X(t)=\sum_{i=0}^{N(t)}I_0\left[u(t-S_i)-u(t-S_i-b)\right]$$

（2）电流平均值为 $E[X(t)]=\lambda\int_{-\infty}^{+\infty}h(u)\mathrm{d}u=10^3 I_0 b$

电流总功率为 $EX^2(t)=\lambda\int_{-\infty}^{+\infty}h^2(u)\mathrm{d}u+\lambda^2\left[\int_{-\infty}^{+\infty}h(u)\mathrm{d}u\right]^2=10^3 I_0^2 b+10^6 I_0^2 b^2$

7.4.5* 泊松过程的平均变化率

泊松过程 $N(t)$在时间 t 到 $t+\Delta t$ 的平均变化率称为**泊松平均变化率**，也称为**泊松增量**。其表达式为

$$A(t,\Delta t)=\frac{N(t+\Delta t)-N(t)}{\Delta t} \tag{7.56}$$

泊松平均变化率的意义是：在时间 t 到 $t+\Delta t$ 上，泊松计数事件的平均次数。

在 Δt 给定时，不重叠泊松平均变化率 $A(t,\Delta t)$ 是独立随机过程。即在 $|t_i-t_j|>\Delta t$ 时，$A(t_i,\Delta t)$与$A(t_j,\Delta t)$统计独立。

泊松平均变化率的基本特性如下。

① 一维概率

$$P\left[A(t,\Delta t)=\frac{k}{\Delta t}\right]=\frac{(\lambda\Delta t)^k\exp(-\lambda\Delta t)}{k!} \tag{7.57}$$

② 均值

$$E[A(t,\Delta t)]=E\left[\frac{N(t+\Delta t)-N(t)}{\Delta t}\right]=E\left[\frac{N(\Delta t)}{\Delta t}\right]=\lambda \tag{7.58}$$

③ 自相关函数

$$R_A(t_1,t_2)=E[A(t_1,\Delta t)\ A(t_2,\Delta t)]$$
$$=\begin{cases}\lambda^2+\dfrac{\lambda}{\Delta t}-\lambda\dfrac{|t_1-t_2|}{(\Delta t)^2}, & |t_1-t_2|<\Delta t \qquad (7.48)\\ \lambda^2, & |t_1-t_2|\geqslant\Delta t\end{cases}$$

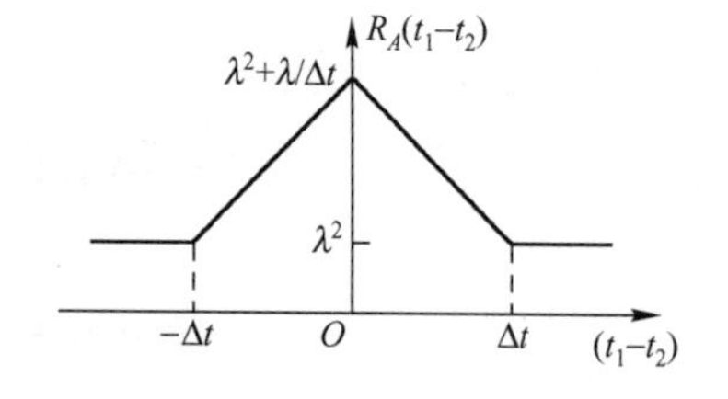

图 7.16 $R_A(t_1,t_2)$

$R_A(t_1,t_2)$如图 7.16 所示。易见，$A(t,\Delta t)$是广义平稳的。

例 7.17 某电话交换台在时间[0, t]上受理的呼叫次数 $N(t)$是泊松过程，其平均呼叫次数 $\lambda=2$ 次/分钟，试求在任意的 5 分钟时间内平均呼叫次数的均值与方差。

解： 在任意 $\Delta t=5$ 分钟内平均呼叫次数可以表示为

$$A(t,\Delta t)=A(t,5)=[N(t+5)-N(t)]/5$$

于是，$E[A(t,5)]=\lambda=2$ 次/分钟。其方差为

$$\mathrm{Var}[A(t,5)]=R_A(t,t)-E^2[A(t,5)]$$
$$=\lambda^2+\frac{\lambda}{\Delta t}-\lambda^2=2/5=0.4$$

习题

7.1　码元周期为T_s的二进制传输信号为

$$X(t)=\sum_{i=1}^{+\infty}X(i)\left[u(t-(i-1)T_s)-u(t-iT_s)\right]$$

其中，$u(t)$为单位阶跃函数，$X(i)$是伯努利随机序列。经过码元同步并采样求和后加法器的输出$Y(n)=\sum_{i=1}^{n}X(t_i)$，抽样时刻$t_i=(i+1/2)T_s$。证明：$Y(n)$是马尔可夫链。

7.2　$[-A,A]$的双极性二进制传输信号$\{U(t),\ t\geqslant 0\}$的码元符号概率为$[q,p]$。将$U(t)$送入码元幅度采样累加器，累加器输出为$\{Y(n),\ n=1,2,\cdots\}$，简记为Y_n，且令$Y_0=0$。

（1）画出$Y(n)$的状态转移图；

（2）求$Y(n)$的状态转移概率$p_{ij}(m,n)$和$P[Y_{15}=3|Y_1=1,Y_8=3,Y_{10}=4]$。

7.3　设$\{X(n),\ n=0,1,2,\cdots\}$是马尔可夫链，证明该链的逆序也构成一个马尔可夫链。即

$$P\{X(1)=x_1|X(2)=x_2,\cdots,X(n)=x_n\}=P\{X(1)=x_1|X(2)=x_2\}$$

7.4　从废品率为$p\ (0<p<1)$的一批产品中每次随机抽取一个产品，并重复抽取（抽取彼此独立），$X(n)$表示前n次抽到的产品中所含的废品个数。证明：$\{X(n),\ n=1,2,3,\cdots\}$是一个马尔可夫链。

7.5　一个质点在一条直线的整数点上做随机游动，质点所处的位置记为$X(n)\in Z$，对于一切整数i，有$p_{i,i+1}=p,\ p_{i,i-1}=q$，$0<p<1$，$p+q=1$。求随机序列的一步状态转移概率矩阵和$p_{00}^{(n)}$。

7.6　设$\{X(n),\ n\geqslant 1\}$是相互独立的随机变量序列，令$Y(n)=\sum_{i=1}^{n}X^p(i)$，$p$是任意的整数。试证明：随机序列$Y(n)$是马尔可夫链。

7.7　一个质点在圆环上做随机游动，圆环上有三个可能的停留位置，沿顺时针方向记为（$a_0,\ a_1,\ a_2$）。质点在任何一个位置沿顺时针方向向前跳动至邻近位置的概率为0.3，向后跳至邻近位置的概率为0.3，保留原处的概率为0.4，相邻两次跳动的间隔时间$T=1\text{ ms}$。试求：

（1）状态转移概率矩阵$\boldsymbol{P}$和状态转移图；

（2）若有$\boldsymbol{\pi}(0)=[0.1\ \ 0.6\ \ 0.3]$，求质点在$T=3\text{ ms}$时最可能出现的位置及其出现的概率。

7.8　微小粒子在相距$2d$的反射板之间做随机游动。粒子的初始位置在中线0位置上，每隔T时间粒子游动一步，每步跨距为d。随机游动在第n步后的质点位置记为$\{X(n),\ n=0,1,\cdots\}$，状态为$(-d,0,+d)$，设$X(n)$的状态转移概率矩阵为

$$\boldsymbol{P}=\begin{bmatrix}0 & 1 & 0\\ 0.8 & 0 & 0.2\\ 0 & 1 & 0\end{bmatrix}$$

试求：（1）随机游动的状态图；（2）最可能的状态序列（设$X(0)=0$）。

7.9　$\boldsymbol{P}^{(n)}$是马尔可夫链的n步转移概率矩阵（$n\geqslant 1$），$\boldsymbol{P}$是一步转移概率矩阵，试证明：

（1）$\boldsymbol{P}^{(n)}=\boldsymbol{P}^n$；　（2）$\boldsymbol{P}^{(n)}\boldsymbol{P}^{(m)}=\boldsymbol{P}^{(n+m)}$，$n,m\geqslant 1$。

7.10　在差分编码系统中，对独立同分布的(0,1)数据序列$\{a(n),\ n=1,2,\cdots\}$进行差分编码，输出为序列$\{X(n),n=0,1,\cdots\}$。讨论输出$X(n)$的状态分类。其中编码规则为$X(n)=a(n)\oplus X(n-1)$，$X(0)=0$。

7.11　若明日是否降雨仅与今日是否有雨有关，而与以往的天气无关，并设今日有雨且明日也有雨的概率为0.7，今日无雨明日有雨的概率为0.2。设$X(0)$表示今日的天气状态，$X(n)$表示第n日的天气状态。“$X(n)=1$”表示第n日有雨，“$X(n)=0$”表示第n日无雨。$X(n)$是一个齐次马尔可夫链。

（1）写出 $X(n)$ 的状态转移概率矩阵；（2）求今日有雨且后日仍有雨的概率；

（3）求有雨的平稳概率。

7.12 独立增量随机信号 $Y(t)$ 的增量信号为 $X(t)$，对于时刻编序 $t_0=0<t_1<t_2<\cdots<t_k<\cdots$，$X(t_k)=Y(t_k)-Y(t_{k-1})$，$Y(t_0)=0$，若增量信号的一维特征函数为 $\phi_X(v;t_k)$。试求：

（1）$\phi_Y(v;t_1)$ 与 $\phi_Y(v;t_3)$；（2）$\phi_Y(v_1,v_2;t_1,t_2)$ 与 $\phi_Y(v_1,v_2,v_3;t_1,t_2,t_3)$。

7.13 某电话交换台在$[0,t]$时间（单位：分钟）内转接的电话呼叫次数 $N(t)$ 为泊松过程，其平均呼叫次数 $\lambda=\dfrac{1}{3}$ 次/分钟。试求：

（1）15 分钟内电话呼叫次数为 k 次的概率，k 分别为 3 和 5；（2）概率 $P[N(5)=10], P[N(10)=20]$；

（3）$t=20$ 时的平均呼叫次数与呼叫次数的方差。

7.14 某二极管发射电子到阳极的平均发射率 $\lambda=10$，到达阳极的电子数为 $N(t)$。试求：

（1）$P[N(20)=150|N(10)=100,N(5)=50,N(0.5)=5]$；（2）转移概率 $p_{2,3}(0.1,0.8)$ 与 $p_{20,25}(3,5)$。

7.15 某电子系统受突发性干扰的次数 $N(t)$ 是泊松过程，其均值变化率 $\lambda(t)=\lambda_0$，λ_0 为常数。试求：

（1）在 $N(5)=3$ 的条件下，$N(10)=5$ 的概率；（2）$t=5$ 时平均干扰次数；

（3）$t=10$ 时平均干扰次数。

7.16 某电话交换台在 $[0,t]$ 时间内转接的电话呼叫次数为 $N(t)$，其平均呼叫次数 $\lambda=\dfrac{1}{3}$ 次/分钟，若交换台转接电话次数的瞬时变化率为 $Z(t)$，试求：（1）$Z(t)$ 的平均值 $E[Z(t)]$；（2）$R_Z(t_1,t_2), C_Z(t_1,t_2)$。

7.17 某器件中载流子到达集电极的数目服从泊松统计规律，其平均变化率 $\lambda=10^6$，载流子在 t 时刻到达集电极形成的电流冲激响应为

$$h(t)=\frac{1}{b}I_0\mathrm{e}^{-a_0 t}\left[u(t+b/2)-u(t-b/2)\right]$$

试求：（1）集电极电流（散弹噪声）表达式 $i(t)$；（2）$E[i(t)]$ 与 $E[i^2(t)]$。

7.18 某交叉路口的车辆通过数目是泊松过程 $N(t)$，其均值变化率 $\lambda=30$ 辆/分钟。设在任意 5 分钟内该路口通过车辆的平均数目为 $A(t,5)$，试求：

（1）$P[A(t,5)=20], P[A(t,5)=50]$；（2）$R_A(1,3), R_A(10,20)$；（3）$\mathrm{Var}[A(t,5)]$。

附录A 傅里叶变换性质与常用变换对表

序 号	$x(t)$	$X(\mathrm{j}\omega)$	序 号	$x(t)$	$X(\mathrm{j}\omega)$
1	$\sum_{n=1}^{N} a_n x_n(t)$	$\sum_{n=1}^{N} a_n X_n(\mathrm{j}\omega)$	18	$\mathrm{e}^{-\mathrm{j}\omega_0 t}$	$2\pi\delta(\omega+\omega_0)$
2	$x(t-t_0)$	$X(\mathrm{j}\omega)\mathrm{e}^{-\mathrm{j}\omega t_0}$	19	$\sum_{n=-\infty}^{\infty} a_n \mathrm{e}^{\mathrm{j}n\omega_0 t}$	$2\pi\sum_{n=-\infty}^{\infty} a_n\delta(\omega-n\omega_0)$
3	$x(t)\mathrm{e}^{\mathrm{j}\omega_0 t}$	$X(\mathrm{j}(\omega-\omega_0))$	20	$\mathrm{sgn}(t)$	$\frac{2}{\mathrm{j}\omega}$
4	$x(at)$	$\frac{1}{\|a\|}X\left(\mathrm{j}\frac{\omega}{a}\right)$	21	$\mathrm{j}\frac{1}{\pi t}$	$\mathrm{sgn}(\omega)$
5	$x^*(t)$	$X^*[\mathrm{j}(-\omega)]$	22	$\mathrm{rect}\left(\frac{t}{\tau}\right)$	$\tau\mathrm{Sa}\left(\frac{\omega\tau}{2}\right),\quad \tau>0$
6	$x(-t)$	$X[\mathrm{j}(-\omega)]$	23	$\frac{w\mathrm{Sa}(wt)}{\pi}$	$\mathrm{rect}\left(\frac{\omega}{2w}\right),\quad w>0$
7	$X(\mathrm{j}t)$	$2\pi x(-\omega)$	24	$\mathrm{tri}\left(\frac{t}{\tau}\right)$	$\tau\mathrm{Sa}^2\left(\frac{\omega\tau}{2}\right),\quad \tau>0$
8	$x(t)*y(t)$ $=\int_{-\infty}^{\infty} x(u)y(t-u)\mathrm{d}u$	$X(\mathrm{j}\omega)Y(\mathrm{j}\omega)$	25	$\frac{w\mathrm{Sa}^2(wt)}{\pi}$	$\mathrm{tri}\left(\frac{\omega}{2w}\right),\quad w>0$
9	$x(t)y(t)$	$\frac{1}{2\pi}X(\mathrm{j}\omega)*Y(\mathrm{j}\omega)$ $=\frac{1}{2\pi}\int_{-\infty}^{\infty} X(\mathrm{j}u)Y[\mathrm{j}(\omega-u)]\mathrm{d}u$	26	$\cos(\omega_0 t)$	$\pi[\delta(\omega-\omega_0)+\delta(\omega+\omega_0)]$
10	$\frac{\mathrm{d}^n x(t)}{\mathrm{d}t^n}$	$(\mathrm{j}\omega)^n X(\mathrm{j}\omega)$	27	$\sin(\omega_0 t)$	$-\mathrm{j}\pi[\delta(\omega-\omega_0)-\delta(\omega+\omega_0)]$
11	$(-\mathrm{j}t)^n x(t)$	$\frac{\mathrm{d}^n X(\mathrm{j}\omega)}{\mathrm{d}\omega^n}$	28	$\cos(\omega_0 t)u(t)$	$\frac{\pi}{2}[\delta(\omega-\omega_0)+\delta(\omega+\omega_0)]+\frac{\mathrm{j}\omega}{\omega_0^2-\omega^2}$
12	$\int_{-\infty}^{t} x(\tau)\mathrm{d}\tau$	$\frac{X(\mathrm{j}\omega)}{\mathrm{j}\omega}+\pi X(0)\delta(\omega)$	29	$\sin(\omega_0 t)u(t)$	$-\mathrm{j}\frac{\pi}{2}[\delta(\omega-\omega_0)-\delta(\omega+\omega_0)]+\frac{\omega_0}{\omega_0^2-\omega^2}$
13	$\delta(t)$	1	30	$\mathrm{e}^{-at}u(t)$	$\frac{1}{a+\mathrm{j}\omega},\quad a>0$
14	$\delta(t-t_0)$	$\mathrm{e}^{-\mathrm{j}\omega t_0}$	31	$t\mathrm{e}^{-at}u(t)$	$\frac{1}{(a+\mathrm{j}\omega)^2},\quad a>0$
15	$u_1(t)=\frac{\mathrm{d}}{\mathrm{d}t}\delta(t)$	$\mathrm{j}\omega$	32	$t^n\mathrm{e}^{-at}u(t)$	$\frac{n!}{(a+\mathrm{j}\omega)^{n+1}},\quad a>0$
16	$u(t)=\int_{-\infty}^{t}\delta(\tau)\mathrm{d}\tau$	$\pi\delta(\omega)+\frac{1}{\mathrm{j}\omega}$	33	$\mathrm{e}^{-a\|t\|}$	$\frac{2a}{a^2+\omega^2},\quad a>0$
17	1	$2\pi\delta(\omega)$	34	$\exp\left(-\frac{t^2}{2\sigma^2}\right)$	$\sqrt{2\pi}\sigma\exp\left(-\frac{\sigma^2\omega^2}{2}\right),\quad \sigma>0$

注：$a, a_n, t_0, \sigma, \omega_0, T$ 和 w 都是实常数；并且，定义如下的各个函数：

① $u(t)=\begin{cases}1, & t\geqslant 0\\ 0, & t<0\end{cases}$；② $\mathrm{sgn}(t)=\begin{cases}1, & t>0\\ -1, & t<0\end{cases}$；③ $\mathrm{rect}(t)=\begin{cases}1, & |t|\leqslant 1/2\\ 0, & |t|>1/2\end{cases}$；

④ $\mathrm{Sa}(t)=\frac{\sin(t)}{t}$；⑤ $\mathrm{tri}(t)=\begin{cases}1-|t|, & |t|\leqslant 1\\ 0, & |t|>1\end{cases}$

附录B　高斯分布函数$\Phi(x)$函数表

x	0.00	0.01	0.02	0.03	0.04	0.05	0.06	0.07	0.08	0.09
0.0	0.5000	0.5040	0.5080	0.5120	0.5160	0.5199	0.5239	0.5279	0.5319	0.5359
0.1	0.5398	0.5438	0.5478	0.5517	0.5557	0.5596	0.5636	0.5675	0.5714	0.5753
0.2	0.5793	0.5832	0.5871	0.5910	0.5948	0.5987	0.6026	0.6064	0.6103	0.6141
0.3	0.6179	0.6217	0.6255	0.6293	0.6331	0.6368	0.6406	0.6443	0.6480	0.6517
0.4	0.6554	0.6591	0.6628	0.6664	0.6700	0.6736	0.6772	0.6808	0.6844	0.6879
0.5	0.6915	0.6950	0.6985	0.7019	0.7054	0.7088	0.7123	0.7157	0.7190	0.7224
0.6	0.7257	0.7291	0.7324	0.7357	0.7389	0.7422	0.7454	0.7486	0.7517	0.7549
0.7	0.7580	0.7611	0.7642	0.7673	0.7704	0.7734	0.7764	0.7794	0.7823	0.7852
0.8	0.7881	0.7910	0.7939	0.7967	0.7995	0.8023	0.8051	0.8078	0.8106	0.8133
0.9	0.8159	0.8186	0.8212	0.8238	0.8264	0.8289	0.8315	0.8340	0.8365	0.8389
1.0	0.8413	0.8438	0.8461	0.8485	0.8508	0.8531	0.8554	0.8577	0.8599	0.8621
1.1	0.8643	0.8665	0.8686	0.8708	0.8729	0.8749	0.8770	0.8790	0.8810	0.8830
1.2	0.8849	0.8869	0.8888	0.8907	0.8925	0.8944	0.8962	0.8980	0.8997	0.9015
1.3	0.9032	0.9049	0.9066	0.9082	0.9099	0.9115	0.9131	0.9147	0.9162	0.9177
1.4	0.9192	0.9207	0.9222	0.9236	0.9251	0.9265	0.9279	0.9292	0.9306	0.9319
1.5	0.9332	0.9345	0.9357	0.9370	0.9382	0.9394	0.9406	0.9418	0.9429	0.9441
1.6	0.9452	0.9463	0.9474	0.9484	0.9495	0.9505	0.9515	0.9525	0.9535	0.9545
1.7	0.9554	0.9564	0.9573	0.9582	0.9591	0.9599	0.9608	0.9616	0.9625	0.9633
1.8	0.9641	0.9649	0.9656	0.9664	0.9671	0.9678	0.9686	0.9693	0.9699	0.9706
1.9	0.9713	0.9719	0.9726	0.9732	0.9738	0.9744	0.9750	0.9756	0.9761	0.9767
2.0	0.9772	0.9778	0.9783	0.9788	0.9793	0.9798	0.9803	0.9808	0.9812	0.9817
2.1	0.9821	0.9826	0.9830	0.9834	0.9838	0.9842	0.9846	0.9850	0.9854	0.9857
2.2	0.9861	0.9864	0.9868	0.9871	0.9875	0.9878	0.9881	0.9884	0.9887	0.9890
2.3	0.9893	0.9896	0.9898	0.9901	0.9904	0.9906	0.9909	0.9911	0.9913	0.9916
2.4	0.9918	0.9920	0.9922	0.9925	0.9927	0.9929	0.9931	0.9931	0.9934	0.9936
2.5	0.9938	0.9940	0.9941	0.9943	0.9945	0.9946	0.9948	0.9949	0.9951	0.9952
2.6	0.9953	0.9955	0.9956	0.9957	0.9959	0.9960	0.9961	0.9962	0.9963	0.9964
2.7	0.9965	0.9966	0.9967	0.9968	0.9969	0.9970	0.9971	0.9972	0.9973	0.9974
2.8	0.9974	0.9975	0.9976	0.9977	0.9977	0.9978	0.9979	0.9979	0.9980	0.9981
2.9	0.9981	0.9982	0.9982	0.9983	0.9984	0.9984	0.9985	0.9985	0.9986	0.9986
3.0	0.9987	0.9987	0.9987	0.9988	0.9988	0.9989	0.9989	0.9989	0.9990	0.9990
3.1	0.9990	0.9991	0.9991	0.9991	0.9992	0.9992	0.9992	0.9992	0.9993	0.9993
3.2	0.9993	0.9993	0.9994	0.9994	0.9994	0.9994	0.9994	0.9995	0.9995	0.9995
3.3	0.9995	0.9995	0.9996	0.9996	0.9996	0.9996	0.9996	0.9996	0.9996	0.9997
3.4	0.9997	0.9997	0.9997	0.9997	0.9997	0.9997	0.9997	0.9997	0.9998	0.9998
3.5	0.9998	0.9998	0.9998	0.9998	0.9998	0.9998	0.9998	0.9998	0.9998	0.9998
3.6	0.9998	0.9999	0.9999	0.9999	0.9999	0.9999	0.9999	0.9999	0.9999	0.9999
3.7	0.9999	0.9999	0.9999	0.9999	0.9999	0.9999	0.9999	0.9999	0.9999	0.9999
3.8	0.9999	0.9999	0.9999	0.9999	0.9999	0.9999	0.9999	1.0000	1.0000	1.0000

附录 C　习题参考答案与提示

第 1 章

1.1　（1）$A\cap\overline{B\cup C}$；　（2）ABC；　（3）$A\cup B\cup C$；　（4）$\overline{ABC}$

1.2　（1）$\overline{A}\cup B=\{1,5,6,7,8,9,10\}\cup\{3,4,5\}=\{1,3,4,5,6,7,8,9,10\}$

（2）$\overline{A}B=\{5\}$

（3）$\overline{A(B\cup C)}=\overline{A\cap\{3,4,5,6,7\}}=\{1,2,5,6,7,8,9,10\}$

（4）$\overline{A\overline{BC}}=\overline{A}\cup BC=\{1,5,6,7,8,9,10\}$

1.3　$\Omega=\{HH,TT,HT,TH\}$

$F=\{\varnothing,\Omega,\{HH\},\{TT\},\{HT\},\{TH\},\{HH,TT\},\{HH,HT\},\{HH,TH\},\{TT,HT\},\{TT,TH\},\{HT,TH\},$
$\{HH,TT,HT\},\{HH,TT,TH\},\{HH,HT,TH\},\{TT,HT,TH\}\}$

$\forall A\in F$，$P(A)=k/4$，$k\in[0,4]$ 为事件 A 包含的样本点数。

1.4　提示：反复利用加法公式：$P(A\cup B)=P(A)+P(B)-P(AB)$。

1.5　提示：（1）$P(A\overline{B})=P[A(\Omega-B)]=P(A-AB)=P(A)-P(AB)$；

（2）类似于(1)；（3）借助上述结果。

1.6　令事件 B_i——所选零件来自第 i 批，事件 D——所选零件为次品。

（1）$P(D)=0.1625$；（2）$P(B_2|D)=0.615$

1.7　设系统输出功率为 X，取值 $\{0.6k\}_{k=0,1,\cdots,5}$，有

（1）$P(X=0.6k)=\binom{5}{k}0.3^k0.7^{5-k}$　（2）$P(\text{系统过载})=\binom{5}{4}0.3^40.7^1+\binom{5}{5}0.3^50.7^0=0.308\%$

1.8　令 A_1,A_2,A_3,A_4——分别为乘火车、轮船、汽车、飞机来的事件，E——迟到事件。
在 $P(A_i/E)$ 中 $P(A_2/E)$ 最大，故她最可能坐的是轮船。

1.9　$f(x)=0.2\delta(x-1)+0.5\delta(x-2)+0.3\delta(x-3)$

$F(x)=0.2u(x-1)+0.5u(x-2)+0.3u(x-3)$

图形略。

1.10　（1）
$$f(x)=\begin{cases}\dfrac{0.5}{1-(-1)}, & -1<x<1\\ 0.2\delta(\alpha), & x=1\\ 0.3\delta(\alpha), & x=-1\\ 0, & \text{其他}\end{cases}=\begin{cases}0.25, & -1<x<1\\ 0.2, & x=1\\ 0.3, & x=-1\\ 0, & \text{其他}\end{cases}$$

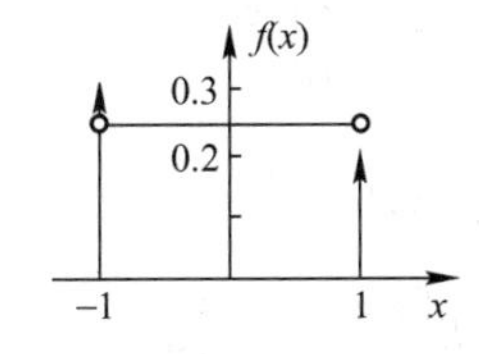

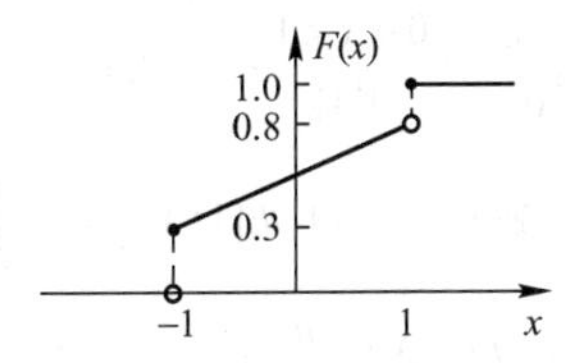

（2）$P(X<0)=0.55$

1.11 （1）$a=\frac{1}{2}$；（2）$F(x)=\begin{cases}\frac{1}{2}e^{x}, & x<0\\ 1-\frac{1}{2}e^{-x}, & x\geqslant 0\end{cases}$

1.12 （1）$P\{\text{电阻报废率}\}=2-2\Phi(3.33)=0.0008$；（2）800 个

1.13 $P(X>1)=1-P(X\leqslant 1)=1-\left(\frac{\lambda^0 e^{-\lambda}}{0!}+\frac{\lambda^1 e^{-\lambda}}{1!}\right)=0.0047$

1.14 （1）$F(x,y)=0.07u(x,y+1)+0.18u(x,y)+0.15u(x,y-1)+$
$0.08u(x-1,y+1)+0.32u(x-1,y)+0.20u(x-1,y-1)$

$f(x,y)=0.07\delta(x,y+1)+0.18\delta(x,y)+0.15\delta(x,y-1)+$
$0.08\delta(x-1,y+1)+0.32\delta(x-1,y)+0.20\delta(x-1,y-1)$

（2）$P(X=0)=0.07+0.18+0.15=0.40$，$P(X=1)=0.60$

$P(Y=-1)=0.07+0.08=0.15$，$P(Y=0)=0.50$，$P(Y=1)=0.35$

（3）$P(Z=-1)=P(X=1,Y=-1)=0.08$，$P(Z=1)=0.20$，$P(Z=0)=1-0.08-0.20=0.72$

（4）$\mathrm{Cov}(X,Y)=E(XY)-E(X)E(Y)=0$

1.15 $P(Y=-3)=P(X\leqslant -2)=\int_{-\infty}^{-2}\frac{1}{\sqrt{2\pi\times 2}}\exp\left(-x^2/8\right)\mathrm{d}x=0.1587$

$P(Y=-1)=P(-2<X\leqslant 0)=0.3413$，$P(Y=1)=0.3413$，$P(Y=3)=0.1587$

1.16 （1）$f_{UV}(u,v)=\frac{1}{4\pi}e^{-\frac{u^2+v^2}{4}}$，$(u,v)\in R^2$；（2） U 与 V 相互独立

1.17 $F_Y(y)=F_X(y)u(y)$，$f_Y(y)=f_X(y)u(y)+F_X(0)\delta(y)$

1.18 （1）$E[X]=2/5,\ D[X]=E[X^2]-E^2[X]=206/25$

（2）$f_Y(y)=\frac{1}{5}\delta(y)+\frac{1}{5}\delta(y-3)+\frac{1}{5}\delta(y-27)+\frac{2}{5}\delta(y-48)$

（3）$E[Y]=126/5,\ D[Y]=E[Y^2]-E^2[Y]=10854/25$

1.19 $P(Z=X+Y=n)=\sum_i p_X(i)p_Y(n-i)=p_X(n)*p_Y(n)$

1.20 （1）$f_Z(z)=\begin{cases}(\alpha+\beta)e^{-(\alpha+\beta)z}, & z\geqslant 0\\ 0, & z<0\end{cases}$

（2）$f_Z(z)=\begin{cases}\alpha e^{-\alpha z}+\beta e^{-\beta z}-(\alpha+\beta)e^{-(\alpha+\beta)z}, & z\geqslant 0\\ 0, & z<0\end{cases}$

（3）$f_Z(z)=f_X(z)*f_Y(z)=\begin{cases}\frac{\alpha\beta}{\beta-\alpha}\left(e^{-\alpha z}-e^{-\beta z}\right)u(z), & \alpha\neq\beta\\ \alpha\beta z e^{-\alpha z}u(z), & \alpha=\beta\end{cases}$

1.21 $E[U]=3E[X]+E[Y]=6$，$E[V]=-5$，$D[U]=E[U^2]-[EU]^2=76$，$D[V]=52$，
$E[UV]=-70$，$\mathrm{Cov}[U,V]=E[UV]-E[U]E[V]=-40$

1.22 X 与 Y 不正交；独立；无关。

1.23 （1）$f_X(x)=\begin{cases}xe^{-x}, & 0<x<1\\ 0, & \text{其他}\end{cases}$；　$f_Y(y)=\begin{cases}e^{-y}-e^{-1}, & 0<y<1\\ 0, & \text{其他}\end{cases}$

（2）X 与 Y 不独立；（3）$E[Y|X=x]=\int_{-\infty}^{+\infty}yf(y|x)\mathrm{d}y=\frac{x}{2}$

1.24 （1）$x\in[0,a]$，$E[Y|X]=\frac{a+X}{2}$；　（2）$E[Y]=E\left[\frac{a+X}{2}\right]=\frac{3}{4}a$

1.25 提示：$\int_{-\infty}^{\infty} h(Y)g(x)f(x|Y)\mathrm{d}x = h(Y)\int_{-\infty}^{\infty} g(x)f(x|Y)\mathrm{d}x$

1.26 记造成损坏的粒子总数目为$Y = \sum_{i=1}^{N} X_i$，$E[Y] = \lambda p$

1.27 （1）$\phi_X(v) = \mathrm{e}^{\mathrm{j}vc}$；（2）$\phi_X(v) = \mathrm{e}^{\lambda(\mathrm{e}^{\mathrm{j}v}-1)}$

（3）$\phi_X(v) = 0.4\mathrm{e}^{\mathrm{j}v} + 0.6\mathrm{e}^{-\mathrm{j}v}$；（4）$\phi_X(v) = \int_0^{+\infty} \mathrm{e}^{\mathrm{j}vx} \times 3\mathrm{e}^{-3x}\mathrm{d}x = \dfrac{3}{3-\mathrm{j}v}$

1.28 （1）$\phi_X(v) = \phi_1(v)\phi_2(v)$；（2）$\phi_X(v) = \phi_1(v)\phi_2(v)\phi_3(v)$

（3）$\phi_X(v) = \phi_1(v)\phi_2(2v)\phi_3(3v)$；（4）$\phi_X(v) = \mathrm{e}^{\mathrm{j}v10}\phi_1(2v)\phi_2(v)\phi_3(4v)$

1.29 （1）$f(x) = 0.2\delta(x) + 0.3\delta(x-2) + 0.2\delta(x-4) + 0.2\delta(x+2) + 0.1\delta(x+4)$

$E[X] = 0.6$，$E[X^2] = 6.8$，$\mathrm{Var}(X) = 6.44$

（2）$f(x) = 0.3\delta(x-1) + 0.7\delta(x+1)$，$E[X] = -0.4$，$E[X^2] = 1$，$\mathrm{Var}(X) = 0.84$

（3）$f(x) = 4\mathrm{e}^{-4x}u(x)$；$E[X] = 1/4$，$E[X^2] = 1/8$，$\mathrm{Var}(X) = 1/16$

（4）$f(x) = \begin{cases} 1/10, & -5 < x < 5 \\ 0, & \text{其他} \end{cases}$，$E[X] = 0$，$E[X^2] = 25/3$，$\mathrm{Var}(X) = 25/3$

1.30 $\phi_X(v) = F(-v) = \dfrac{\sin[v(b-a)/2]}{[v(b-a)/2]}\mathrm{e}^{\mathrm{j}v(a+b)/2} = \dfrac{\mathrm{e}^{\mathrm{j}vb} - \mathrm{e}^{\mathrm{j}va}}{\mathrm{j}v(b-a)}$

1.31 $\phi_Y(v) = \exp\left(\mathrm{j}v\sum_{i=1}^{n}\mu_i - \dfrac{1}{2}v^2\sum_{i=1}^{n}\sigma_i^2\right)$，可见，$Y \sim N\left(\sum_{i=1}^{n}\mu_i, \sum_{i=1}^{n}\sigma_i^2\right)$。

1.32 略

1.33 （1）$\Phi_X(u) = \Phi_{XY}(u,v)\big|_{v=0} = \dfrac{6}{6-2\mathrm{j}u}$；（2）$E[Y] = \dfrac{1}{2}$，$D[Y] = E[Y^2] - \{E[Y]\}^2 = \dfrac{1}{4}$

1.34 （1）$P\{|Y| > 10\} \approx 2[1 - \Phi(10/10)] = 0.3682$；（2）$n \leqslant 443$ 即可

1.35 提示：仿照实验 2

1.36 提示：x= –4:0.1:4;　y= –1:0.1:5; 计算 fxy（与 Fxy），再利用曲面图绘图函数 mesh(x,y,fxy)

1.37 提示：仿照实验 2

1.38 提示：U 服从自由度为 2 的中心 χ^2 分布，Z 服从瑞利分布

1.39 提示：仿照实验 3

第 2 章

2.1 （1）

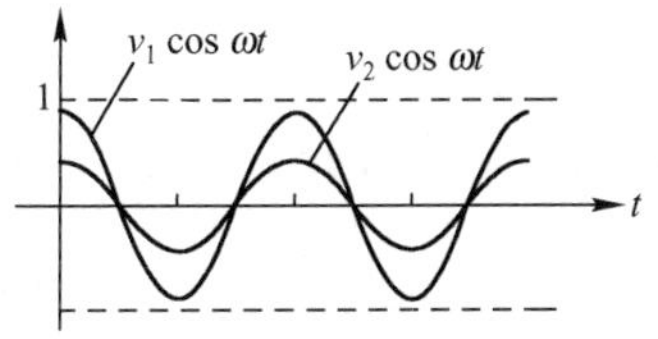

（2）$f_X(x;0) = \begin{cases} 1, & 0 < x \leqslant 1 \\ 0, & \text{其他} \end{cases}$；$f_X(x;\dfrac{3\pi}{4\omega}) = \begin{cases} \sqrt{2}, & -\sqrt{2}/2 < x \leqslant 0 \\ 0, & \text{其他} \end{cases}$；$f_X(x;\dfrac{\pi}{4\omega})$ 与 $f_X(x;\dfrac{\pi}{\omega})$ 略

（3）$f_X(x;\dfrac{\pi}{2\omega}) = \delta(x)$

2.2 （1）$E[X(2)] = 10/3$，$E[X(6)] = 11/3$，$R_X(2,6) = 31/3$

（2）$F(x;2) = (1/3)[u(x-3) + u(x-2) + u(x-5)]$

$F(x;6) = (1/3)[u(x-6) + u(x-4) + u(x-1)]$

$$F\left(x_1,x_2;2,6\right)=(1/3)\left[u\left(x_1-3,x_2-6\right)+u\left(x_1-2,x_2-4\right)+u\left(x_1-5,x_2-1\right)\right]$$

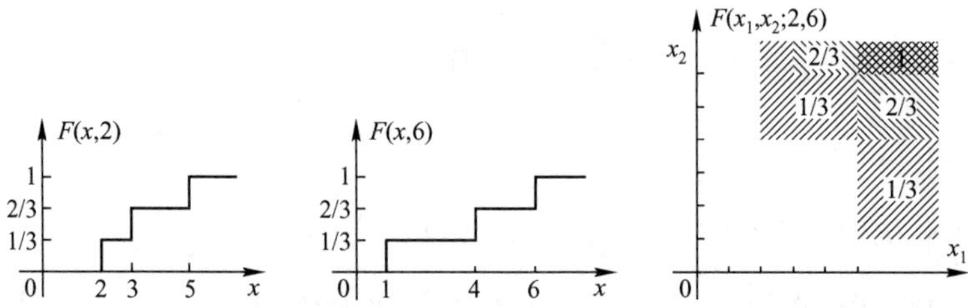

2.3 （1） $F_X(x,1/2)=0.5u\left(x\right)+0.5u\left(x-1\right)$， $F_X(x,1)=0.5u\left(x+1\right)+0.5u\left(x-2\right)$

（2） $F(x_1,x_2;0.5,1)=0.5u\left(x_1,x_2+1\right)+0.5u\left(x_1-1,x_2-2\right)$

（3）

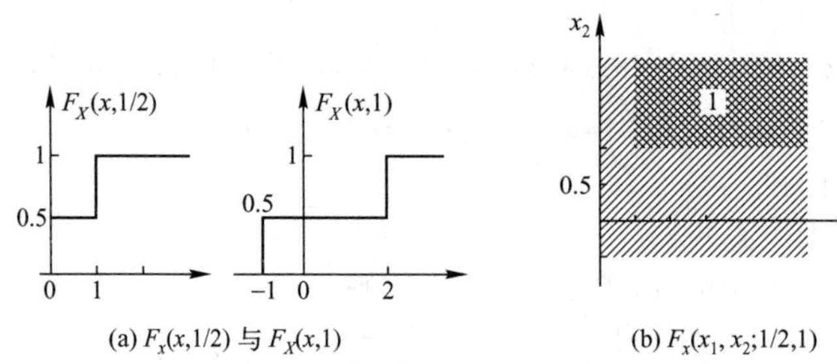

(a) $F_X(x,1/2)$ 与 $F_X(x,1)$　　　(b) $F_X(x_1,x_2;1/2,1)$

2.4 （1） $P\left[\{1011\}\right]=0.8\times0.2\times0.8\times0.8=0.1024$

（2） $E\left[\left\{B(n),B(n+1),B(n+2),B(n+3)\right\}\right]=\{0.8,0.8,0.8,0.8\}$　　（3） $\{1,1,1,1\}$

2.5 （1） $F\left(x;5\right)=0.1u\left(x-1\right)+0.9u\left(x\right)$　　（2） $F\left(x,y;0,0.0025\right)=0.1u\left(x-1,y\right)+0.9u\left(x,y\right)$

（3）开启设备后 90%的情况下， $X\left(t\right)=0$　　（4） $P\left[X\left(2\right)=1\middle|X\left(1\right)=1\right]=1$

2.6 $f_{X(t)}(x)=\begin{cases}\dfrac{1}{2\pi\sqrt{A^2-x^2}}, & |x|<|A|\\ 0, & \text{其他}\end{cases}$

2.7 $f_X(x;t)=\dfrac{1}{\sqrt{\pi(t^2+2)}}\mathrm{e}^{-\frac{(x-t)^2}{2(t^2+2)}}$， $E[X(t)]=t$， $D[X(t)]=t^2+2$

2.8 $f_I(i;n)=0.5\delta(i+1)+0.5\delta(i-1)$， $E[I_n]=0$， $C(n_1,n_2)=\delta[n_1-n_2]$

2.9 令 k 为 t/T 的整数部分， $f_Y\left(y;t\right)=\left(\dfrac{t}{T}-k\right)\delta\left(y\right)+\left(k+1-\dfrac{t}{T}\right)\delta\left(y-A\right)$

2.10 $R_Y(t_1,t_2)=R_X(t_1+a,t_2+a)-R_X(t_1+a,t_2)-R_X(t_1,t_2+a)+R_X(t_1,t_2)$

2.11 （1） $R_{XY}\left(t_1,t_2\right)=\dfrac{1}{2}E[A]\cdot E\left\{B\left[\sin\omega\left(t_1-t_2\right)\right]\right\}$

（2）若 $E[A]$ 与 $E[B]$ 至少有一个为 0，则 $X(t)$ 与 $Y(t)$ 正交且互不相关；否则，仅在 t_1-t_2 为 π/ω 的整数倍时，它们正交且互不相关。 $X\left(t\right)$ 与 $Y\left(t\right)$ 不独立。

2.12 （1） $E[Y(n)]=np$；（2） $\mathrm{Var}\left[Y(n)-Y(m)\right]=(n-m)(p-p^2)$；（3） $R_Y(n_1,n_2)=n_1n_2p^2+\min(n_1,n_2)pq$

2.13 $i\left(t\right)=AC\dfrac{\mathrm{d}}{\mathrm{d}t}\left[\cos(\omega t+\Theta)\right]+\dfrac{A}{R}\cos(\omega t+\Theta)$， $E\left[i^2\left(t\right)\right]=\dfrac{1}{6R^2}+\dfrac{C^2\omega^2}{6}$

提示： $R_i(s,t)=C^2\dfrac{\partial^2}{\partial s\partial t}R_X(s,t)+\dfrac{R_X(s,t)}{R^2}+\dfrac{C}{R}\left[\dfrac{\partial}{\partial s}R_X(s,t)+\dfrac{\partial}{\partial t}R_X(s,t)\right]$

2.14 $E\left[Y(t)\right]=\int_0^t m_X(u)\mathrm{d}u$，　$E\left[Y(t_1)Y(t_2)\right]=\int_0^{t_1}\int_0^{t_2}R_X(u,v)\mathrm{d}u\mathrm{d}v$

2.15 （1） $f_X(x;t)=\frac{1}{\sqrt{\pi}}\mathrm{e}^{-x^2}$ （2） $f_X(x_1,x_2;t_1,t_2)=\frac{1}{\pi\sqrt{1-\mathrm{e}^{-2|t_1-t_2|}}}\exp\left[-\frac{x_1^2+x_2^2-2x_1x_2\mathrm{e}^{-|t_1-t_2|}}{1-\mathrm{e}^{-2|t_1-t_2|}}\right]$

2.16 $f_X(x,t)=\frac{1}{\sqrt{2\pi}\sigma}\exp\left(-\frac{x^2}{2\sigma^2}\right)$

$$f_{XY}(x,y;s,t)=\frac{1}{2\pi\sigma^2|\sin\omega(s-t)|}\exp\left[-\frac{x^2-2xy\cos\omega(s-t)+y^2}{2\sigma^2\sin^2\omega(s-t)}\right]$$

2.17 提示： $\phi_X(u_1,u_2,u_3,u_4)=\exp\left(\mathrm{j}\boldsymbol{\mu}^{\mathrm{T}}u-\frac{1}{2}u^{\mathrm{T}}Cu\right)$； $E[X_1X_2X_3X_4]=\frac{\partial^4\phi_X(0,0,0,0)}{\partial u_1\partial u_2\partial u_3\partial u_4}$

2.18 $f_X(\boldsymbol{x},\boldsymbol{t})=\frac{1}{(2\pi)^{3/2}|\boldsymbol{C}|^{1/2}}\exp\left[-\frac{(\boldsymbol{x}-\boldsymbol{\mu})^{\mathrm{T}}\boldsymbol{C}^{-1}(\boldsymbol{x}-\boldsymbol{\mu})}{2}\right]$

其中， $\boldsymbol{\mu}=\begin{pmatrix}2\\2\\2\end{pmatrix}$， $\boldsymbol{C}=\begin{bmatrix}8 & 8\cos(0.5) & 8\cos 1\\ 8\cos(0.5) & 8 & 8\cos(0.5)\\ 8\cos 1 & 8\cos(0.5) & 8\end{bmatrix}$

2.19 $f_{XY}(x,y)=\frac{1}{2\pi}\exp\left\{-5\left[\frac{(x-2)^2}{2}-\frac{3(x-2)(y-2)}{5}+\frac{(y-2)^2}{5}\right]\right\}$

$$\phi_{XY}(u,v)=\exp\left[2\mathrm{j}(u+v)-\frac{1}{2}\left(2u^2+6uv+5v^2\right)\right]$$

2.20 提示：借助高斯变量的特征函数

2.21 （1）离散的独立随机序列 $X(n)$，样本空间为 $\{0,1,2,\cdots,256\}$，取值等概

（2） $P[X(n)=0\mathrm{X}55,X(n+1)=0\mathrm{XAA}]=(1/256)^2$

（3） $P[X(n)=i]=1/256$， $i=0,1,2,\cdots,255$

$P[X(n)=i,X(m)=j]=(1/256)^2$， $i,j=0,1,2,\cdots,255$

（4） $E[X(n)]=\frac{255}{2}$， $D[X(n)]=\frac{21845}{4}$， $C_X(n,m)=\frac{21845}{4}\delta[n-m]$

第3章

3.1 （1） $f(u;t)=\frac{1}{2\sqrt{\pi}}\mathrm{e}^{-u^2/4}$, $f(u_1,u_2;t_1,t_2)=\frac{1}{4\pi}\mathrm{e}^{-(u_1^2+u_2^2)/4}$，

$$f(u_1,u_2,\cdots,u_k;t_1,t_2,\cdots,t_k)=\frac{1}{(2\sqrt{\pi})^k}\exp\left(-\frac{1}{4}\sum_{i=1}^{k}u_k^2\right)$$

（2） $U(t)$ 是严格平稳的（也是广义平稳的）

3.2 （1） $f_X(x_1;t_1+\Delta)=\int_{-\infty}^{+\infty}f_X(x_1,x_2;t_1+\Delta,t_2+\Delta)\mathrm{d}x_2=\int_{-\infty}^{+\infty}f_X(x_1,x_2;t_1,t_2)\mathrm{d}x_2=f_X(x_1;t_1)$

（2） $m_X(t+\Delta)=\int_{-\infty}^{+\infty}xf_X(x;t+\Delta)\mathrm{d}x=\int_{-\infty}^{+\infty}xf_X(x;t)\mathrm{d}x=m_X(t)$

（3） $E[X(t+\tau)X(t)]=\int_{-\infty}^{+\infty}\int_{-\infty}^{+\infty}x_1x_2f_X(x_1,x_2;t+\tau,t)\mathrm{d}x_1\mathrm{d}x_2$

$$=\int_{-\infty}^{+\infty}\int_{-\infty}^{+\infty}x_1x_2f_X(x_1,x_2;t+\tau+\Delta,t+\Delta)\mathrm{d}x_1\mathrm{d}x_2$$

$$\xlongequal{令\Delta=-t}\int_{-\infty}^{+\infty}\int_{-\infty}^{+\infty}x_1x_2f_X(x_1,x_2;\tau,0)\mathrm{d}x_1\mathrm{d}x_2=R_X(\tau)$$

3.3 （1）$m_X(t)=\frac{1}{3}+\frac{1}{3}\sin t+\frac{1}{3}\cos t$； $R_X(t_1,t_2)=\frac{1}{3}+\frac{1}{3}\sin t_1\sin t_2+\frac{1}{3}\cos t_1\cos t_2$

（2）非平稳

3.4 提示：$m_Z(t)=m_X m_Y=$常数； $R_Z(t+\tau,t)=R_X(\tau)R_Y(\tau)=R_Z(\tau)$

3.5 （1）$E[Y(t)]=50$；（2）$R_Y(t+\tau,t)=2500+1250\cos(2\omega_0\tau)$；（3）广义平稳

3.6 提示：取 $t_1=2\pi/\omega_0$， $t_2=\pi/2\omega_0$，有 $X(t_1)=A$， $X(t_2)=B$。可见存在 $f_X(x;t_1)\neq f_X(x;t_2)$

3.7 （1）100，250；（2）10，500；（3）300

3.8 （1） 略；（2） $R_{XY}(t+\tau,t)=-5\sin\tau=R_{XY}(\tau)$， $X(t)$ 和 $Y(t)$ 联合广义平稳

3.9 （1）$R_Z(t+\tau,t)=\mathrm{e}^{-|\tau|}+\cos(2\pi\tau)$；（2）$R_W(t+\tau,t)=\mathrm{e}^{-|\tau|}+\cos(2\pi\tau)$

（3）$R_{ZW}(t+\tau,t)=\mathrm{e}^{-|\tau|}-\cos(2\pi\tau)$

3.10 提示：$R_Y(\tau)=E\left[X(t+\tau)X(t+\tau)X(t)X(t)\right]$，再借助习题 2.17 的结果

3.11 $f(\boldsymbol{x};\boldsymbol{t})=\frac{1}{(2\pi)^{3/2}|\boldsymbol{C}|^{1/2}}\exp\left(-\frac{1}{2}\boldsymbol{x}^{\mathrm{T}}\boldsymbol{C}^{-1}\boldsymbol{x}\right)$，其中，$\boldsymbol{C}=\begin{pmatrix}1 & 2/\pi & 0\\ 2/\pi & 1 & 2/\pi\\ 0 & 2/\pi & 1\end{pmatrix}$。

3.12 $\boldsymbol{R}=\begin{bmatrix}2 & 1.3 & 0.4 & \underline{0.9}\\ \underline{1.3} & 2 & 1.2 & 0.8\\ 0.4 & 1.2 & \underline{2} & 1.1\\ 0.9 & \underline{0.8} & \underline{1.1} & 2\end{bmatrix}$

3.13 （1）$\boldsymbol{C}=\begin{bmatrix}6 & 6\mathrm{e}^{-1/2} & 6\mathrm{e}^{-1} & 6\mathrm{e}^{-3/2}\\ 6\mathrm{e}^{-1/2} & 6 & 6\mathrm{e}^{-1/2} & 6\mathrm{e}^{-1}\\ 6\mathrm{e}^{-1} & 6\mathrm{e}^{-1/2} & 6 & 6\mathrm{e}^{-1/2}\\ 6\mathrm{e}^{-3/2} & 6\mathrm{e}^{-1} & 6\mathrm{e}^{-1/2} & 6\end{bmatrix}$； （2）$\boldsymbol{C}=\begin{bmatrix}6 & 0 & 0 & 0\\ 0 & 6 & 0 & 0\\ 0 & 0 & 6 & 0\\ 0 & 0 & 0 & 6\end{bmatrix}$

3.14 （1）、（2）否，非偶函数；（3）否，$R_Y(0)=9\neq\sigma^2{}_Y$；（4）否，$R_Y(0)=-1$（负数）；

（5）、（7）可能，满足所有相关性质；

（6）、（8）否， $m_Y^2=6$ 非零（工程估计），不符合题意

3.15 $E[X^2(t)]=R_X(0)=5$； $\sigma_X^2=5$（工程估计 $m_X=0$）

3.16 $E[Z(t)]=0$，$R_Z(t+\tau,t)=26\mathrm{e}^{-|\tau|}(9+\mathrm{e}^{-3\tau^2})\cos\omega_0\tau$， $D[Z(t)]=R_Z(0)=260$

3.17 提示：$E\left[\left|X(t+\tau)-\alpha Y(t)\right|^2\right]=\alpha^2R_Y(0)-2\alpha R_{XY}(\tau)+R_X(0)\geqslant 0$

（1）考虑 α 的一元二次方程没有不同实根的条件； （2）取 $\alpha=1$

3.18 （1）$\tau_0=1/a$； （2）$\tau_0=1/(2a)$

3.19 （1）$-\frac{1}{2}\mathrm{e}^{-|\tau|}+\frac{1}{\sqrt{2}}\mathrm{e}^{-\sqrt{2}|\tau|}$， $\frac{\sqrt{2}-1}{2}$； （2）$\frac{8}{2\pi}+\frac{100\mathrm{Sa}^2(5\tau)}{\pi}$， $\frac{104}{\pi}$；

（3）$\frac{3p}{8}\delta(\tau)+\frac{p}{4}\left[\delta(\tau+2\tau_0)+\delta(\tau-2\tau_0)\right]+\frac{p}{16}\left[\delta(\tau+4\tau_0)+\delta(\tau-4\tau_0)\right]$， ∞

3.20 （1）$\frac{6}{\omega^2+9}$； （2）$10\sqrt{2\pi}\exp(-2\omega^2)$；

（3）$\frac{4}{(\omega+\pi)^2+1}+\frac{4}{(\omega-\pi)^2+1}+\pi[\delta(\omega-3\pi)+\delta(\omega+3\pi)]$； （4）$\frac{4\sin^2(\omega/2)}{\omega^2}$

3.21 （1），（2），（5）是，符合相关性质； （3）否， $\omega=0$ 时为负值；

（4）否，因复函数； （6）否，非偶函数

3.22 13, 17, 23 至 26, 33, 34

3.23 提示：$R_Y(\tau)=2R_X(\tau)+R_X(\tau+T)+R_X(\tau-T)$

3.24 $S_{XY}(\omega)=2\pi m_X m_Y\delta(\omega)$；$S_{XZ}(\omega)=G_X(\omega)+2\pi m_X m_Y\delta(\omega)$

3.25 $S_{XY}(\omega)=\dfrac{9}{3+\mathrm{j}\omega}$，$S_{YX}(\omega)=\dfrac{9}{3-\mathrm{j}\omega}$

3.26 提示：$R_X(\tau)=\sum\limits_{i=1}^{n}{a_i}^2R_{X_i}(\tau)$

3.27 提示：$-\tau^2R_X(\tau)\xleftrightarrow{\text{FT}}\dfrac{\mathrm{d}^2}{\mathrm{d}\omega^2}S_X(\omega)$

3.28 提示：$S_{XY}(\omega)=S_{YX}^*(\omega)$

3.29 提示：（1）$R_{XY}(\tau)=0$；（2）$R_{XY}(\tau)=m_Xm_Y$

3.30 （1）$m_U=0$，$D(t)=10^{-12}$；（2）$P\left\{U(t_1)>10^{-6}\right\}=\int_1^{\infty}\dfrac{1}{\sqrt{2\pi}}\mathrm{e}^{-\frac{x^2}{2}}\mathrm{d}x$

3.31 借助例题 3.15 结果：$R_a\left[k\right]=\dfrac{1}{4}\left\{\delta[k]+1\right\}$，$S_Y(\omega)=\dfrac{\sin^2(\omega T/2)}{\omega^2T}+\dfrac{\pi}{2}\delta(\omega)$

3.32 借助例题 3.15 结果：$R_a\left[k\right]=pq\delta[k]+p^2$，$S_Y(\omega)=\dfrac{16pq\sin^2(\omega T/2)}{\omega^2T}+2\pi p^2\delta(\omega)$

3.33 借助例题 3.15 结果：$R_X\left(\tau\right)=\begin{cases}a^2\left(b-|\tau|\right)/T, & |\tau|\leqslant b\\ 0, & |\tau|>b\end{cases}$，$R_X\left(0\right)=a^2b/T$

3.34 提示：$X(t)=\dfrac{A}{T}(t-\tau)$，可以由均匀分布的 τ 求出 $X(t)$ 的概率特性

第 4 章

4.1 $Y_1(t)$ 不可能是，$Y_2(t)$ 很可能是

4.2 是均值各态历经的（考虑典型的随机二元传输信号，由 $R_Y\left(\tau\right)$ 判断）

4.3 是均值各态历经的（考虑典型的随机二元传输信号，由 $R_Y\left(\tau\right)$ 判断）

4.4 $Z\left(t\right)$ 是广义各态历经的

4.5 （1）$A\left[X(t+\tau)X(t)\right]=\dfrac{A^2}{2}\cos\omega_0\tau$，$R_X(\tau)=\dfrac{EA^2}{2}\cos\omega_0\tau$

（2）当 $P\left[A^2=EA^2\right]=1$ 时。A 可为常数，或取值 $\pm a$ 的二值随机变量（a 为某常数）

4.6 提示：由 $E\left[X(t)\right]=A[X(t)]=0$，可知它是均值各态历经的

但是，$E\left[X^2\left(t\right)\right]=EA^2\sin^2t+EB^2\cos^2t$，$A\left[X^2\left(t\right)\right]=(A^2+B^2)/2$

4.7 提示：仿照图 4.1 的自相关测量仪

4.8 （1），（2）略

（3）提示：$E\hat{\sigma}_X^2=\dfrac{1}{N-1}\sum\limits_{i=1}^{N}E\left(x_i-\hat{m}_X\right)^2$，而

$$E\left(x_i-\hat{m}_X\right)^2=E\left[\left(x_i-m_X\right)-\left(\hat{m}_X-m_X\right)\right]^2=\sigma_X^2-0+E\left(\hat{m}_X-m_X\right)^2$$

$$E\left(\hat{m}_X-m_X\right)^2=E\left(\frac{1}{N}\sum_{i=1}^{N}x_i-m_X\right)^2=\frac{1}{N^2}\sum_{i=1}^{N}E\left(x_i-m_X\right)^2=\frac{\sigma_X^2}{N}$$

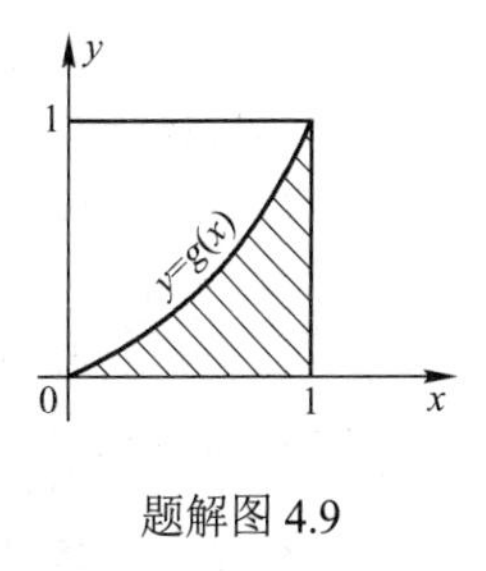

题解图 4.9

4.9 提示：如题解图 4.9 所示，产生二维区域（$0\leqslant x\leqslant1, 0\leqslant y\leqslant1$）内均匀分布的随机点（$x_i,y_i$），统计落入阴影区中的概率，即为积分值 I

4.10 提示：（1）可采用 X = unifrnd(0,2,1,N)、mean(X)与 var(X)语句；（2）略

4.11 提示：可采用 normrnd(−1,sqrt(4),1,1000)、mean(X)与 var(X)语句

4.12 提示：可考虑 Rx=xcorr(x)/N 语句，并作图观测。还可令均值为 0，再计算 Rx，观察图形变化

4.13 提示：$km_X(k)=\sum_{n=1}^{k-1}x_n+x_k=(k-1)m_X(k-1)+x_k$，由此可得 $m_X(k)$ 的递推式。类似地，可得 $\sigma_X^2(k)$ 的递推式

4.14 略

4.15 提示：借助例题 1.15 的方法

4.16 略

4.17 提示：参考例题 4.8 的方法

第 5 章

5.1 （a）$\dfrac{1}{1+\mathrm{j}\omega RC}$；（b）$\dfrac{1+\mathrm{j}\omega RC_1}{1+\mathrm{j}\omega R(C_1+C_2)}$；（c）$\dfrac{R_2+\mathrm{j}\omega R_1R_2C_1}{R_1+R_2+\mathrm{j}\omega R_1R_2(C_1+C_2)}$

5.2 $E[Y(t)]=E[X(t)]/w^2=\pm A/w^2$

5.3 $S_E(\omega)=T\mathrm{Sa}^2(\omega T/2)\dfrac{\omega^2R^2C^2}{1+\omega^2R^2C^2}$（注意：$E(t)$ 正是 R 上的电压信号）

5.4 $S_Y(\omega)=\dfrac{\pi}{2(1+{\omega_0}^2R^2C^2)}\left[\delta(\omega-\omega_0)+\delta(\omega+\omega_0)\right]+\dfrac{2\pi}{3}\delta(\omega)$

$R_Y(\tau)=\dfrac{1}{2(1+{\omega_0}^2R^2C^2)}\cos\omega_0\tau+1/3$

5.5 $R_Y(\tau)=\dfrac{a^2{N_0}^2}{16R^2C^2}[1+2\mathrm{e}^{-2|\tau|/RC}]$，$S_Y(\omega)=\dfrac{a^2{N_0}^2}{8R^2C^2}\left[\pi\delta(\omega)+\dfrac{4RC}{4+R^2C^2\omega^2}\right]$

（提示：$R_Z(\tau)=\dfrac{N_0}{4RC}\mathrm{e}^{-|\tau|/RC}$，而 $R_Y(\tau)=a^2R_{Z^2}(\tau)$，可借助习题 3.10 的结论）

5.6 提示：由 $h(t)=u(t)-u(t-T)$，有 $|H(\mathrm{j}\omega)|^2=\dfrac{4\sin^2(\omega T/2)}{\omega^2}$

5.7 （1）$H(\mathrm{j}\omega)=\dfrac{2\sin(\omega\tau/2)}{\omega}\mathrm{e}^{-\mathrm{j}\omega\tau/2}$；（2）$R_Z(0)=\dfrac{N_0}{2\pi}\int_0^\infty|H(\mathrm{j}\omega)|^2\mathrm{d}\omega=\dfrac{N_0|\tau|}{2}$

5.8 提示：仿照式（5.8），有

$R_{UV}(t_1,t_2)=E[U(t_1)V(t_2)]=R_X(\tau)\otimes h_1(\tau)\otimes h_2(-\tau)$

$S_{UV}(\omega)=\mathscr{F}\left[R_{UV}(t_1,t_2)\right]=H_1(\omega)H_2^*(\omega)S_X(\omega)$

5.9 只要 $H_1(\mathrm{j}\omega)$ 与 $H_2(\mathrm{j}\omega)$ 的频段不重合（即 $H_1(\mathrm{j}\omega)H_2(\mathrm{j}\omega)=0$）

（提示：仿照习题 5.8，可证明：

$R_{UV}(\tau)=R_{XY}(\tau)*h_1(\tau)*h_2(-\tau)$　　$S_{UV}(\omega)=S_{XY}(\omega)H_1(\mathrm{j}\omega)H_2^*(\mathrm{j}\omega)$）

5.10 条件是 $h(0)=0$（提示：$R_{XY}(t_1,t_1)=R_{XY}(0)$，而 $R_{XY}(\tau)=h(-\tau)$）

5.11 $\dfrac{5}{2a}$ 与 $\dfrac{5}{\omega^2+a^2}$

5.12 $R_Y(0)=\dfrac{N_0R}{8L}$

5.13 $N_0=1.25\times10^{-8}(\mathrm{W/Hz})$（提示：$N_0B_N|H(0)|^2=0.1$）

5.14 $\omega_N=\sqrt{2}\pi\omega_\mathrm{c}/4$

5.15 （1）$\dfrac{N_0K_0^2}{2}\left\{\mathrm{e}^{-(\omega+\omega_0)^2/\beta^2}+\mathrm{e}^{-(\omega-\omega_0)^2/\beta^2}\right\}$；（2）$\dfrac{N_0K_0^2\beta}{2\sqrt{\pi}}\mathrm{e}^{-\beta^2\tau^2/4}\cos\omega_0\tau$；（3）$\dfrac{N_0K_0^2\beta}{2\sqrt{\pi}}$

提示：中频放大器是实带通系统，因此其频率响应是实偶函数，且通常 ω_0 很大，使得

$$\left|H(\mathrm{j}\omega)\right|^2 \approx K_0^2\left\{\mathrm{e}^{-(\omega+\omega_0)^2/\beta^2}+\mathrm{e}^{-(\omega-\omega_0)^2/\beta^2}\right\}$$

5.16 （1） $B_{\mathrm{eq}}=\alpha/2$ ； （2） $B_{\mathrm{eq}}=\alpha/4$

5.17 提示：信号是低通型的，又 $\tau_X=\int_0^{\infty}\dfrac{R_X(\tau)}{\sigma_X^2}\mathrm{d}\tau=\dfrac{S_X(0)}{2\sigma_X^2}$ ， $B_X=\dfrac{\sigma_X^2}{2S_X(0)}$ 。

5.18 $H(\mathrm{j}\omega)=\dfrac{\sqrt{N_0}(\sqrt{8}+\mathrm{j}\omega)}{\sqrt{2}(\sqrt{3}+\mathrm{j}\omega)}$ （提示： $\left|H(\mathrm{j}\omega)\right|^2=\dfrac{S_Y(\mathrm{j}\omega)}{S_X(\mathrm{j}\omega)}=\dfrac{N_0(\omega^2+8)}{2(\omega^2+3)}$ ）

5.19 $H(\mathrm{j}\omega)=\dfrac{(2+\mathrm{j}\omega)}{(3+\mathrm{j}\omega)(1+\mathrm{j}\omega)}$ （提示： $\left|H(\mathrm{j}\omega)\right|^2=\dfrac{\omega^2+4}{\omega^4+10\omega^2+9}$ ）

5.20 提示：求导是一个 LTI 系统， $H(\mathrm{j}\omega)=\mathrm{j}\omega$ ；借助定理 5.2 及其推论

5.21 （1） $2(1-\tau^2)\exp(-\tau^2/2),2$ ；（2）1（提示：借助习题 5.20 结果）

5.22 $\dfrac{1}{3t}\sin 3t$ ， $\dfrac{2}{9ts}\sin 3t\sin 3s$ ， $\dfrac{1}{9ts}\sin 3t\sin 3s$ ， $\dfrac{1}{9t^2}\sin^2(3t)$

5.23 （1） 取 $t_0=T$

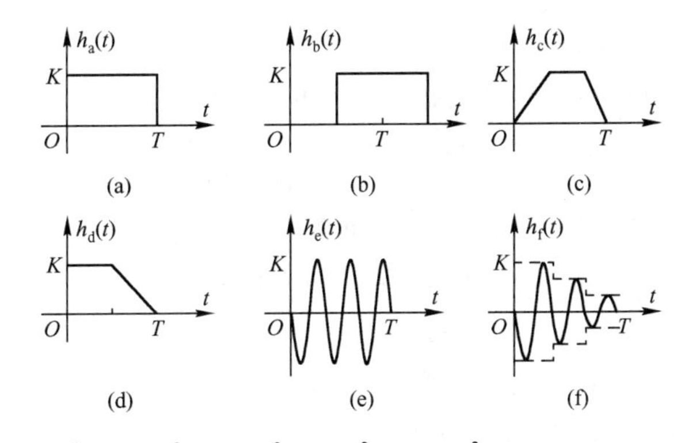

（2） $\dfrac{2A^2T}{N_0}$ ， $\dfrac{2A^2T}{N_0}$ ， $\dfrac{4A^2T}{3N_0}$ ， $\dfrac{4A^2T}{3N_0}$ ， $\dfrac{A^2T}{N_0}$ ， $\dfrac{14A^2T}{27N_0}$

提示： $E_{\mathrm{sc}}=\int_0^{0.2T}\left(\dfrac{A}{0.2T}t\right)^2\mathrm{d}t+\int_{0.2T}^{0.7T}A^2\mathrm{d}t+\int_0^{0.3T}\left(\dfrac{A}{0.3T}t\right)^2\mathrm{d}t=\dfrac{2}{3}A^2T$

$E_{\mathrm{sf}}=\dfrac{1}{2}\left[\left(\dfrac{A}{3}\right)^2\dfrac{T}{3}+\left(\dfrac{2A}{3}\right)^2\dfrac{T}{3}+A^2\dfrac{T}{3}\right]=\dfrac{7}{27}A^2T$

5.24 （1）

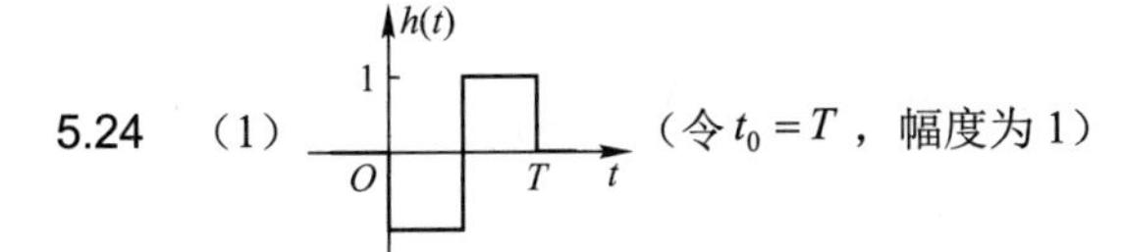

（令 $t_0=T$ ，幅度为 1）

（2）

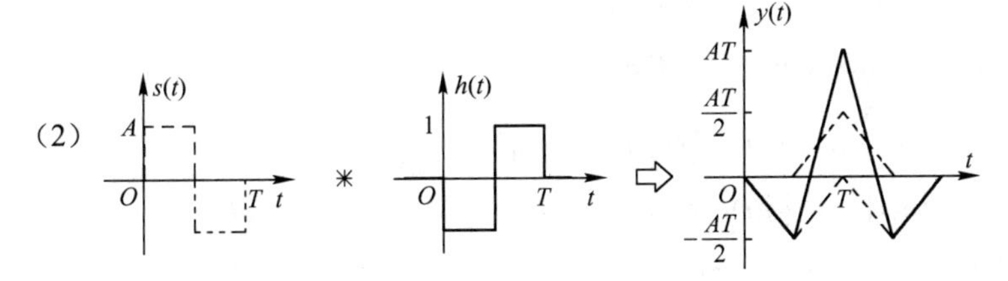

（3） $y(T)=AT$ ， $t_0=T$ 处

5.25 （1）$f_Y(y,t)=\dfrac{1}{\sqrt{\pi N_0 T}}\exp\left\{-\dfrac{\left[y-y_s(t)\right]^2}{N_0 T}\right\}$，其中，$y_s(t)=\begin{cases}t, & (0\leqslant t<T)\\ 2T-t, & (T\leqslant t<2T)\\ 0, & 其他\end{cases}$

（2）$P\{y(t_0)\geqslant 0\}=\Phi\left[\dfrac{y_s(t_0)}{\sigma_y(t_0)}\right]=\Phi\left(\sqrt{\dfrac{2T}{N_0}}\right)=1-\mathrm{Q}\left(\sqrt{\dfrac{2T}{N_0}}\right)$

5.26 （1）$\dfrac{1}{\sqrt{\pi N_0 T/2}}\exp\left\{-\dfrac{2\left[y-AT/2\right]^2}{N_0 T}\right\}$；（2）$\dfrac{1}{\sqrt{\pi N_0 T/2}}\exp\left\{-\dfrac{2\left[y+AT/2\right]^2}{N_0 T}\right\}$

（3）$\dfrac{1}{\sqrt{2\pi N_0 T}}\exp\left\{-\dfrac{\left[z-AT\right]^2}{2N_0 T}\right\}$；（4）$p_c=\Phi\left(\dfrac{AT}{\sqrt{N_0 T}}\right)=1-\mathrm{Q}\left(\sqrt{\dfrac{A^2T}{N_0}}\right)$

物理意义：由于$P\{I_s=1|s_1(t)\}=p_c$，因此，在输入确实包含$s_1(t)$时，该框图检测到它（通过输出 1 来表示）的概率为p_c；检测不到的概率为$1-p_c$。由对称性可知：在输入确实包含$s_0(t)$时，该框图检测到它（通过输出 0 来表示）的概率为p_c；检测不到的概率为$1-p_c$。进一步地，如果$s_1(t)$与$s_0(t)$随机等概，那么，该框图检测正确的概率为p_c，错误概率为$1-p_c$。（通常p_c很接近 1。事实上，该框图是针对随机二元信号的最佳检测方案）。

5.27 $S(\mathrm{e}^{\mathrm{j}\omega})=\dfrac{1}{1-a\mathrm{e}^{-\mathrm{j}\omega}}-\dfrac{a}{a-\mathrm{e}^{-\mathrm{j}\omega}}$，$|a|<1$

5.28 提示：(1) $E[X(n)Y(n)]=R_{XY}(m)\big|_{m=0}$；（2）$\sigma_Y^2=R_Y(m)\big|_{m=0}$

5.29 $\dfrac{1}{1+0.8z^{-1}}$，$Y_n+0.8Y_{n-1}=X_n$。提示：$S_Y(z)=\dfrac{\sigma_X^2}{(1+0.8z^{-1})(1+0.8z)}$

5.30 模拟步骤为：（1）产生标准正态分布随机数序列$\{w_n\}_{n=0,1,2,\cdots}$；

（2）计算：$x_0=w_0/0.6$，$x_n=0.8x_{n-1}+w_n$，$n=1,2,\cdots$。

Matlab 编程（略）（提示：仿照例 5.14）

5.31 模拟步骤为：（1）设定取样间隔T_s，并令$\sigma=2$，$a=\mathrm{e}^{-2T_s}$，$b=\sigma\sqrt{1-a^2}$；

（2）产生标准正态分布随机数序列$\{w_n\}_{n=0,1,2,\ldots}$；

（3）计算：$x_0=\sigma w_0$，$x_n=ax_{n-1}+bw_n$，$n=1,2,\cdots$。

Matlab 编程（略）（提示：参照例 5.14）

5.32 略

第 6 章

6.1 （1）$\mathrm{e}^{\mathrm{j}\omega_0\tau}$，0;（2）$2\pi\delta(\omega-\omega_0)$

6.2 $R_X(t,s)=\sum_i E|A_i|^2\mathrm{e}^{\mathrm{j}\omega_i(t-s)}$，但$X(t)$非平稳，因为$EX(t)=\sum_i E\left[A_i\right]\mathrm{e}^{\mathrm{j}\omega_i t}$

6.3 （1）$\hat{x}(-t)=\int_{-\infty}^{+\infty}\dfrac{1}{\pi u}x(-t-u)\mathrm{d}u=\int_{-\infty}^{+\infty}-\dfrac{1}{\pi u}x(t+u)\mathrm{d}u=\hat{x}(t)$；（2）类似

6.4 （1）$\dfrac{1}{2}[A(\omega-\omega_0)+A(\omega+\omega_0)]$与$\dfrac{1}{2}A(\omega-\omega_0)$

（2）$-\mathrm{j}\dfrac{1}{2}[A(\omega-\omega_0)-A(\omega+\omega_0)]$与$-\mathrm{j}\dfrac{1}{2}A(\omega-\omega_0)$

（3）$\mathscr{F}\left[a(t)\sin\omega_0 t\right]=\mathscr{F}\left[a(t)\cos\omega_0 t\right]\cdot\left[-\mathrm{j}\operatorname{sgn}(\omega)\right]$，$a(t)\sin\omega_0 t$是$a(t)\cos\omega_0 t$ 的希尔伯特变换

6.5 $\mathrm{e}^{\mathrm{j}m(t)}$与$\mathrm{e}^{\mathrm{j}[\omega_0 t+m(t)]}$（提示：由于$s(t)=\cos m(t)\cos\omega_0 t-\sin m(t)\sin\omega_0 t$）

6.6 $a(\tau)\cos\omega_0\tau$，$2a(\tau)\mathrm{e}^{\mathrm{j}\omega_0\tau}$，$a(0)$，$2a(0)$

6.7 （1） $f(x;t)=\frac{1}{\sqrt{AW}}\mathrm{e}^{-\frac{\pi x^2}{AW}}$ ； （2） $f_{iq}(i,q;t_1,t_2)=\frac{1}{AW}\mathrm{e}^{-\frac{\pi(i^2+q^2)}{AW}}$

6.8 （1） $P_X=\frac{1}{2\pi}\int_{-\infty}^{+\infty}S_X(\omega)\mathrm{d}\omega=\frac{2P\cdot\Delta\omega}{\pi^2}$ ； （2） $S_i(\omega)=S_q(\omega)=\begin{cases}2P\cos\left(\frac{\pi\omega}{\Delta\omega}\right), & |\omega|\leqslant\frac{\Delta\omega}{2}\\ 0, & 其他\end{cases}$

（3）互谱密度 $S_{iq}(\omega)=0$ ，互相关函数 $R_{iq}(\tau)=0$

（4） $i(t)$ 与 $q(t)$ 在各个时刻上都正交与不相关

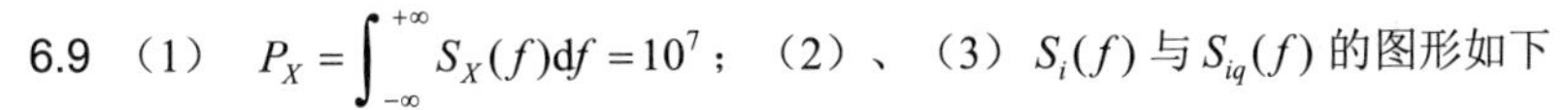

6.9 （1） $P_X=\int_{-\infty}^{+\infty}S_X(f)\mathrm{d}f=10^7$ ；（2）、（3） $S_i(f)$ 与 $S_{iq}(f)$ 的图形如下

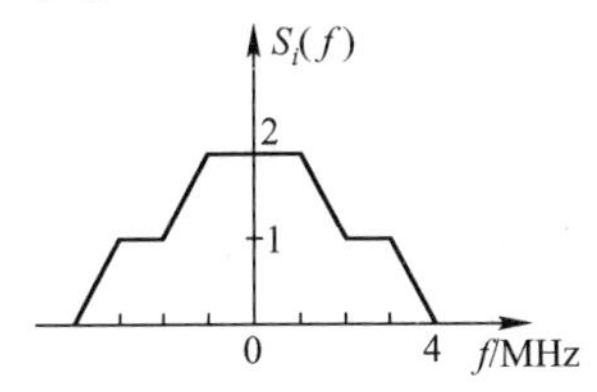

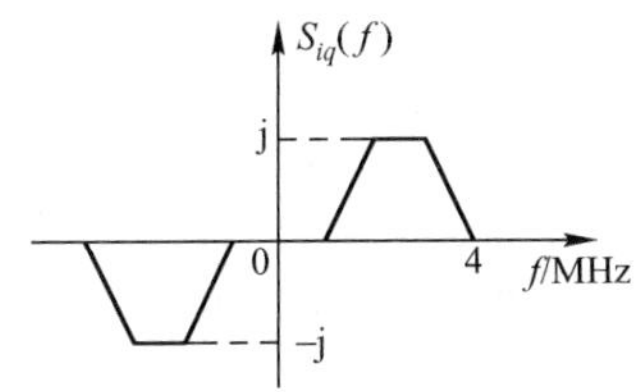

（4） $i(t),q(t)$ 不正交、相关

6.10 $S_X(\omega)=\frac{1}{2}[S_N(\omega-\omega_0)+S_N(\omega+\omega_0)]$ ，图形略

6.11 在三种情况下互功率谱密度 $S_{BA}(\omega)$ 均不为0，因此， $A(t)$ 和 $B(t)$ 都相关

6.12 提示： V_t 服从瑞利分布

6.13 （1）提示： $\forall k_1,k_2$ ，有

$$[k_1i_1(t)+k_2i_2(t)]\cos\omega_0t-[k_1q_1(t)+k_2q_2(t)]\sin\omega_0t$$
$$=k_1\left[i_1(t)\cos\omega_0t-q_1(t)\sin\omega_0t\right]+k_2\left[i_2(t)\cos\omega_0t-q_2(t)\sin\omega_0t\right]$$

（2）提示： $\forall k_1,k_2$ ，有

$$[k_1x_1(t)+k_2x_2(t)]\times2\left[\cos\omega_0t-\mathrm{j}\sin\omega_0t\right]$$
$$=k_1x_1(t)\times2\left[\cos\omega_0t-\mathrm{j}\sin\omega_0t\right]+k_2x_2(t)\times2\left[\cos\omega_0t-\mathrm{j}\sin\omega_0t\right]$$

6.14 $\frac{A^2\sigma_X^2}{4}$ （提示： $R_M(\tau)=R_X(\tau)\cdot R_Y(\tau)$ 与 $S_Z(\omega)=\frac{A^2\sigma_X^2}{4}\cdot\frac{2\beta}{\omega^2+\beta^2}$ ）

6.15 （1） $\mathrm{e}^{-\tau^2}\cos\omega_0\tau$ ， $\mathrm{e}^{-\tau^2}\cos\omega_0\tau$

（2） $R_B(\tau)=-R_Z''(\tau)=-\left[\left(4\tau^2-2-\omega_0^2\right)\mathrm{e}^{-\tau^2}\cos\omega_0\tau+2\omega_0\tau\mathrm{e}^{-\tau^2}\sin\omega_0\tau\right]$

$E[B(t)]=0$ ， $\sigma_B^2=2+\omega_0^2$

（4）由于系统1是一个窄带系统，输入信号为白噪声，带宽无限，因此，系统输出信号 $A(t)$ 可认为是高斯分布的。 $A(t)$ 再通过后继的线性系统后仍然是高斯信号。

6.16 提示：仿照例题6.10

6.17 提示：仿照例题6.11。其中，原例包络检波单元更换为图6.5(b)的解调系统。

第7章

7.1 提示：仿例7.1，这里 $Y(n+1)=Y(n)+X(n+1)$

7.2 （1）略；

（2） $P[Y_{15}=3A|Y_{10}=4A]=P\left(\sum_{i=11}^{15}X_i=-A\right)=C_5^2p^2q^3$

（提示：记 $Z_i=(X_i+A)/2A$ ，则 $\sum_{i=11}^{15}Z_i\sim B(5,p)$ ）

7.3 提示：

$$P\left(X(1)=x_1 \middle| X(2)=x_2,\cdots,X(n)=x_n\right)=\frac{P\left(X(1)=x_1,X(2)=x_2,\cdots,X(n)=x_n\right)}{P\left(X(2)=x_2,\cdots,X(n)=x_n\right)}$$

$$=\frac{P\left(X(1)=x_1\right)\cdot\prod_{i=1}^{n-1}P(X(i+1)=x_{i+1}|X(i)=x_i)}{P\left(X(2)=x_2\right)\cdot\prod_{i=2}^{n-1}P(X(i+1)=x_{i+1}|X(i)=x_i)}=\frac{P\left(X(1)=x_1\right)\cdot P(X(2)=x_2|X(1)=x_1)}{P\left(X(2)=x_2\right)}$$

7.4 提示：$X(n)=X(n-1)+Z(n)$，$Z(n)$ 为伯努利随机序列，类似习题 7.1

7.5 $\boldsymbol{P}=\begin{pmatrix} \cdots & \cdots & \cdots & \cdots & \cdots & \cdots & \cdots & \cdots \\ \cdots & 0 & q & 0 & p & 0 & 0 & \cdots \\ \cdots & 0 & 0 & q & 0 & p & 0 & \cdots \\ \cdots & 0 & 0 & 0 & q & 0 & p & \cdots \\ \cdots & 0 & 0 & 0 & 0 & q & 0 & \cdots \\ \cdots & \cdots & \cdots & \cdots & \cdots & \cdots & \cdots & \cdots \end{pmatrix}$；$p_{00}^{(n)}=\begin{cases}0, & n \text{ 为奇数} \\ C_n^{\frac{n}{2}}(pq)^{\frac{n}{2}}, & n \text{ 为偶数}\end{cases}$

7.6 提示：仿例 7.1，这里 $Y(n)=Y(n-1)+X^p(n)$

7.7 （1）$P=\begin{bmatrix}0.4 & 0.3 & 0.3 \\ 0.3 & 0.4 & 0.3 \\ 0.3 & 0.3 & 0.4\end{bmatrix}$，状态转移图略；（2）位置 a_1，0.3336

7.8 （1）

1　0.2

$-d$　0　$+d$

0.8　1

（2）$\{0, -d, 0, -d, 0, -d, 0, -d, \ldots\}$

7.9 提示：由 C-K 方程与本链的齐次性

7.10 状态 0 与 1 都为正常返态，且为遍历态。

7.11 （1）$\begin{bmatrix}0.8 & 0.2 \\ 0.3 & 0.7\end{bmatrix}$；（2）$p_{11}^{(2)}=0.51$；（3）0.4

7.12 （1）$\phi_X(v;t_1)$，$\phi_X(v;t_1)\phi_X(v;t_2)\phi_X(v;t_3)$

（2）$\phi_X(v_1+v_2;t_1)\phi_X(v_2;t_2)$，$\phi_X(v_1+v_2+v_3;t_1)\phi_X(v_2+v_3;t_2)\phi_X(v_3;t_3)$

7.13 （1）$\frac{125}{6}\mathrm{e}^{-5}$ 与 $\frac{625}{24}\mathrm{e}^{-5}$；（2）$\frac{(5/3)^{10}}{10!}\mathrm{e}^{-5/3}$ 与 $\frac{(10/3)^{20}}{20!}\mathrm{e}^{-10/3}$；（3）$\frac{20}{3}$ 与 $\frac{20}{3}$

7.14 （1）$\frac{100^{50}}{50!}\mathrm{e}^{-100}$；（2）$7\mathrm{e}^{-7}$ 与 $\frac{20^5}{5!}\mathrm{e}^{-20}$

7.15 （1）$12.5\lambda_0^2\mathrm{e}^{-5\lambda_0}$；（2）$5\lambda_0$；（3）$10\lambda_0$

7.16 （1）$\frac{1}{3}$；（2）$\frac{1}{3}\delta(t_1-t_2)+\frac{1}{9}$，$\frac{1}{3}\delta(t_1-t_2)$

7.17 （1）$I(t)=\sum_{i=0}^{N(t)}\frac{I_0}{b}\mathrm{e}^{-a_0(t-S_i)}\left[u(t-S_i+\frac{b}{2})-u(t-S_i-\frac{b}{2})\right]$

（2）$\frac{10^6 I_0}{a_0 b}(\mathrm{e}^{\frac{a_0 b}{2}}-\mathrm{e}^{-\frac{a_0 b}{2}})$ 与 $\frac{10^6 {I_0}^2}{2a_0 b^2}(\mathrm{e}^{a_0 b}-\mathrm{e}^{-a_0 b})+\frac{10^{12} {I_0}^2}{{a_0}^2 b^2}(\mathrm{e}^{a_0 b}+\mathrm{e}^{-a_0 b}-2)$

7.18 （1）$\frac{(30\times 5)^{100}}{100!}\cdot\mathrm{e}^{-30\times 5}$ 与 $\frac{(30\times 5)^{250}}{250!}\cdot\mathrm{e}^{-30\times 5}$

（2）$R_A(1,3)=30^2+\frac{30}{\Delta t}-\frac{30\times 2}{(\Delta t)^2}=903.6$，$\Delta t>2$；$R_A(10,20)=900$，$\Delta t<10$

（3）6

附录 D　各节内容对应习题的编号列表

本教材各章均安排了内容丰富的习题，以便于各层次的读者复习或者自学。

为便于教师随堂布置作业，或者方便自学者及时自测所学内容，以巩固消化所学知识点，这里按所考查的主要知识点将每道习题与章节进行了对应，列于下表。

章节编号	对应习题编号	章节编号	对应习题编号
1.1 节	习题 1.1～1.13	5.1 节	习题 5.1～5.4，5.6，5.20，5.21
1.2 节	习题 1.14，1.15	5.2 节	习题 5.5，5.7，5.10～5.12，5.15，5.18，5.19
1.3 节	习题 1.16，1.17，1.19，1.20	5.3 节	习题 5.8，5.9，5.13，5.14，5.16，5.17
1.4 节	习题 1.18，1.21～1.26	5.4 节	习题 5.22～5.26
1.5 节	习题 11.27～1.33	5.5 节	习题 5.27～5.29
1.6 节	习题 1.34	5.6 节	习题 5.30～5.32
1.7 节	习题 1.35～1.39	6.1 节	习题 6.3
2.1 节	习题 2.1～2.5	6.2 节	习题 6.1，6.2，6.4
2.2 节	习题 2.6，2.8～2.10	6.3 节	习题 6.5～6.11，6.13，6.14
2.3 节	习题 2.11～2.14	6.4 节	习题 6.12，6.15
2.4 节	习题 2.7，2.15～2.19	6.5 节	习题 6.16
2.5 节	习题 2.20～2.21	6.6 节	习题 6.17
3.1 节	习题 3.1～3.6，3.8	7.1 节	习题 7.1～7.9，7.11
3.2 节	习题 3.7	7.2 节	习题 7.10
3.3 节	习题 3.9～3.18	7.3 节	习题 7.12
3.4 节	习题 3.19～3.29		
3.5 节	习题 3.30		
3.6 节	习题 3.31～3.34		
4.1 节	习题 4.1～4.6		
4.2 节	习题 4.7，4.8		
4.3 节	习题 4.9		
4.4 节	习题 4.10～4.17		

附录 E　工程应用举例索引表

序号	名称	书中位置
1	二元传输与检测	例 1.3
2	神经网络中激活函数 ReLU	例 1.10
3	随机正弦信号	2.2.1 节
4	伯努利随机序列（二进制随机序列）	2.2.2 节
5	半随机二进制传输信号	2.2.3 节
6	泊松（计数）过程	2.2.4 节
7	人工智能中自然语言的建模方法	2.3.5 节
8	OpenAI 与 Meta 公司的词嵌入案例的向量维数	例 2.11
9	单频干扰的功率谱分析	例 3.10
10	电阻噪声测量	例 3.12
11	乘法调制输出信号的功率谱	例 3.14
12	随机二元（二进制）传输信号的平稳性与功率谱	例 3.15
13	随机电报信号的平稳性与功率谱	例 3.16
14	运算放大器的基本噪声参数	例 3.17
15	测量信号均值	例 4.4
16	图像直方图与直方图均衡	例 4.5
17	平稳信号不同频带成分间的正交特性	例 5.7
18	基于 RC 电路的噪声平滑	例 5.9
19	基于维纳滤波的图像去模糊	例 5.10
20	基于匹配滤波器的信号检测	例 5.12
21	乘法解调器输出噪声的特性	例 6.5
22	无线电信号的包络接收系统	例 6.8
23	二进制传输信道级联模型	例 7.2
24	二进制传输信道级联分析	例 7.8

参 考 文 献

1 帕普里斯 A．保铮，等译．概率、随机变量与随机过程．第四版．西安：西安交通大学出版社，2004

2 Ross S M．龚光鲁，译．应用随机过程概率模型导论．第九版．北京：人民邮电出版社，2007．

3 Oppenheim A V, Willsky A S．刘树棠，译．信号与系统．第二版．西安：西安交通大学出版社，1998

4 常建林，李海林．随机信号分析．北京：科学出版社，2006

5 罗鹏飞，张文明．随机信号分析与处理．北京：清华大学出版社，2006

6 赵淑清，郑薇．随机信号分析．哈尔滨：哈尔滨工业大学出版社，2003

7 王永德，王军．随机信号分析基础．第 2 版．北京：电子工业出版社，2003

8 张明友，张扬．随机信号分析．成都：电子科技大学出版社，2002

9 李在铭，张全芬，李晓峰．随机信号分析及工程应用．成都：电子科技大学出版社，1990

10 林元烈．应用随机过程．北京：清华大学出版社，2002

11 朱庆棠，陈良均．随机过程及应用．北京：高等教育出版社，2003

12 陆大淦．随机过程及其应用．北京：清华大学出版社，1986

13 Ludeman L C．邱天爽，等译．随机过程——滤波、估计与检测．北京：电子工业出版社，2005

14 Davenport, W B. Probability and Random processes. McGraw-Hill, 1970

15 Peebles P Z Jr. Probability，Random Variables and Random Signal Principles. New York: McGraw－Hill Book Company，1987

16 徐全智．概率论与数理统计．北京：高等教育出版社，2004

17 盛骤．概率论与数理统计．第 3 版．北京：高等教育出版社，2004

18 《现代应用数学手册》编委会．现代应用数学手册．（概率统计随机过程卷）．北京：清华大学出版社，2000

反侵权盗版声明